面向工程应用的嵌入式控制系统实践教程

主　编　杨　旭　李　擎

副主编　阎　群　崔家瑞

科学出版社

北　京

内 容 简 介

本书根据自动化专业“工程教育专业认证”“新工科建设”等需求编写而成，旨在培养学生在面向特定需求情况下嵌入式控制系统的设计能力，并通过多个工程应用案例讲解，培养学生解决复杂工程问题的能力。全书分为3个部分，共12章。其中，第1部分由第1～3章组成，主要讲解嵌入式控制系统基础、嵌入式控制系统典型开发流程、STM32处理器及最小系统设计。第2部分由第4～8章组成，主要面向建筑智能化应用场景，详细阐述了标准开发流程下典型装置和平台的设计过程。第3部分由第9～12章组成，主要面向工业智能化应用场景下铝电解智能监控系统的典型装置和平台的设计开发流程。

本书方便读者快速掌握嵌入式控制系统的开发思路、设计步骤及解决方案，可作为自动化、电子信息工程、测控技术与仪器、智能科学与技术等专业本科生的教材，也可作为相关工程技术人员、教师和科研人员的参考书。

图书在版编目（CIP）数据

面向工程应用的嵌入式控制系统实践教程 / 杨旭，李擎主编. —北京：科学出版社，2023.3

ISBN 978-7-03-075193-5

Ⅰ. ①面…　Ⅱ. ①杨…　②李…　Ⅲ. ①计算机控制系统-高等学校-教材　Ⅳ. ①TP273

中国国家版本馆CIP数据核字（2023）第046668号

责任编辑：潘斯斯 / 责任校对：何艳萍
责任印制：张　伟 / 封面设计：蓝正设计

科学出版社 出版
北京东黄城根北街16号
邮政编码：100717
http://www.sciencep.com
北京建宏印刷有限公司 印刷
科学出版社发行　各地新华书店经销
*
2023年3月第　一　版　开本：787×1092　1/16
2023年12月第二次印刷　印张：20 1/4
字数：586 000

定价：79.00元

（如有印装质量问题，我社负责调换）

前　言

目前，我国在工程教育层面已陆续开展了“卓越工程师教育培养计划”“工程教育专业认证”“新工科建设”等项目。这些项目的共同之处在于：强调培养学生利用工程技术相关原理解决复杂工程问题的实践能力和创新意识。实践类课程作为加强学生上述能力和意识的重要抓手，对于培养学生具备合格的工程师素养有着不可替代的作用。

“嵌入式控制系统”是自动化专业的重要必修课程之一。该课程重点讲授如何基于应用场景，综合运用前期所学知识，并考虑技术和非技术因素的联合约束，完成特定需求下嵌入式控制系统技术方案的设计与实现。该课程在自动化、电子信息、测控技术与仪器、智能科学与技术等专业的本科培养计划中占有重要的地位。

本书以嵌入式技术的相关理论为基础，从应用角度出发，直接面向工程应用场景，力求学以致用。结合了编写团队多年来在嵌入式控制系统设计与开发方面的科研工作和教学经验，力图形成内容简明、条理清晰、集系统性和实用性于一身的通用教材。

本书的特色及创新包括以下四个方面。

(1) 在充分理解“工程教育专业认证”对学生解决复杂工程问题能力培养要求的基础上，本书从实践出发并做到深入浅出，对知识点进行系统性的规划设计和整合优化。在内容编排上，将课程知识点融入工程应用案例中，既能保证全书结构紧凑，也可使学生快速明确知识点的应用场景。

(2) 在每个工程应用案例章节，依据嵌入式控制系统的标准开发流程，采用工程项目研究法，以“发现问题-分析问题-解决问题-比较方案-给出结论”的逻辑进行内容编排，使学生能够快速掌握如何在技术、非技术因素的联合约束下进行嵌入式控制系统的设计与实现。

(3) 通过项目式的工程应用案例讲授，培养学生嵌入式控制系统硬件和软件协同设计的系统化思维，帮助学生建立“全局统筹，局部把控”的系统设计思路，提升学生的工程实践能力。

(4) 编写团队秉承科研与教学相融合的理念，将团队最新的科研实践成果和工程前沿技术引入教材，同时将混合编程、交互式开发等新技术加入相应章节，以便更好地培养学生的科学思维，不断强化学生的创新意识。

本书由北京科技大学自动化学院杨旭、李擎任主编，阎群、崔家瑞任副主编，蔺凤琴、万春秋、洪然参编。其中，第 1、2 章由杨旭、阎群共同编写，第 3 章由李擎编写，第 4 章由崔家瑞编写，第 5、6 章由杨旭、蔺凤琴共同编写，第 7、8 章由李擎、洪然共同编写，第 9 章由杨旭编写，第 10 章由万春秋编写，第 11 章由杨旭、崔家瑞共同编写，第 12 章由李擎、阎群共同编写。在本书的编写过程中，作者课题组赵旭磊、陈攀、苏啸天、刘波、王佩宁、万家祺等多名研究生参与了部分书稿的文字录入、图形绘制和内容校对工作；另外，在本书的出版过程中，潘斯斯等编辑为此书的出版付出了辛勤的劳动，在此对上述人员表示衷心的感谢。在本书编写过程中参考了大量文献，在此对文献的作者致以真诚的谢意！

本书得到了北京科技大学教材建设经费资助，也得到了北京科技大学教务处的全程支持。

由于作者水平有限，书中难免存在疏漏和不足之处，恳请广大读者批评指正。

作　者

2022年11月

目　　录

第1章　嵌入式控制系统基础

1.1　嵌入式控制系统概述

1946年，世界上第一台计算机诞生于美国的宾夕法尼亚大学，人类开始逐步使用计算机提高工作效率，随着科技的不断进步，各种形式的计算机也快速走进我们的日常工作和生活。嵌入式系统可以被归纳为广义的计算机系统，与传统的计算机系统相比，它一般会根据特定的要求进行设计，通过精简压缩，完成某种特殊功能。它无处不在却又不易察觉，在各个领域发挥着重要的作用。

1.1.1　嵌入式控制系统的定义

嵌入式系统技术与计算机、电子、传感测量、通信、控制等多个学科结合紧密，应用范围广泛，难以给出一个简明扼要的、严格的、公认的定义。自嵌入式系统诞生并得到应用以来，其命名和定义也在不断地变化与发展。早期学者认为，嵌入式系统是看不见的计算机，一般不能被用户编程，拥有一些专用的 I/O 设备，且对用户的接口是专用的。电气电子工程师学会(Institute of Electrical and Electronics Engineers，IEEE)对嵌入式系统从功能应用上加以定义，认为嵌入式系统是软件和硬件的综合体。英文原文为"Devices used to control, monitor, or assist the operation of equipment, machinery or plants"，翻译为"嵌入式系统是控制、监视或者辅助机器和设备运行的装置"。

本书对嵌入式控制系统的定义是：面向特定应用，完全嵌入受控器件内部，软硬件可配置，对功能、性能、可靠性、成本、体积、功耗严格约束的专用计算机系统。该定义体现了嵌入式控制系统所具备的"嵌入性"、"专用性"与"计算机系统"三个基本特征。"嵌入性"是指嵌入式控制系统隐藏在各种对象中，作为应用对象的一部分存在，难以被人们所察觉。"专用性"是指嵌入式控制系统是针对用户需求特定设计的，其应用功能相对固定，不具备通用计算机系统的可扩展性。"计算机系统"揭示了嵌入式控制系统隶属于广义计算机系统范畴，其核心部件为微处理器或具有计算能力的集成电路。需要注意的是，嵌入式控制系统相较于传统的嵌入式系统，在高可靠性、强实时性、感知与控制，以及对被嵌入对象的适用性方面提出了更高的要求，因此要求系统对所处工作环境有更强的适应能力，能够及时响应并完成特定功能。本书后续章节中的工程案例也会体现上述要求。

1.1.2　嵌入式控制系统的特点

与通用计算机系统相比，嵌入式控制系统通常具备以下特点。

(1) 技术密集。嵌入式控制系统是将先进的计算机技术、半导体技术、微电子技术、通信技术、消费电子技术及各个行业的具体应用相结合的产物，这一点就决定了该系统必然是一个高新技术密集、资金密集、高度分散、不断创新的知识集成系统和一个分散的应用广泛的信息产业。其能看作计算机软件和硬件的结合体，它的硬件系统主要包括微处理器、存储器、输入输出设备及外部的通信接口；而软件系统也多种多样，能够实现不同行业特定的功能。

(2) 专用紧凑。任何一个嵌入式控制系统都与特定的应用功能相关，其用途固定，在体积、功耗、配置、处理能力、电磁兼容性方面有明显的应用约束，因此，嵌入式控制系统的硬件和软件都必须高效率地设计。它必须具备良好的软、硬件可裁剪性。设计嵌入式控制系统时，可针对用户的具体要求，对系统的配置进行裁剪和添加，从而达到应用所需的理想性能。在满足用户需求的基础上，量体裁衣、去除冗余，力争在同样大小的硅片上实现更高的性能，使得嵌入式控制系统精简化。

(3) 安全可靠。一般来讲，要求设备中的嵌入式控制系统可以不出错地连续运行，即使出现错误也可以进行自我修复，同时，由于嵌入式产品的使用人员多为非计算机相关专业的人士，使用环境也不确定，这就对嵌入式控制系统的可靠性与稳定性提出了极高的要求。而随着网络时代的来临，嵌入式设备联网已成为热门话题，随之而来的网络安全问题也需要得到重视。通常可从硬件和软件等多个方面采取防护措施来提高系统的可靠性，例如，在硬件设计方面，可采用硬件备份机制来提高系统的可靠性；在软件设计方面，可采用看门狗等技术来提高软件的容错能力。

(4) 多种多样。嵌入式控制系统应用广泛、品种繁多。从嵌入式微处理器、外围设备、嵌入式操作系统及开发工具等各个方面都可以体现出嵌入式控制系统的多样性。如就硬件而言，已知的嵌入式微处理器就有1000余种。外设也会随产品的功能及应用领域的不同而发生变化，可随用户需求进行外设扩展。就软件而言，其可选择的嵌入式操作系统有数百种之多，软件编程开发环境和开发工具也五花八门，各具特色。

(5) 及时响应。所有的嵌入式控制系统实际上都可以看成实时系统，需要实时性来保障性能。它的实时性要求内部处理器能够尽可能快地对外部技术过程的请求发出响应，并及时完成。不同的嵌入式控制系统，实时性的要求不同。若违背实时约束，则可能使系统陷入瘫痪或不可用状态。对于一些对实时性要求极高的嵌入式控制系统，如工业过程控制系统，响应延迟可能造成很严重的后果。

(6) 成本敏感。目前，大量的嵌入式控制系统应用于工业产品中。这种应用的一个重要特点就是每一批次的产品数量大，单位成本对产品的市场前景和利润影响巨大。例如，一个批次的空调遥控器，若成本降低一元，有可能产生数十万乃至上百万的直接效益。因此，对单位成本的控制已成为嵌入式产品竞争的关键因素之一。

(7) 开发困难。嵌入式控制系统本身不具备软件自主开发的能力，因此大多数嵌入式软件的开发不可能如传统的PC上软件开发只在本地运行，它必须要有一套开发工具和运行环境才能进行开发与测试。常用的嵌入式产品开发模式为交叉开发，即以使用通用计算机的宿主机作为开发环境，其上配套相应的开发工具；所开发出的嵌入式软件运行在目标机上。显然，这种特殊的开发方式需要专门配套的开发工具和开发环境。但是，各芯片厂商提供的配套开发工具相对简陋，给开发带来一定的挑战。

(8) 不可垄断。通用计算机行业的技术是垄断的，而嵌入式控制系统则不相同，它是一个分散的工业，没有哪一个系列的微处理器和操作系统能够垄断全部市场。即便在体系结构上存在着主流，但各不相同的应用领域决定了市场不可能被少数公司、少数产品垄断全部市场。因此嵌入式控制系统领域的产品和技术，必然是高度分散的。

(9) 其他。除去上述特性之外，嵌入式控制系统还有许多需要关注的特征，如确定性，即任务个数确定、每个任务执行的时序确定、每个任务所占的资源确定、任务间的通信延迟确定等。

1.1.3　嵌入式控制系统的分类

如今，嵌入式控制系统已经被广泛应用在工业控制、办公自动化、智能家庭、网络通信等多个领域，其数量庞大、种类多样、规格复杂。本节按照以下方法来对嵌入式系统进行分类，有助于有效地了解一个具体的嵌入式控制系统的属性和特点。

1. 按嵌入式控制系统的复杂程度分类

(1) 简单单处理器系统。此类系统一般由单片嵌入式处理器集成存储器 I/O 设备、接口设备(如 A/D 转换器)等构成，另外加上简单的元件如电源、时钟元件等部件即可工作。单个微处理器的这类系统大都嵌入小型设备中。

(2) 处理器可扩展系统。这类嵌入式控制系统主要是在处理器中扩展少量的存储器和外部接口以构成嵌入式控制系统。其通常使用扩展存储器或者片上存储器，容量在 64KB 左右，字长为 8 位或 16 位。这类嵌入式控制系统大多应用在信号放大器、位置传感器及阀门传动器等器件中。

(3) 复杂嵌入式控制系统。此类嵌入控制式系统使用的是 16 位、32 位处理器，适用于大规模的应用。该系统需要扩展存储器来存储软件，扩展存储器容量一般在 1MB 以上，外部设备接口一般仍然集成在处理器上，常用的嵌入式处理器有 ARM 系列、Motorola 公司的 PowerPC 系列等。这类系统可见于典型开关装置、交换机、数据监控系统、诊断及实时控制系统等。

(4) 在制造或过程控制中使用的计算机系统。在此类系统中，计算机与仪器、机械及设备相连来控制这些装置的工作。这类系统包括自动仓储系统和自动发货系统。在这些系统中，计算机用于总体控制和监视，而不是对单个设备直接控制。过程控制系统可与业务系统连接，例如，根据销售额和库存量来决定订单或产品量。大多情况下，两个功能独立的子系统可在一个主系统操作下一同运行。

2. 根据软件操作系统分类

(1) 无操作系统的嵌入式控制系统。此类嵌入式控制系统的硬件主体由 IC 芯片或者 4 位/8 位单片机构成，其控制软件不含操作系统。

(2) 小型操作系统的嵌入式控制系统。此类嵌入式控制系统一般指的是硬件主体由 8 位/16 位单片机或者 32 位处理器构成。其控制软件主要由一个小型嵌入式操作系统内核

(如 μC/OS 或 TinyOS)和小型应用程序组成。该操作系统功能模块不齐备，并且无法为应用程序开发提供一个较为完备的应用程序编程接口。同时，它没有图形用户界面(GUI)或者图形用户界面功能较弱。

(3) 大型操作系统的嵌入式控制系统。此类嵌入式控制系统的硬件主体通常由 32 位/64 位处理器或 32 位片上系统组成。控制软件通常由一个功能齐全的嵌入式操作系统(如 VxWorks、Linux、Andorid 等)和封装好的 API 构成，具备良好的图形用户界面、网络互联功能和 DSP 处理能力，可运行多种数据处理功能较强的应用程序。

3. 按微处理器位数分类

根据嵌入式系统所采用的微处理器位数对其进行划分，可以分成 4 位、8 位、16 位、32 位和 64 位的系统。随着技术的发展及需求的激增，4 位微处理器现已基本停用，目前，应用最为广泛的是 8 位与 32 位微处理器，如 8051 单片机采用的是 8 位微处理器，Win7 则采用 32 位的微处理器；16 位的 DSP 微处理器正广泛用于数字信号处理领域；而 64 位微处理器常见于一些高速、极其复杂的嵌入式系统中。

4. 按系统的实时性划分

从广义概念上来说，嵌入式系统都可看成一个实时系统，可以严格地按时序执行特定的功能，其程序的执行具有确定性。依据对实时性的要求，嵌入式系统可分为三大类：硬实时系统、软实时系统与自适应实时系统。硬实时系统对系统的响应时间要求十分严格，若系统无法在指定的时间范围内完成某个确定的任务，则会造成系统的全面失败，甚至带来灾难性后果。例如，若核电控制系统失效，则可能会导致核泄漏。虽然软实时系统对响应时间也有所要求，但是系统响应超时却不会导致致命错误，只是造成局部功能的失效。而自适应实时系统则能够自动调整满足环境的需要，从而使性能级别得到保证。

5. 按嵌入式系统的功能用途分类

按照应用领域可以把嵌入式系统分为军用、工业用和民用三大类。军用、工业用嵌入式系统对运行环境的要求比较苛刻，往往要求耐高温、耐湿、耐强电磁干扰、耐粉尘、耐腐蚀等。民用嵌入式系统功能需求则具有易于使用、维护和标准化程度高等特点。

1.1.4 嵌入式控制系统的应用

如今，嵌入式控制系统广泛地应用于工业、消费、通信、汽车、军事等领域，如图 1-1 所示。典型的应用包括以下几方面。

(1) 工业控制。在自动化流水线、无人工厂中采用大量的工业机器人、智能传感器和智能信号变送器等嵌入式设备进行产品协同生产与流程控制，大大提高了生产效率和产品质量。

(2) 信息家电。嵌入式技术使得空调、冰箱、洗衣机、电视、扫地机器人等家用电器智能化、网络化，可通过手机、网络进行远程控制，方便了人们的生活。

(3) 医疗健康。嵌入式系统已大范围应用在医疗设备中，除了医院引入的高质量的医疗仪器(如监护仪器、成像设备、物理治疗仪)外，医疗仪器逐渐家庭化。许多小型的医疗电子设备如电子血压计、电子血糖仪等用于家庭健康监测，提高了人们的生活质量。

(4) 环境监测。在很多环境恶劣、地况复杂的地区，利用嵌入式系统进行水文数据实时监测、堤坝安全与地震监测、防洪体系及水土质量监测、实时气象信息和空气污染监测等，实现环境无人监测。

图 1-1　嵌入式控制系统应用领域

1.2　嵌入式控制系统的基本组成

嵌入式控制系统是由嵌入式硬件系统与嵌入式软件系统两大部分组成的。硬件系统是整个嵌入式控制系统的物理基础，而软件系统则控制着系统的运行。嵌入式控制系统呈现层级结构，主要包括硬件层、系统软件层和应用软件层。其系统结构图如图 1-2 所示。本节将对硬件与软件系统的结构进行详细介绍。

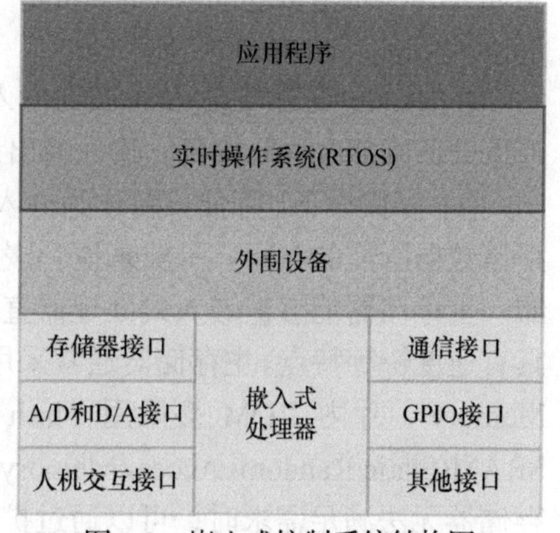

图 1-2　嵌入式控制系统结构图

1.2.1　嵌入式控制系统硬件结构

嵌入式的硬件系统由嵌入式处理器和外围设备组成。硬件系统的各个组成可根据实际系统的需求和功能要求进行配置，具有独特性与专用性。硬件配置只需要考虑满足功能实现要求即可，无须像通用计算机那样考虑通用性。

1. 嵌入式处理器

嵌入式处理器作为嵌入式硬件系统的核心部件，发挥着重要的作用。相对于通用处理器，嵌入式处理器有五大特点。

(1) 体积小、集成度高、价格较低。系统为特定用户群设计，将通用计算机由板卡完成的许多任务集成在芯片内部；嵌入式控制系统的有限空间约束和较低的成本价格需求相适应。

(2) 可扩展的处理器结构。能通过良好的扩展性，迅速开发出满足各种应用的最高性能嵌入式控制系统；升级换代与具体产品同步进行，具有较长的生命周期。

(3) 系统精简、功耗低。通过去除冗余，确保相同芯片面积的性能提升，并能降低发热量，增加产品竞争力。

(4) 对实时多任务有很强的支持能力。系统软件固化到存储器芯片，能够提高指令执行速度和系统可靠性；能完成多任务并且有较短的中断响应时间，从而使内部的代码和实时内核的执行时间缩短到最低限度。

(5) 功能强大的存储区保护功能。由于嵌入式控制系统的软件结构已模块化，为避免在软件模块之间出现错误后的交叉影响，需要设计强大的存储区保护功能，同时有利于软件诊断。

嵌入式处理器与通用的处理器最大的不同之处在于该处理器大多数服务于特定用户群所设计的专用系统，并将通用计算机系统中许多独立的硬件组件集成在处理器芯片内部。

嵌入式处理器种类繁多，据不完全统计，目前已知的嵌入式处理器已达 1000 多种，体系结构有 30 多个系列。由于嵌入式控制系统的设计会受到功能、性能、成本、体积、功耗等多个因素的约束，因此选取合适的嵌入式处理器型号至关重要。在选型时，需要进行多方面的考虑，例如，在功能方面，需考虑硬件资源，如芯片结构、功能外设；在性能方面，需对运算能力进行考虑，如芯片位数、工作频率；在成本方面，需考虑购买成本、开发成本；在体积方面，需进行合适的结构布局，如选择适宜的封装形式、引脚配置。

2. 外围设备

外围设备(简称外设)及扩展为嵌入式控制系统与被控对象等外界的交互创造了条件。外围设备通常由存储设备、输入输出设备等部件构成。

(1) 存储设备。存储设备作为嵌入式硬件系统的重要组成部分，能够提供执行程序和存储数据所需的空间。一般来说，嵌入式控制系统的存储器主要包括主存储器和外存储器。主存储器能够被嵌入式处理器直接访问，用来存放系统软件和用户程序及其数据，具有速度快等特点。主存储器通常采用 ROM(Read Only Memory)和 RAM(Random-Access Memory)，片内 ROM 多采用 Flash ROM，其擦除和写入速度快。片内 RAM 通常为 SRAM(Static Random- Access Memory)。当嵌入式控制系统所需的存储空间较大，仅靠主存储器无法满足需求时，可以通过扩展外存储器的方式来解决。而外存储器无法被嵌入式处理器直接访问，可用来存放数据量较大的代码或数据，相较于主存储器而言，其具有容量大、价格较低的特点，通常使用的存储介质为 EEPROM、Flash 等。

(2) 输入输出设备。输入输出设备也是外设的重要组成部分，实现了人机交互。常见的输入设备有小型键盘和触摸屏等；常见的输出设备有数码管、点阵显示屏、液晶显示屏等。用户就可以通过键盘这一常用的输入设备给嵌入式控制系统输入指令，而系统可通过显示器这一输出设备将结果及时反馈给用户。

1.2.2　嵌入式控制系统软件结构

软件是任何计算机系统不可或缺的组成部分。嵌入式控制系统的软件是实现其硬件驱动、数据分析计算及控制思想的计算机程序。嵌入式软件系统由板级支持包、嵌入式实时操作系统、应用编程接口以及嵌入式应用系统四部分组成。嵌入式控制系统软件结构如图1-3所示。

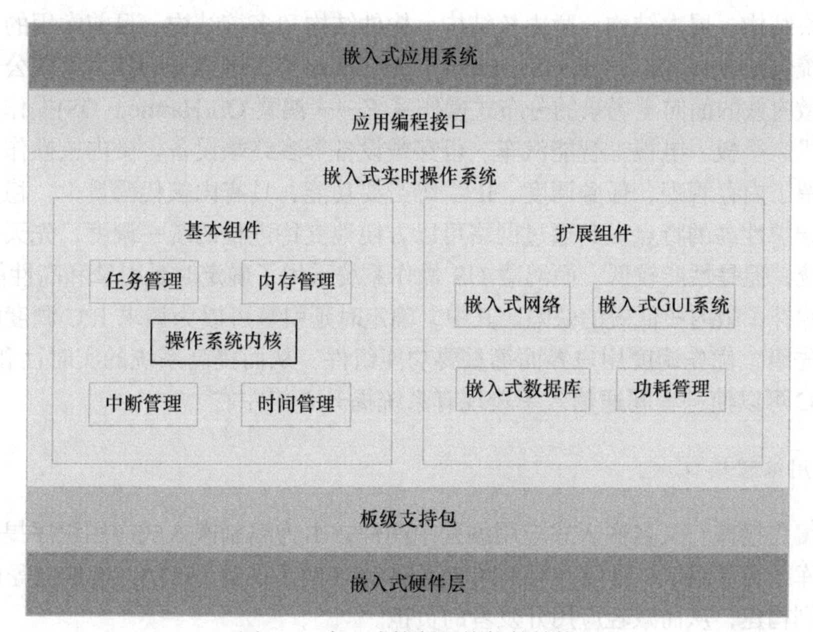

图1-3　嵌入式控制系统软件结构

1. 板级支持包

板级支持包(Board Support Package，BSP)是介于嵌入式硬件与上层软件之间的一个底层软件开发包，是嵌入式控制系统的基础部分，也是实现系统可移植性的关键。其负责上电时的硬件初始化、启动RTOS或应用程序模块，提供底层硬件驱动，为上层软件提供访问底层硬件的手段。BSP将上层软件与底层硬件分离，从而使得上层软件的开发者无须关注底层硬件的具体情况，通过BSP层提供的接口即可进行相应的开发，达到屏蔽底层硬件的目的。BSP具有硬件相关性与操作系统相关性两大特点。

2. 嵌入式实时操作系统

嵌入式实时操作系统是指用于嵌入式控制系统的操作系统，也是一种用途广泛的系统软件，负责嵌入系统的全部软硬件资源的分配、任务调度、控制、协调等并发活动。它必须体现其所在系统的特征，能够通过装卸某些模块来达到系统所要求的功能。其能够对CPU及外围硬件资源进行管理，并为应用程序提供多任务/多线程编程环境和各种应用程序开发接口。嵌入式实时操作系统包括基本内核和扩展内核两大部分。基本内核提供操作系统的核心功能，负责整个系统的任务调度、时间管理、任务间通信和同步，以及内存管理等重要服务；扩展内核则是根据应用领域的需要，为用户提供操作系统扩展功能，如提供文件、GUI、网络、功耗管理等通用服务。

嵌入式实时操作系统具有及时性、可确定性、并发性及可信性的特点，它在系统实时高效性、硬件的相关依赖性、软件固化及应用的专业性等方面具有较为突出的优势。不同于一般意义的计算机操作系统，它有占用空间小、执行效率高、个性化定制等特点。采用该系统可以使嵌入式产品更可靠、开发周期更短。嵌入式实时操作系统体系结构可以分为单块结构、层次结构、微内核结构、构件结构和多核结构。目前常用的国外嵌入式操作系统包括 VxWorks、μC/OS、Embedded Linux 等，国内华为技术有限公司自主研发了基于微内核的面向全场景的分布式操作系统——鸿蒙 OS(HarmonyOS)操作系统，它将适配手机、平板、电视、智能汽车、可穿戴设备等多终端设备。微内核操作系统在内核中仅保留了内存管理、任务调度、IPC 等必要功能，具有内核代码量少，稳定性、安全性、可维护性高的特点。其通过网络可以方便地支持进程的统一调度，先天支持分布式操作系统，但是性能较低。而鸿蒙 OS 操作系统采用了确定时延引擎和高性能 IPC 两大技术，弥补了微内核低效的缺陷。其中，确定时延引擎可以为请求 IPC 调度的系统组件设置优先级，优先调度用户界面等重要功能组件，从而提高系统的实时性和流畅度；高性能 IPC 可以使进程间通信效率较现有系统提升 5 倍左右。

3. 应用编程接口

应用编程接口，又名嵌入式应用编程中间件，由为编制嵌入式应用程序提供的各种编程接口库或组件组成，可以针对不同应用领域(如网络设备、PDA、机顶盒等)、不同安全要求分别构建，从而减轻应用开发者的负担。

4. 嵌入式应用系统

嵌入式应用系统是最终在目标机上的应用软件，如嵌入式文本编辑、游戏、读/写卡系统、家电控制软件及多媒体播放软件等，用来实现对被控对象的控制功能。

1.3 嵌入式处理器概述

1.3.1 嵌入式处理器体系架构

1. 体系架构

存储系统负责存储全部数据和指令，并可以根据所给的地址对其进行读、写操作。计算机的经典体系架构为冯·诺依曼结构(图 1-4(a))，在该结构中，数据和指令存在同一存储器中，CPU 读取指令和存储数据都是通过同一组的总线信号进行访问的，无法同时访问指令与数据空间，访问速度较慢。

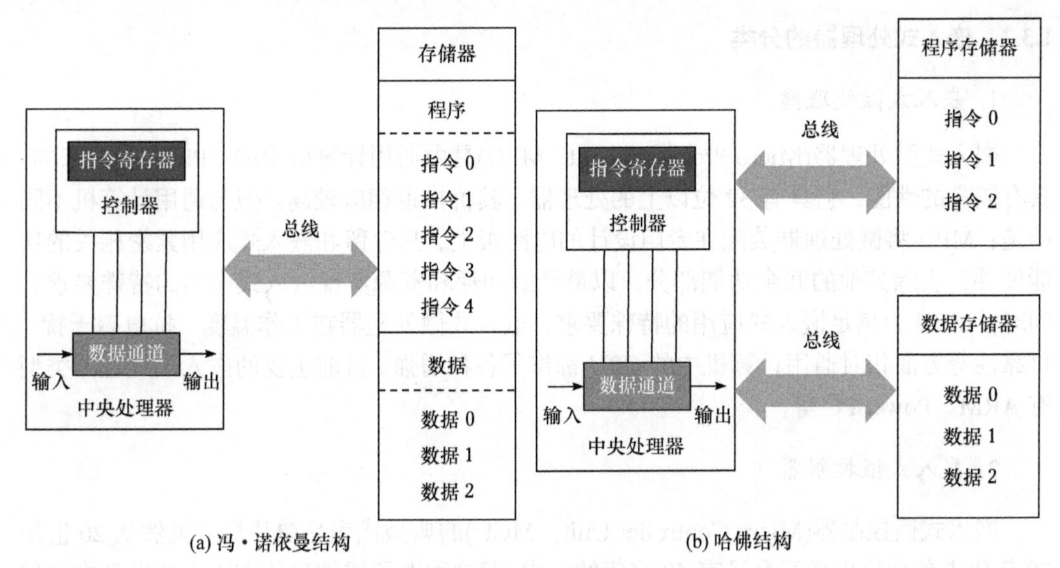

图 1-4　冯・诺依曼结构与哈佛结构

为了提高 CPU 的访问速度，人们采用了哈佛结构(图 1-4(b))，在该结构中，代码与数据的存储空间分开，各自有地址总线和数据总线，可以并行地进行指令、数据交换；随后采用了改进型的哈佛结构，在该结构中，程序代码与数据存储空间可以直接进行数据交换。这样就大大地提高了 CPU 的访问速度和代码的执行效率。

2. 指令系统

每一种处理器都有一套相应的指令集，而每条指令的执行都有赖于 CPU 运算器及控制器的硬件支持，因此，指令集与 CPU 的硬件设计息息相关。根据计算机处理器指令集的复杂程度可将计算机分为复杂指令集计算机(Complex Instruction Set Computer，CISC)和精简指令集计算机(Reduced Instruction Set Computer，RISC)。CISC 的每个小指令可以执行一些较低阶的硬件操作，指令数目多而且复杂，每条指令的长度并不相同。因为指令执行较为复杂，所以每条指令花费的时间较长，但每条个别指令可以处理的工作较为丰富，使程序开发更为方便。但是 CISC 为实现许多不同的指令功能，使得 CPU 的结构变得越来越复杂，电路规模和集成度急剧增加，运行时功耗增加，且 CPU 芯片的价格昂贵。采用 CISC 的处理器有 Intel 公司的 MCS-51 系列处理器、8086 系列处理器等。RISC 设计的思路是尽量简化指令集，设置有限的指令数量。RISC 中的指令往往是一些基本功能的指令，复杂的功能可以通过多条指令的组合来实现。RISC 使得 CPU 的结构简化，运行速度增加，功耗降低。通过进一步改进设计，使 RISC 指令集中的各条指令长短一致，执行时间相同，从而为处理器流水线的实现创造了更好的条件。采用 RISC 的处理器有 Microchip 公司的 PIC16 系列处理器、ARM 系列处理器等。RISC 结构的特点包括：优先选取使用频率最高的简单指令，避免复杂指令；将指令长度固定，指令格式和寻址方式种类减少；简易的译码指令格式；在单周期内完成指令等。

1.3.2 嵌入式处理器的分类

1. 嵌入式微处理器

嵌入式微处理器(Micro Processor Unit，MPU)是由通用计算机中的 CPU 演变而来的，具有较高的性能，它具有 32 位以上的处理器，其价格也相应较高。但与通用计算机不同的是：MPU 将微处理器装配在专门设计的电路板上，只保留和嵌入式应用紧密相关的功能硬件，去除其他的冗余功能部分，以最低的功耗和资源实现嵌入式应用的特殊要求。同时，MPU 为满足嵌入式应用的特殊要求，嵌入式微处理器在工作温度、抗电磁干扰、可靠性等方面相对通用计算机中的 CPU 都作了各种增强。目前主要的嵌入式处理器类型有 ARM、Power PC 等。

2. 嵌入式微控制器

嵌入式微控制器(Micro Controller Unit，MCU)的典型代表是单片机，虽然从 20 世纪 70 年代末单片机出现至今已有 40 多年的历史，但这种电子器件目前在嵌入式设备中依然有极其广泛的应用。它有以下特点。

(1) 单片化。以某种微处理器内核为核心，芯片内部集成了 ROM/EPROM/Flash、RAM、总线、总线逻辑、定时/计数器、看门狗、I/O、串行口、脉宽调制输出、A/D、D/A 等各种必要的功能和外设。由于单片机的片上外设资源比较丰富，适合于控制，因此称为微控制器。单片化大大减小了体积，降低了功耗和成本，提高了可靠性，因而成为目前嵌入式控制系统的主流，占据了嵌入式控制系统约 70%的市场份额。

(2) 衍生产品多。衍生产品的处理器内核一样，不同的是存储器和外设的配置及封装。众多的衍生产品使嵌入式微控制器最大限度地与不同的应用需求相匹配，功能齐全又不浪费，减少了功耗及成本。

3. 嵌入式 DSP

嵌入式 DSP(Digital Signal Processor，DSP)是专门用于信号处理方面的处理器，其在系统结构和指令算法方面进行了特殊的设计，具有很高的编译效率，指令执行速度快。它的结构特点主要包括以下几个方面。

(1) 改进型的哈佛结构。不同于 x86 计算机的冯 · 诺依曼结构，即代码、数据共用公共存储空间和单一地址、数据总线，取指令和取操作数需要分时进行。哈佛结构将代码、数据存储空间分开，各自有地址总线和数据总线，可以并行地进行指令、数据交换；而当程序代码与数据存储空间可以直接进行数据交换时，则称其为改进型的哈佛结构。

(2) 流水线技术。计算机在执行指令时，需要经过取指令、译码、取数据、执行、结果写入等操作，需要若干机器周期才可以完成上述操作。DSP 由于采用流水线技术，可以重叠执行指令，虽然每一条完整指令所用的时间相同，但整体效率大幅提高。

(3) 专用的硬件乘法器。早期的微处理器进行乘法运算时是由一系列加法运算实现的，需要多个指令周期，而 DSP 芯片有专用的硬件乘法器，可以在一个指令周期完成乘法运算，大大提升了大数据量计算时的运算量和运算周期问题。

(4) 特殊的指令系统。DSP 含有一些快速的 DSP 指令，它属于 RISC 精简指令集，这样可以在指令执行过程中缩短运算周期，提高编译效率。因此特别适合对处理器运算速度要求较高、向量运算较多的领域。

基于上述 DSP 的结构特点，它在数字信号处理(数字滤波、快速傅里叶变换、频谱分析)、多媒体信号处理(移动电话、语音识别)、智能化嵌入式系统(生物特征识别、带有加密解密算法的键盘)等领域都有较好的应用。

目前应用最为广泛的是 TI 公司的 TMS320C2000/C5000/C6000 系列。另外，如 Intel 公司的 MCS-296 和 Siemens 公司的 TriCore 也有各自的应用范围。

4. 嵌入式片上系统

嵌入式片上系统(System on Chip，SoC)是追求产品系统最大包容的集成器件，是目前嵌入式应用领域的热门话题之一。SoC 指的是在单个芯片上集成一个完整的系统，完整的系统一般包括处理器、存储器及外围电路等。SoC 是与其他技术并行发展的，如绝缘硅(SOI)，它可以提供增强的时钟频率，从而降低微芯片的功耗。SoC 最大的特点是成功实现了软、硬件无缝结合，直接在处理器片内嵌入操作系统的代码模块。它通常是客户定制的，或是面向特定用途的标准产品。用户只需定义其整个应用系统，仿真通过后就可以将设计图交给半导体工厂制作样品。与板上系统相比，SoC 的解决方案成本更低，能在不同的系统单元之间实现更快、更安全的数据传输，具有更高的整体系统速度、更低的功耗、更小的物理尺寸和更好的可靠性。SoC 通常可分为通用系列、专用系列与多核系列三大类。

1.4 ARM 处理器概述

1.4.1 ARM 内核与产品系列

ARM 公司是全球领先的半导体知识产权提供商。ARM 公司通过出售芯片技术授权，建立起新型的微处理器设计、生产和销售商业模式。它的商业模式主要涉及 IP 的设计和许可，公司本身并不生产和销售实际的半导体芯片，手机中用到的高通/麒麟处理器都基于 ARM 公司提供的架构。

内核架构指的是内核设计的基本框架和设计思路。每一个版本的 ARM 内核设计思想相对稳定。随着技术的发展，ARM 对于现有的内核版本进行改进，如果只是小范围的改进，就命名为现有版本的衍生版本；如果改进后的版本与原来的版本相比具有明显的进步，就会命名一个新的版本。ARM 的发展历程很长，从最开始的 ARMv1，逐渐发展到现在大家熟知的 ARMv6、ARMv7、ARMv8。注意这里不是只有 8 个版本，许多内核版本有多个衍生的版本。通常情况下，将版本 v6 及低于 v6 的内核架构对应的 ARM 处理器产品称为经典 ARM 处理器，在此之后，也就是从内核版本 v7 起，ARM 公司不再以 ARM 字母开头命名对应产品，而是启用了全新的产品命名规则，以 Cortex 开头命名相关的产品，即 Cortex-A、Cortex-R、Cortex-M。

所有 ARMv7 体系结构配置文件都实现了 Thumb-2 技术(一个经过优化的 16/32 位混合指令集)，在保持与现有 ARM 解决方案的代码完全兼容的同时，既具有 32 位 ARM ISA 的性能优势，也具有 16 位 Thumb ISA 的代码大小优势。ARMv7 体系结构还包括 NEON 技术扩展，可将 DSP 和媒体处理吞吐量提升高达 400 个百分点，并提供改进的浮点支持以满足下一代 3D 图形和游戏物理学及传统嵌入式控制应用程序的需要。ARMv8 是 ARM 公司的首款支持 64 位指令集的处理器架构。ARM 在 2012 年推出基于 ARMv8 架构的处理器内核并开始授权，首次运用在苹果的 A7 处理器(iPhone 5s)上。2021 年，ARM 公司推出了 ARMv9 这个新的架构，其将会是未来 3000 亿 ARM 芯片的基础。ARMv9 在通用计算机的经济性、设计自由度和可访问性优势的基础上进一步进行专业化处理，并能够提供更高的性能，增强安全性以及数字信号处理和机器学习的性能。

ARM 公司将内核设计授权给合作的半导体生产厂家，半导体生产厂家根据内核设计自己的具体 ARM 内核处理器。由于内核的架构不同，厂家推出的 ARM 处理器被区分为不同的系列。例如，经典的 ARM7、ARM9、ARM9E、ARM10E、ARM11 等都有相应的内核架构。ARM 的部分内核架构与对应产品系列对照表如表 1-1 所示。由于内核架构不同，该内核架构对应的处理器芯片性能当然不同。

表 1-1　ARM 部分内核架构与处理器系列

序号	ARM 内核架构	处理器系列
1	ARMv1	ARM1
2	ARMv2	ARM2
3	ARMv2a	ARM2a、ARM3
4	ARMv3	ARM6、ARM600、ARM610
5	ARMv4	ARM7、ARM700、ARM710
6	ARMv4T	ARM7TDMI、ARM710T、ARM720T、ARM740T、ARM9TDMI、ARM920T、ARM940T
7	ARMv5	ARM9E-S
8	ARMv5TE	ARM10TDMI、ARM1020E
9	ARMv6	ARM11、ARM1156T2-S、ARM1156T2F-S、ARM1176JZF-S
10	ARMv7	Cortex-M、Cortex-R、Cortex-A
11	ARMv8	Cortex-A53、Cortex-A57
12	ARMv9	Cortex-A710、Cortex-A715

生产处理器的厂家众多，如表 1-2 所示。其中，最具代表性的为意法半导体有限公司，其生产的 STM32 系列得到广泛运用，除此之外，飞思卡尔基于 ARM Cortex-M0 和 Cortex-M4 内核推出了 32 位微控制器——Kinetis。Kinetis 包含多个系列的 MCU，它们软硬件互相兼容，集成了丰富的功能和特性，具有出类拔萃的低功耗性能和功能扩展性。赛普拉斯微系统公司推出新系列 PSoC 可编程混合信号阵列产品，用于在消费类、工业、办公自动化、电信和汽车领域实现大量嵌入式控制功能。中国最大的芯片制造商是华为

海思半导体公司，该公司生产了麒麟、巴龙、鲲鹏和晟腾等芯片，海思处理器产品覆盖智慧视觉、智慧 IoT、智慧媒体、智慧出行、显示交互、手机终端、数据中心及光收发器等多个领域，其中众所周知的华为麒麟(HUAWEI Kirin)处理器芯片主要应用在华为智能手机、平板、智能手环等领域。

表 1-2　嵌入式处理器生产厂商

生产厂商	产品代表系列	生产厂商	产品代表系列
意法半导体(ST)	STM32	英飞凌科技(Infineon)	XC83x
德州仪器(TI)	TMS320	飞思卡尔(Freescale)	Kinetis
高通(Qualcomm)	Snapdragon	恩智浦(NXP)	LPC
爱特梅尔(Atmel)	51 系列	海思半导体(Hisilicon)	麒麟 Kirin
赛普拉斯(Cypress)	PSoC4	紫光展锐(Vnisoc)	虎贲 T 系列

1.4.2　ARM 内核体系架构

1. RISC 架构

ARM 处理器是 32 位的 RISC 指令系统处理器。RISC 架构的指令格式和长度通常是固定的，且指令和寻址方式少而简单，大多数指令在一个周期内就可以执行完毕。RISC 微指令集较为精简，每个指令的运行时间都很短，完成的动作简单，指令长度固定，指令的执行效能较佳；但是若要做复杂的事情，就要由多个指令来完成。其对指令数目、格式、寻址方式进行精简，也便于流水线结构设计和指令的执行。

RISC 体系结构具有常见的如下几个特性。

(1) 在进行指令系统设计时，只选择使用频率很高的指令，使指令条数大大减少。

(2) 采用固定长度指令格式，指令简单、基本寻址方式有 2～3 种。

(3) 使用单周期指令，便于流水线操作执行(晶振)。

(4) 大量使用寄存器，数据处理指令只对寄存器进行操作，只有加载/存储指令可以访问存储器。

(5) 为提高指令执行速度，大部分指令直接采用硬件电路实现。

2. Thumb 指令集

Thumb 技术是对 32 位 ARM 体系结构的扩展。Thumb 指令集是已压缩至 16 位宽操作码的 ARM 指令的子集。Thumb 的代码密度高于普通 8 位和 16 位 CISC/RISC 控制器，它只占用传统 32 位体系结构的代码的一部分。采用 32 位的 ARM 指令与 16 位 Thumb 指令混合编程可有效地缩小代码的尺寸。但是，Thumb 指令只能实现 ARM 指令集中的部分指令功能，在采用 Thumb 指令与 ARM 指令编程实现相同的功能时，Thumb 指令的执行效率较低，且部分指令功能只能通过 32 位 ARM 指令才能实现。所以 ARM 处理器运行时在 ARM 指令执行状态和 Thumb 指令执行状态之间来回进行切换，这为使用带来不便。

ARM 内核架构从 v7 开始支持一种 Thumb-2 指令集。Thumb-2 指令集是在 ARM 指令和 Thumb 指令之间取一个平衡，兼有二者的优势。当一种操作可以用一条 32 位指令完成时就使用 ARM 指令以加快运行速度，而当一次操作只需要一条 16 位的 Thumb 指令完成时就不用 32 位的 ARM 指令，从而节约存储空间。该技术以获得成功的 Thumb 为基础进行构建，将现有 ARM 和 Thumb 解决方案兼容，同时显著扩展了 Thumb 指令集的可用功能，增强了 ARM 微处理器内核的功能。

3. AMBA 总线

AMBA(Advanced Microcontroller Bus Architecture)高级微控制器总线体系定义了在设计高性能嵌入式微控制器时的一种片上通信标准。根据 AMBA 标准定义了三种不同的总线。

(1) 高级高性能总线(AHB)。AHB 是用于高性能、高时钟频率的系统模块，担当高性能系统的中枢总线，支持处理器、片上存储器、片外存储器及低功耗外设宏功能单元之间的有效连接。

(2) 高级系统总线(ASB)。ASB 用于高性能的系统模块之间，是另外一种系统总线，用在并不要求 AHB 的高性能特征的地方。ASB 也支持处理器、片上存储器、片外存储器及低功耗外设宏功能单元之间的有效连接。

(3) 高级外设总线(APB)。APB 用于低功耗外设，优化了最小功率消耗并且降低了接口复杂度以支持外设功能。APB 可以用来连接任意一种版本的系统总线。

4. DSP 扩展

DSP 扩展增加了高性能应用中 ARM 解决方案的 DSP 处理能力，同时通过便携式、电池电源设备提供所需的低能耗。DSP 扩展已经过优化，适用于众多软件应用领域(包括伺服马达控制、Voice over IP(VoIP)和视频/音频编解码器)，扩展增强了 DSP 性能，使其能够有效处理所需任务。DSP 扩展广泛应用于智能手机以及需要大量信号处理的类似嵌入式系统，从而避免使用其他硬件加速器。DSP 扩展可与 32 位 ARM 和 16 位 Thumb 指令集完全兼容。

5. SIMD

单指令多数据流(Single Instruction Multiple Data，SIMD)面向嵌入式应用程序提供高性能音频/视频处理，其能够复制多个操作数，并把它们打包在大型寄存器的一组指令集，从而进行视频/音频处理。以加法指令为例，单指令单数据(SISD)的 CPU 对加法指令译码后，执行部件先访问内存，取得第一个操作数；之后再一次访问内存，取得第二个操作数；随后才能进行求和运算。而在 SIMD 型的 CPU 中，指令译码后，几个执行部件同时访问内存，一次性获得所有操作数进行运算。这个特点使 SIMD 特别适合于多媒体应用等数据密集型运算。ARM SIMD 媒体扩展随 ARMv6 体系结构引入，从 ARM1136 开始，这些 SIMD 扩展增强了基于 ARM 处理器的 SoC 的处理能力，而实际上不会增加功耗。

SIMD 扩展已经过优化，可适用于众多软件应用领域，包括视频和音频编解码器，这些扩展将性能提高了将近 75%或更多。

1.4.3　Cortex 内核系列

Cortex 是 ARM 新一代处理器内核，本质上采用的是 ARMv7 架构。从 ARMv7 开始，ARM 重新命名为 Cortex，并将其划分为 Cortex-A、Cortex-R、Cortex-M 三种不同系列。其中，Cortex-A 系列主要面向尖端的基于虚拟内存的操作系统和用户应用(如手机)，Cortex-R 系列主要用于实时系统嵌入式处理，Cortex-M 系列主要用于成本敏感的嵌入式处理器。

1. Cortex-A

Cortex-A 系列处理器是一系列处理器，支持 ARM 32 位或 64 位指令集，向后完全兼容早期的 ARM 处理器，包括从 1995 年发布的 ARM7TDMI 处理器到 2002 年发布的 ARMl1 处理器系列。该系列用于具有高计算要求、运行丰富操作系统及提供交互媒体和图形体验的应用领域，如智能手机、平板电脑、汽车娱乐系统、数字电视等，Cortex-A 设备可为其目标应用领域提供各种可伸缩的能效性能点。

Cortex-A 系列主要使用 v7-A 和 v8-A 架构。ARM Cortex-A15 处理器是业界迄今为止性能最高且可授予许可的处理器。它与其他成员代码全兼容，提供前所未有的处理功能，与低功耗特性相结合。Cortex-A57、Cortex-A53 处理器属于 Cortex-A50 系列，首次采用 64 位 ARMv8 架构。目前，Cortex-A 系列首次运用到了 v9 架构，如 Cortex-A715、Cortex-A710 处理器等。

2. Cortex-R

Cortex-R 系列是针对要求高可靠性、高可用性、容错功能、可维护性和实时响应的嵌入式控制系统所开发的嵌入式处理器，能够提供高性能计算解决方案。其主要应用于汽车电子、工业机器人及存储设备等领域，许多应用都需要 Cortex-R 系列的关键特性。

(1) 高性能。Cortex-R 系列具有与高时钟频率相结合的快速处理能力。

(2) 实时。Cortex-R 系列处理能力在所有场合都符合硬实时限制。

(3) 安全。Cortex-R 系列具有高容错能力的可靠且可信的系统。

(4) 经济实惠。Cortex-R 系列可实现最佳性能、功耗和面积的功能。

Cortex-R 系列处理器与 Cortex-M 和 Cortex-A 系列处理器都不相同。Cortex-R 系列处理器提供的性能比 Cortex-M 系列提供的性能高得多，而 Cortex-A 系列专用于具有复杂软件操作系统(需使用虚拟内存管理)的面向用户的应用。Cortex-R4 最小的实时性能处理器，提供卓越的能源效率和成本效益，通过内置错误处理优先考虑可靠性和错误管理，适用于嵌入式应用，包括汽车和相机。目前，ARM 发布了最新的具有 Linux 功能的 Cortex-R82 处理器，其采用的是 v8 架构，可以运行特定任务的已存储数据的应用程序，以减轻主机负担并获得更快的结果，包括视频转码、数据库加速和实时数据分析。

3. Cortex-M

Cortex-M 系列是针对成本和功耗敏感的控制领域开发的嵌入式处理器。该系列面向微控制器领域，主要针对成本和功耗敏感的应用，如智能测量、人机接口设备、汽车和工业控制系统、家用电器、消费性产品和医疗器械等。对于 Cortex-M 系列，又可细分为 Cortex-M0、Cortex-M3、Cortex-M4 等子系列。Cortex-M0 处理器是一个门数非常低、能效非常高的处理器，专用于微控制器和要求使用面积优化处理器的深层嵌入式应用程序。Cortex-M4 处理器是一个低能耗处理器，特点是门数低、中断延迟短且调试成本低。Cortex-M4F 处理器与 Cortex-M4 具有相同的功能，且包括浮点运算功能。这些处理器专用于要求使用数字信号处理功能的应用程序。Cortex-M3 处理器是一个低能耗处理器，特点是门数低、中断延迟短且调试成本低。它专用于要求快速中断响应的深层嵌入式应用程序，包括微控制器、汽车和工业控制系统。

最近，ARM 发布了新一代的 Cortex-M 处理器，即 Cortex-M85，其是采用 Arm Helium 技术的性能最高的 Cortex-M 处理器，有高数据处理速率，采用更先进的内存系统架构，以确保更高的数据和代码吞吐量，为需要显著提高性能和安全性的并基于 Cortex-M 的应用提供了升级途径。

目前在控制领域用途最广的是 Cortex-M3 系列，该系列被 ARM 公司授权给 Actel、Broadcom、TI、ST、Fujitsu、NXP 等 29 家业界重量级公司，它们在标准 Cortex-M3 内核的基础上，进一步扩充 GIO、USART、Timer、I2C、SPI、CAN、USB 等外部设备，以及对 Cortex-M3 内核进行少量定制修改，然后结合各自的技术优势进行生产销售，共同推动基于 Cortex-M3 内核的嵌入式市场的发展。

在诸多公司中，意法半导体是较早在市场上推出基于 Cortex 内核的微处理器产品的公司，其设计生产的 STM32 系列产品充分发挥了 Cortex-M3 内核低成本、高性能的优势和 ST 公司长期的技术积累，并且以系列化的方式推出，方便用户选择，在市场上获得了广泛的好评。

1.5 STM32 开发工具及平台搭建

若想要 STM32 芯片完成设想的功能，起到微控制器的作用，需要事先对其进行软件层面上的开发。目前，Keil 软件是 STM32 开发中最常用的工具，本节也将着重讲解如何围绕 Keil 软件搭建 STM32 的开发环境。

1.5.1 开发工具介绍

Keil 软件是早期美国的 Keil Software 公司推出的 51 系列单片机开发工具，软件使用了公司自主研发的 8051 系列微控制器的 C 编译器，并集成宏汇编、链接器、库管理和仿真调试器等形成了早期 51 系列单片机的开发工具套件，相较于汇编语言，在 Keil 软件中使用 C 语言进行开发，开发人员的开发效率大幅提升。

但随着单片机行业的发展，市面上的单片机芯片种类也更加丰富，开发人员的选择也不再局限于51系列单片机。对此，Keil公司推出了Keil uVision集成开发环境，开发人员可以在开发环境中自主选择使用MDK、PK51、PK166、DK251等工具包，以进行相应型号单片机芯片的开发，如MDK工具包支持ARM7、ARM9、Cortex-M0/M3/M4等ARM内核的单片机芯片的开发，PK51工具包支持8051内核系列单片机芯片的开发。2005年，Keil Software公司被ARM公司收购，但Keil uVision开发环境依然由Keil公司运营，如今已更新至Keil uVision5版本。因为市面上Cortex内核系列单片机逐渐占据主流，开发环境中各开发工具包均已于2018年前后停更，仅MDK版本仍在继续更新，故ARM公司又将软件命名为MDK-ARM。

1.5.2 Keil的版本与安装

截至目前，Keil软件(MDK-ARM)的最新版本为2022年5月发行的5.37版本，读者可前往Keil软件官网下载最新的软件安装包，本书将以Keil软件5.14版本为例介绍软件的安装过程。需要说明的是，安装先前版本的Keil软件不影响我们进行STM32系列芯片的开发，关于Keil不同版本的差别，读者可以前往官网的更新日志中查阅。

以下是Keil软件的安装过程。

(1) 打开Keil软件安装包中的exe文件，弹出Keil MDK-ARM安装界面，可以看到安装的Keil软件版本，如图1-5所示。

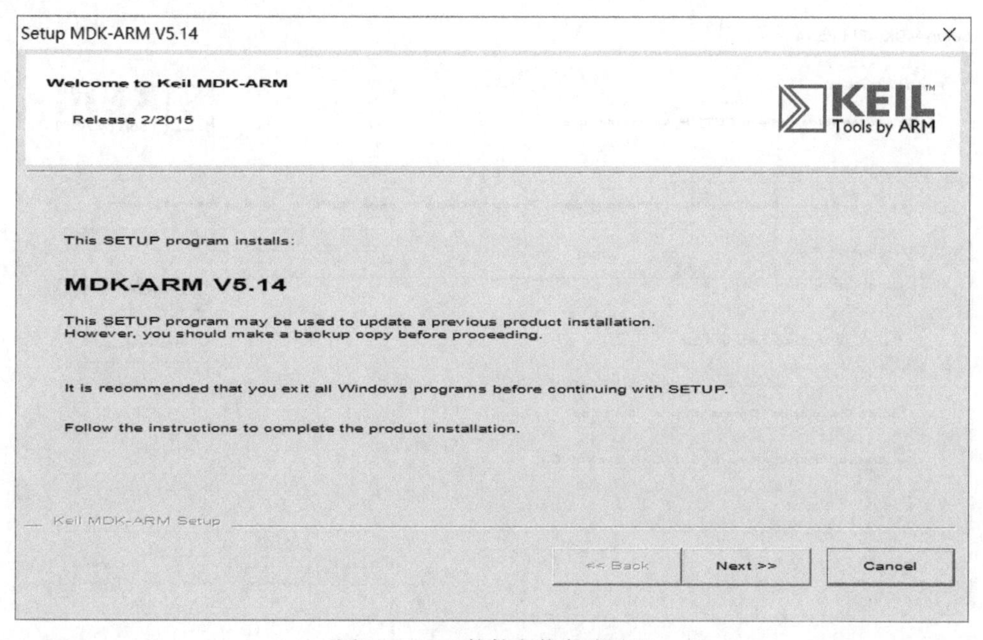

图1-5 Keil软件安装启动界面

(2) 单击Next按钮，弹出Keil软件的License Agreement界面，选择I agree to all the terms of preceding License Agreement复选框，如图1-6所示。

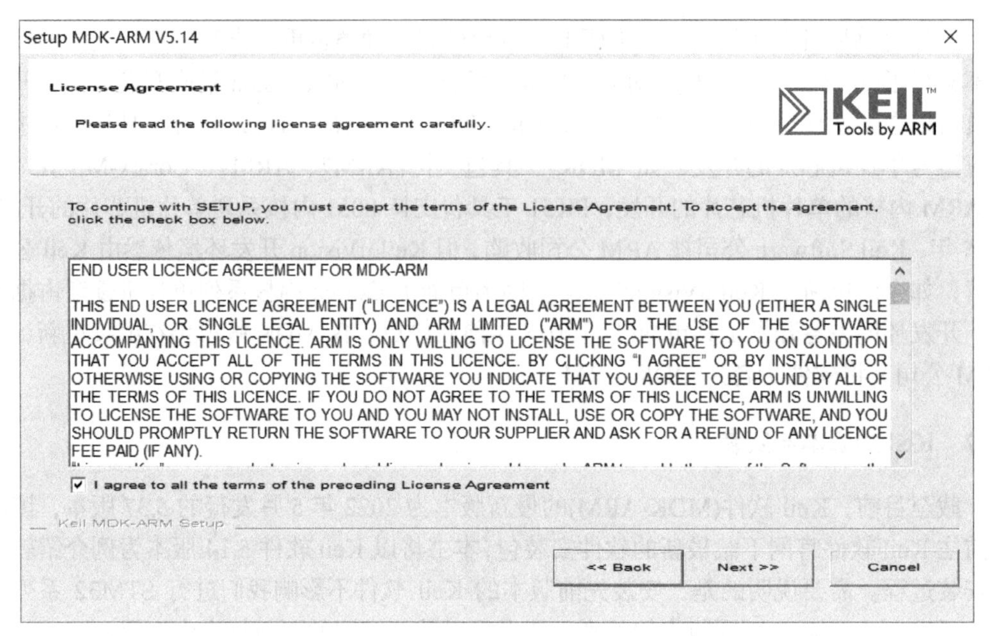

图 1-6　Keil 软件安装中的 License Agreement 界面

(3) 单击 Next 按钮，弹出 Keil 软件安装路径的设置对话框，可以根据自身需要配置 Keil 软件的安装路径，但尽量不要选择安装在中文路径下，如图 1-7 所示。

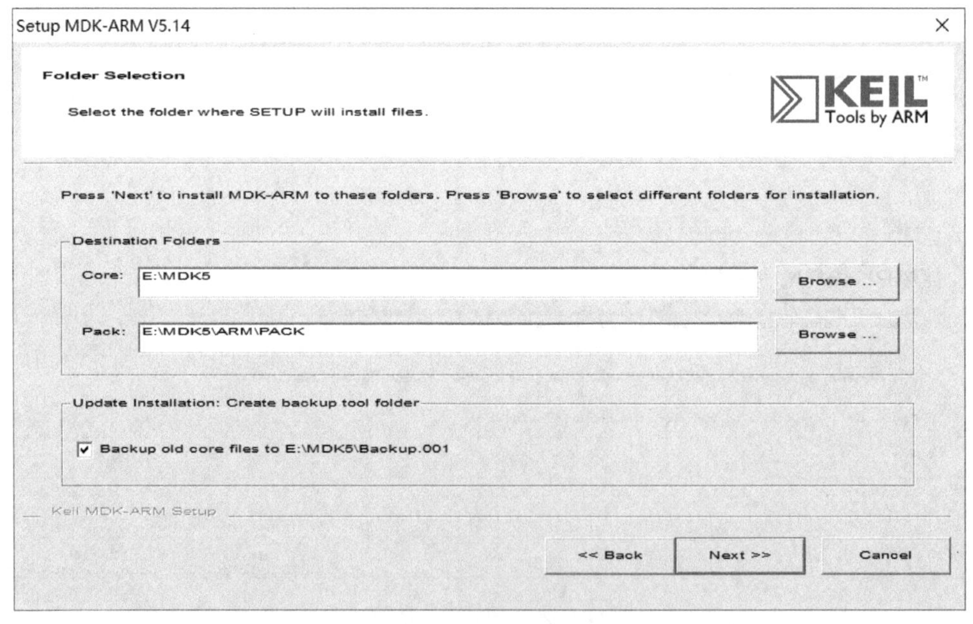

图 1-7　Keil 软件安装中的路径设置对话框

(4) 单击 Next 按钮，弹出 Customer Information 对话框，填写信息，需要填写用户名、公司名称、电子邮箱等信息，如图 1-8 所示。

(5) 单击 Next 按钮开始安装软件，软件安装完成后，弹出如图 1-9 所示的界面，单击 Finish 按钮结束 Keil 软件安装程序。

(6) 打开 Keil 软件，弹出支持包安装界面，软件开始自动安装不同类型芯片所对应的支持包，并在下方显示下载地址，读者也可以根据需要前往官网手动下载支持包，再将其载入 Keil 软件。安装完成后的界面如图 1-10 所示。

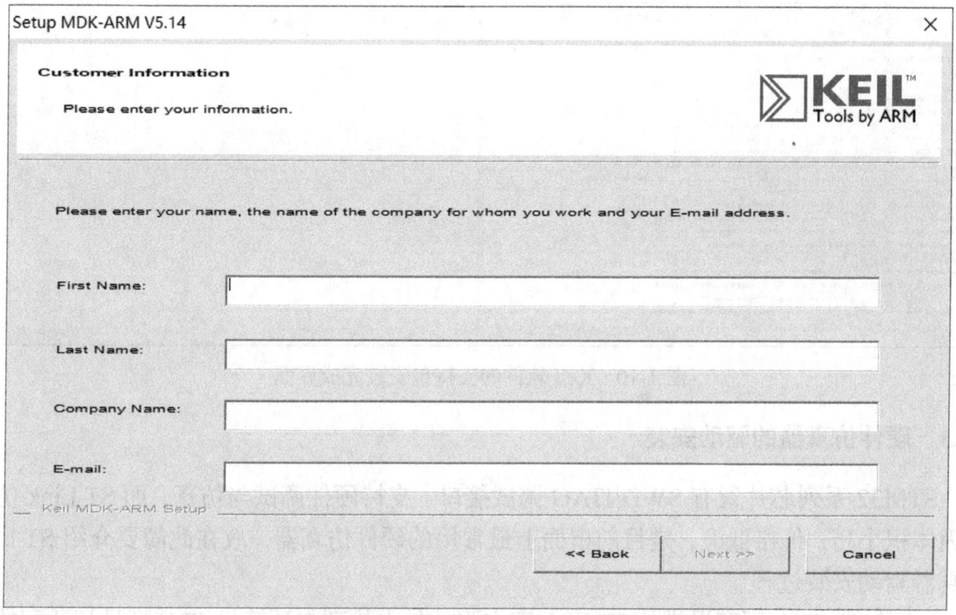

图 1-8　Keil 软件安装中的 Customer Information 界面

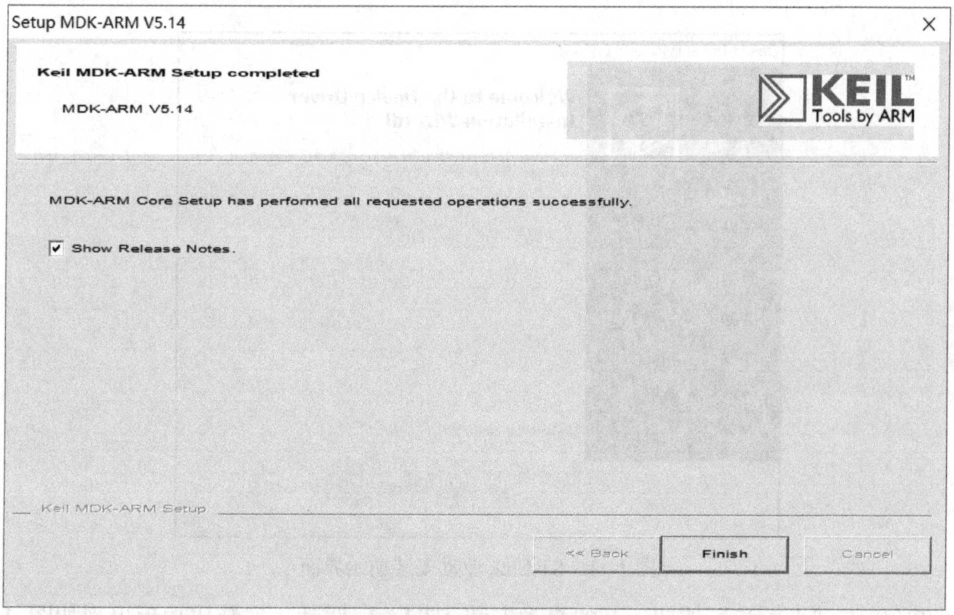

图 1-9　Keil 软件安装完成界面

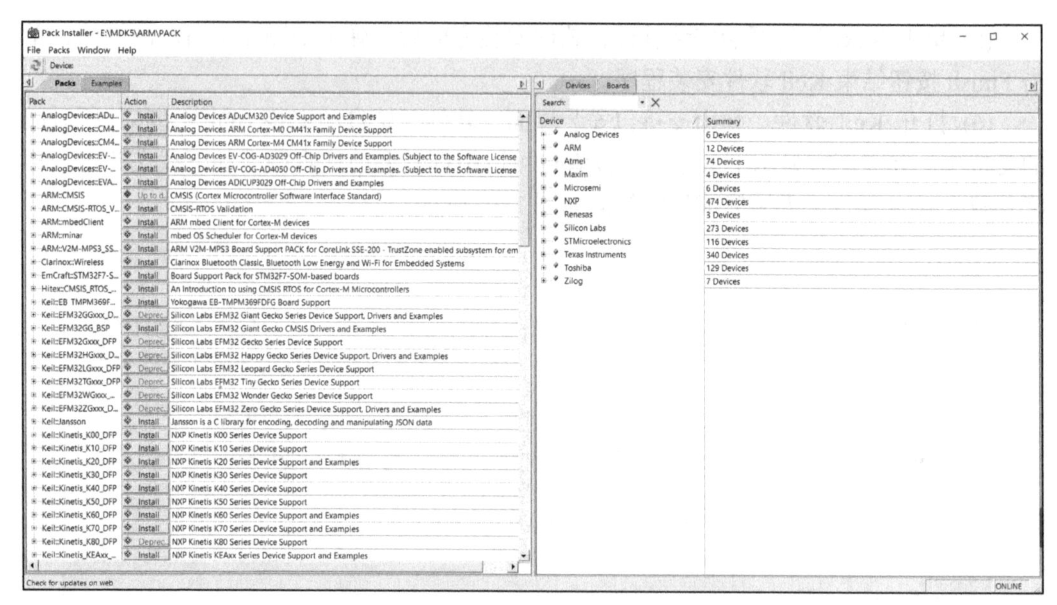

图 1-10　Keil 软件的支持包安装完成界面

1.5.3　硬件仿真器的驱动安装

STM32 系列芯片留有 SWD/JTAG 调试接口，支持硬件调试与仿真，而 ST-Link 仿真器因体积小巧，价格低廉，是目前市面上最常用的硬件仿真器，故在此简要介绍 ST-Link 仿真器驱动安装过程。

(1) 在 ST-Link 厂家提供的 ST-Link 官方驱动包中找到与计算机 CPU 型号相适配的安装文件并运行。弹出如图 1-11 所示的界面。

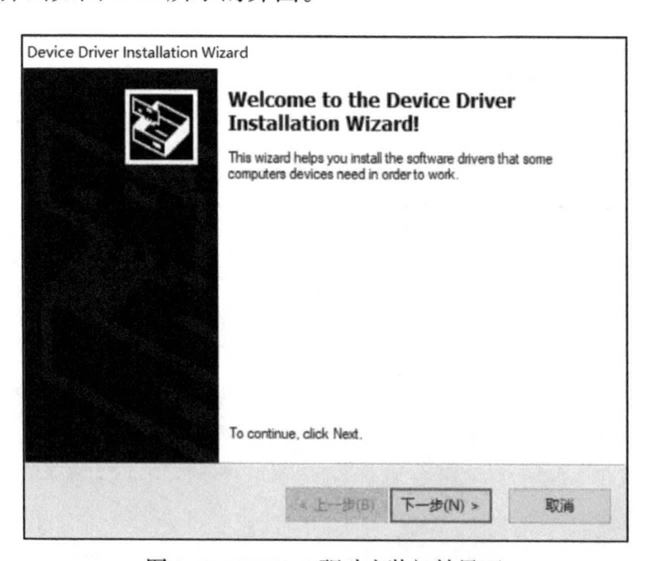

图 1-11　ST-Link 驱动安装初始界面

(2) 单击“下一步”按钮，开始自动安装 ST-Link 驱动，安装成功后出现如图 1-12 所示的界面。

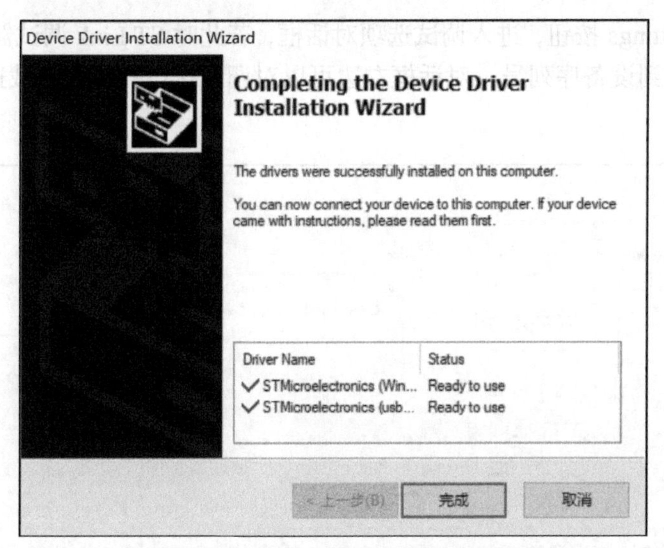

图 1-12　ST-Link 驱动安装完成界面

(3) 插入 ST-Link 仿真器，打开计算机设备管理器，若能在通用串行设备总线一栏下看到 STM32 ST-Link 设备，则说明驱动安装成功，如图 1-13 所示。

图 1-13　计算机设备管理器识别到 STM32 ST-Link 时的界面

1.5.4　驱动程序的配置

(1) 打开 Keil 软件，选择工具栏中的 options 选项，并切换到 Debug 标签，在硬件调试器的下拉列表中找到 ST-Link Debugger 并选择该项，如图 1-14 所示。

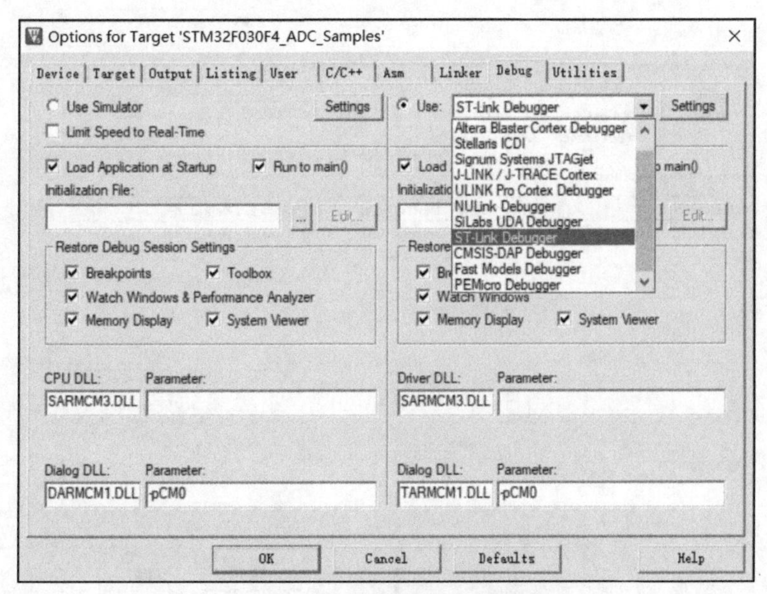

图 1-14　硬件调试器选择对话框

(2) 单击 Settings 按钮，进入调试选项对话框，若此时 ST-Link 调试器已连接 STM32 芯片，则可以看到设备序列号，对话框左边可以对调试接口和最大下载速度进行更改，如图 1-15 所示。

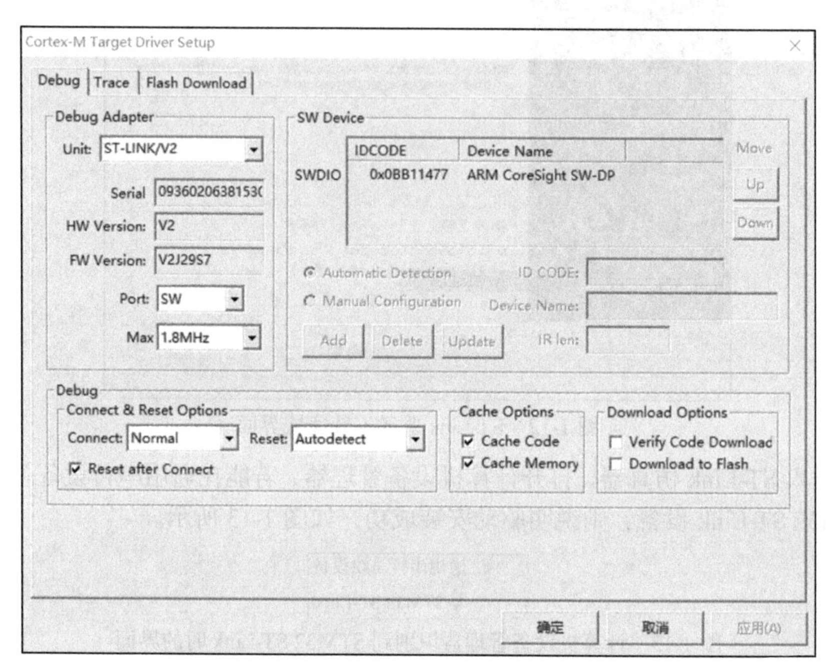

图 1-15　ST-Link 调试器的基本选项配置对话框

(3) 切换到 Flash Download 标签，按图 1-16 进行配置，并根据芯片型号和 Flash 大小

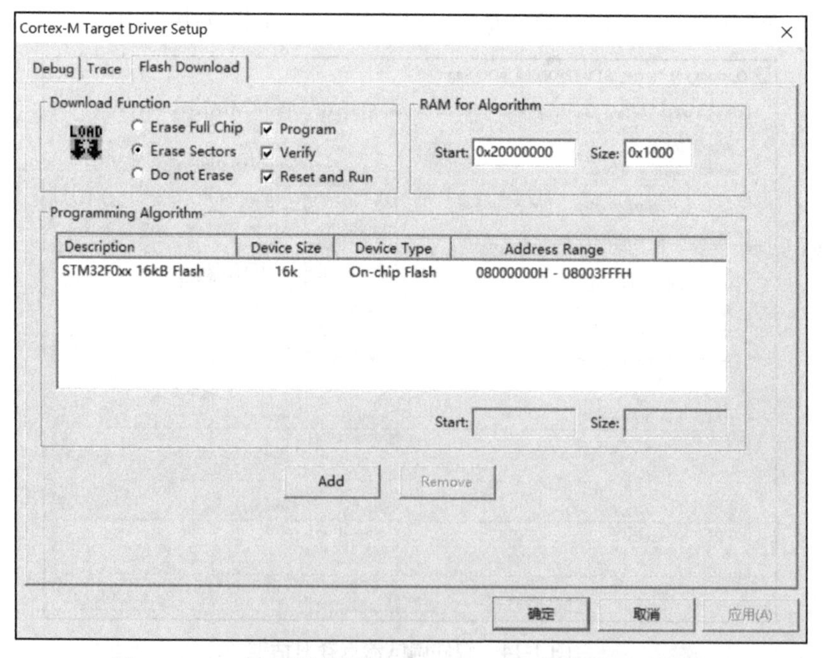

图 1-16　ST-Link 调试器的 Flash Download 标签设置对话框

在下方进行程序下载地址配置。完成后，关闭 option 窗口，便可以使用 Keil 软件进行程序的下载与调试，程序下载与调试功能分别位于主界面的工具栏与导航栏，如图 1-17 与图 1-18 所示。

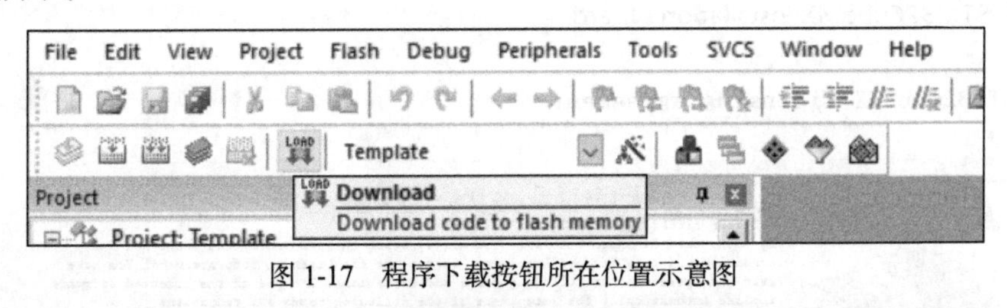

图 1-17　程序下载按钮所在位置示意图

图 1-18　程序调试操作所在位置示意图

1.5.5　STM32CubeMX 软件简介

STM32CubeMX 软件是意法半导体公司(ST)推出的一款适用于 STM32 系列芯片图形化配置的工具，其实现了配置过程中芯片各引脚的功能可视化，开发人员可以通过简单的操作实现诸多配置。配置完成后，软件可以通过图形化向导生成 C 语言代码，且支持 MDK、IAR For ARM、TrueStudio 等多种工具链。

STM32CubeMX 的安装包可以从 ST 官网获取，软件安装之前，需要在计算机上预先安装好 Java 环境。以下是 STM32CubeMX 4.20.0 版本安装过程。

(1) 运行 STM32CubeMX 安装程序，弹出如图 1-19 所示界面，直接单击 Next 按钮进入下一步。

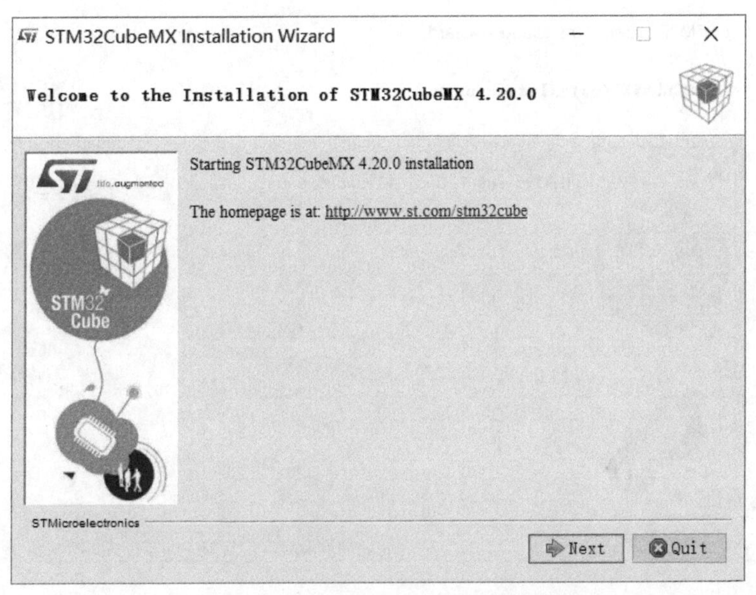

图 1-19　STM32CubeMX 安装启动界面

(2) 弹出 STM32CubeMX Licensing agreement 界面后，选择 I accept the terms of this license agreement 单选按钮，如图 1-20 所示，然后单击 Next 按钮。

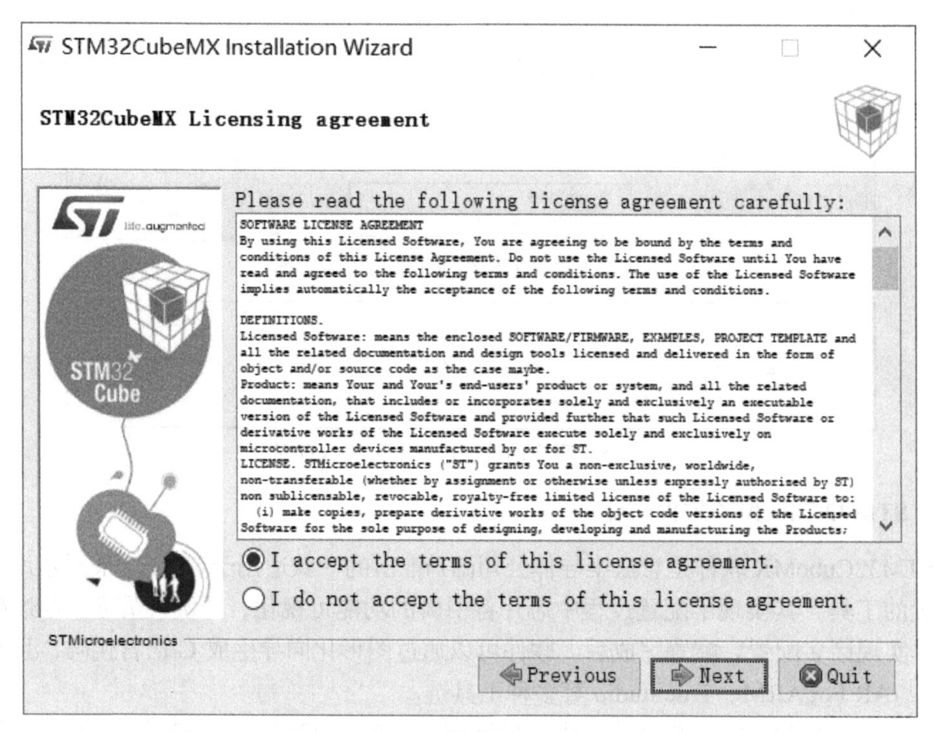

图 1-20　STM32CubeMX 安装中的 Licensing agreement 界面

(3) 选择 STM32CubeMX 的安装路径，建议不要安装在中文路径下，如图 1-21 所示，完成后单击 Next 按钮。

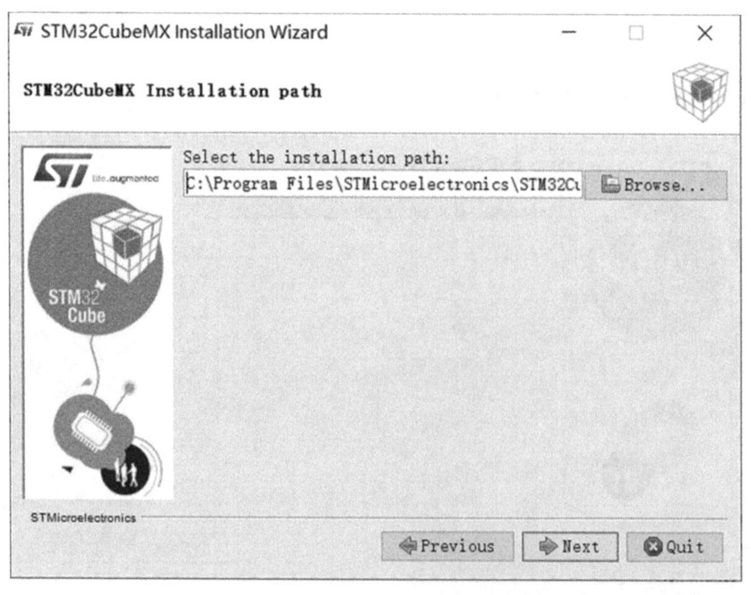

图 1-21　STM32CubeMX 安装路径设置界面

(4) 出现如图 1-22 所示界面后，无需更改设置，直接单击 Next 按钮开始安装。

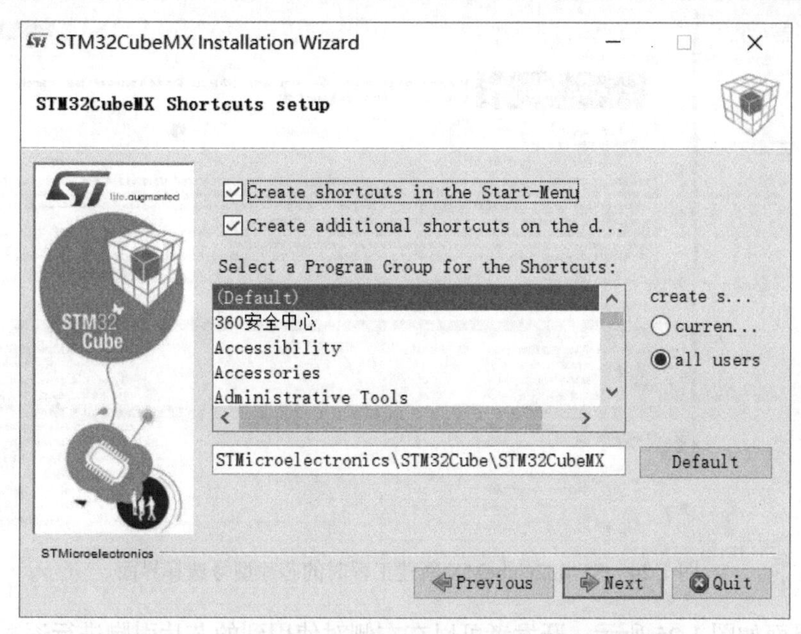

图 1-22　STM32CubeMX 安装中的其他选项配置界面

(5) 安装完成后，出现如图 1-23 所示的界面，说明安装完成，单击 Done 按钮退出安装程序。

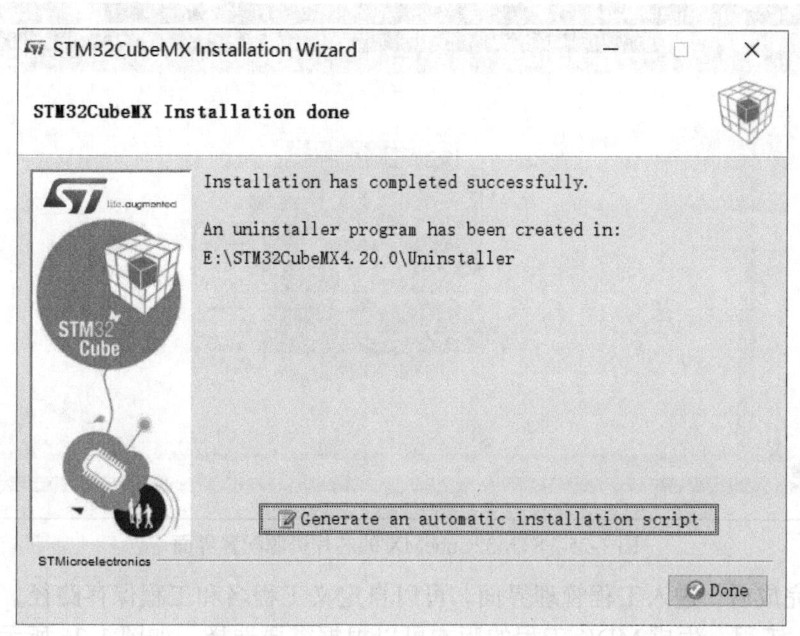

图 1-23　STM32CubeMX 安装完成界面

下载完成后，打开 STM32CubeMX 软件并新建工程，可以根据需要选择 STM32 系列芯片型号，如图 1-24 所示，然后单击 Start Project 按钮进入配置界面。

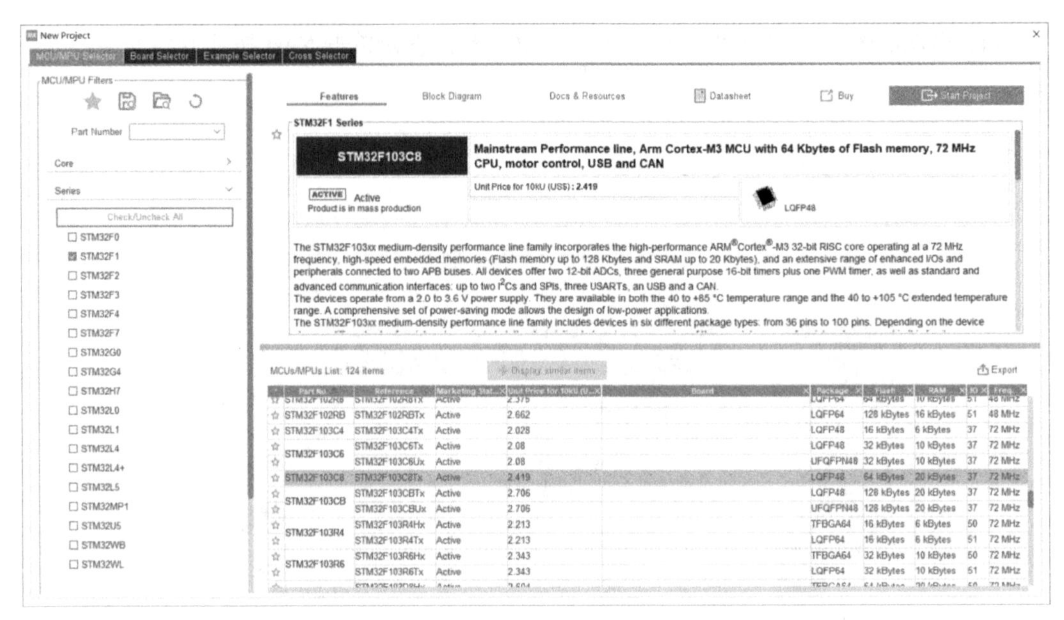

图 1-24　STM32CubeMX 新建工程时的芯片型号选择界面

配置界面如图 1-25 所示，开发者可以在右侧对使用到的芯片引脚进行逐一配置，也可以在左栏根据所需的外设进行配置，软件会将所选配置自动映射到相应的引脚上。

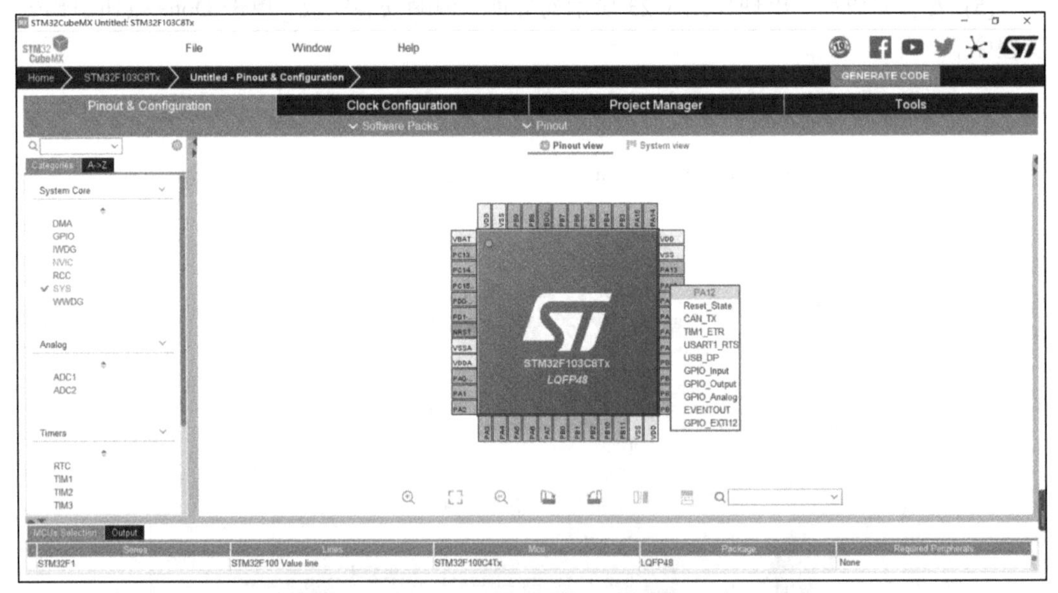

图 1-25　STM32CubeMX 的芯片资源配置界面

配置完成后，进入工程管理界面，可以自定义工程名和工程保存路径，然后选择生成 MDK 工程，生成 MDK 工程的版本可以根据需要选择，如图 1-26 所示。此外，开发人员还可以根据需要在 Code Generator 选项中选择库文件的添加方式、文件的分组方式等，如图 1-27 所示。最后，单击 GENERATE CODE 按钮便可以自动生成 Keil 工程。

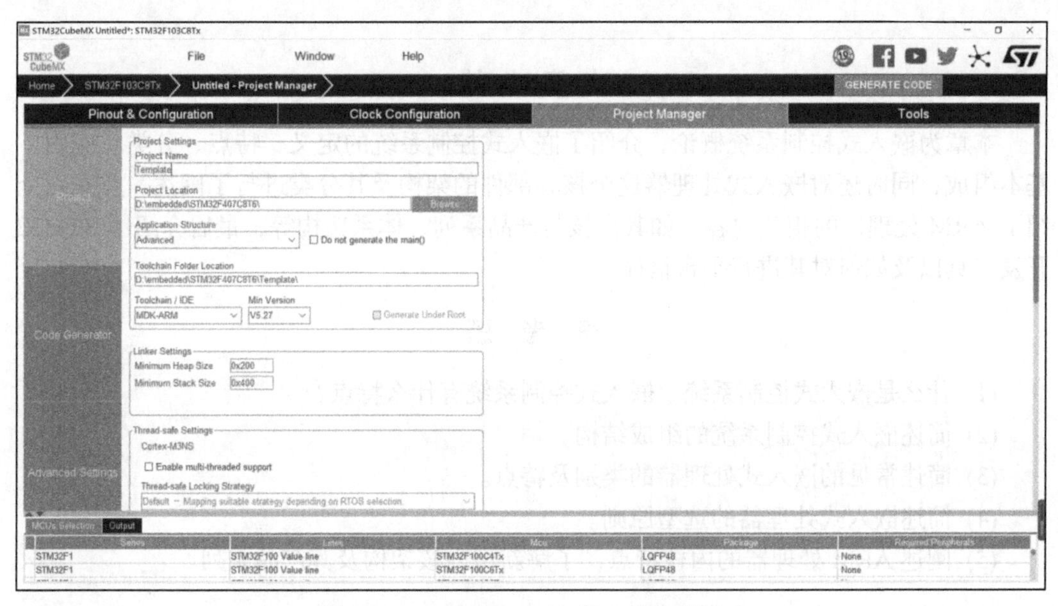

图 1-26　STM32CubeMX 的工程选项界面

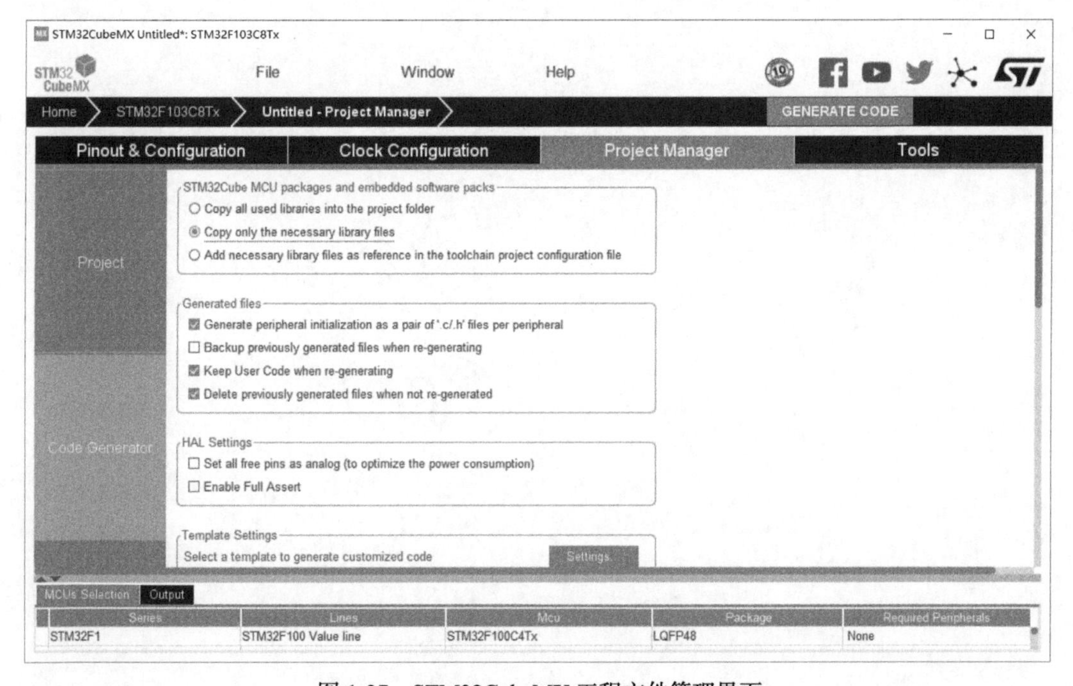

图 1-27　STM32CubeMX 工程文件管理界面

需要注意的是，STM32CubeMX 生成的 Keil 工程是使用 Hal 库(全称 Hardware Abstraction Layer，抽象印象层)来完成对 STM32 系列芯片的开发的，其虽然是目前 ST 公司主推的开发方式，但出现晚于标准库，应用成熟度尚不比标准库。相较于标准库，Hal 库部分解决了在不同型号 STM32 芯片之间的代码移植问题，但上手难度大，执行效率低，读者可以根据自身需求决定是否使用该软件进行开发。

本 章 小 结

本章为嵌入式控制系统概论，介绍了嵌入式控制系统的定义、特点、分类、应用、基本组成，同时还对嵌入式处理器这个核心部件的架构及其分类进行了阐述，并重点介绍了 ARM 处理器的相关内容，如其内核与产品系列、体系架构等，最后介绍了 STM32 开发工具以及如何对其进行平台搭建。

思 考 题

(1) 什么是嵌入式控制系统？嵌入式控制系统有什么特点？

(2) 简述嵌入式控制系统的组成结构。

(3) 简述常见的嵌入式处理器的类别及特点。

(4) 简述嵌入式处理器的选型原则。

(5) 阐述 ARM 处理器的内核特点，了解新型内核架构及其产品系列。

第2章 嵌入式控制系统典型开发流程

2.1 需求分析

需求分析是软件计划阶段的重要活动，也是软件生存周期中的一个重要环节，该阶段是分析系统在功能上需要“实现什么”，而不是考虑如何去“实现”。需求分析的目标是把用户对待开发软件提出的“要求”或“需求”进行分析和整理，确认后形成描述完整、清晰与规范的文档，确定软件需要实现的功能和完成的工作。此外，软件的一些非功能性需求(如软件性能、可靠性、响应时间、可扩展性等)、软件设计的约束条件、运行时与其他软件的关系等也是软件需求分析的目标。

对于软件的用户需求，主要分为以下几个方面。

(1) 业务需求。业务需求从根本上体现了客户和产品开发商的根本利益，规定了客户或组织机构对产品高层次的目标要求。

(2) 用户需求。用户需求规定了用户使用产品必须完成的任务。

(3) 功能需求。功能需求规定了提供给用户使用的产品所具有的基本功能，以满足用户的业务需要。

(4) 非功能需求。非功能需求规定了产品面向用户所展现的外部或内部的属性，以及执行的操作等。

面对多样化的用户需求，为了促进软件研发工作的规范化、科学化，软件领域提出了许多软件开发与说明的方法。在实际需求分析工作中，每一种需求分析方法都有独特的思路和表示法，基本都适用下面的需求分析的基本原则。

(1) 侧重表达理解问题的数据域和功能域。对新系统程序处理的数据，其数据域包括数据流、数据内容和数据结构。而功能域则反映它们关系的控制处理信息。

(2) 需求问题应分解细化，建立问题层次结构。可将复杂问题按具体功能、性能等分解并逐层细化、逐一分析。

(3) 建立分析模型。模型包括各种图表，是对研究对象特征的一种重要表达形式。通过逻辑视图可给出目标功能和信息处理间的关系，而非实现细节。由系统运行及处理环境确定物理视图，通过它确定处理功能和数据结构的实际表现形式。

在面对一个待开发的嵌入式系统时，首先要对客户提出的设想进行整体需求分析，进行任务详细分解，明确需要实现的功能。也就是说，首先要搞清楚到底要做什么，需要实现什么功能，最后达到什么样的要求。

对于客户提出的需求，从他们的角度而言都是正确的，他们对于产品功能有自己的期望，对于产品的定位、设计情况并不了解，所以作为研发人员要合理适时地对其要求进行调整。对于用户提出的不符合实际的要求，研发人员应该及时指出，并进行改正。还需要尽可能多地提炼用户隐含的需求，形成双方确认的文档。

在此过程中，不仅需要研究用户对项目的要求，同时需要查阅大量的中外技术论文，看看国内和国际上类似的项目已经研究到什么程度，开发此项目需要什么技术，重点在哪，难点在哪，做到心中有数。

了解了这些之后，再和用户进行沟通，不断地调整，确定最终意义上的需求，就可以大概估算一下难易程度以及完成此系统开发所需要的时间，这样才能使开发人员进行后续的方案设计、软硬件设计、调试、安装等一系列工程。

对于一个完整的嵌入式系统，需求分析大致从以下几个方面考虑。

(1) 功能要求。

(2) 性能要求。

(3) 成本要求。

(4) 可靠性要求。

(5) 功耗要求。

(6) 体积/外形要求。

需求分析是系统开发中很重要的环节，只有做好全面有针对性的分析，才能尽可能减少在项目开发过程中出现的很多意想不到的问题，缩短开发周期，最大限度地提高效率。

2.2　系统总体设计

2.2.1　设计方案描述

嵌入式控制系统是面向特定应用，完全嵌入受控器件内部，软硬件可配置，对功能、性能、可靠性、成本、体积、功耗严格约束的专用计算机系统。对于嵌入式系统的设计方案，应该按照系统的特点，从硬件和软件出发进行详细的方案设计。在进行整个系统的总体设计时，应该仔细查阅相关资料，从中吸取经验和教训。通常接触到的项目之前肯定已经有人做过，或者做过类似的研究，可以参考项目中的开发经验，使项目的设计方案更加完善，这样有助于更快地投入项目的开发中。

根据嵌入式系统软硬件结合的特点，在考虑开发成本和产品成本的前提下，结合性能要求以满足功能为目标选择主处理器，然后绘制外围功能框图，完成方案的整体设计。这一步很重要，因为如果这一步设计错误，那么整个方案就得推翻重来，不仅浪费了资源，而且拖延了项目的开发周期。

在方案设计时，根据需求搭建相应的硬件电路，同时进行软件设计。在硬件设计时，查阅资料，了解需要什么元器件、传感器，可以采用何种通信方式等，从而可以实现自己的功能。在完成硬件设计后，利用相应的软件开发平台设计软件程序，实现每个模块的功能。在硬件和软件设计完成后，需要分别对软件和硬件进行测试，然后进行联合测试以评估系统的功能和可靠性。

2.2.2　工作总框图绘制

对于一个基于微处理器的应用系统设计过程，其实就是一个不断修改，不断完善的软、硬件协同的设计过程。嵌入式系统的设计流程如图 2-1 所示。

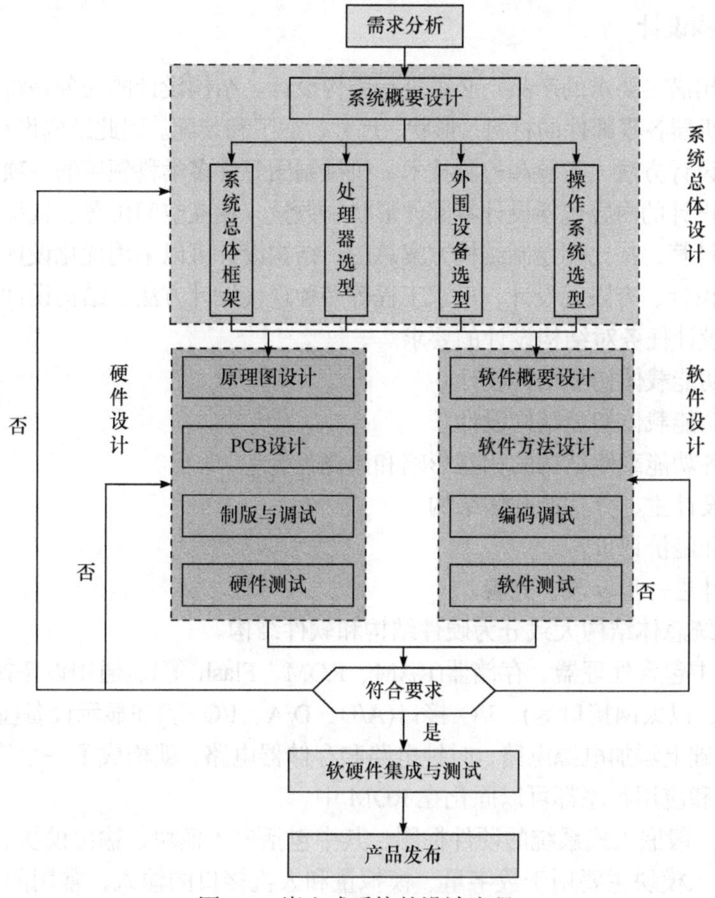

图 2-1　嵌入式系统的设计流程

整个流程大致可以分成系统需求分析、处理器选型、硬件设计、软件设计、硬件调试、软件调试、系统联合调试等几个大步骤。

系统需求分析主要明确系统设计的要求和确定相关的技术、指标，并将其转化为硬件设计和软件设计要求。处理器选型即根据系统运算量的大小、对运算精度的要求、成本限制、体积和功耗等方面的要求选择合适的处理器芯片。硬件设计是指按照硬件指标要求选择合适的器件，从硬件上保证其性能实现的可行性。软件设计是根据软件实现的功能进行功能模块划分以及各模块开发。由于嵌入式系统的工作环境经常存在较强的干扰，在软硬件设计完成之后还需要进行系统的电磁兼容性设计，以保证系统在电磁干扰的环境中正常工作。

整个调试过程可分为三部分：独立的硬件调试、软件调试及系统联合调试。独立的硬件调试保证整个系统中信号的总体流向不发生错误，保证其电源、地以及信号传输正确。独立的软件调试一般借助于嵌入式调试工具，如 Micro-Lab、串口和网络调试助手等，确保各软件模块功能的实现及整个软件功能的实现。系统联调将硬件和软件结合起来调试，将软件脱离开发系统而直接在开发出的硬件系统上进行调试，从中发现问题并作出相应的修改。

2.2.3　总体结构设计

为了生产出满足要求的产品，必须进行结构设计。结构设计的任务是将原理设计方案结构化，确定机器各零部件的材料、形状、尺寸、加工和装配。因此结构设计是涉及材料、工艺、精度和设计方法、实验和检测技术、机械制图等许多学科领域的一项复杂、综合性的工作。结构设计的内容包括设计零部件形状、数量、相互空间位置、选择材料、确定尺寸，进行各种计算，按比例绘制结构方案总图。结构设计可以采用优化设计、计算机辅助设计、可靠性设计、有限元设计、反求工程等多种现代设计方法。结构设计的步骤如下。

(1) 明确设计任务对结构设计的要求。

(2) 主要功能载体初步结构设计。

(3) 各分功能载体初步结构设计。

(4) 检查各功能载体结构的相互影响和协调性。

(5) 详细设计主、分功能载体结构。

(6) 技术和经济评价。

(7) 对设计进一步修改、完善。

嵌入式系统总体结构大致分为硬件结构和软件结构。

硬件结构中包含处理器、存储器(RAM、ROM、Flash 等)、通用设备接口(RS232 接口、SPI 接口、以太网接口等)、I/O 接口(A/D、D/A、I/O 等)和显示设备(显示屏等)。在一片处理器基础上添加电源电路、时钟电路和存储器电路，就构成了一个核心控制模块。其中操作系统和应用程序都可以固化在 ROM 中。

图 2-2 是一般嵌入式系统的硬件框图，其中包括输入模块、输出模块、MCU 模块和通信模块。输入模块主要用于数字量、模拟量和人机接口的输入，常用的人机接口输入有键盘和触摸屏等。输出模块主要用于数字量、模拟量和人机接口的输出，常用的人机接口输出有显示屏和指示灯等。MCU 模块主要的用途是负责协议的转换、输入输出数据的处理等，以保障通信的畅通。通信模块的用途是负责各网络相关数据信息的收发，主要包括串口和网口模块。

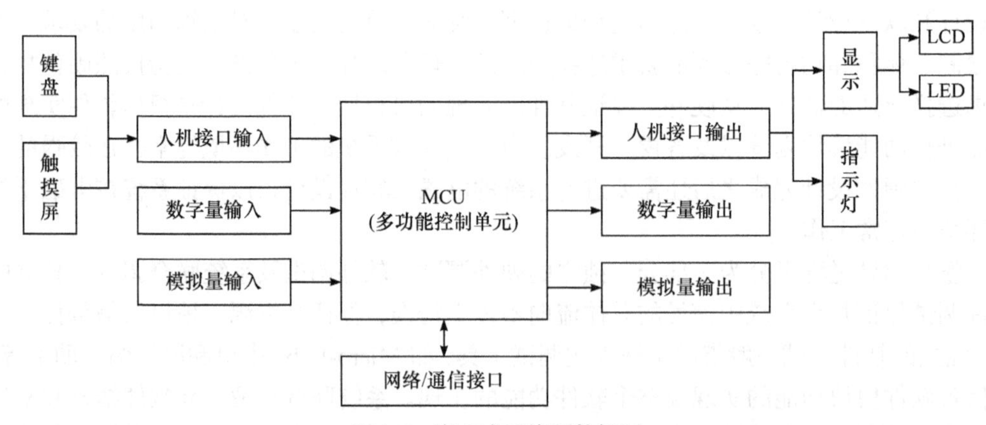

图 2-2　嵌入式系统硬件框图

好的软件结构，可以从宏观和微观的不同层次上描述系统，并将各个部分隔离，从而使新特性的添加和后续维护变得相对简单。一个好的软件结构应该具有以下优点。

(1) 具有相对稳定性、可维护性和可重用性。

(2) 具有强大的处理功能，可降低对硬件的依赖性。

(3) 将不同的任务分布在独立的进程中，有良好的模块化设计。

(4) 拥有完善而统一的日志系统以快速定位问题。

(5) 保证整个系统使用统一的内存分配器，并且可以随时更换。

(6) 便于测试。可测试性是软件设计中一个重要的指标，是系统架构师需要认真考虑的问题。

2.2.4 设计工作筹备

前期的设计工作筹备主要包括团队的建立、资金的筹备和设备的选择。

一个项目的背后都有着一个强大的支撑团队，团队的每一个成员都是重要的组成部分，项目成功的背后是每一个团队成员的辛苦劳动，一个好的团队可以让整个项目工程更加快速、高效地完成。

其次，在设计系统结构时，要充分考虑成本问题，如果一个系统的实现基于昂贵的资金，那这样的设计并不符合实际项目的要求。所以，成本是衡量一个系统好坏的重要条件。

最后，在完成设计任务后，我们就要选择合适的元器件及设备，从而实现整个系统的每种功能。具体介绍请参考 2.3 节。

2.3 系统硬件设计

在电子产品设计的过程中，硬件设计是基础。一般来说，硬件设计的前期是不会出现混乱局面的，如果有，可能是项目负责人制定的方案不完善、不断修改导致的，也可能是设计人员的能力有限。随着产品的现场应用，产品的维护是必然的，不管是改错性维护、功能性维护、完善性维护，还是预期性维护，如果在设计之前没有遵循一个好的技术规范，在维护的过程中就会产生很难避免的混乱，由此造成的维护难度和所付出的代价是很大的，过程上也是痛苦的。因此，硬件设计过程的控制显得尤为重要。

2.3.1 处理器选型

在设计嵌入式应用系统时，芯片的选择是一个非常重要的环节。针对嵌入式系统的特点，主要从功能、性能、可靠性、成本、体积、功耗等方面综合考虑选择处理器的型号。只有选定了芯片，才能进一步设计其外围电路及系统的其他电路，具体的选型原则如表 2-1 所示。

表 2-1 处理器选型

性能	说明	选型约束
运算速度	决定了芯片的处理能力及外围器件的速度	性能约束
运算精度	芯片的字长，即一次可以处理多少位二进制数，常用的有 8 位、16 位、32 位、64 位	性能约束
硬件资源	不同的芯片所提供的硬件资源是不同的，如片内 RAM、ROM 的大小、外部可扩展的程序和数据空间、总线接口、I/O 接口等。即使同一系列的芯片(如 STM32F103)，不同型号的芯片也具有不同的内部硬件资源，可以适应不同的需要	功能约束
价格	根据实际系统的应用情况，需确定一个价格适中的芯片，其中重要的是选择市场销售量较大的芯片，因为销售量大，产量也就大，成本就低。价格昂贵的芯片，即使性能再高，其使用范围也会受到一定的限制	成本约束
开发工具	开发工具是必不可少的，如果有强大的开发工具的支持，则开发时间就会大大缩短。所以在选择芯片的同时必须注意其开发工具的支持情况，包括软件和硬件的开发工具，也包括开发工具的成本	成本约束
功耗	在某些应用场合，功耗也是一个特别需要注意的问题。如便携式的嵌入式设备、手持设备、野外应用的设备等都对功耗有特殊的要求，另外，功耗与发热量、芯片可靠性也直接相关	功耗/可靠性约束

除了上述因素外，选择芯片还应考虑到封装形式、质量标准、供货情况等。有的芯片可能有 DIP、BGA、LQFP 等多种封装形式。有些嵌入式系统可能最终要求的是工业级或军品级标准，在选择时需要注意所选择的芯片是否有工业级或军用级的同类产品。如果所设计的系统不仅仅是一个实验系统，而是需要批量生产并可能有几年甚至十几年更长的生存周期，那么需要考虑所选择芯片的供货情况，如是否已处于淘汰阶段。

常用的嵌入式芯片有意法半导体的 STM32、德州仪器的 TMS320 等，具体如表 2-2 所示，可以根据项目需求进行选择。

表 2-2 处理器型号

生产商	型号	特点
意法半导体(ST)	STM32	以 ARM Cortex-M3 为内核的 32 位微控制器，性能高、成本低、功耗低
德州仪器(TI)	TMS320	软件可编辑器件，哈佛结构，流水线操作，专用的硬件乘法器，特殊的 DSP 指令，快速的指令周期
高通(Qualcomm)	Snapdragon	全合一、全系列智能移动平台，具有高性能、低功耗、智能化以及全面的连接性能表现
爱特梅尔(Atmel)	51 系列	与 8051 指令、引脚完全兼容，基于 Flash 的存储器可擦除和改写，易开发，成本低，市场供应充足
赛普拉斯(Cypress)	PSoC4	可编程嵌入式片上系统，在同一芯片中集成了自定义的模拟和数字外设功能、存储器及 ARM Cortex-M0 微控制器，设计灵活，成本低
飞思卡尔(Freescale)	Kinetis	基于 ARM CortexTM-M4 内核，具有超强可扩展的低功耗、混合信号微控制器，包含丰富的模拟、通信和定时控制外设，提供多种闪存容量和输入输出引脚数量

续表

生产商	型号	特点
海思半导体(Hisilicon)	麒麟 Kirin	移动处理器，高性能
紫光展锐(Vnisoc)	虎贲 T 系列	低端芯片的首选，正在向中高端发展

2.3.2　元器件选择

在设计硬件电路时，需要对不同的元器件有所了解，这样才能有助于我们的选择。面对各式各样的元器件，在选型时，一般遵循如下的基本原则。

(1) 普遍性原则。所选的元器件是被广泛使用验证过的，尽量少使用冷门、偏门芯片，降低开发风险。

(2) 高性价比原则。在功能、性能、使用率都相近的情况下，尽量选择价格比较好的元器件，降低成本。

(3) 采购方便原则。尽量选择容易买到、供货周期短的元器件。

(4) 持续发展原则。尽量选择在可预见的时间内不会停产的元器件，禁止选用停产的元器件，优选生命周期处于成长期、成熟期的元器件。

(5) 可替代原则。尽量选择兼容芯片品牌比较多的元器件。

(6) 向上兼容原则。尽量选择以前老产品用过的元器件。

(7) 资源节约原则。尽量用上元器件的全部功能和引脚。

(8) 便于生产原则。在满足产品功能和性能的条件下，元器件封装尽量选择表贴型、间距宽、封装复杂度低的型号，降低生产难度，提高生产效率。

2.3.3　系统硬件电路设计

完整的硬件电路设计流程如下。

(1) 绘制原理图。在使用元件时，尽量使用标准库中的元件，同时注明元件的标号、内容(如有特殊要求，要包括具体参数，如耐压值等)、封装(必须与元件一一对应，确保其正确性)。

(2) 原理图绘制完成后要进行电气规则检查(ERC)，确保原理图在语法上没有基本错误，去除如标号重复等问题。

(3) 生成 BOM 文件，检查有没有漏掉的元件封装，将其补充完整。

(4) 根据原理图生成相应的网络表(NetList)。

(5) 确定 PCB 图的 KeepOutLayer 边框，调入网络表。这时一般情况下会产生一些错误，修正这些错误要从原理图进行，而不要手工修改网络表或强行装入网络表，尤其注意检查元件与封装的一一对应性。在确认网络表无误后，装入 PCB 图。

(6) 装入网络表后，对元件进行自动布局，或进行手动布局，或者二者结合进行。这部分工作虽然费时但很关键，要认真对待。布局过程中如果发现原理图有错误，要及时修改原理图、更新网络表，并重新将网络表装入 PCB。

(7) 布局完成后，根据要求设定布线的规则(Rules)。这部分要耐心操作，尤其注意线宽(Width Constraint)与安全间距(Clearance Constraint)。

(8) 如果需要，可以考虑对部分重要线路进行手工预布线，如高频晶振、锁向环、小信号模拟电路等，视个人习惯而定，也可等布线后再调整。

(9) 进行自动布线，如果已进行了预布线要选择 LockAllPreRoute 选项。

(10) 根据布线情况，选择 UnRouteAll 撤销布线后调整元件位置，重新自动布线，直到布线基本符合要求为止。如果已进行了预布线，要使用 Undo 来撤销布线，防止预布线和自由焊盘、过孔被删除。

(11) 手工调整布线。地线、电源线、大功率输出等要加粗，走线回路太绕的线要调整，布线过程中如果发现原理图有错误，要及时修改原理图、更新网络表，并重新将网络表装入 PCB。

(12) 完成后根据具体需要(如需要在地线和大地之间加装高压片容、部分安装螺丝要接地等)，在原理图中先进行修改，再生成网络表装入 PCB，确保原理图与 PCB 一一对应。原理图中无法修改的，手工修改 PCB 的网络表，但应尽量避免或尽量少地作手工改动。

(13) 布线完成后进行设计规则检查(DRC)，确保线宽与线间距等指标符合要求。

(14) 切换到单层模式下，对单层的走线稍作调整使其整齐美观，注意不要影响到其他层。

(15) 调整元件标号到合适位置，注意不要放到焊盘、过孔上和元件下方，以免失去指导意义。标号一般使用(40,8)mil。元件内容进行隐藏。

(16) 根据具体需要，加补泪滴焊盘(Tear Drops)，对于贴片板和单面板推荐加补。

(17) 进行 DRC，确保加补泪滴焊盘后不会造成焊盘、过孔与其他走线之间的距离过近。

(18) 根据具体需要，将安全间距暂时改为 40～60mil，进行敷地，敷地范围不要跨越不同的电源区域。再对敷地进行手工修整，去除不整齐和有凸起的地方。

(19) 再进行一次 DRC，确保敷地不会影响设计规则。

2.3.4 系统硬件电路的计算机辅助设计

在工程和产品设计中，计算机可以帮助设计人员负担计算、信息存储和制图等工作。在设计中通常要对不同方案进行大量的计算、分析和比较，以决定最优方案；各种设计信息，无论是数字的、文字的或图形的，都能存储在计算机内，并能快速地检索；设计人员通常从草图开始设计，将草图变为工作图的繁重工作就可以交给计算机来完成；利用计算机可以进行图形的编辑、放大、缩小、平移和旋转等有关的图形数据加工工作。

在嵌入式系统硬件设计时，通常会使用到 Cadence、Protel DXP、Altium Designer 等电路设计软件。每种软件都有自己的特点，用户可以根据自己的喜好选择。

Cadence 作为流行的 EDA 工具之一，以其强大的功能受到广大 EDA 工程师的青睐。Cadence 可以完成整个 IC 设计流程的各个方面，如电路图输入、电路仿真、版图设计、版图验证、寄生参数提取以及仿真。此外，Cadence 开发了自己的编程语言 Skill 以及相应的编译器，整个 Cadence 可以理解为一个搭建在 Skill 语言平台上的可执行文件集。相较于 Altium Designer，它的功能更加强大，工具更为全面，适合高速布线，适用于做大量信号完整性分析的电路。

Protel DXP 是第一个将所有设计工具集于一身的板级设计系统，电子设计者从最初的项目模块规划到最终形成生产数据都可以按照自己的设计方式实现。Protel DXP 运行在优化的设计浏览器平台上，并且具备当今所有先进的设计特点，能够处理各种复杂的 PCB 设计过程。通过设计输入仿真、PCB 绘制编辑、拓扑自动布线、信号完整性分析和设计输出等技术融合，Protel DXP 提供了全面的设计解决方案。

Altium Designer 是原 Protel 软件开发商 Altium 公司推出的一体化的电子产品开发系统，主要运行在 Windows 操作系统上。这套软件通过把原理图设计、电路仿真、PCB 绘制编辑、拓扑逻辑自动布线、信号完整性分析和设计输出等技术完美融合，为设计者提供了全新的设计解决方案，使设计者可以轻松进行设计，熟练使用这一软件必将使电路设计的质量和效率大大提高。

Altium Designer 除了全面继承 Protel DXP 在内的先前一系列版本的功能和优点外，还增加了许多改进和很多高端功能。该平台拓宽了板级设计的传统界面，全面集成了 FPGA 设计功能和 SOPC 设计实现功能，从而允许工程设计人员将系统设计中的 FPGA 与 PCB 设计及嵌入式设计集成在一起。由于 Altium Designer 在继承先前 Protel 软件功能的基础上，综合了 FPGA 设计和嵌入式系统软件设计功能，因此无论是 Protel DXP 还是 Altium Designer，都是硬件电路设计必不可少的计算机辅助工具，主要完成如下功能。

(1) 原理图设计。

(2) 印刷电路板设计。

(3) FPGA 的开发。

(4) 嵌入式开发。

(5) 3D PCB 设计。

2.3.5 系统硬件电路调试

在硬件电路设计完成、焊接 PCB 电路后需要电路的调试，但在此之前，我们需要先进行调试前的常规检测，以免发生短路等现象，影响调试。

(1) 观察有无短路或断路情况。

(2) 在调试嵌入式硬件系统前，应确保电路板的供电电源有良好的恒压恒流特性。一般供电电源使用开关电源，且电路板上分布有均匀的电解电容，每个芯片均带有 104 独石或瓷片电容，保证其供电电压保持在(3.3±0.05)V。电压过低，通过 JTAG 接口向 Flash 写入程序时会出现错误提示；电压过高，会损坏芯片。另外，由于在调试时要频繁对电路板通断电，若电源质量不好，则很可能在突然上电时因电压陡升而损坏芯片，这样会造成经济损失，又将影响项目开发进度。因此，在调试前应该高度重视电源质量，保证电源稳定可靠。

(3) 加电后，应用手感觉是否有芯片特别热。如果发现有些芯片烫得特别厉害，需要立即关掉电源重新检查电路。

(4) 排除故障后，应检查晶体是否振荡，复位是否可靠；然后用示波器检查芯片时钟引脚信号是否正常。

(5) 看仿真器能否与目标连接。把 PC 与仿真器连接，仿真器与目标电路板正确连接，目标板通电。

(6) 如果不能检测到 CPU，则查看是否有遗漏元件未焊接，更换一个正常电路板检查开放环境中是否可用，检查电路原理图和 PCB 连接是否有误，元件选择是否有误，芯片引脚是否存在短路或断路，JTAG 接口的几条线上是否有短路或断路，数据线、地址线上是否有短路或断路，是否有 READY 信号错误等。排除错误后则表明芯片本身工作基本正常。在硬件调试时，必须首先进行最小系统的检测，为以后的调试打下基础。

备注：最小系统硬件包括电源电路、复位电路、时钟电路及 JTAG 接口电路，这些信号线分别与芯片对应引脚相连接。

在调试过程中如果出现问题，不能完成要求功能，则可以按照以下步骤进行。

(1) 关掉电源，用手感觉是否有些芯片特别热。若是，则需要检查元器件与设计要求的型号、规格和安装是否一致(可用替换方法排除错误)；重新检查这一功能模块的供电电源电路。

(2) 如果这一功能模块需要编写程序来配合完成，则更换确定正确的程序再调试，以此确定是软件问题还是硬件问题。

(3) 已知信号输出的顺序，用示波器观察模块的每个环节是否都能输出所需波形，如果某一环节出错，则复查前一环节，这样便能找到是哪个环节出现错误，将问题锁定在一个较小范围内。

(4) 检查出错环节电路的原理图连接是否正确。

(5) 检查出错环节电路原理图与 PCB 图是否一致。

(6) 检查原理图与器件 datasheet 上的引脚是否一致。尤其是在电路图与 PCB 中，引脚与实际芯片不一致是初学者经常遇到的一个问题。

(7) 用万用表检查是否有虚焊、引脚短路现象。

2.3.6　系统硬件可靠性设计

在 PCB 设计过程中，通常会考虑以下因素来提高硬件的可靠性。

(1) 输入/输出标号。电源以及输入/输出要有标号，便于电路焊接和调试。对于插座，没有反插措施的需要明确标明顺序。具有正负极的元件要有标号，如极性电容、二极管等，防止元件焊反。

(2) 输入电源保护。电路中电源一定要有指示灯，电源输入要有保护电路以免输入电源接反。

(3) 手动复位，测试程序。在 CPU 电路中一定要有手动复位，要有程序测试引脚，如接一个二极管。

(4) 在嵌入式系统的电路板设计中，无论是否有专门的地层和电源层，都必须在电源和地之间加上足够的并且分布合理的电容。一般在电源和地的接入端会放置多个不同容值的电容进行并联，再将其余的大电容均匀地分布在电源和地的主干线上。设计中时钟的供电电源与整个电路板的电源一般是分开的，二者的电源通过 25μH 的电感相连，布板时还可以将两个组件尽可能靠近并对称，当采用多层电路板时，时钟信号频率越高，其布线要求也就越高。

在系统的硬件可靠性设计中，以下列出了一些有助于提高设计成功率的建议。

(1) 制定一个详细的系统框图，要反映出所有的器件(处理器、ADC、DAC、视频、音频、PLL、DDR 等)对电源的需求。

(2) 计算所需要的电流。建议在总电流预算的基础上增加 50%的裕度，这有助于系统更好地处理动态过程。

(3) 对噪声敏感电路要多加关注，如 ADC、DAC、模拟视频/音频电路及 PLL 等，如果有可能，最好用高电源抑制比的线性稳压器将这些电路隔离，避免用开关式稳压器为这些电路供电。

(4) 做好布局规划。令开关电源远离模拟电路和高速电路，最好将噪声电源安放在 PCB 的一角。

(5) 选择电源拓扑结构，并着手进行电路的设计和布局。

2.4　系统软件设计

2.4.1　软件方案设计

嵌入式软件的开发模式与一般应用软件的开发模式的开发过程存在着较大的差异，它在开发过程中首先要考虑代码在不同接入硬件系统中的兼容性，同时需要在代码的编译过程中交叉编译，这些问题给软件的研发带来很多问题和要求，导致在软件的研发过程中，无法灵活地适应市场的变化随时发生调整。利用多平台的研发条件及套件式交付的方式能够最大限度地利用研发平台和实现资源的共享，有效提高产品的质量和缩短研发的时间以适应市场的需求，降低研发成本，这是未来嵌入式软件研发的趋势。

在嵌入式软件的研发过程中，准备阶段包括获取开发套件和与开发环境集成，编码阶段是利用终端模拟器进行反馈的过程，在这个过程中，工程师进行相关的应用程序的编写，以及进行运行程序的编译，完成后进行初步的运行和调试，通过自动写入终端模拟器进行反馈，如果有缺陷，则会进行缺陷部分程序的重新编写。

集成调试的反馈建立在编码基础上，调试正常的编码进行应用程序的归档，归档完成后进行集成的编译，并进行运行和调试，集成的编译通过编入目标系统完成试运行，并完成整个过程的试用报告，在运行过程中如果存在漏洞，则会重新进入终端模拟器，寻找发生漏洞的编码并进行漏洞的修复。

嵌入式软件在应用架构过程中分为三个层面：接入层、应用层和基础层。用户通常通过计算机接入、手机接入和遥控接入这三种常见的方式进入软件，实现特定的功能。嵌入式软件系统结构图如图 2-3 所示。

嵌入式软件的各个层面通过协调完成设备的预定功能，通过接入目标设备的接口以及各个设备之间的通信实现整个系统的运行。在接口层首先存在接入的要求，这些要求是实现功能的预设。可以通过接入及用户的功能要求进行具体的配置，制定出符合特定要求的软件系统。

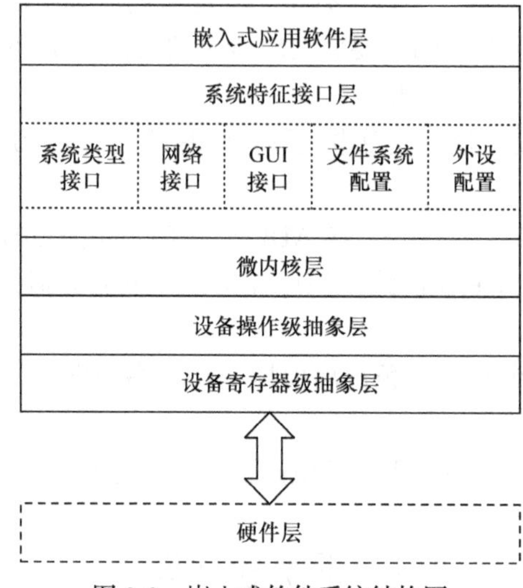

图 2-3　嵌入式软件系统结构图

进行功能控制和管理的是内核层，这个层面主要进行任务的管理和分配调度，而其他的应用组件如网络协议和数据库等可以通过存储实现复用，以尽量减少软件进行系统烧入的时间，同时用户可以根据自己的需求进行配置，这就使得软件的应用范围更加广阔。

设备的操作层中对硬件的功能进行封装，通过对各种操作系统的硬件功能提供统一的软件接口，保证软件在烧录过程中的成功移植，这个过程实际上也实现了硬件操作过程中代码的复用过程。这种方式可以应用到其他嵌入式系统的开发利用中，针对不同的芯片进行对应编码的编写与存放，实现对不同系统中同一功能元件的代码复用。

2.4.2　驱动程序设计

在嵌入式芯片中，提供了很多外部存储器接口、串口、通用输入/输出端口(GPIO)、可编程数字锁相环(DPLL)、计时器、DMA 控制器、A/D 转换器等设备。对于不同的系统，我们需要设计不同的驱动模块，实现相应的功能。在此，以 A/D 转换器为例，介绍 A/D 驱动程序的设计。

图 2-4 为 ADC 内部结构框图，主要由通道选择、采样保持电路、时钟电路、电阻电容阵列等组成。

图 2-5 为 ADC 的转换时序图。

ADC 可编程时钟分频器之间的关系表示如下：

ADC 时钟=CPU 时钟/(CPUCLKDIV+1)

ADC 转换时钟=ADC 时钟/(2×(CONVRATEDIV+1))(必须≤2MHz)

ADC 采样保持时间=(1/ADC 时钟)/(2×CONVRATEDIV+1+SAMPTIMEDIV)(必须≥40μs)

ADC 总转换时间=ADC 采样保持时间+13×(1/ADC 转换时钟)

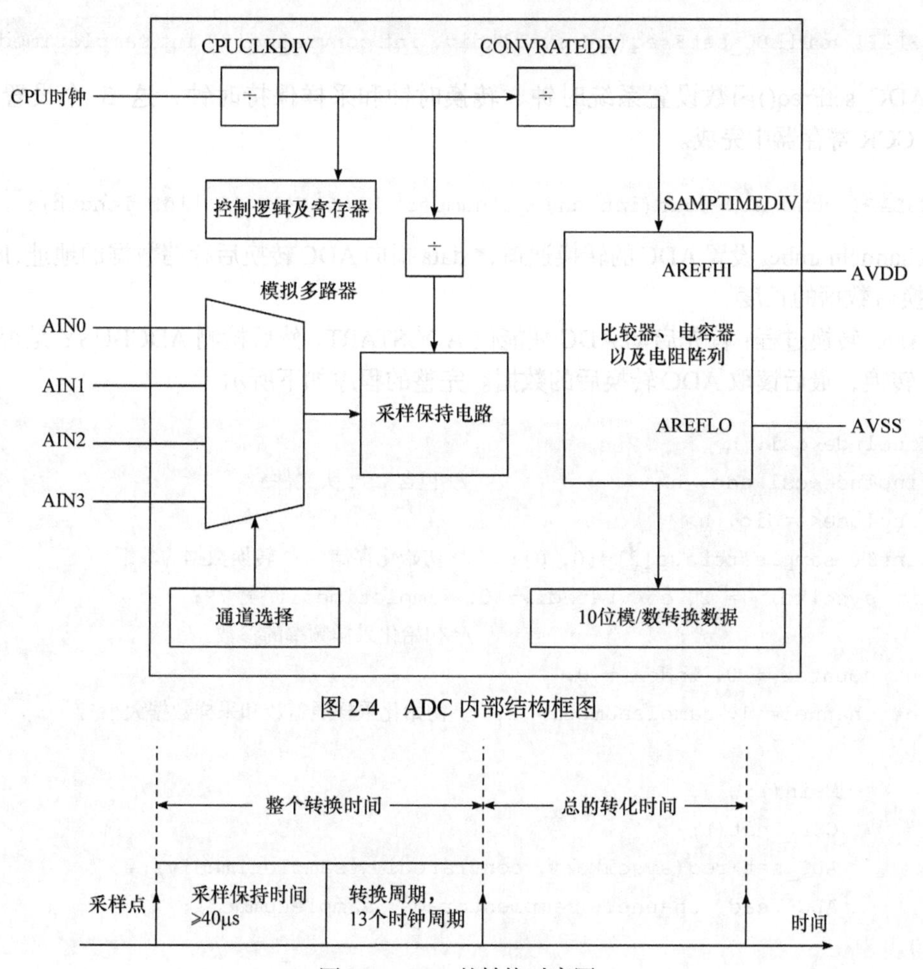

图 2-4　ADC 内部结构框图

图 2-5　ADC 的转换时序图

ADC 不能工作于连续模式下。每次开始转换前，芯片必须把 ADC 控制寄存器(ADC-CTL)的 ADCSTART 位置 1，以启动模/数转换器进行转换。当开始转换后，芯片必须通过查询 ADC 数据寄存器(ADCDATA)的 ADCBUSY 位来确定采样是否结束。当 ADCBUSY 位从 1 变为 0 时，标志转换完成，采样数据已经被存放在数/模转换器的数据寄存器中。

ADC 外设需要设置两种基本的操作。

(1) 设置 ADC 的采样时钟包括：

ADC 时钟=CPU 时钟/(CPUCLKDIV+1)

ADC 转换时钟=ADC 时钟/(2×(CONVRATEDIV+1))(必须≤2MHz)

ADC 采样保持时间=(1/ADC 时钟)/(2×CONVRATEDIV+1+SAMPTIMEDIV)(必须≥40μs)

(2) 读数据操作。这些操作通过 CSL 函数 ADC_setFreq()和 ADC_read()实现。通常先使用 ADC_setFreq()配置采样率，然后使用 ADC_read()读取 ADC 转换的数据。

```
CSLAPI void ADC_setFreq(int sysclkdiv, int convratediv, int sampletimediv);
```

ADC_setFreq()函数设置系统时钟、转换时钟和采样保持时钟，这 3 个设置都在 ADC-CCR 寄存器中完成。

```
CSLAPI void ADC_read(int channelnumber, Uint16* data, int length);
```

channelnumber 设置 ADC 的转换通道，* data 指向 ADC 转换后存储数据的地址，length 是转换后数据的长度。

ADC 转换过程：首先启动 ADC 使能位 ADCSTART，然后检测 ADCBUSY 是否完成 ADC 转换，最后读取 ADC 转换后的数据。完整的程序如下所示。

```
#include<csl. h>
#include<csl_adc. h>                /*包含 CSL 头文件*/
#include<stdio. h>
Uint16 samplestorage[2]={0, 0};    /*初始化存储 ADC 转换数据的数组*/
int sysclkdiv = 2, convratediv= 0, sampletimediv = 79;
                                   /*初始化采样频率的参数*/
int counter = 0, index = 0;
int channel= 1, samplenumber= 2;  /*初始化采样通道数和采样数据大小*/
 {
       Main();
       CSL_init();
       ADC_setFreq(sysclkdiv, convratediv, sampletimediv);
       ADC_read( channel, samplestorage, samplenumber);
 }
```

2.4.3　软件抽象层设计

在系统软件框架中，抽象层负责应用层和驱动层的连接。抽象层主要以模块化的思想对数据包及协议报文进行预处理，对各个设备模块进行管理配置和监控，协调各模块间的功能接口。抽象层参与多个对象的管理，使用户能够跟踪到更底层的东西，对系统的适用性和管理效率都有所提高，而且可以提供丰富的调试手段和实时监控功能。

图 2-6　抽象层任务模块框图

一般而言，抽象层任务模块主要包括调度控制管理、通信接口管理、读写时钟管理和 I/O 接口管理等。在实现时主要考虑功能接口的实现，各个管理任务将底层驱动进一步封装，最终实现与应用层的友好接口连接。一般的抽象层任务模块框图如图 2-6 所示。

2.4.4　软件应用层设计

应用层主要完成采集器的各种功能任务，针对不同的需求，完成不同的系统要求。

对于一个完整的系统来说，应用层任务模块一般包括系统状态指示、系统时钟管理、通信任务、查询任务、控制任务等。其中，所有的任务管理都是以系统时钟管理为基础的，故应用层任务管理的前提是管理好系统时钟。应用层任务模块及相关关系框图如图 2-7 所示。

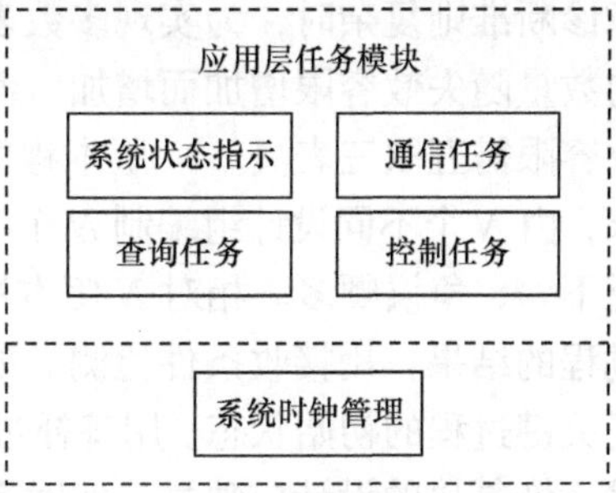

应用层任务模块
系统状态指示　通信任务
查询任务　控制任务
系统时钟管理

图 2-7　应用层任务模块及相关关系框图

2.4.5　软件可靠性设计

在常规的软件设计中，需要应用一定的方法和技术，使程序设计在兼顾用户的各种需求时，全面满足软件的可靠性要求。可靠性设计一般有四种类型：避错设计、查错设计、改错设计和容错设计。

1. 避错设计

避错设计使用的技术和方法如输入数据的滤波计数、未使用中断和存储器处理技术、选用经过分析测试和验证的商品软件以及对自开发软件重用的确认。

避错设计必须遵循两条原则如下。

(1) 控制程序的复杂度、模块独立性、合理的层次结构和接口关系简单。

(2) 与用户保持紧密联系，按 PDCA(Plan Do Check Action)循环法工作。了解任务、明确目标、制定计划，按计划执行，前进一步检查一步、自检评审，根据检查结果采取措施。PDCA 反复循环，可以有效提高产品质量。在软件研制流程中，概要设计以软件产品需求规格说明为依据，对产品的体系结构作出精确的描述。经验表明，概要设计引入的缺陷影响很大，是可靠性设计的一个重要环节。

2. 查错设计

查错设计分为被动式检测和主动式检测。被动式检测在程序关键部位设置检测点，尽可能地在源头发现错误征兆，及时处理。例如，检纠错码、判定数据有效范围、检查累加和、识别特殊标记(如帧头帧尾码)、口令应答(例如，在各个过程中设置标志，并与前一个过程的标志匹配检查，满足准则，可继续进行)、地址边界检查等方法。主动式检测如定时或低优先级巡检。嵌入式系统因受资源约束，一般较少采用主动式检测。

3. 改错设计

改错设计的期望是具有自动改正错误的能力。这个目标需要较强的处理能力，目前更普遍的做法是限制软件错误的有害影响程度。例如，嵌入式系统通常采用的纠错码等。

4. 容错设计

容错设计概念通常提及的是多数表决、N 版本、恢复块等方法。多数表决常用于故障诊断准则复杂时，为实现多数表决，要求系统有奇数个并行冗余单元。并行冗余单元的数量随失效容限增加而增加，例如，三取二表决可得一次故障失效容限，二次故障失效容限需五取三表决。*N* 版本程序设计指为达到非零失效容限，对于给定的同一软件需求，由 *N* 个不同设计组编制 *N* 个不同的程序，在 *N* 个独立的计算机上运行。*N* 版本法褒贬不一，争议颇多。相对 *N* 版本法，恢复块法对系统要求较宽松。恢复块法为对于关键过程的结果，用接收条件检测。如果结果与接收条件相符，则进入下一步程序，否则恢复关键过程的初始状态，用替补过程(恢复块)重新处理后，再进行接收测试，重复上述步骤。恢复块的设计应独立，实时系统应有计时检测，接收测试条件是否充分必要是恢复块的关键之一。

除此之外，在软件可靠性设计中也要考虑软件抗干扰的能力。软件抗干扰技术是当系统受干扰后使系统恢复正常运行或输入信号受干扰后去伪求真的一种方法，例如，利用软件手段检查并纠正错误，是抑制进入系统后的干扰的危害和切断干扰的强有力手段。

电磁干扰对软件运行的主要影响及抑制措施如下。

(1) “跑飞”。程序的正常运行次序被打乱，或进入错误工作程序，或在内存中形成不可控转移。程序“跑飞”还可能冲掉系统运行的状态参数或其他重要数据。使“跑飞”的程序能迅速纳入正轨，采用软件拦截技术(指令冗余、软件陷阱)较有效。

(2) “死锁”。程序“跑飞”后进入某个死循环，或 CPU 停止工作，总线进入死态，致使整个计算机停止运行。“看门狗”技术就是专门解决程序“死锁”的。

(3) 冲掉数据。冲掉数据主要是 RAM 中的数据。工程实践表明，干扰仅使 RAM 中个别的数据丢失，并不会冲毁整个 RAM 区。因此利用数据冗余技术就能有效地保护 RAM 中的数据。

另外，在软件设计中，还有容错技术、标志技术、数字滤波技术、程序自恢复技术等，它们都是行之有效的抗干扰方法。

2.5　系统电磁兼容性设计

随着电子设备的灵敏度越来越高，并且接收微弱信号的能力越来越强，电子产品频带也越来越宽，尺寸越来越小，并且要求电子设备抗干扰能力越来越强。电器、电子设备工作时所产生的电磁波容易对周围的其他电气、电子设备形成电磁干扰，引发故障或者影响信号的传输。

嵌入式系统所处的电磁环境更加恶劣和复杂，其应用的可靠性、安全性就成为一个异常突出的问题。因此，有效地抑制嵌入式系统内部和外部的电磁噪声干扰，是嵌入式系统在实际运行环境中能够长期稳定工作的重要保证，也是嵌入式系统电磁兼容性设计的主要内容。

2.5.1　电磁干扰及其危害

电磁干扰(Electromagnetic Interference，EMI)是指电子设备自身工作过程中产生的电磁波，对外发射，从而对设备其他部分或外部其他设备造成干扰，引起设备、系统或传播通道的性能下降。

电磁干扰形成需要三个要素。

(1) 电磁干扰源。电磁干扰源是指产生电磁干扰的任何电子设备或自然现象。

(2) 耦合途径。耦合途径是指将电磁干扰能量传输到受干扰设备的通道或媒介。

(3) 被干扰的敏感设备。被干扰的敏感设备是指受到电磁干扰的设备。

电磁干扰的耦合途径可分为传导耦合和辐射耦合两种。传导耦合主要是指沿电源线或信号线传输的电磁耦合。电子系统内各设备之间或电子设备内各单元电路之间存在各个连线，如电源线、传递信号的导线和公用地线等，这样就可能使一个设备或单元电路的电磁能量沿着这类导线传输到其他设备和单元电路，从而造成干扰。辐射耦合是指通过空间传播进入设备的电磁干扰。干扰源的电源电路、输入/输出信号电路和控制电路等导线在一定条件下都可以构成辐射天线。若干扰源的外壳流过高频电流，则该外壳本身也成为辐射天线。在 PCB 中，电磁能通常存在两种形式，即差模 EMI 和共模 EMI。

电磁干扰有许多危害，主要有以下几个方面。

(1) 对电子系统、设备的危害。电磁干扰有可能使系统或设备的性能发生有限度的降级，甚至可能使系统或设备失灵，干扰严重时会使系统或设备发生故障或损坏。

(2) 对武器装备的危害。现代的无线电发射机和雷达能产生很强的电磁辐射场。这种辐射场能引起装在武器装备系统中的灵敏电子引爆装置失控而过早启动；对制导导弹会导致偏离飞行弹道和增大距离误差；对飞机会引起操作系统失稳，航向不准，高度显示出错，雷达天线跟踪位置偏移等。

(3) 电磁能对人体的危害。电磁能一旦进入人体细胞组织就会引起生物效应，即局部热效应和非热效应。电磁辐射引起人体病变的症状有头晕、乏力、记忆力减退、心悸、多汗、脱发和睡眠障碍等。

2.5.2 电磁兼容性基本概念

电磁兼容性(Electromagnetic Compatibility，EMC)是指电子装置在预定的工作环境条件下，既不受周围电磁场的影响，也不影响周围环境，不发生性能变异或误动作，而按设计要求工作的能力。可见，电磁兼容性就包括两方面的内容：系统电磁干扰能量的发送和系统对电磁干扰噪声的敏感度。电磁噪声具有传导性或辐射性的特征。具体地讲，它是通过导体传递或空间辐射对本系统或其他系统产生干扰的。为了保证产品具有良好的电磁兼容性，在产品研制设计初期就应该严格按照电磁兼容的相关标准进行系统、规范的设计，并应将其贯穿到产品研制的整个过程之中。电磁兼容是一门新兴的综合性边缘学科，它主要研究电磁波辐射、电磁干扰、雷击、电磁材料等方面。

嵌入式系统的电磁兼容性设计，就是要保证系统内每一单元、组件、部件在人们为其设定的工作环境下，抵抗自身产生的电磁噪声的相互干扰和其他来源的电磁噪声干扰的能力强，不因电磁干扰而产生误动或性能下降。系统本身不应成为一个噪声源，它产生的电磁噪声的传导和辐射量在规定的范围内。

2.5.3　电磁兼容性设计

电磁兼容性设计就是在嵌入式系统设计中考虑抑制电磁干扰，就是通过抑制产生电磁干扰的三个要素，对其中任何一个要素进行有效的控制，都会增强系统的电磁兼容能力。所以对嵌入式系统电磁兼容性设计的基本原则是抑制干扰源，切断干扰的耦合途径，提高敏感器件的抗干扰性。下面分别从这三个方面讨论嵌入式系统电磁兼容设计时需采取的措施。

1. 抑制干扰源

干扰源是客观存在的，要有效抑制干扰，首先就是要找到干扰源。抑制干扰源的原则就是要尽可能减小干扰源的 du/dt 和 di/dt。针对嵌入式系统，可采用下列措施。

(1) 尽量使用满足系统指标的最低时钟频率和最缓时钟边缘。

(2) 对于高速芯片，可采用内部 PLL 提升外部低频时钟。

(3) 在电源线与地线间采用高频电容和片状滤波等措施，并将电源、地线引脚相邻安排，减少穿过硅片的电流，有效退耦。

(4) 大功率驱动电路采用跳变沿软化技术，降低 di/dt。

(5) 时钟振荡电路、高速逻辑电路部分用地线环绕，使周围电场趋于零。

(6) 时钟线采用 45°转角，避免 90°转角，减少发射噪声。

(7) 采用带电快速瞬变(EFT)电路的晶振。

(8) 芯片中在 VDD 和 VSS 之间增加齐纳二极管。

2. 典型电磁耦合方式及抑制方法

无论何种干扰源，对嵌入式系统的干扰几乎都是通过传导和辐射两种途径进入计算机控制系统中的，如通过容性耦合、感性耦合或远场辐射把电磁场干扰直接传播到系统中，或者通过输入输出信号线、电源线和共阻抗，把干扰传导到系统中。

(1) 直接耦合方式。电导性耦合最普遍的方式是干扰信号经过导线直接传导到被干扰电路中而对电路造成的干扰。干扰噪声经过电源线耦合进入计算机系统是最常见的直接耦合现象。对这种耦合方式，可采用滤波去耦的方法有效地抑制或防止电磁干扰信号的传入。

(2) 公共阻抗耦合方式。噪声源和信号源具有公共阻抗时的传导耦合。公共阻抗随元件配置和实际器件的具体情况而定。公共阻抗耦合一般发生在两个或多个电路的电流流经一个公共阻抗时，发生在该阻抗上的电压降会影响到其他电路。清除公共阻抗耦合的方法主要有两个：一个是一点接地法，另一个是尽可能降低公共阻抗。另外，在小信号模拟电路、数字电路和大功率驱动电路等混杂的场合，应采用大电流地线和小信号地线分开的方式，然后在电源供电处才接于一点。这样，既保证两个地线系统有统一的地电位，又可避免形成公共阻抗。

(3) 电容性耦合方式。这是指电位变化在干扰源与干扰对象之间引起的静电感应，又称静电耦合或电场耦合。嵌入式系统电路的元件之间、导线之间、导线与元件之间都存在着分布电容。如果某一个导体上的信号电压(或噪声电压)通过分布电容使其他导体上的电位受到影响，这种现象就称为电容性耦合。最大限度地减小噪声分布电容是抑制电容性耦合的基本方法。加大两根导线间的距离可使分布电容急剧减小；在两根导体间放入接地的导体就可使它们之间的静电耦合减轻。

(4) 电感性耦合方式。电感性耦合又称磁场耦合。在任何载流导体周围空间中都会产生磁场。若磁场是交变的，则对其周围闭合电路产生感应电势。抑制电感性耦合的有效方法是采取电磁屏蔽。

(5) 漏电耦合方式。漏电耦合是电阻性耦合方式。当相邻的元件或导线间的绝缘电阻降低时，有些电信号便通过这个降低了的绝缘电阻耦合到逻辑元件的输入端而形成干扰。

3. 降低电磁干扰敏感度

电磁干扰敏感度 (Electromagnetic Susceptibility, EMS)是指系统由于受环境电磁干扰而产生不应有响应的敏感程度，通常用能够使系统产生不应有响应的最小电磁干扰量来表示。电磁干扰敏感度越低，表示系统抗干扰能力越强。

(1) 使用低寄生电感的高频电容或多层陶瓷电容作去耦电容，这是设计印制电路板的一项常规做法。我们把干扰分解成高频干扰和低频干扰两部分，并接大电容是为了去掉低频干扰成分，并接小电容是为了去掉高频干扰成分。去耦电容值可按 10MHz 取 0.1μF，100MHz 取 0.01μF，对微处理器构成的系统，取 0.1～0.01μF 都可以。去耦电容有两个作用：一方面是本集成电路的蓄能电容，提供和吸收该集成电路开门、关门瞬间的充放电能量；另一方面旁路掉该器件的高频噪声。在每个集成电路的电源、地之间加一个去耦电容，A/D 参考电平要加去耦电容，每个电解电容边上都要加一个小的高频旁路电容。

(2) 对进入印制电路板或从高噪声区来的信号要加以滤波，如果条件允许，可选用带通滤波器。

(3) 微处理器的地址、数据和控制总线是 CPU 与外部接口信息交换的唯一通道。三总线的数据处理是否正确可靠直接关系到整个系统的运行质量。增强总线的抗干扰能力至关重要，可采用以下方法：增强总线的负载能力，即配置总线驱动器(如 74LS244、74LS245)；保持总线的负载平衡，主要是数据总线上的负载数量要分布均匀；在总线的输出口上配置上拉电阻，有助于提高噪声容限。

(4) 将微处理器不用的 I/O 口定义成输出；不用的门电路输入端不能悬空，要接高电平、接地；闲置不用的运算放大器的正输入端要接地，负输入端接输出端。

(5) 时钟信号不仅是受噪声干扰最敏感的部位，同时也是 CPU 对外辐射干扰的噪声源。为防止时钟信号被干扰，可采取以下措施：晶体应靠近 CPU，与 CPU 的连接线尽可能短而粗；在可能的情况下，用地线包围振荡电路，晶体外壳接地；外部时钟源用的芯片的 VCC 与 GND 之间可接 1μF 左右的去耦电容。

4. 添加隔离电路

嵌入式系统的硬件系统是由众多元器件构成的，为了防止电路之间相互影响，需要做好电路隔离。隔离电路就是将电路中两点隔开的电路，可以由电阻器或二极管构成，常用的电路隔离模块有光耦、高频变压器、iCoupler 磁耦数字隔离器等，如图 2-8 所示，接下来分别对其进行介绍。

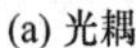

(a) 光耦　(b) 高频变压器　(c) iCoupler磁耦数字隔离器

图 2-8　电路隔离模块

(1) 光耦。光耦是指光电隔离器。它是以光为媒介来传输电信号的器件，当输入端加电信号时，发光器发出光线，受光器接收光线之后就产生光电流，从输出端流出，从而实现了“电—光—电”转换，防止因有电连接而引起的干扰，特别是低压的控制电路和外部高压电路之间。由于光耦输入输出间互相隔离，电信号传输具有单向性等特点，因而其具有良好的电绝缘能力和抗干扰能力。光耦的主要优点是单向传输信号，输入端与输出端完全实现了电气隔离，抗干扰能力强，使用寿命长，传输效率高。

(2) 高频变压器。针对高频率(高于 50Hz)的数字信号，变压器的作用都是将电能和磁能相互转化，同时利用匝数比的关系实现变压的。

(3) iCoupler 磁耦数字隔离器。它是美国亚德诺半导体技术有限公司(Analog Devices, Inc., ADI)设计开发的一款适合高压环境的隔离电路。iCoupler 技术是 ADI 公司的一项专利隔离技术，它是一种基于芯片尺寸的变压器，而非传统的基于光电耦合器所采用的发光二极管(LED)与光敏三极管结合的器件，因为采用了高速 iCMOS 工艺，所以在功耗、体积、集成度、速度等各方面都优于光耦。iCoupler 磁耦数字隔离器非常适合在各种工业中应用，包括数据通信、数据转换器接口、各种总线隔离及其他多通道隔离应用。

2.6　系统仿真与联合调试

2.6.1　软件调试

软件调试是将编制的程序投入实际运行前，用手工或编译程序等方法进行测试，修正语法错误和逻辑错误的过程。这是保证计算机信息系统正确性必不可少的步骤。编完计算机程序，必须送入计算机中测试。根据测试时所发现的错误，进一步诊断，找出原因和具体的位置进行修正。

软件调试有很多种方法。常用的有 4 种，即强行排错法、回溯排错法、归纳排错法和演绎排错法。

(1) 强行排错法。这种方法需要动脑筋的地方比较少，因此也称为强行排错。

(2) 回溯排错法。这是在小程序中常用的一种有效的调试方法。一旦发现了错误，可以先分析错误现象，确定最先发现该错误的位置。然后，人工沿程序的控制流程，追踪源程序代码，直到找到错误根源或确定错误产生的范围。

(3) 归纳排错法。归纳法是一种从特殊推断一般的系统化思考方法。归纳法排错法的基本思想是，从一些线索(错误的现象)着手，通过分析它们之间的关系来找出错误，为此可能需要列出一系列相关的输入，然后看哪些输入数据的运行结果是正确的，哪些输入数据的运行结果有错误，然后加以分析、归纳，最终得出错误原因。

(4) 演绎排错法。演绎排错法是一种从一般原理或前提出发，经过排除和精化的过程来推导出结论的思考方法。调试时，首先根据错误现象设想及枚举出所有可能出错的原因作为假设。然后使用相关数据进行测试，从中逐个排除不可能正确的假设。最后，用测试数据验证余下的假设是否为出错的原因。

调试能否成功一方面取决于方法，另一方面很大程度上取决于个人的经验。但在调试时，通常应该遵循以下一些原则。

(1) 确定错误的性质和位置的原则。用头脑去分析思考与错误征兆有关的信息，避开死胡同。调试工具只是一种辅助手段。利用调试工具可以帮助思考，但不能代替思考。通常避免使用试探法，最多只能将它当作最后的手段，毕竟小概率事件有时也会发生。

(2) 修改错误的原则。在出现错误的地方，很可能还有其他错误。修改错误的一个常见失误是只修改了这个错误的征兆或这个错误的表现，而没有修改错误本身。当新修正一个错误的同时又引入了新的错误。

2.6.2　系统仿真

在嵌入式系统中，进行系统仿真可以解决并行开发、跨平台、模块化等问题，是测试系统完备性的重要手段。下面为大家介绍两种常用的仿真工具。

(1) 软件模拟器。这是一种脱离硬件情况下的软件仿真工具。将程序代码加载后，在一个窗口工作环境中，可以模拟程序运行，同时对程序进行单步执行、设置断点，对寄存器/存储器进行观察、修改，统计某段程序的执行时间等。通常在程序编写完以后，都会在软件仿真器上进行调试，以初步确定程序的可运行性。

(2) 硬件仿真器。硬件仿真器是将目标系统和调试平台连接起来的在线仿真工具，它用 JTAG 接口电缆把硬件目标系统和 PC 连接起来，用 PC 平台对实际硬件目标系统进行调试，能真实地仿真程序在实际硬件环境下的功能。

2.6.3　软硬件联合调试

由于软件和硬件的耦合，在调试过程中，难免会遇到一些难题，不知该如何解决。本书提出了一些联合调试的方法，希望可以对读者有所帮助。

(1) 理解系统。了解系统功能、芯片处理机制、模块划分等。

(2) 重现失败。目的是观察它，找到原因，并检查修复是否成功。方法是进行内部预演、观察如何出错，如果出错会导致重大损失，则必须改变一些地方，但是尽量少改动原来的系统和顺序。

(3) 观察失败，找到足够多的细节。

(4) 判断硬件是否存在问题。

(5) 通过二分法，逐次缩小问题范围，在查找问题时，这个方法是唯一需要应用的规则，所有其他规则都是帮助人们遵循这条规则。

(6) 一次只改一个地方并测试。

(7) 测试确保每一个 bug 都不存在。

2.7　系统测试与可靠性评估

嵌入式系统的系统测试是将开发的软件系统(包括嵌入式操作系统和嵌入式应用软件)、硬件系统和其他相关因素(如人员的操作、数据的获取等)综合起来，对整个产品进行的全面测试。

嵌入式系统的系统测试比 PC 系统软件测试要困难得多，主要体现如下。

(1) 测试软件功能依赖不需编码的硬件功能，快速定位软硬件错误困难。

(2) 强壮性测试、可靠性测试很难编码实现。

(3) 交叉测试平台的测试用例、测试结果上载困难。

(4) 基于消息系统测试的复杂性，包括线程、任务、子系统之间的交互，并发、容错和对时间的要求。

(5) 性能测试、确定性能瓶颈困难。

(6) 实施测试自动化技术困难。

嵌入式系统测试的目的是尽可能多地找出错误，改进并完善产品，保证产品满足项目的设计方案。无论是硬件系统，还是软件系统，在实际应用之前都要经过严格的测试，才能在项目中进行应用。同时，还需要进行嵌入式系统的可靠性评估，以评估系统在特定环境下运行的稳定性和可靠性。

2.7.1　系统硬件测试

常用的硬件调试工具有示波器(模拟/数字)、多功能数字万用表、逻辑分析仪等。硬件测试的流程如下。

(1) 确定测试点。根据待调系统的工作原理拟定调试步骤和测量方法。提前确定测试点，并在图纸和板子上进行标注。

(2) 搭设测试工作台。工作台配备所需调试的仪器，仪器的摆设应操作方便，便于观察。

(3) 选择测量仪表。对于硬件电路，应由被调系统选择测量仪器，测量仪器的精度应优于被测系统。

(4) 确定测试顺序。电子电路的测试一般按照信号流向进行，将前面测试的电路输出信号作为后一级电路的输入信号，为后来的总体调试创造条件。

嵌入式硬件测试的方法主要有以下几种。

(1) 通电前硬件检测。检测连线是否正确，电源是否短路，以及元器件的安装情况。

(2) 通电检测。观察电路有无异常状况(如冒烟现象)，进行静态调试和动态调试。静态调试：一般指在不加输入信号或只加固定的电平信号条件下进行的测试，可用万用表测量各点的电位，与理论值比较，判断电路中电压、电流是否正常。动态调试：在电路中加入合适的信号，按信号的流向，顺序检测各点的输出信号；如果发现不正常现象，应分析其原因，并排除故障，再进行调试，直到满足要求。

(3) 环境测试，振动测试，产品外形测试等。

2.7.2 系统软件测试

嵌入式软件测试的内容主要为软件代码测试、编程规范标准符合性测试、代码编码规范符合性测试、开发维护文档规范符合性测试、用户文档测试。嵌入式软件的测试主要是为了保证嵌入式软件系统的高可用性和高质量。嵌入式系统的特殊性，使得嵌入式软件的测试在整个软件的开发过程中都占有非常重要的地位。与通常的 PC 应用软件相比，嵌入式软件的测试有如下几个特点。

(1) 嵌入式软件几乎全部涉及专用计算机外部设备。

(2) 嵌入式软件的运行平台——嵌入式计算机系统可能由于没有通常的外部设备而很难在测试过程中进行检测和观察。

(3) 嵌入式软件的实时性要求使输出仅在某个有限时间内有效，并且必须在这个时间段内生效。

(4) 嵌入式软件还可能是交互的。

嵌入式软件和硬件存在紧密的关系，需要在硬件平台上进行相应的测试。一般采用交叉开发环境来搭建嵌入式软件的测试环境。例如，单元测试、集成测试等可以在 PC 上完成的测试，通常都在 PC 上进行测试，从而可以避免硬件环境的影响，提高测试效率。在后期的集成测试中，需要在具体的嵌入式软件、硬件环境中，搭建交叉测试环境来完成嵌入式软件的测试。交叉测试环境的搭建需要注意以下几方面的内容。

(1) 主机与目标机之间的通信问题。可以通过以太网或者串口进行主机与目标机之间的物理连接，主机与目标机之间的数据格式可以预先进行定义。

(2) 主机对目标机的测试控制。主要包括主机如何向目标机发送测试用例，如何跟踪目标机的测试，查看是否正常进行。

(3) 目标机测试结果的反馈。通常运行嵌入式系统的目标机没有视频显示等便利的测试结果输出端口，因此目标机上的异常、错误信息和正常响应信息等测试结果都需要返回到主机上进行显示和输出。

在嵌入式软件测试环境的搭建过程中，需要测试嵌入式系统与已建设备是否协调，硬件设备电气特征是否正常，以及主机与目标机之间的物理通道是否通畅等，从而保证测试结果不受到嵌入式软件以外因素的影响。

嵌入式软件不同的测试阶段有不同的测试策略。

(1) 单元测试。所有单元级测试都可以在主机环境上进行，除非少数情况，特别具体指定了单元测试直接在目标环境进行。最大化在主机环境进行软件测试的比例，通过尽可能小的目标单元访问所有目标指定的界面。

(2) 集成测试。软件集成也可在主机环境上完成，在主机平台上模拟目标环境运行，当然在目标环境上重复测试也是必需的，在此级别上的确认测试将确定一些环境上的问题，如内存定位和分配上的一些错误。

(3) 系统测试和确认测试。所有的系统测试和确认测试必须在目标环境下执行。当然，在主机上开发和执行系统测试，然后移植到目标环境重复执行是很方便的。对目标系统的依赖性会妨碍将主机环境上的系统测试移植到目标系统上，况且只有少数开发者会卷入系统测试，所以有时放弃在主机环境上执行系统测试可能更方便。

嵌入式软件的测试技术主要有静态测试技术、动态测试技术、覆盖测试技术、程序插桩技术等，具体介绍如下。

(1) 静态测试技术。嵌入式软件的静态测试，主要是通过开发、测试人员对软件源代码进行审核分析，不需要进行测试用例的设计，因此不需要特定的测试环境。静态测试可以充分发挥人的逻辑思维能力，包括代码检查、静态结构分析以及代码质量度量等方式。代码检查主要包括对嵌入式软件开发的代码审查、代码走读等工作。代码检查的内容主要包括分析代码是否遵循嵌入式软件设计、开发标准，数据是否正确，接口是否正确等内容。代码检查能够快速地找到嵌入式软件的缺陷，可以发现 70%以上的编码和逻辑设计缺陷。因此，在实际应用中，代码检查可能比动态测试更加有效。静态分析是借助测试工具对软件代码进行分析的方法，只可以分析是否存在内存泄漏等特定的缺陷，受其他模块的影响较小。静态分析主要包括对数据流的分析、对控制流的分析以及对软件度量的分析等。

(2) 动态测试技术。根据是否需要了解软件内部结构的区别，嵌入式软件的动态测试包括黑盒测试和白盒测试两种。在对嵌入式软件进行白盒测试时，需要对软件进行如下几个方面的检查：至少对系统中所有独立路径进行一次测试；至少在循环限内和循环边界对循环测试一次；对所有的逻辑判定都需要测试一次；对内部数据结构的有效性进行测试。黑盒测试需要知道用户需要哪些功能，可能会遇到什么样的问题，在嵌入式软件自动化测试时，采用黑盒测试技术较为方便。但是，黑盒测试的代码覆盖率较低，一般仅为总代码量的 30%左右。

(3) 覆盖测试技术。覆盖测试技术根据嵌入式软件的内部结构来进行测试用例的设计，是白盒测试技术的一种。覆盖测试的基本准则是：所设计的测试用例要能够尽可能覆盖嵌入式系统的内部结构，从而发现嵌入式系统的问题和错误。覆盖测试的内容包括提高测试覆盖率、未被测试用例激活代码的测试、代码冗余检测等。因此，覆盖测试也是一种提高软件质量的手段，覆盖测试一般在嵌入式系统的单元测试中应用。

(4) 程序插桩技术。程序插桩技术是覆盖测试的一种重要实现手段，其含义就是通过对程序测试状态的跟踪来发现嵌入式软件中的缺陷。程序插桩的基本思想包括：①探针插入。可以在嵌入式程序中插入计数器、打印语句或者赋值语句来采集程序运行状态。②探针编译。根据设计好的测试用例，重新编译嵌入式软件，通过执行探针来获取嵌入式软件执行的动态信息。③特征数据处理。对特征数据进行分析和处理，从而获得嵌入式软件的数据流或者控制流信息，最终得到嵌入式软件的判定覆盖、语句覆盖等信息，并且形成最终报表。在插桩完成之后，需要对嵌入式软件重新进行编译，并且将编译好的程序下载到目标机中，同时通过宿主机与目标机的通信来对探针的运行以及探针运行结果进行分析。

用于辅助嵌入式软件测试的工具很多，下面对几类比较有用的嵌入式软件测试工具加以介绍和分析。

(1) 内存分析工具。在嵌入式系统中，内存约束通常是有限的。内存分析工具用来处理在动态内存分配中存在的缺陷。当动态内存被错误地分配后，可能导致失效难以追踪，使用内存分析工具可以避免这类缺陷进入功能测试阶段。目前有两类内存分析工具——软件工具和硬件工具。基于软件的内存分析工具可能会对代码的性能造成很大影响，从而严重影响实时操作；基于硬件的内存分析工具价格昂贵，而且只能在工具所限定的运行环境中使用。

(2) 性能分析工具。在嵌入式系统中，程序的性能通常是非常重要的。经常会有这样的要求，在特定时间内处理一个中断，或生成具有特定定时要求的一帧。开发人员面临的问题是决定应该对哪一部分代码进行优化来改进性能，常常会花大量的时间去优化那些对性能没有任何影响的代码。性能分析工具会提供有关的数据，说明执行时间是如何消耗的，是什么时候消耗的，以及每个例程所用的时间。根据这些数据，确定哪些例程消耗部分执行时间，从而可以决定如何优化软件，获得更好的时间性能。对于大多数应用来说，大部分执行时间用在相对少量的代码上，费时的代码估计占所有软件总量的5%～20%。性能分析工具不仅能指出哪些例程花费时间，而且与调试工具联合使用可以引导开发人员查看需要优化的特定函数，性能分析工具还可以引导开发人员发现在系统调用中存在的错误以及程序结构上的缺陷。

(3) GUI 测试工具。很多嵌入式应用带有某种形式的图形用户界面进行交互，有些系统性能测试是根据用户输入响应时间进行的。GUI 测试工具可以作为脚本工具在开发环境中运行测试用例，其功能包括对操作的记录和回放、抓取屏幕显示供以后分析和比较、设置和管理测试过程。很多嵌入式设备没有 GUI，但常常可以对嵌入式设备进行插装来运行 GUI 测试脚本，虽然这种方式可能要求对被测代码进行更改，但是节省了功能测试和回归测试的时间。

(4) 覆盖分析工具。在进行白盒测试时，可以使用代码覆盖分析工具追踪哪些代码被执行过。分析过程可以通过插装来完成。插装可以是在测试环境中嵌入硬件，也可以是在可执行代码中加入软件，也可以是二者相结合。测试人员对结果数据加以总结，确定哪些代码被执行过，哪些代码被巡漏了。覆盖分析工具一般会提供有关功能覆盖、分支覆盖、条件覆盖的信息。对于嵌入式软件来说，代码覆盖分析工具可能侵入代码的执行，影响实时代码的运行过程。基于硬件的代码覆盖分析工具的侵入程度要小一些，但是价格一般比较昂贵，而且限制被测代码的数量。

2.7.3　系统软硬件集成测试

软硬件集成测试主要是在软件集成测试完成后，形成独立的配置项，加载到相应的硬件平台上进行测试，以确定软硬件是否能够协同工作，实现系统既定的功能，具体如图 2-9 所示。

具体分为以下几个步骤。

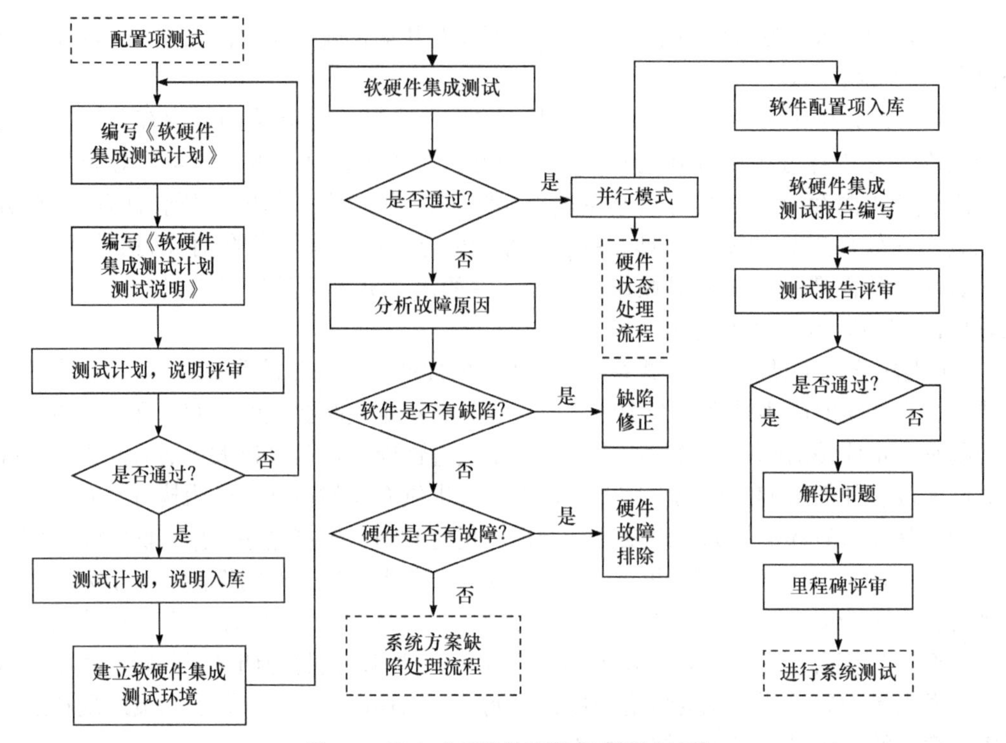

图 2-9　嵌入式系统软硬件集成测试过程

(1) 系统测试组负责与系统工程组共同完成《软硬件集成测试计划》和《软硬件集成测试计划测试说明》的编写。

(2) 按软件评审管理办法，对《软硬件集成测试计划》和《软硬件集成测试计划测试说明》进行同行评审。

(3) 根据评审意见，对《软硬件集成测试计划》和《软硬件集成测试计划测试说明》修改完善，履行审批手续后归档、入库。

(4) 系统测试组按《软硬件集成测试计划》和《软硬件集成测试计划测试说明》实施软硬件集成测试。

(5) 系统工程组织软件、硬件项目组协助确定和定位软件中存在的缺陷和错误。

(6) 软件工程组对发现的软件缺陷和错误进行确认和更改。

(7) 测试人员对更改后的软件配置项进行回归测试。

(8) 软件设计人员将通过回归测试的软件入库。

(9) 测试人员编制测试报告。

2.7.4　系统可靠性评估

可靠性是嵌入式系统重要的质量指标。软件可靠性指的是在规定的一段时间和条件下，与软件能维持其性能水平的能力有关的一组属性。硬件可靠性是指在给定的操作环境与条件下，硬件在一段规定的时间内正确执行要求功能的能力。

嵌入式系统可靠性评估的一般方法如下。

1. 成熟性度量

(1) 错误发现率(Defect Detection Percentage，DDP)。

在测试中查找出来的错误越多，实际应用中出错的机会就越少，软件也就越成熟。

DDP=测试发现的错误数量/已知的全部错误数量。

已知的全部错误数量是测试已发现的错误数量加上可能会发现的错误数量之和。

(2) 测试覆盖率度量。它可以用测试项目的数量和内容进行度量。除此之外，如果测试软件的数量较大，还要考虑数据量。测试的覆盖率，可以根据测试指标进行评价。通过检查这些指标达到的程度，就可以度量出测试内容的覆盖程度。注意，对于最大值与最小值的差值超过 5 的情况，应该重新测试响应功能。

2. 容错性评估

容错性评估分为控制容错性评估、数据容错性评估、硬件故障恢复容错性评估。

容错性=以下各条款评分之和/条款数。

控制容错性度量：①对并发处理的控制能力；②错误的可修正性和处理可继续进行的能力。

数据容错性度量：①非法输入数据的容错；②对相互冲突的要求和非法组合容错；③输出数据是否合理容错；④硬件故障中恢复容错性度量；⑤故障后恢复能力容错。

3. 易恢复性度量

与易恢复性度量紧密相关的测试是强度测试和健壮测试。强度测试又称为力度测试或极限测试，主要测试系统对空间强度和时间强度的容忍极限；健壮测试又称异常测试，是很重要的可靠性测试项目。通过易恢复性测试，一方面使系统具有异常情况的抵抗能力，另一方面使系统测试质量可控。

易恢复性 = 以下各条款评分之和/条款数。

①空间强度可恢复；②时间强度可恢复；③数据强度可恢复；④异常通信可恢复；⑤数据破坏可恢复；⑥电池极限可恢复。

4. 测试可信度评估

测试可信度评估是对测试质量的有效评估，是保证质量的必要步骤。目前虽然很难有量化的指标，但我们采取积分的方式显示可信度。

本 章 小 结

本章首先从嵌入式控制系统的需求展开，介绍了嵌入式应用系统开发需要经过系统整体设计、软硬件设计及调试等过程。对于初学者来说，本章介绍了很多方法和步骤，需要大家遵循效仿，这样才能在学习过程中少走弯路。面对一个新的嵌入式系统，我们需要首先知道系统功能是什么，这样才能完成总体设计，对系统的硬件进行设计，对软件进行开发。在软硬件设计完成之后，还需要考虑电磁兼容性设计。完成这一系列任务后，进行调试和测试，最终才能实现系统的功能。在以后的章节，会为大家介绍很多实际的嵌入式系统，帮助读者更好地学习。

思 考 题

(1) 简要说明需求分析的定义和原则。

(2) 画出嵌入式系统的设计流程，分别阐述每一部分的作用。

(3) 通过本章的学习，简要介绍硬件电路设计的步骤及软件调试方法。

(4) 简要说明常用的嵌入式系统电磁兼容性设计方法。

(5) 简要概括软硬件联合调试方法。

(6) 掌握对嵌入式系统的测试和可靠性评估的方法。

第3章　STM32处理器及最小系统设计

虽然当今市场上的单片机嵌入式产品仍以8位单片机为主，但在开发端，占主导地位的单片机正由8位向32位过渡，32位的STM32系列单片机已占据了目前嵌入式应用产品开发中的大半壁江山。因此，STM32系列单片机现如今无疑是从事嵌入式开发人员的必修课。

基于Cortex-M内核的STM32系列微控制器具有高性能、低功耗、低成本等特点，适用于各种外围电路复杂、功能要求较高的嵌入式系统，本章就将从STM32的内部结构和外设接口出发，了解STM32的工作原理和特性，并基于此学习STM32开发中的典型硬件设计。

3.1　STM32芯片结构

掌握STM32芯片的基本工作原理需要从了解STM32芯片的内部结构开始，本节将从Cortex-M3/M4内核、STM32系统结构、STM32存储器映射和STM32时钟系统四个方面展开介绍STM32的内部结构。

3.1.1　Cortex-M3/M4内核

Cortex-M3/M4内核相当于STM32芯片中的CPU。它们均为32位处理器核心，附带32位的地址线与数据线，采用哈佛结构，使程序指令和数据可以分开存储，保证一个机器周期内处理器可以并行获得执行字和操作数。其中，Cortex-M4内核是在Cortex-M3内核基础上的升级版本，Cortex-M3与Cortex-M4内核的部分重要参数对比如表3-1所示。

表3-1　Cortex-M3/M4内核部分参数对比

参数名称	Cortex-M3内核	Cortex-M4内核
核心版本	ARMv7E-M	ARMv7-M
指令系统	Thumb®/Thumb-2	Thumb®/Thumb-2
指令增强	支持SIMD指令集	支持SIMD指令
浮点数运算	单周期的16位、32位MAC 单周期的双12位MAC 8位、16位SIMD计算 硬件除法(2～12周期)	单周期(32×32)乘法 硬件除法(2～12周期)
浮点运算单元FPU	无	单精度FPU
DSP扩展单元	无	有
执行效率	2.64 CoreMark/MHz 1.03 DMIPS/MHz	3.45 CoreMark/MHz 1.24 DMIPS/MHz

续表

参数名称	Cortex-M3 内核	Cortex-M4 内核
中断	非屏蔽中断(NMI)+1～240 个物理中断源	非屏蔽中断(NMI)+1～240 个物理中断源
中断优先级	NVIC 中断优先级分组，最多 256 个中断优先级，可配置	NVIC 中断优先级分组，最多 256 个中断优先级，可配置
睡眠模式	集成 WEI 和 WFE 指令	集成 WEI 和 WFE 指令
调试	可选 SWD/JTAG 调试接口	可选 SWD/JTAG 调试接口

从表 3-1 中可以看出，Cortex-M4 内核相较于 Cortex-M3 内核性能更强，运算速度更快。尤其是在浮点数乘法运算中，Cortex-M4 内核允许多个乘数同时参与运算，故能在单周期内执行数倍于 Cortex-M3 内核的乘加指令。

ST 公司基于 Cortex 内核，根据不同应用场景设计了不同型号的 STM32 芯片，产品型号中各字母分别表示产品系列、工作温度范围、封装、存储器容量等信息，如图 3-1 为 STM32F103VET6 产品型号的含义。不同型号芯片内部集成的外设资源和留有的外设接口数目也不同，一般引脚数目更多的芯片，内部资源和外设接口也更多，但芯片的封装体积也会更大，所以开发人员通常需要根据设计需求选择合适型号的芯片，选型过程可以参考 ST 官方提供的芯片选型表、芯片数据手册、典型工程案例等资源。

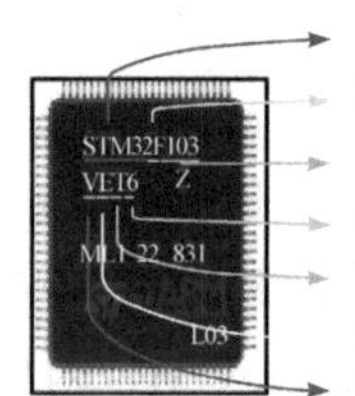

图 3-1　STM32F103VET6 芯片实物及各字母含义

3.1.2　STM32 系统结构

图 3-2 为 STM32 芯片内部的系统结构图，一般认为图中左侧 Cortex-M3 为内核、DMA1 和 DMA2 控制器为驱动单元，右侧其他结构为被动单元。

系统运行时，Cortex-M3 内核通过指令总线 Icode、数据总线 Dcode、系统总线 System 与存储器和各类外设进行信息交互。其中，总线 Icode 用来传输 Flash 指令，可用于预取指令；总线 Dcode 用来连接 Flash 数据线。

STM32 的总线矩阵由 4 个主动部件(Dcode 总线、系统总线、DMA1 总线、DMA2 总线)及 4 个被动部件(Flash 端口、SRAM、FSMC、AHB-APB 桥)构成，起仲裁作用，其中，DMA 通道用于让 M3 内核从大量数据转移工作中解放出来；SRAM 存储关键数据和堆栈，通过总线矩阵连接 CPU；AHB-APB 桥用于高速总线 AHB 和低速总线 APB 之间的交互。总线矩阵通过轮换算法来决定这些总线的连接，系统总线通过矩阵开关之后，成为 AHB 高速外设总线，并在通过桥接芯片后，接入 APB 总线。

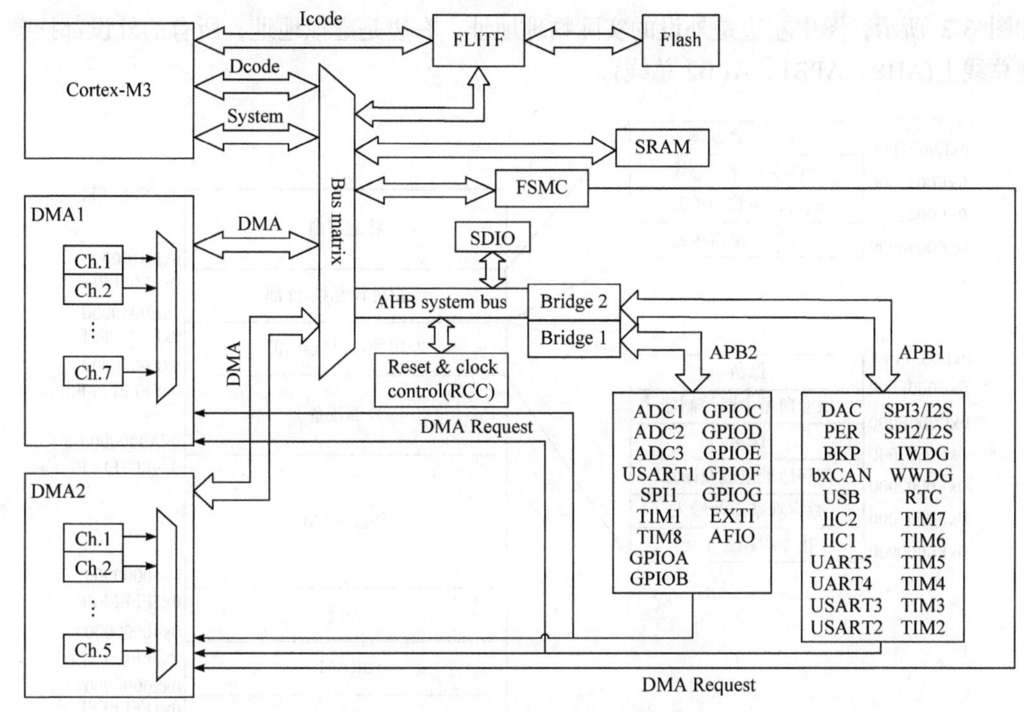

图 3-2　STM32 芯片内部系统结构图

复位和时钟控制(RCC)连接到 AHB 总线上。RCC 是一套时钟管理设备，通过与之相关的寄存器配置，可以设置 RCC 工作模式，例如，选择内部还是外部时钟，低速还是高速时钟等。

此外，图 3-2 中其他主要结构的功能如下。

(1) AHB 总线：高级高性能总线(Advanced High-performance Bus)，挂载 CPU、DMA、Flash、SRAM、FSMC。

(2) Flash：闪存存储器，存放用户程序。

(3) SRAM：静态数据存储，用于存储程序的变量、堆栈等。

(4) FSMC：可变静态存储器控制器(Flexible Static Memory Controller)，用于扩展外部 SRAM、Flash 等。

(5) SDIO：SD、MMC 卡接口，时钟 HCLK 一般为 72MHz。

(6) APB1 和 APB2 总线：高级外围总线(Advanced Peripheral Bus)，挂载着各种各样的特色外设。其中，APB1 挂载 DAC、IIC、USB、CAN，时钟 PCLK1 最大频率为 36MHz；APB2 挂载 GPIO、串口、SPI、TIM，时钟 PCLK2 最大频率为 72MHz。

(7) 总线矩阵：功能是访问仲裁。

3.1.3　STM32 存储器映射

Cortex-M3 处理器内核将 0x00000000～0xFFFFFFFF 空间分成 8 块：代码、SRAM、外设、外部 RAM、外部设备、专用外设总线-内部、专用外设总线-外部、特定厂商等，如图 3-3 所示，图中左边是外设的实际物理地址，右边是虚拟地址，所有的外设都挂载在总线上(AHP、APB1、APB2 总线)。

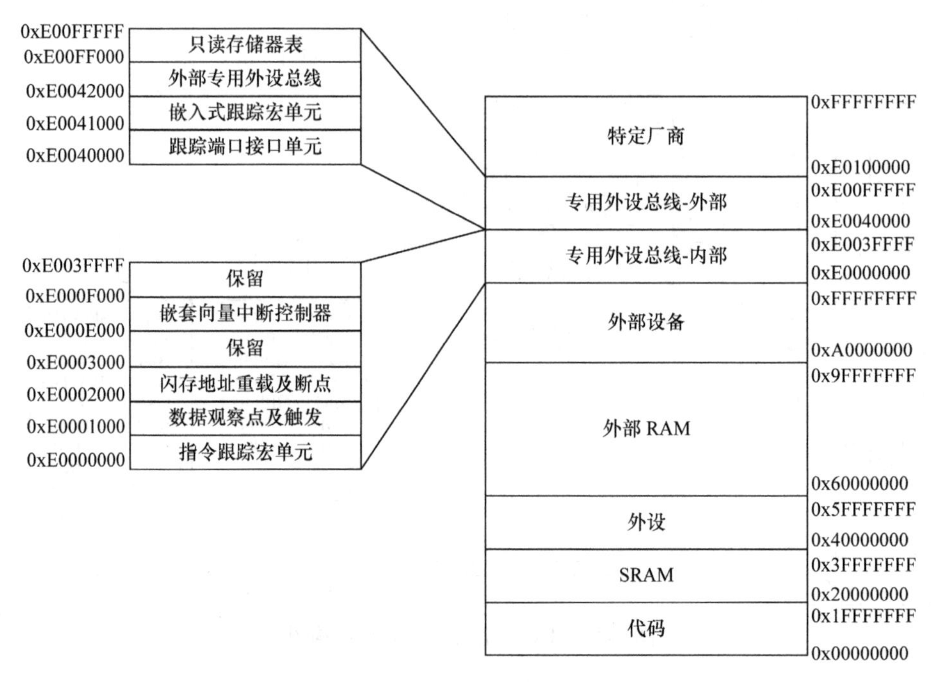

图 3-3　STM32 存储器映射

从图 3-3 中可以看出，32 位的 Cortex-M3 有 4GB 的寻址空间(程序员编程使用的编程地址)，其中用于片上外设的有 512MB，即基地址为 0x40000000 各外设基地址，包括片上外设、片上静态 RAM 和 Flash。

STM32 的程序存储器、数据存储器、寄存器、输入输出接口被组织在一个 4GB 空间的不同区域后，各部分的区域被明确划分，就像一个柜子的抽屉根据用途被贴上标签。此时，如果要访问 I/O 端口，就要在对应地址写数据；如果要设置 I/O 端口的属性，也要写对应的寄存器，写内存也是一样的过程。但 4GB 不能都是存储器，STM32F103 给 Flash 留下的最大空间为 512MB，给 SRAM 分配的最大空间为 64MB。对于不同的模块，虽然采用统一编址，但内核会采用不同的总线进行访问。

存储器映射即指把片上/片外的 Flash、RAM、外设等进行统一编址，将它们用地址来表示。这个地址是由厂家规定好的，用户只能用而不能改，只有在外部 RAM 或 Flash 的情况下，其地址可以在一定范围内进行自定义。

3.1.4　STM32 时钟系统

STM32 单片机具有丰富的外设资源，不同的外设资源所需要的时钟频率差异较大。例如，“看门狗”电路、RTC 等外设只需要几十 kHz 的时钟频率即可正常工作，但定时器等外设有时需要几十 MHz 的时钟频率。当时钟频率较高时，元器件的功耗会上升，同时抵抗电磁干扰的能力也会减弱，因此 STM32 系列单片机采用多种时钟源去解决不同外设时钟频率不匹配的问题，这种复杂的时钟结构也被形象地称为时钟树。STM32 系列时钟树可以参见 ST 官方提供的芯片参考手册。

STM32 主要有高速外部(High Speed External，HSE)时钟、低速外部(Low Speed External，LSE)时钟、高速内部(High Speed Internal，HSI)时钟、低速内部(Low Speed Internal，LSI)时钟和 PLL 时钟这五个时钟源。其中，STM32 内部时钟源(HSI 和 LSI)为 RC 振荡器，产生的两组时钟信号分别为 8MHz 和 40kHz，但时钟精度并不高，如果要求高精度，一般选择使用外部时钟源 HSE+LSE 的组合。外部时钟源频率范围为 HSE 0～25MHz，LSE 0～1000kHz，由外接晶振决定，晶振除了可以使用数字电路分频以外，其频率几乎无法改变，但如果采用 PLL 技术，便可以得到较广的振荡频率范围。通常情况下，STM32 外部时钟 HSE 选择 8MHz，以便于通过 PLL 电路倍频产生 72MHz 的工作主频时钟(PLL 电路倍频数可通过程序写入)；STM32 外部时钟 LSE 选择 32.768kHz，以便于分频出精确的 1Hz 时钟，用于内部 RTC 模块计时。具体的 STM32 外部时钟电路接法参见 3.3.1 节。

3.2　STM32 典型外设接口

外设接口一般指用于连接处理器与外设的一类芯片引脚，STM32 有通用 GPIO、SPI、IIC、USART 等诸多外设接口，能用于实现处理器与外设间的信息传递，本节就将以 STM32F103VET6 型号芯片为例，介绍 STM32 系列芯片的常用外设接口。

3.2.1　通用型输入输出接口

通用型输入输出接口(General-Purpose Input/Output，GPIO)也常称为 I/O 口，作为单片机内部电路和外设与外围电路相关器件的信息交互与传输的接口，是单片机系统中的最基本部件。GPIO 最基本的功能为输入/输出高/低电平，用于控制 LED、继电等部件模块，或读取外部电路信号，用于判定按钮是否按下。这些基本功能与定时器等高级外设相结合，就可以完成输出 PWM 波用于驱动电机变速运行、控制 LED 等部件的明亮程度、捕获编码器反馈信号获取电机转速信息等功能。

STM32 对处理器芯片的引脚采用分组管理的方式，STM32F103VE 系列有 PA、PB、PC、PD、PE 共 5 组 16 位的 GPIO，每一个 GPIO 都是可编程的，如 TTL 肖特基触发器的开闭及输出控制模块的输出电平都可以在程序中进行选择，具体 GPIO 结构可以参考 STM32F1 系列参考手册中的 General-Purpose and Alternate-Function I/O(GPIO and AFIO)的内容。通过输出控制及对 TTL 肖特基触发器开关的控制，可以选择使用 GPIO 的普通 I/O 功能或复用功能。将输出控制设置为基本输入输出功能时，GPIO 从 GPIO 数据寄存器上采集数据；设置为复用功能时，GPIO 则从来自片上外设的复用功能输出端采集数据。

将 GPIO 配置为输入或输出模式时，可以配置其输入输出信号的最大速率等信息，对输入输出信号进行存储，也可以将其配置为很多种模式(具体可配置的模式有输入浮空、输入上拉、输入下拉、模拟输入、开漏输入、推挽输入、推挽复用、开漏复用，默认为输入浮空)，这些都和 51 单片机有明显的区别。这些功能的实现均依赖于寄存器，与 GPIO 相关的寄存器主要有 2 个 32 位配置寄存器(GPIOx_CRL、GPIOx_CRH)、2 个 32 位数据寄存器(GPIOx_IDR 和 GPIOx_ODR)、1 个 32 位置位/复位寄存器(GPIOx_BSRR)、1 个 32 位锁定寄存器(GPIOx_LCKR)和 1 个 16 位复位寄存器(GPIOx_BRR)，其中 GPIOx 中的“x”代表 GPIO 的分组，如 GPIOA、GPIOB 等。

3.2.2　同步串行口 SPI

为了更好地理解 STM32 的各通信外设接口，我们需要在开始学习之前先了解以下在通信中常用的基本概念。

(1) 单工/半双工/全双工通信。单工通信是指两个设备只能由一个设备向另一个设备发送数据，如广播系统；半双工通信是指两个设备在同一时间只能由其中一个设备向另一个设备发送数据，如两个对讲机，同一时间只能由一方发送而另外一方接收；全双工通信是指两个设备可以同时相互发送数据，如手机打电话，双方可以随时说话和收听，即发送和接收独立，互不影响。

(2) 串行/并行通信。串行通信是指同一时刻，只能传输一个比特位的信号，只需要一根信号线；并行通信是指同一时刻，可以传输多个比特位的信号，同一时刻有多少个信号位传输就需要多少根信号线。串行的通信效率较低，但是对信号线线路要求低，抗干扰能力强，同时成本较低，一般用于计算机与外部设备，或者长距离数据传输；并行的通信效率高，但是对信号线线路要求高，抗干扰能力弱，一般用于快速设备之间的数据交换，如 CPU 与内存。

(3) 同步/异步通信。同步通信与异步通信的主要区别在于时钟。同步通信的双方使用的是频率一致的时钟(同一时钟信号)，通过独特的方式识别启停标志，如 SPI，通过锁存位来控制信号的启停；异步通信的双方使用的是独立的时钟，即双方拥有各自的时钟，接收方并不知道数据什么时候到达，只能通过数据的起始位和停止位实现信息同步，例如，USART 通信，一组数据有起始位/停止位/校验位等辅助位。

(4) 主从模式。主从式通信一般有一台主机和多台从机，主机发送的信息可以发送到多台从机或指定从机，而从机发送的信息只能发送到主机，各个从机之间无法进行通信。

(5) MSB-LSB。MSB 为最高有效位，LSB 为最低有效位，例如，二进制数据 10010010 中，最左边的 1 是 MSB，最右边的 0 是 LSB。在通信方面大多数是指高位先传和低位先传的选择，MSB-LSB 是指高位先传，LSB-MSB 是指低位先传，两种传输方式的结果截然相反。

有了以上的概念以后，我们便可以从 SPI 开始逐一了解 STM32 的通信外设接口。

串行外围设备接口(Serial Peripheral Interface，SPI)是一种高速的、全双工、同步的串行通信总线，它可以使处理器芯片与各种外围 SPI 设备以串行方式进行通信、交换信息。SPI 有很多优点，它支持全双工操作，数据传输速率较高，在芯片的引脚上只占用四根线，节约了芯片的引脚，同时为 PCB 的布局节省空间，提供方便。正是出于这种简单易用的特性，现在越来越多的芯片集成了这种通信协议，但是该协议只支持单个主机。此外，SPI 通信方式的弊端还有：当从机较多时，每一个从机都需要占用主机一根片选线，这会占用主机较多的线，而且没有指定的流控制，没有应答机制确认是否收到数据。

STM32F103VET6芯片留有2个SPI接口，它们占用的硬件引脚如表3-2所示，使用STM32 SPI与外设通信需要开启相应引脚的复用功能。

表3-2 STM32F103VET6的SPI硬件资源

资源名称	MISO引脚	MOSI引脚	SCK引脚	NSS引脚
SPI1	PA6	PA7	PA5	PA4
SPI2	PB14	PB15	PB13	PB12

常规SPI通信中，STM32芯片便是通过4个引脚与外部器件相连。

MISO：主设备输入/从设备输出引脚。该引脚在从模式下发送数据，在主模式下接收数据。

MOSI：主设备输出/从设备输入引脚。该引脚在主模式下发送数据，在从模式下接收数据。

SCK：串口时钟，作为主设备的输出及从设备的输入。

NSS：从设备选择。这是一个可选的引脚，它的功能是作为“片选引脚”。

接收和发送在同一时钟下进行，双向模式下接收与发送的处理过程如下。

(1) 数据发送。写入数据到发送缓冲器，传输开始。在发送第一位数据的同时，数据被并行地从发送缓冲器传送到8位移位寄存器中，然后按顺序被串行地移位送到MOSI引脚上。

(2) 数据接收。在SCK同一时钟作用下，在MISO引脚上接收到的数据按顺序被串行地移位进入8位移位寄存器，然后被并行地传送到接收缓冲器中。

在SPI通信中，SPI时钟周期即SCK信号的时钟周期，在一个SPI时钟周期内，完成如下操作。

(1) 主机通过MOSI引脚发送1位数据，从机通过该引脚读取这1位数据。

(2) 从机通过MISO引脚发送1位数据，主机通过该引脚读取这1位数据。

因此，SCK时钟的时钟频率决定了SPI的传输速率。具体SPI通信过程可以参考图3-4，时序图展示一个8位数据传输过程中的各引脚波形。

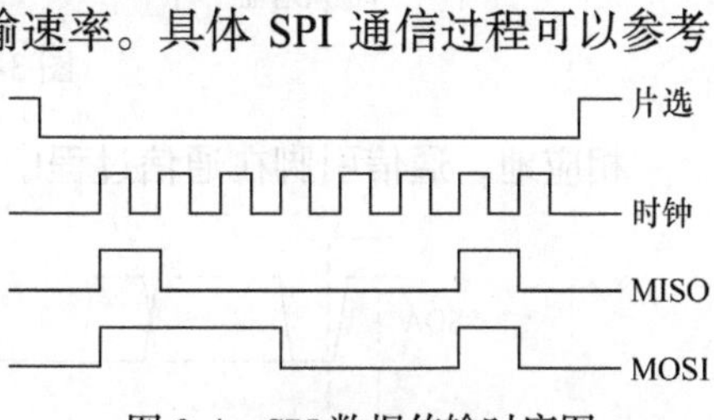

图3-4 SPI数据传输时序图

此外，SPI接口还支持多从机模式，一个主机可以分时访问3个从机，通过前面提到的“片选引脚NSS”可以避免数据线上的冲突，实现主设备带动多个从设备进行工作。例如，某个SPI接口可以分时访问网络芯片接口、TF存储卡和Flash(STM32F103VE系列有3个SPI接口，不必如此)。

3.2.3 同步串行口IIC

集成电路总线(Inter-Integrated Circuit，IIC)是一种半双工并且同步的串行通信总线。IIC的优点有很多，例如，只需要两根线，支持多个主机和多个从机，具备应答机制、使用范围广等特点；但缺点也很明显，它的传输速率相对于 SPI 来说较慢，数据帧的大小限制为 8 位，硬件实现比 SPI 更复杂。查阅 STM32F103VET6 数据手册，可以看到 STM32F103VET6 留有两个 IIC 接口，它们占用的硬件引脚如表 3-3 所示，使用 STM32 IIC 与外设通信需要开启相应引脚的复用功能。

表 3-3　STM32F103VET6 的 IIC 硬件资源

资源名称	SCL 引脚	SDA 引脚
IIC1	PB6	PB7
IIC2	PB10	PB11

IIC 总线上可以连接多于一个能控制总线的器件到总线，但主机通常都是微控制器，如 STM32。考虑数据在两个连接到 IIC 总线的微控制器及三个 IIC 外设之间传输的情况如图 3-5 所示。

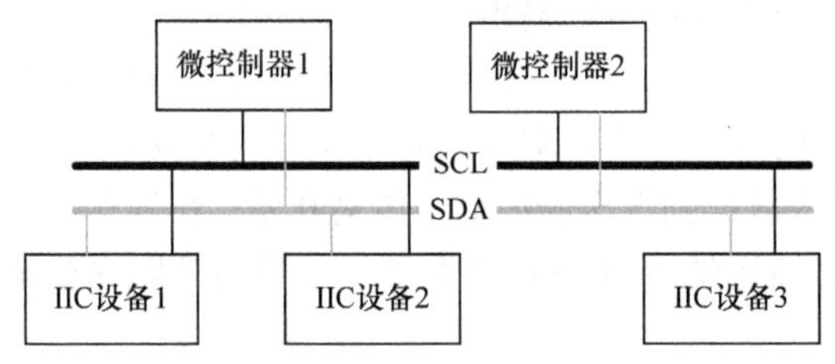

图 3-5　两个微控制器与三个 IIC 外设之间的数据传输

当 IIC 总线上有多个设备的时候，每个设备都有一个 7 位的地址，采用如图 3-6 所示的带 7 位地址的完整传输格式。

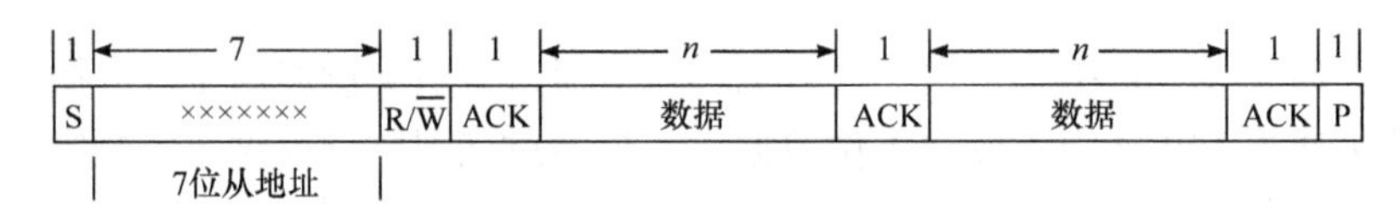

图 3-6　IIC 数据传输格式

相应地，通信引脚在通信过程中的波形如图 3-7 所示。

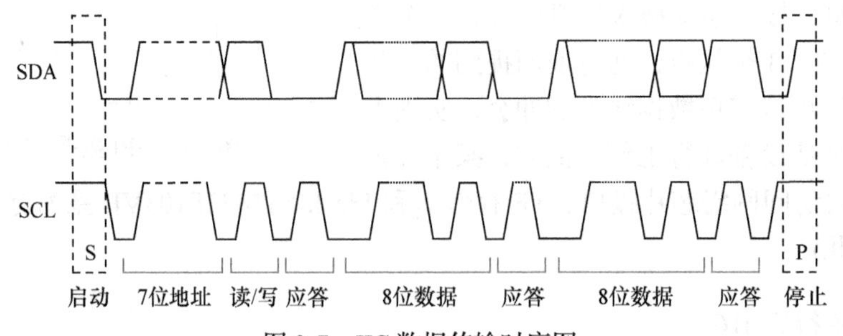

图 3-7　IIC 数据传输时序图

查看时序图，IIC 数据传输步骤可以总结如下。

(1) 主设备向每一个连接的从设备发送起始数据。

(2) 主设备向每一个从设备发送它想要与之通信的从设备的 7 位地址及读/写位；需要注意的是，虽然每一个 IIC 器件都有一个器件地址，但有的器件地址在出厂时就已经设定好了，用户不可以更改，如 OV7670 摄像头模块的地址为 0x42。

(3) 每个从设备将主设备发送的地址与其地址进行比较。如果地址匹配，则从设备通过将 SDA 线拉低一位来返回 ACK 位。如果主设备发送的地址与从设备地址不匹配，则从设备将 SDA 线保持为高电平。

(4) 主设备发送或接收数据帧。

(5) 在传输了每个数据帧之后，接收设备将另一个 ACK 位返回给发送方以确认成功接收到该帧。

(6) 停止数据传输，主设备向从设备发送停止信号。

在传输过程中，数据线 SDA 上的数据在时钟 SCL 的高电平周期必须保持稳定。SDA 的高或低电平状态只有在 SCL 线的时钟信号是低电平时才能改变，作为数据传输过程的起始和停止信号。

起始信号：当 SCL 是高电平时，SDA 线从高电平向低电平切换。

停止信号：当 SCL 是高电平时，SDA 线由低电平向高电平切换。

故若图 3-5 中的微控制器 1 要发送信息到 IIC 设备 2，需要经过如下过程。

(1) 微控制器 1 作为主机寻址 IIC 设备 2。

(2) 微控制器 1 作为主机发送器发送数据到 IIC 设备 2 的接收器。

(3) 微控制器 1 终止传输。

若微控制器 1 要从 IIC 设备 2 接收信息，需要经过如下过程。

(1) 微控制器 1 作为主机寻址 IIC 设备 2。

(2) 微控制器 1 作为主机接收器从 IIC 设备 2 发送器接收数据。

(3) 微控制器 1 终止传输。

上述情况下，若微控制器 1 为主机，则除了微控制器 1 之外的 4 个设备都是从机。

另外，SDA 和 SCL 都是双向线路，都通过一个电流源或上拉电阻连接到正的电源电压，当总线空闲时，这两条线路都是高电平。IIC 总线上，数据的传输速率在标准模式下可达 100Kbit/s，在快速模式下可达 400Kbit/s，在高速模式下可达 3.4Mbit/s，总线接口连接的设备越多，则电容越大，连接到总线的最大接口数量由总线电容不大于 400pF 的限制决定。

3.2.4 通用同步/异步接收/发送器

通用同步/异步接收/发送器(Universal Synchronous/Asynchronous Receiver/Transmitter，USART)是一个全双工通用同步/异步串行收发模块，STM32 的 USART 为使用异步串行数据格式的外部设备与 STM32 之间进行全双工数据交换提供了一种灵活的方法。

STM32F103VET6 芯片留有五个 USART/UART 接口，分别为 USART1、USART2、USART3、UART4、UART5，其中 USART1～USART3 支持同步和异步传输，UART4 和 UART5 只能进行异步通信，它们占用的硬件引脚如表 3-4 所示，使用 STM32USART/UART 与外设通信需要开启相应引脚的复用功能。在实际使用过程中，几乎不会用到同步通信的功能，因此五个串口都可以使用。

表 3-4　STM32F103VET6 的 USART/UART 硬件资源

资源名称	RX 引脚	TX 引脚	CTS 引脚	RTS 引脚	CK 引脚
USART1	PA9	PA10	PA11	PA12	PA8
USART2	PA2	PA3	PA0	PA1	PA4
USART3	PB11	PB10	PB13	PB14	PB12
UART4	PC11	PC10	—	—	—
UART5	PD2	PC12	—	—	—

STM32 的 USART 部分结构参见 STM32F1 系列参考手册 Universal Synchronous Asynchronous Receiver Transmitter(USART)的内容，该通信方式下，STM32 芯片一般通过三个引脚与其他设备连接在一起。

RX：接收数据串行输入。

TX：发送数据输出。

GND：公共地。

若使用硬件流控制，则需要使用更多的引脚(RTS、CTS 等)。

USART 通信方式允许多处理器通信，也支持使用 DMA 方式直接将接收的数据存储到内存或从内存中批量发送数据，及多种中断传输方式。USART 的数据传输速度由传输波特率决定，芯片内的分数波特率发生器提供了宽波特率选择范围，开发者可以在程序中对其进行配置。

图 3-8 为 USART 通信方式下的数据传输格式。发送数据时，如果设置发送 9 位数据且包括奇偶校验位，那么先发送启动位 0，然后发送从 LSB 到 MSB 的 9 位数据，其中第 9 位数据是奇偶校验位，最后 1 位是停止位，再开启另一个周期。若无须发送，即发送空闲帧的时候，发送全 1，如果表示断开连接，发送全 0；如果设置发送 8 位数据，则一般应用于无奇偶校验位的场合。接收数据时，在设置好数据格式后，需要进行起始位的侦测，以判断接收到起始位。一般每个空闲状态后的起始位或者停止位后的起始位，都有 1 个下降沿，所以通常是通过是否监测到下降沿来判断是否接收到数据的。一般为提高接收器的准确性，要用比比特率高 $N(N \geqslant 1)$倍的速率进行采样。

3.2.5　可变静态存储器控制器

可变静态存储器控制器(Flexible Static Memory Controller，FSMC)是 STM32 的重要外设之一，STM32 可以通过 FSMC 与 SRAM、ROM、Nor Flash 等存储器的引脚相连，从而进行数据的交换。

一般情况下，MCU 要与外部 SRAM(一般有地址线(A0～A18)、数据线(D0～D15)、写信号(WE)、读信号(OE)、片选信号(CS))进行数据交换，不仅需要在程序中控制数据读、写的时序，还需要逐一设置地址线和数据线上各引脚的电平。而在 STM32 开启引脚的 FSMC 复用功能后，引脚的控制可以通过对 FSMC 相关的特殊功能寄存器的设置进行，进而芯片引脚自动发出相应的数据、地址、控制信号等来匹配外部存储器，这大大简化

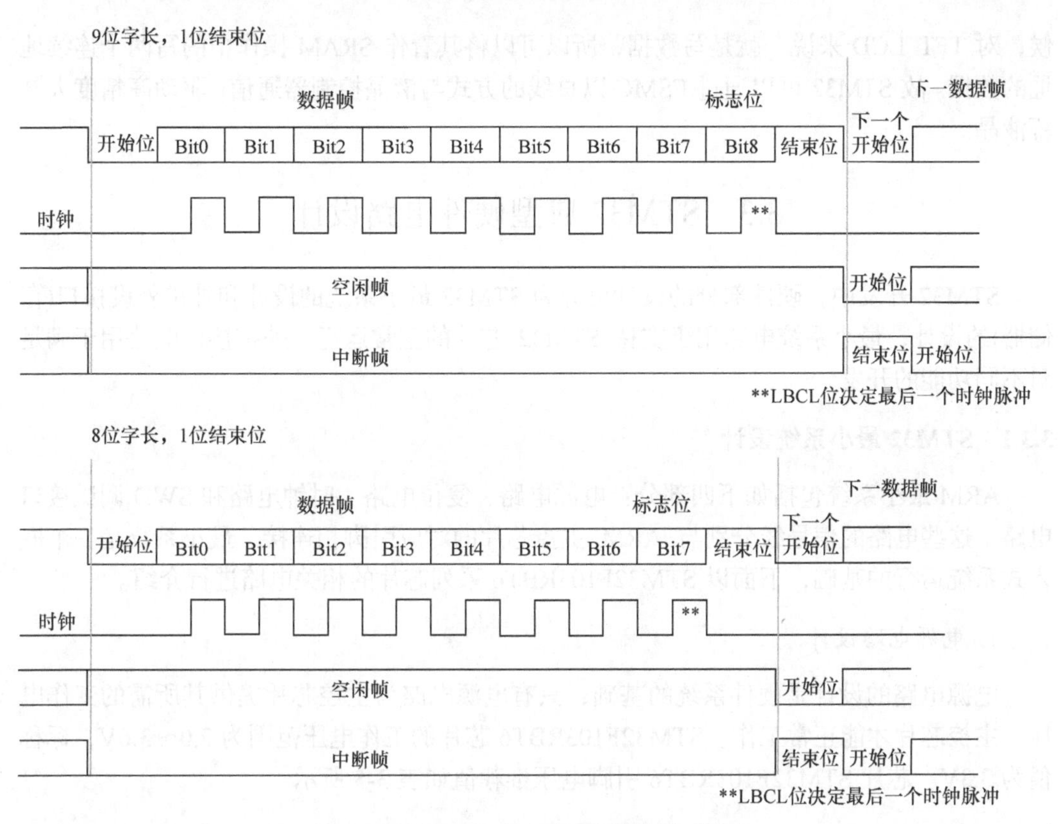

图 3-8　USART 通信方式下的数据传输格式

了 STM32 与外部存储器进行数据交换部分的程序，也使 STM32 可以匹配不同类型和速度的外部 SRAM。

图 3-9 为 STM32 FSMC 的地址映射示意图，对比图 3-4 可以看出，0x60000000～0x9FFFFFFF 正好对应内核中的 External RAM 空间，也就是说，FSMC 存储器将外部 NOR/PSRAM/SRAM/NAND Flash 以及 PC 卡的地址都映射到内核中的 External RAM 地址空间内，STM32 访问 FSMC 控制的存储器，就跟访问 STM32 的片上外设寄存器一样，故 STM32 也支持代码从 FSMC 扩展的存储器直接运行。

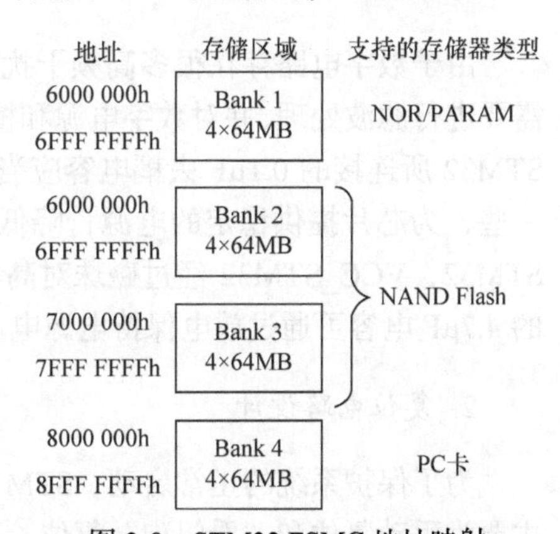

图 3-9　STM32 FSMC 地址映射

常见的 FSMC 应用是用作液晶屏(LCD)控制器的管理。LCD 控制中的操作时序和 SRAM 的类似：一般控制 LCD 需要用到的引脚资源有 RS、D0～D15、WR、RD 和 CS，仅与 SRAM 不同的是，TFT LCD 有 RS 信号，没有地址信号。TFT LCD 通过 RS 信号来决定传送的数据是数据还是命令，本质上也可以将其理解为一个地址信号，例如，我们把 RS 接在 A0 上面，那么当 FSMC 控制器写地址 0 的时候，对 TFT LCD 来说，就是写命令；而 FSMC 写地址 1 的时候，对 TFT LCD 来说，就是写数据，所以可以将其看作 SRAM 操作中的写两个连续地址的数据。故 STM32 可以通过 FSMC 以总线的方式与液晶控制器通信，驱动高精度大屏幕液晶。

3.3　STM32 典型硬件电路设计

STM32 开发中，硬件部分的设计可分为 STM32 最小系统的设计和外扩外设接口(存储器)的设计，最小系统电路用于支持 STM32 芯片的正常运行，外扩接口电路用于满足对不同功能的开发。

3.3.1　STM32 最小系统设计

ARM 最小系统包括如下四部分：电源电路、复位电路、时钟电路和 SWD 调试接口电路。这些电路的信号线分别与 ARM 主控芯片的对应引脚相连接。最小系统是一个嵌入式系统运行的基础，下面以 STM32F103RBT6 系列芯片的相关电路进行介绍。

1. 电源电路设计

电源电路的设计是硬件系统的基础，只有电源电路为主控芯片提供其所需的工作电压，主控芯片才能正常工作。STM32F103RBT6 芯片的工作电压范围为 2.0～3.6V，标称值为 3.3V。芯片 STM32F103RBT6 引脚电压推荐值如表 3-5 所示。

表 3-5　STM32F103RBT6 引脚电压推荐值

引脚名称	标称值/V
VDD	3.3
VSS	0

由于数字电路存在很多高频干扰信号，会对电源产生干扰，所以在设计电源电路时需要进行滤波处理，并对数字电源和模拟电源进行单独设计。在本节介绍的电路中，VCC_STM32 所连接的 0.1μF 去耦电容应当在布线规则允许的情况下，距离电源引脚尽可能近一些，为芯片提供稳定的电源，降低元件耦合到电源端的噪声。VDD 引脚连接 VCC_STM32，VCC_STM32 经过磁珠对高频噪声抑制后，连接 VDDA，VDDA 与 GND 之间的 4.7μF 电容可通过放电保持电源电压稳定。具体电路如图 3-10 所示。

2. 复位电路设计

为了保护系统的正常启动，STM32F1 系列的最小系统一般需要加入复位电路，复位主要为手动复位和“看门狗”复位。手动复位可以通过手动触碰开关对 CPU 进行复位。“看门狗”复位主要是对系统软件程序进行检测，一般通过每隔固定时间来触发“看门狗”的定时器，使“看门狗”一直处于计数状态，一旦系统软件出现异常情况，而“看门狗”计数周期内没有进行清零操作，则认为系统软件出现故障，从而产生复位信号使 CPU 复位。手动复位电路如图 3-11 所示。

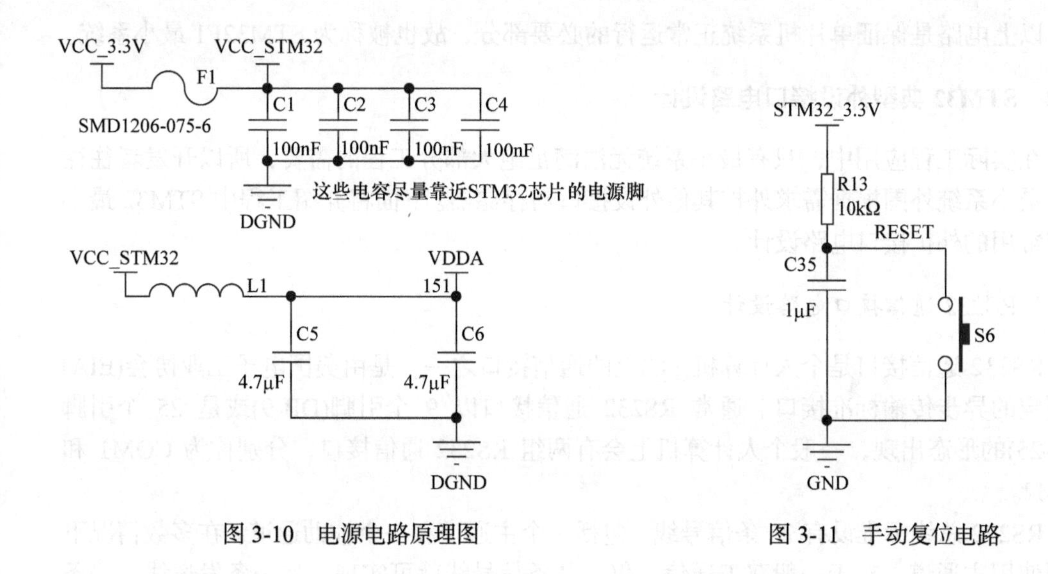

图 3-10　电源电路原理图　　　　图 3-11　手动复位电路

3. 时钟电路设计

STM32F1 系列芯片通常采用晶体振荡器方式设计时钟电路，即通过外部晶振与主控芯片对应引脚相连，为芯片提供时钟。STM32F1 通常接两个晶振，一个为 32.768kHz 的低速外部时钟信号(Low Speed External Clock signal)，简称 LSE 时钟；另一个为 8MHz 的高速外部时钟信号(High Speed External Clock signal)，简称 HSE 时钟。LSE 时钟为实时时钟或其他定时功能提供一个低功耗且精确的时钟源；HSE 时钟用于提供更精确的系统时钟。

STM32F1 系列时钟电路如图 3-12 所示。

4. SWD 调试接口电路设计

STM32F1 系列芯片所在电路使用标准的 IEEE 1149.1 JTAG 接口。开发人员可以通过 SWD 调试接口对电路板进行调试。SWD 调试接口电路如图 3-13 所示。

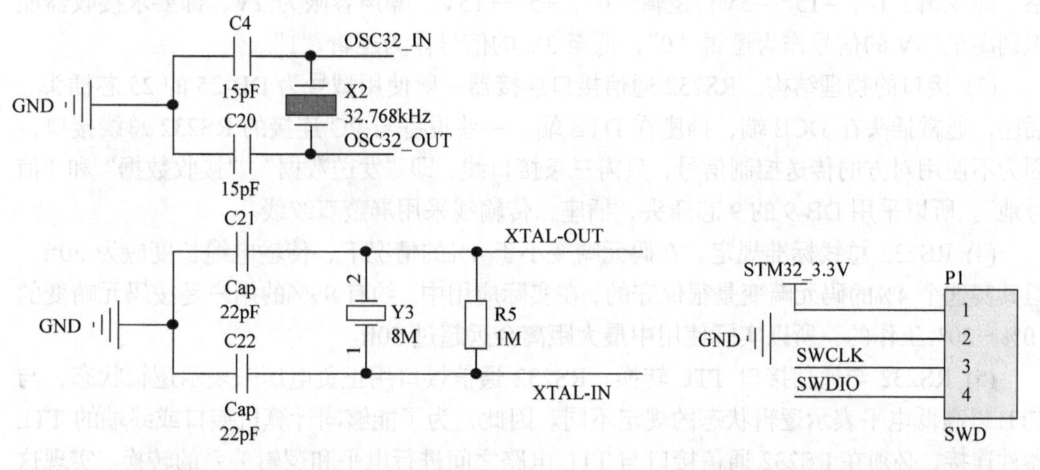

图 3-12　STM32F1 系列时钟电路　　　　图 3-13　SWD 调试接口电路

以上电路是保证单片机系统正常运行的必要部分，故也被称为 STM32F1 最小系统。

3.3.2　STM32 典型外设接口电路设计

在实际工程应用中，只有最小系统无法满足绝大部分工程的需要，所以开发者往往会在最小系统外围根据需求外扩其他外设接口与存储器。下面将介绍工程中 STM32 最小系统常用的外扩接口电路设计。

1. RS232 通信接口电路设计

RS232 通信接口是个人计算机(PC)上的通信接口之一，是由美国电子工业协会(EIA)所制定的异步传输标准接口。通常 RS232 通信接口以 9 个引脚(DB-9)或是 25 个引脚(DB-25)的形态出现，一般个人计算机上会有两组 RS232 通信接口，分别称为 COM1 和 COM2。

RS232 总线标准设有 25 条信号线，包括一个主通道和一个辅助通道。在多数情况下主要使用主通道，对于一般双工通信，仅需几条信号线就可实现，如一条发送线、一条接收线及一条地线。

RS232 总线标准最初是远程通信连接数据终端设备(DTE)与数据通信设备(DCE)而制定的。这个标准的制定，并未考虑计算机系统的应用要求，但目前它又被广泛地用于计算机(更准确地说，是计算机接口与终端或外设之间的近端连接标准)。RS232 总线标准中所提到的“发送”和“接收”，都是站在 DTE 立场上，而不是站在 DCE 的立场来定义的。由于在计算机系统中，往往是在 CPU 和 I/O 设备之间传送信息，两者都是 DTE，因此双方都能发送和接收。

RS232 通信接口的特点如下。

(1) 接口引线使用。实际上，RS232 通信接口的 25 条引线中，有许多是很少使用的，在计算机与终端通信中一般只使用 3～9 条引线。

(2) 接口的电气特性。在 RS232 通信接口中，任何一条信号线的电压均为负逻辑关系，即逻辑“1”，–15～–5V；逻辑“0”，+5～+15V。噪声容限为 2V，即要求接收器能识别高至+3V 的信号作为逻辑“0”，低至 3V 的信号作为逻辑“1”。

(3) 接口的物理结构。RS232 通信接口连接器一般使用型号为 DB-25 的 25 芯插头、插座，通常插头在 DCE 端，插座在 DTE 端。一些设备与 PC 连接的 RS232 总线接口，因为不使用对方的传送控制信号，只需三条接口线，即“发送数据”、“接收数据”和“信号地”。所以采用 DB-9 的 9 芯插头、插座，传输线采用屏蔽双绞线。

(4) RS232 总线标准规定。在码元畸变小于 4%的情况下，传输电缆长度应为 50ft。但其实这个 4%的码元畸变是很保守的，在实际应用中，约有 99%的用户是按码元畸变的 10%～20%工作的，所以实际使用中最大距离会远超过 50ft。

(5) RS232 与通信接口 TTL 转换。RS232 通信接口用正负电压来表示逻辑状态，与 TTL 以高低电平表示逻辑状态的规定不同。因此，为了能够同计算机接口或终端的 TTL 器件连接，必须在 RS232 通信接口与 TTL 电路之间进行电平和逻辑关系的转换。实现这种转换的方法可用分立元件，也可用集成电路芯片。

SP3232E芯片是具有二路接收器和二路驱动器的串口转RS232通信芯片，满足EIA/TIA-233-F标准，工作电压为+3.0～+5.5V，满载最小数据速率为120Kbit/s，提供1μA的低功耗关断模式，在低功耗下接收器依然保持有效状态，还可与RS232共同使用，电源低至+2.7V，有增强型ESD规范，其引脚图如图3-14所示。

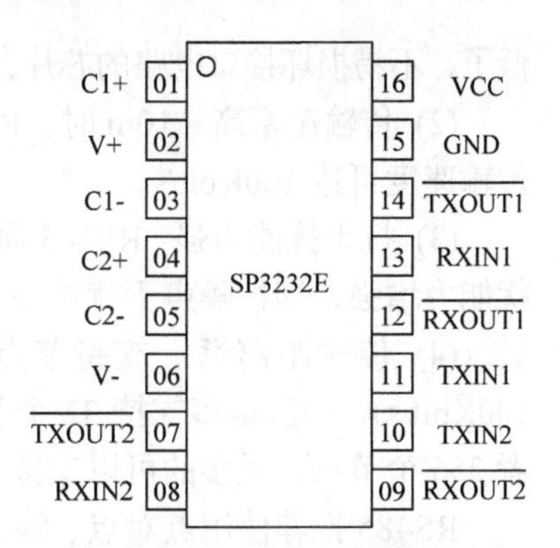

图3-14 SP3232E芯片接口定义

与RS232通信接口连接的芯片选用SP3232E，其与STM32芯片的USART(串行通信接口)的连接如图3-15所示。其中SP3232E的第一路接收数据输入引脚(RIN1)连接COM2的3号引脚，接收数据输出引脚(ROUT1)连接STM32系列芯片串行通信接收引脚USART2_RX；SP3232E的第一路发送数据输入引脚(DIN1)连接STM32系列芯片串行通信发送引脚USART2_TX，发送数据输出引脚(DOUT1)连接COM2的2号引脚；SP3232E的第二路接收数据输入引脚(RIN2)连接COM3的2号引脚，接收数据输出引脚(ROUT2)连接STM32系列芯片串行通信接收引脚USART3_RX；SP3232E的第二路发送数据输入引脚(DIN2)连接STM32系列芯片串行通信发送引脚USART3_TX，发送数据输出引脚(DOUT2)连接COM3的3号引脚。

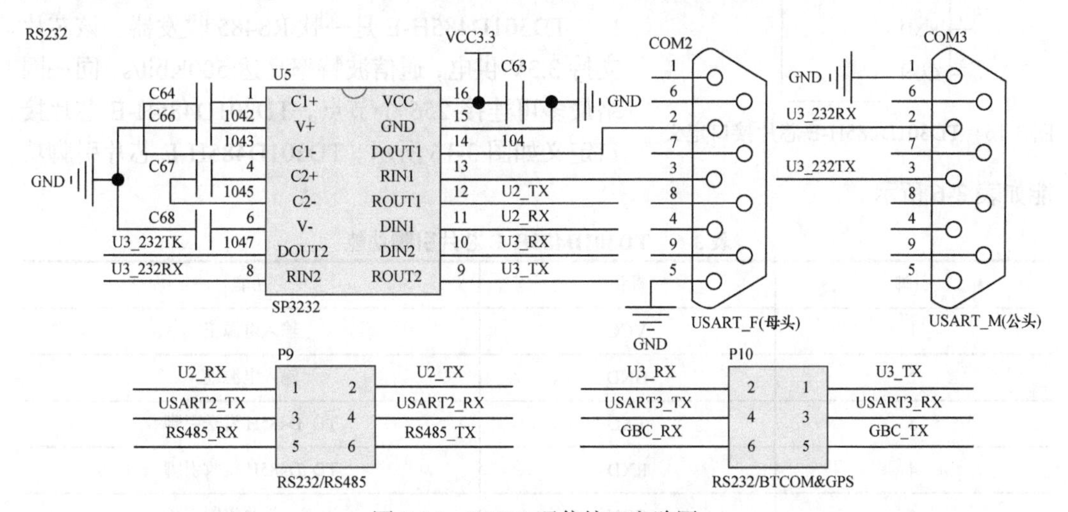

图3-15 RS232通信接口电路图

2. RS485通信电路硬件设计

485通信(一般称为RS485/EIA-485)是隶属于OSI模型物理层电气特性规定的2线、半双工、多点通信方式。它的电气特性和RS232大不一样。用缆线两端的电压差值来表示传递信号。RS485仅仅规定了接收端和发送端的电气特性。它没有规定或推荐任何数据协议。

RS485通信接口的特点包括以下几方面。

(1) 接口电平低，不易损坏芯片。RS485的电气特性：逻辑“1”以两线间的电压差为+2～+6V表示；逻辑“0”以两线间的电压差为−6～−2V表示。接口信号电平比RS232降低了，不易损坏接口电路的芯片，且该电平与 TTL 电平兼容，可方便地与 TTL 电路连接。

(2) 传输速率高。10m 时，RS485 的数据最高传输速率可达 35Mbit/s；在 1200m 时，传输速度可达 100Kbit/s。

(3) 抗干扰能力强。RS485 通信接口采用平衡驱动器和差分接收器的组合，抗共模干扰能力增强，即抗噪声干扰性好。

(4) 传输距离远。支持节点多：RS485 总线最长可以传输 1200m 以上(速率≤100Kbit/s)，一般最多支持 32 个节点，如果使用特制的 RS485 芯片，可以达到 128 个或者 256 个节点，最多的可以支持 400 个节点。

RS485 推荐使用点对点、线型、总线型网络，不能是星形、环形网络。理想情况下，RS485 需要 2 个终端匹配电阻，其阻值要求等于传输电缆的特性阻抗(一般为 120Ω)。如果没有特性阻抗，当所有的设备都静止或者没有能量的时候就会产生噪声，而且线移需要双端的电压差。如果没有终接电阻，就会使得较快速的发送端产生多个数据信号的边缘，导致数据传输出错。

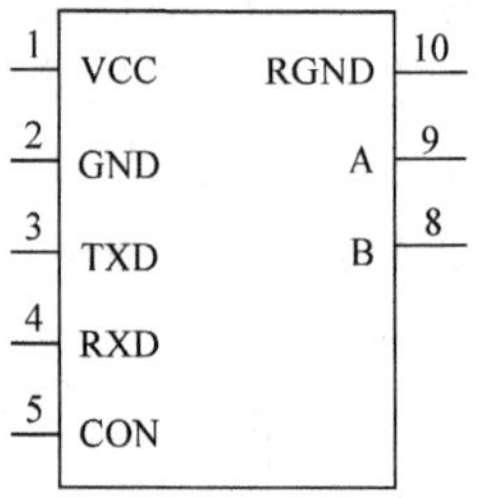

由于 RS485 具有传输距离远、传输速度快、支持节点多和抗干扰能力更强等特点，所以 RS485 有很广泛的应用。

TD301D485H-E 是一款 RS485 收发器，该芯片支持 3.3V 供电，通信波特率高达 500Kbit/s，同一网络最多可连接 256 个节点。TD301D485H-E 芯片接口定义如图 3-16 所示。TD301D485H-E 芯片引脚功能如表 3-6 所示。

图 3-16　TD301D485H-E 芯片接口定义

表 3-6　TD301D485H-E 芯片引脚功能

引脚	标识	功能
1	VCC	输入电源正
2	GND	输入电源地
3	TXD	TD_D485H 发送引脚
4	RXD	TD_D485H 接收引脚
5	CON	发送、接收控制引脚
8	B	TD_D485H B 引脚
9	A	TD_D485H A 引脚
10	RGND	隔离电源输出地 RGND

该芯片 485 收发两端是隔离的，其与 STM32 芯片的硬件连接如图 3-17 所示。VCC 引脚接 3.3V 电源，GND 引脚接电源地，TXD 引脚接 STM32 芯片 USART1_TX 引脚，RXD 引脚接 STM32 芯片 USART1_RX 引脚。CON 引脚接 STM32 芯片 GPIO 引脚。A、B 两个引脚连接到接线端子上，从而将外部输入的 485 信号接入芯片，RGND 引脚悬空。

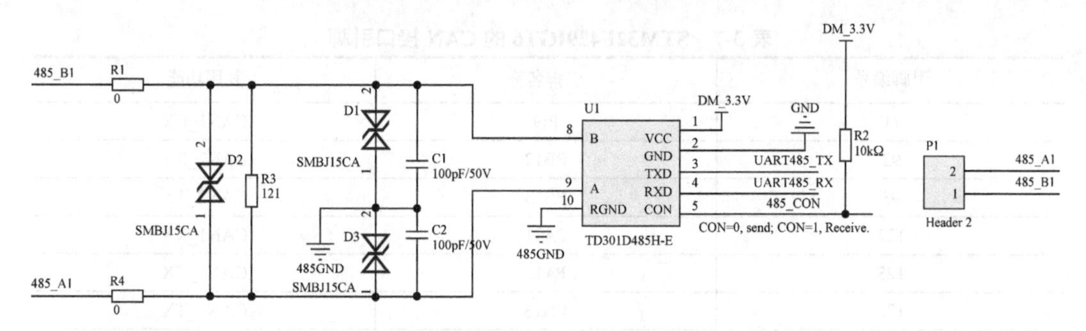

图 3-17　RS485 通信接口电路

需要注意的是，在进行 RS485 通信时，外部 485 输入信号线的 A 端必须接入接线端子的 A 端，外部 485 输入信号线的 B 端必须接入接线端子的 B 端，否则可能导致无法正常通信。

3. CAN 通信电路硬件设计

CAN 是控制器局域网络(Controller Area Network，CAN)的简称，是通过 ISO 国际标准化的串行通信协议(ISO11898)，是国际上应用最广泛的现场总线之一。CAN 的高性能和可靠性已被认同，并被广泛地应用于工业自动化、船舶、医疗设备、工业设备等方面。

CAN 的性能特点包括以下几方面。

(1) “多主”工作方式。网络上任一节点均可在任意时刻主动地向网络上的节点发送信息，不分主从。

(2) 采用非破坏性总线仲裁技术。当多个节点同时向总线发送信息时，优先级较低的节点会主动退出发送，而最高优先级的节点可不受影响地继续传输数据，从而大大地节省了总线冲突仲裁时间。

(3) 节点的个数主要取决于总线驱动电路。在标准“帧”的报文标识符(CAN2.0A)可达 2032 种，而在扩展帧的报文标识符(CAN2.OB)几乎不受限制。

(4) 报文采用“短帧”结构。短帧”结构传输时间短，受干扰概率低，具有极好的检错效果。

(5) 节点在错误严重的情况下具有自动关闭输出功能。总线上的其他节点的操作不受错误节点的影响。

(6) 较高的性价比。CAN 结构简单，器件容易购置，每个节点的价格较低，而且开发技术容易掌握，适用于现有的开发工具。

由于采用了许多新技术和独特的设计，CAN 总线与一般的通信总线相比，它的数据通信具有突出的可靠性、实时性和灵活性。

以 STM32F429IGT6 芯片为例，通过查询 ST 官方的 STM32F429IGT6 芯片手册，可以了解到 STM32F429IGT6 芯片支持 CAN 通信，且有两个 CAN 接口，这两个 CAN 接口的复用引脚如表 3-7 所示。我们在设计时可以根据其他外设占据的主控芯片引脚的情况和 PCB 走线情况考虑，选择就近的引脚。但是，在一个芯片中，相同编号的 CAN 通信接口只能使用一次。

表 3-7　STM32F429IGT6 的 CAN 接口引脚

引脚编号	引脚名称	复用功能
11	PI9	CAN1_RX
92	PB12	CAN2_RX
93	PB13	CAN2_TX
122	PA11	CAN1_RX
123	PA12	CAN1_TX
128	PH13	CAN1_TX
142	PD0	CAN1_RX
143	PD1	CAN1_TX
163	PB5	CAN2_RX
164	PB6	CAN2_TX
167	PB8	CAN1_RX
168	PB9	CAN1_TX

CAN 通信通常还需要使用 CAN 通信模块作为收发器，在这里选用的是 CTM1051KAT 通信模块，将该通信模块与芯片对应 CAN 通信接口引脚相连，这里应查询通信模块说明书，注意模块的收发端和芯片收发端的对应方式，如果对应错误，则芯片 CAN 通信接口无法正常收发数据。CAN 通信电路如图 3-18 所示，模块 RXD 引脚接 STM32F429IGT6 芯片 92 号引脚(CAN2_RX)，TXD 引脚接 STM32F429IGT6 芯片 93 号引脚(CAN2_TX)。

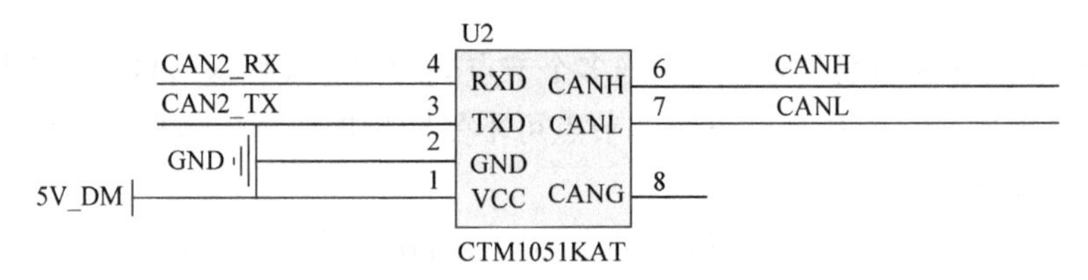

图 3-18　CAN 通信电路示例

4. A/D 数据采集与 D/A 模拟量输出电路硬件设计

1) A/D 数据采集

A/D 转换就是模/数转换，即将模拟信号通过一定的电路转换成数字信号。模拟量可以是电压、电流等电信号，也可以是压力、温度、湿度等非电信号。但在 A/D 转换之前，输入 A/D 转换器的输入信号必须是电压信号，即需要通过各类传感器将各种物理量转换成电压信号。A/D 转换后，输出的数字信号可以有 8 位、10 位、12 位、14 位和 16 位等。

A/D 转换的主要方法有以下三种。

(1) 积分型。

(2) 主次比较型。

(3) 并行比较型/串并行比较型。

积分型 A/D 转换器的工作原理是将输入电压转换成时间(脉冲宽度信号)或频率(脉冲频率)，然后由定时器/计数器获得数字值。其优点是用简单电路就能获得高分辨率，缺点是由于转换精度依赖于积分时间，因此转换速率极低。

逐次比较型 A/D 转换器由一个比较器和 D/A 转换器通过逐次比较逻辑构成，顺序地针对每一位，将输入电压与内置 D/A 转换器输出进行比较，经 n 次比较而输出数字值。其优点是速度较快、功耗低，在低分辨率(<12 位)时价格便宜，但高精度(>12 位)时价格很高。

并行比较型 A/D 转换器采用多个比较器，仅作一次比较而实行转换，又称 Flash(快速)型。由于转换速率极高，n 位的转换需要 $2n-1$ 个比较器，因此电路规模极大，价格也高，只适用于视频 A/D 转换器等速度特别高的领域。

串并行比较型 A/D 转换器结构上介于并行型和逐次比较型之间，最典型的是由 2 个 $n/2$ 位的并行型 A/D 转换器配合 D/A 转换器组成，用两次比较进行转换，所以称为 Half Flash(半快速)型。这类 A/D 转换器速度比逐次比较型高，电路规模比并行型小。

STM32 系列芯片自带 A/D 转换模块，但由于传感器的输出信号较弱，故采用 TLC2741 作为信号放大芯片，TLC2741 为四运算放大器，支持 3～16V 电源电压，该芯片的框图如图 3-19 所示。

1OUT	1	14	4OUT
1IN-	2	13	4IN-
1IN+	3	12	4IN+
VDD	4	11	GND
2IN+	5	10	3IN+
2IN-	6	9	3IN-
2OUT	7	8	3OUT

图 3-19　TLC2741 芯片接口定义

图 3-19 中，1IN+、2IN+、3IN+、4IN+为四运算放大器同相端，1IN–、2IN–、3IN–、4IN–为四运算放大器反相端，1OUT、2OUT、3OUT、4OUT 为四运算放大器输出端。

STM32 系列芯片外扩 A/D 信号放大模块的硬件电路图如图 3-20 所示，图中 A/D 转换器的电压输入范围为 0~3V，A/D 转换器输入端 ADCA1、ADCA0、ADCB0 分别连接放大器 TLC274 的三个同相端 3IN+、2IN+、1IN+，放大器 TLC2741 的三个反相端 1IN–、2IN–、3IN–通过 0Ω电阻与 ADC12_IN10、ADC12_IN11、ADC12_IN12 连接，放大器 TLC2741 的三个输出端 1OUT、2OUT、3OUT 直接与 ADC12_IN10、ADC12_IN11、ADC12_IN12 连接。

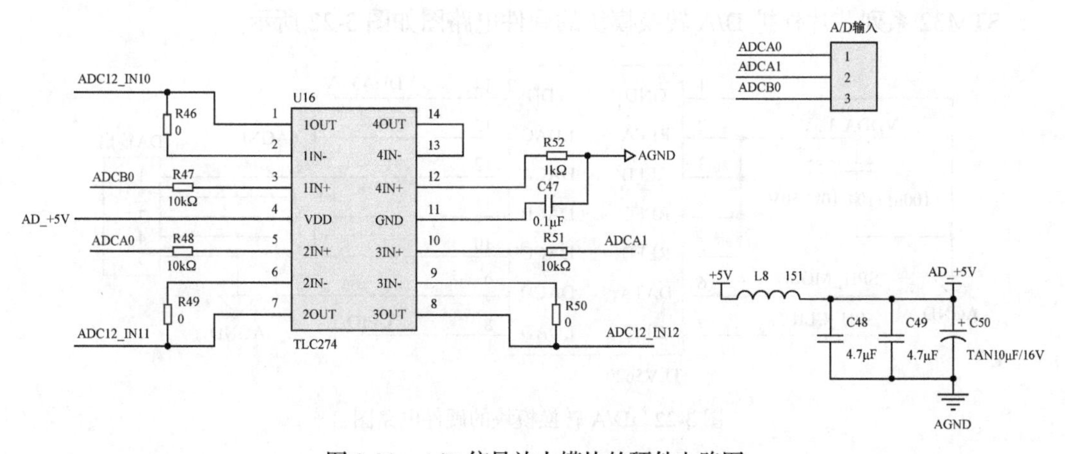

图 3-20　A/D 信号放大模块的硬件电路图

2) D/A 模拟量输出

D/A 转换就是将离散的数字量转换为连续变化的模拟量。D/A 转换器的内部电路构成无太大差异，一般按输出是电流还是电压、能否作乘法运算等进行分类。大多数 D/A

转换器由电阻阵列和 n 个电流开关(或电压开关)构成，按数字输入值切换开关，产生比例于输入的电流(或电压)。

D/A 转换的主要方法有以下三种。

(1) 电压输出型。

(2) 电流输出型。

(3) 乘算型。

电压输出型 D/A 转换器虽然是直接从电阻阵列输出电压的，但一般采用内置输出放大器以低阻抗输出。直接输出电压的器件仅用于高阻抗负载，由于无输出放大器部分的延迟，故常作为高速 D/A 转换器使用。

电流输出型 D/A 转换器大多采用外接电流-电压转换电路的方法得到电压输出，外接电路的主要类型有负载电阻电流-电压转换电路和运算放大器电流-电压转换电路。

D/A 转换器中有使用恒定基准电压的，也有在基准电压输入上加交流信号的，后者由于能得到数字输入和基准电压输入相乘的结果而输出，因而称为乘算型 D/A 转换器。乘算型 D/A 转换器不仅可以进行乘法运算，而且可以作为使输入信号数字化衰减的衰减器及对输入信号进行调制的调制器。

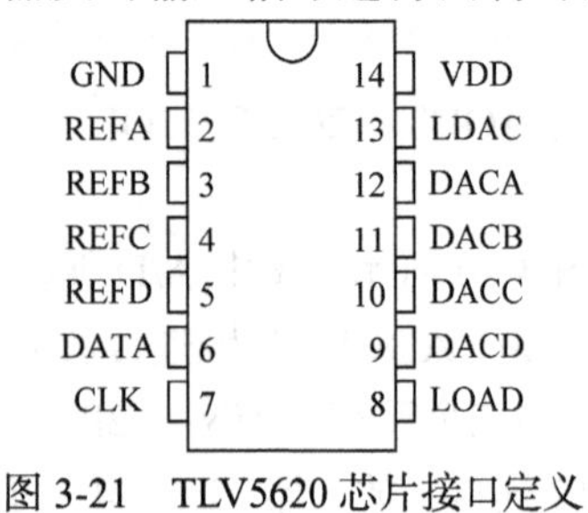

图 3-21　TLV5620 芯片接口定义

这里采用 TLV5620 作为 D/A 转换芯片，TLV5620 是一个四通道 8 位 D/A 转换器，3V 单电源供电，串行输入接口。该芯片的接口定义如图 3-21 所示。

图 3-21 中，REFA、REFB、REFC、REFD 用来设定基准电压，决定对应输出通道的电压范围，DATA 为串行数据端，CLK 为串行时钟端，LDAC 为转换结果锁存控制端，DACA、DACB、DACC、DACD 为四通道模拟数据输出端，LOAD 为数据输入通道选择与数据输入锁存控制端。

STM32 系列芯片外扩 D/A 转换模块的硬件电路图如图 3-22 所示。

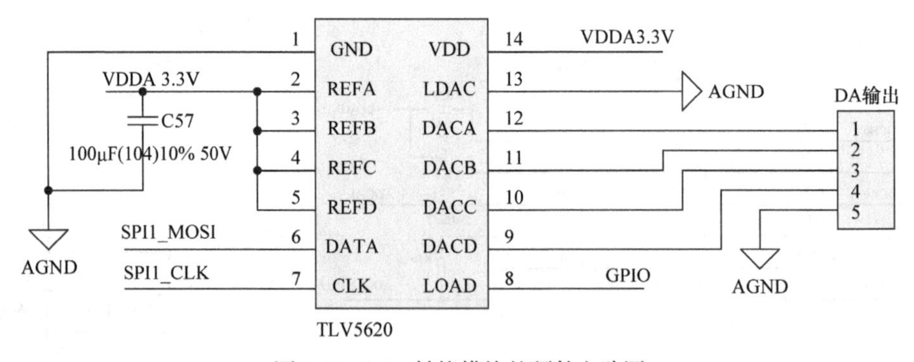

图 3-22　D/A 转换模块的硬件电路图

如图 3-22 所示，D/A 转换芯片选用 TLV5620。串行数据端 DATA 连接 STM32 芯片的主机输出、从机输入端 SPI1_MOSI 引脚，串行时钟端 CLK 连接 STM32 芯片的串行时钟引脚 SPI1_CLK，数据输入通道选择与数据输入锁存控制端 LOAD 连接 STM32 芯片的 GPIO 引脚，转换结果锁存控制端 LDAC 接模拟地，REFA、REFB、REFC、REFD 接 3.3V

电源。

5. 外扩 SRAM 电路设计

SRAM 是英文 Static RAM 的缩写，即静态随机存储器。它是一种具有静止存取功能的内存，不需要刷新电路即能保存它内部存储的数据。SRAM 的速度非常快，在快速读取和刷新时能够保持数据完整性。它的用途广泛，用于 CPU 内部的一级缓存和内置的二级缓存，以及一些嵌入式设备，如网络服务器和路由器等。

SRAM 的主要特点如下。

(1) 优点是速度快，不必配合内存刷新电路，可提高整体的工作效率。

(2) 缺点是集成度低，掉电不能保存数据，功耗较大，相同的容量体积较大，而且价格较高，少量用于关键性系统以提高效率。

SRAM 由晶体管组成。接通代表 1，断开代表 0，并且状态会保持到接收一个改变信号为止。SRAM 的高速和静态特性使它们通常被用来作为 Cache 存储器。

IS62WV51216 是一款 SRAM 芯片，它的存储容量为 512KB×16，其特点如下。

(1) 高速访问时间 45ns、55ns。

(2) CMOS 低功耗操作。

(3) TTL 兼容的接口电平。

(4) 单电源 2.5～3.6V 供电。

(5) 无时钟、无刷新需求。

(6) 三态输出。

(7) 数据控制分为高、低字节。

IS62WV51216 芯片引脚定义如图 3-23 所示。

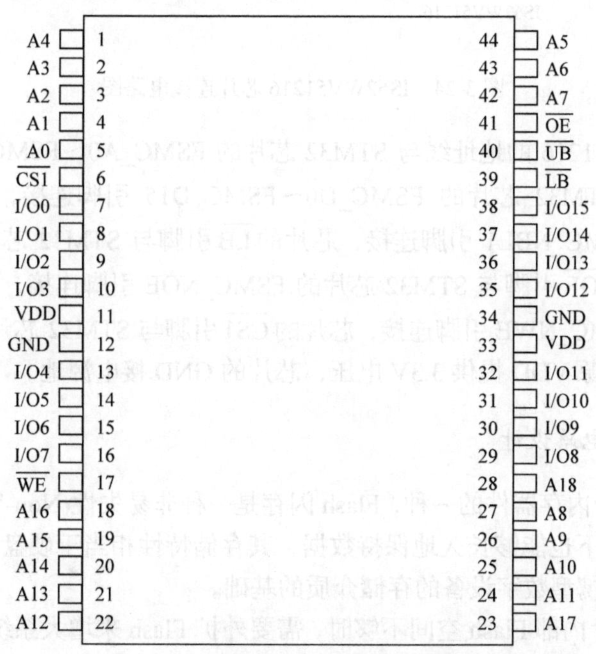

图 3-23　IS62WV51216 芯片引脚定义

STM32F1/F4 系列芯片均支持外扩 SRAM，IS62WV51216 和主控芯片 STM32 系列芯片连接的硬件原理图如图 3-24 所示。

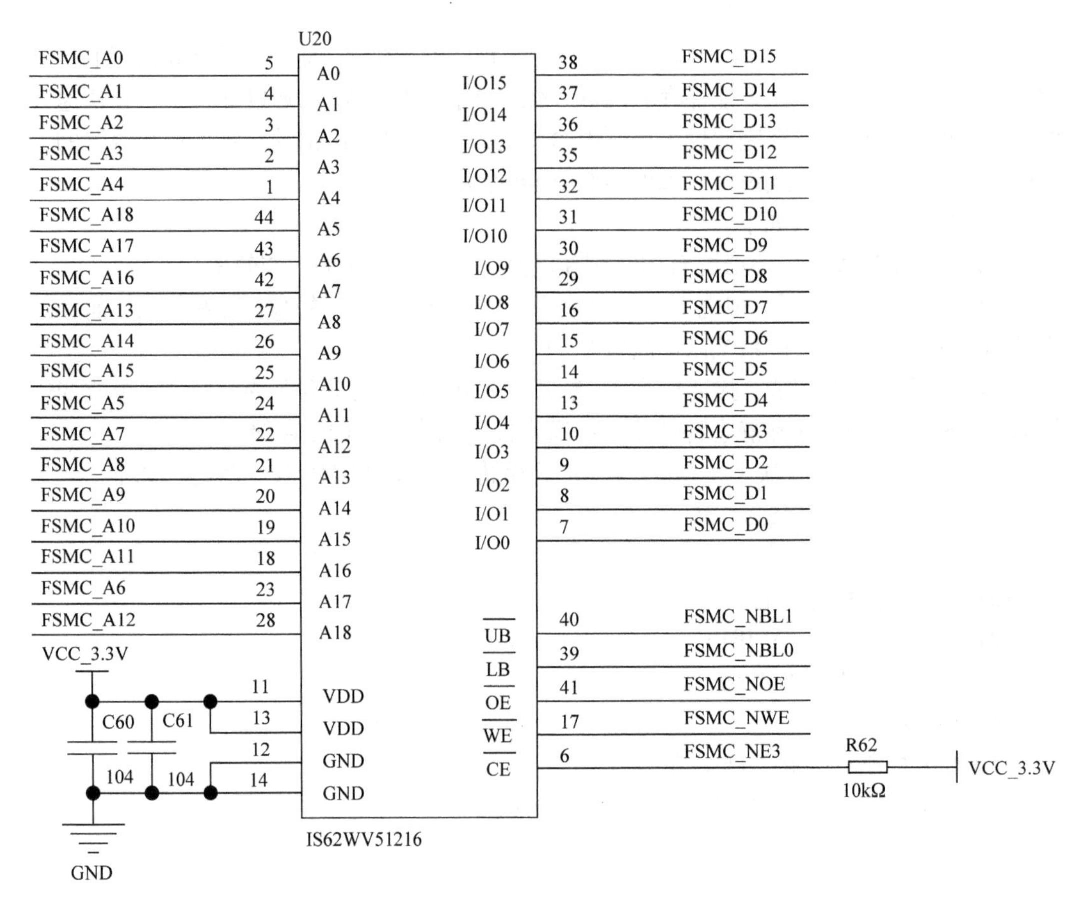

图 3-24　IS62WV51216 芯片连接电路图

芯片 IS62WV51216 的地址线与 STM32 芯片的 FSMC_A0～FSMC_A18 引脚连接，芯片的数据线与 STM32 芯片的 FSMC_D0～FSMC_D15 引脚连接，芯片的 $\overline{\text{UB}}$ 引脚与 STM32 芯片的 FSMC_NBL1 引脚连接，芯片的 $\overline{\text{LB}}$ 引脚与 STM32 芯片的 FSMC_NBL0 引脚连接，芯片的 $\overline{\text{OE}}$ 引脚与 STM32 芯片的 FSMC_NOE 引脚连接，芯片的 $\overline{\text{WE}}$ 引脚与 STM32 芯片的 FSMC_NWE 引脚连接，芯片的 $\overline{\text{CS1}}$ 引脚与 STM32 芯片的 FSMC_NE3 引脚连接，芯片的电源 VDD 提供 3.3V 电压，芯片的 GND 接电源地。

6. 外扩 Flash 电路设计

Flash 闪存属于内存器件的一种，Flash 闪存是一种非易失性(Non-Volatile)内存，在没有电流供应的条件下也能够长久地保持数据，其存储特性相当于硬盘，这项特性正是闪存得以成为各类便携型数字设备的存储介质的基础。

当 STM32 芯片内部 Flash 空间不够时，需要外扩 Flash 来增大系统 Flash 容量。通过

SPI 接口外扩 Flash 是常用的外扩 Flash 的方法之一，我们选用 SST25VF032B 作为外扩 Flash 模块，通过将模块引脚和芯片 SPI 对应引脚连接，可实现 Flash 的扩展。

SST25VF032B 芯片特性如下。

(1) 单电压读写操作：2.7～3.6V。

(2) 串行接口架构：兼容 SPI，模式 0 和模式 3。

(3) 高速时钟频率：高达 50MHz。

(4) 低功耗：有效读写电流为 10mA(典型值)，待机电流为 5μA(典型值)。

(5) 高可靠性：耐力为 100000 个周期(典型值)，大约 100 年数据保存期。

(6) 灵活的擦除功能：统一的 4KB 扇区，统一的 32KB 覆盖块，统一的 64KB 覆盖块。

(7) 快速擦除和字节编程：芯片擦除时间为 35ms(典型值)，扇区和块擦除时间为 18ms(典型值)，字节编程时间为 7μs(典型值)。

(8) 温度范围：商业级为 0～+70℃，工业级为–40～+85℃。

芯片接口定义如图 3-25 所示。其中芯片 CE#引脚为芯片使能引脚，需与 STM32 芯片的 SPI2_NSS 引脚连接。芯片 SO 引脚为串行数据输出引脚，与 STM32 芯片的 SPI2_MISO 引脚连接。芯片 WP#引脚悬空，芯片 VSS 引脚接电源地，VDD 引脚接 3.3V 电源，芯片 HOLD#引脚接 3.3V 电源。芯片 SCK 引脚为串行时钟引脚，接主控芯片的 SPI2_SCK 引脚。芯片 SI 引脚为串行数据输入引脚，接主控芯片 SPI2_MOSI 引脚。外扩 Flash 电路如图 3-26 所示。

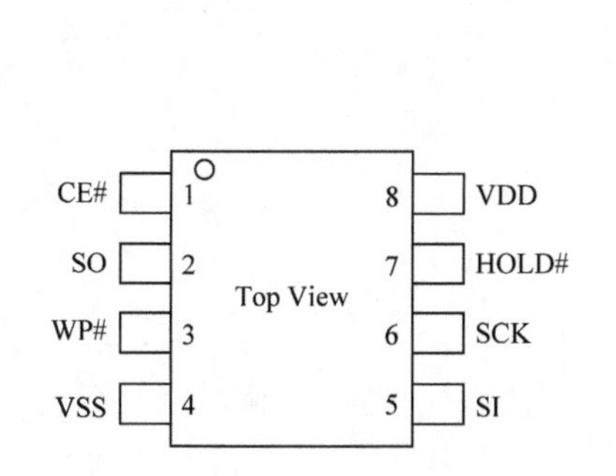

图 3-25　SST25VF032B 芯片接口定义

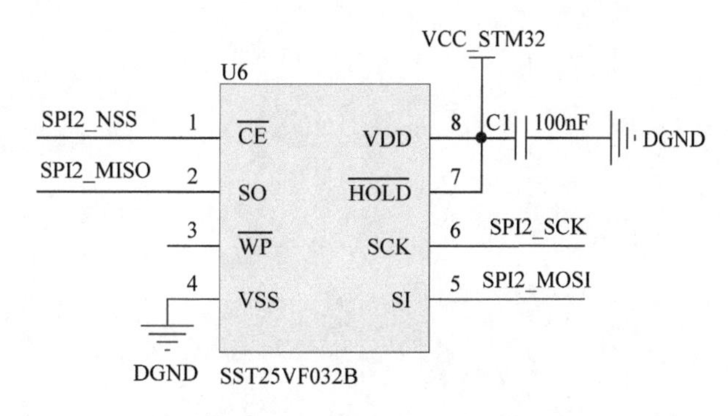

图 3-26　外扩 Flash 电路示例

本 章 小 结

本章介绍了 STM32 的芯片内部结构、外设接口资源和开发中的典型硬件设计。在内部结构一节中，主要讲解了 STM32 的 Cortex-M3/M4 内核、STM32 型号的含义、STM32 系统结构、STM32 的存储器映射与 STM32 时钟系统等基础知识；在外设接口一节中，以 STM32F103VET6 型号芯片为例，讲解了 STM32 的 GPIO 分组方式与基本结构、SPI/IIC/USART 通信方式的基本原理及 STM32 的应用、STM32 FSMC 原理、地址映射与应用；在硬件设计一节中，介绍了 STM32 最小系统电路的组成，以及工程中常见的外扩外设接口的硬件电路设计。学习完本章内容后，读者应已对 STM32 系列芯片有了基本的认识，具备了进行 STM32 开发的理论基础。

思 考 题

(1) 结合 STM32 系统结构图，简要说明 STM32 的工作原理。

(2) 简要说明 STM32F103ZET6 芯片型号所指代的含义。

(3) 对比同步串行口 SPI 与 IIC，说明两者的优缺点，并列举出常见的 SPI/IIC 外设。

(4) 如何选择嵌入式最小系统的时钟？

(5) RS485 和 RS232 的区别是什么，应用场景有何不同？

第 4 章　建筑能耗监控系统工程实例设计

当今社会，人们越来越关注能源的使用，合理地使用能源，减少能源的浪费是节约能源的有效方式。但是在现在的建筑领域中，通常使用电表对电量进行监测，这样的监测结果只能了解每个家庭的整体用电量，没有办法了解各个设备单独的用电量，住户因此还是无法根据家庭用电量来调整自己的用电习惯以更合理地使用电能。所以需要针对不同用电设备进行能耗监控，让住户了解家庭整体耗电量中不同用电设备耗电量所占的比例，并在以后更合理地使用电能。

4.1　系统功能说明

能耗监控系统作为监控能耗信息的设备，主要功能包括以下几个方面。

(1) 数据采集。计量所监控的用电设备所消耗的电能。

(2) 数据存储。该装置可以存储计量的能耗数据，方便以后调用。

(3) 数据传输。将所计量的能耗数据传输到智能网关。

4.2　系统总体设计

4.2.1　系统总体方案设计

根据 4.1 节介绍的能耗监控系统的功能需求，该系统的总体方案框图如图 4-1 所示。

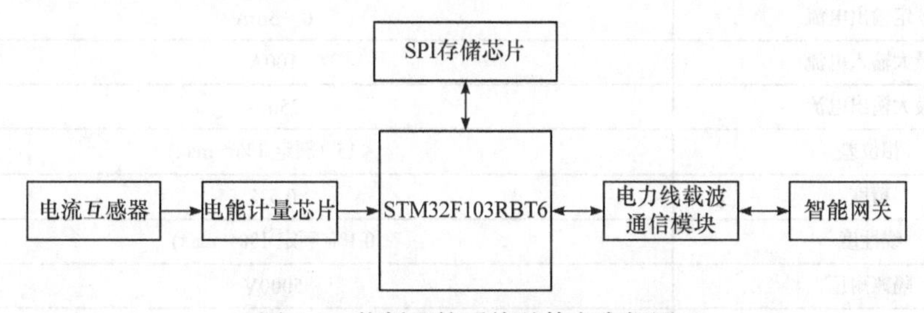

图 4-1　能耗监控系统总体方案框图

4.2.2　相关模块选型

本系统选用 STM32F103RBT6 芯片作为主控芯片，按照图 4-1 所确定的系统方案，选择合适的元器件，嵌入式最小系统的设计已经完成，还需要选择合适的电流互感器、电能计量芯片、电力线载波通信模块。

智能网关作为一个完整的系统，可在本章的实例中直接使用。智能网关的设计会在后面的章节单独进行介绍。

1. 电流互感器

电流互感器的作用是将家庭电路中的较大的一次电流通过一定的比例转换为数值较小的二次电流，以便测量和计算。电流互感器的精度决定了能耗采集的精度，所以要选精度较高的电流互感器。由于所测用电设备的电流大小不同，本实例中选用的两个电流互感器，型号分别为 ZMCT116A 和 HCT15K-AC-20。两个电流互感器额定输入电流分别为 5A 和 20A，使用时可以根据用电器功率的大小进行选择。两个电流互感器参数如表 4-1 和表 4-2 所示，实物如图 4-2 和图 4-3 所示。

表 4-1 ZMCT116A 主要技术参数

参数	取值
额定输入电流	5A
额定输出电流	2mA
变比	2500:1
相位差	≤20′ (输入为 1A，采样电阻为 100Ω)
线性范围	0～70A(采样电阻为 100Ω)
线性度	0.1%(5%～120%点)
允许误差	–0.2%≤f≤+0.2% (输入为 1A，采样电阻为 100Ω)
隔离耐压	4500V
用途	精确电流与功率测量
密封材料	环氧树脂
安装方式	印制板安装(引脚长度>3mm)
工作温度	–40～+85℃

表 4-2 HCT15K-AC-20 主要技术参数

参数	取值
额定输入电流	0～20A
额定输出电流	0～5mA
最大输入电流	100A
最大输出电流	25mA
相位差	≤15′ (额定 1%～max)
精度	0.5%
线性度	0.1%(额定 1%～max)
隔离耐压	5000V
温度系数	25×10^{-6}/℃
工作温度	–40～+75℃
储存温度	–50～+85℃
使用频率范围	0.02～2kHz

最大输入电流为 20A，精度在千分之一的电流互感器市面上不多见。而最大输入电流为 5A，精度为千分之一的电流互感器很多。考虑到上述两种互感器各项参数均满足要求，所以选择 ZMCT116A 和 HCT15K-AC-20。

图 4-2　ZMCT116A 实物图

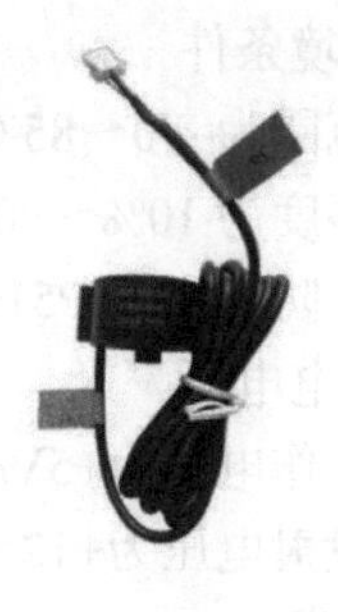

图 4-3　HCT15K-AC-20 实物图

2. 电能计量芯片

选取电能计量芯片时主要考虑精度。

ADE7816ACPZ-RL 是一款可测量一条电压通道和多达六条电流通道的高精度、多通道的计量器件。该芯片特性如下。

(1) 测量有功功率、无功功率、采样波形及电流和电压有效值。

(2) 6 条电流输入通道和 1 条电压通道。

(3) 在 1000∶1 的动态范围内，有功功率和无功功率误差小于 0.1%。

(4) 支持电流互感器和罗氏线圈传感器。

(5) 提供瞬时电流和电压读数。

(6) 提供 6 通道角测量。

(7) 带宽为 2kHz。

(8) 基准电压源为 1.2V(典型漂移量为 10×10^{-6}/℃)且具有外部过驱功能。

(9) 灵活的 IIC、SPI 和 HSDC 串行接口。

综上所述，ADE7816ACPZ-RL 符合以上各类特性，故选择这款计量芯片。芯片实物图如图 4-4 所示。

图 4-4　ADE7816ACPZ-RL 实物图

3. 电力线载波通信模块

电力线载波通信是电能计量系统向智能网关传输数据的方式之一，GWD-M100 载波通信模块是一款窄带载波通信模块，该模块的主要技术参数如下。

1) 串口通信

(1) DL/T 645—2007；GWD-M100 载波模块与电表主 CPU 采用串口通信。

(2) 异步通信，波特率可设置，缺省值为 2400bit/s，偶校验，1 个起始位，8 个数据位，1 个校验位，1 个停止位。

2) 载波通信

(1) 晓程自组网规约/N12 规约；载波物理地址之间通信。

(2) 同步通信，500bit/s，09HAFH 为同步帧头，CRC16 校验。

(3) 载波中心频率为 120kHz，带宽为 15kHz。

(4) 调制方式为 DBPSK。

3) 运行环境条件

(1) 温度范围为–40～85℃。

(2) 相对湿度为 10%～90%，无冷凝。

(3) 防尘，防滴水：IP51。

4) 模块供电电压

(1) 系统工作电压为+5V/50mA。

(2) 载波发射电压为+12～+15V/120mA。

5) 电磁兼容

(1) 静电放电。接触放电 8000V，空气放电 15000V。

(2) 快速瞬变脉冲群为 4000V/100kHz。

(3) 浪涌。可承受 4000V 浪涌电压。

根据上述GWD-M100载波通信模块的主要技术参数，GWD-M100 载波通信模块符合要求，所以选用 GWD-M100 载波通信模块。

GWD-M100 载波通信模块实物图如图 4-5 所示。

图 4-5　GWD-M100 载波通信模块实物图

4. Flash 存储单元

采集的电能数据是以全局变量的方式存储的，由于计量芯片没有存储功能，所以为了解决电能数据掉电重置的问题，需要设计存储单元来存储数据。所选芯片同第 4 章最小系统硬件设计中的 SST25VF032B 芯片。

4.3　硬 件 设 计

4.3.1　系统硬件框架

根据前面的介绍，该装置主要完成对电量的采集，并将采集到的电量信息传输给智能网关。该装置在硬件上包括电源模块、电能计量芯片和电力线载波模块。其中，主控芯片 STM32F103RBT6 与电能计量芯片和电力线载波模块连接，电源模块给主控芯片及各模块供电。

4.3.2　电能计量采集通道设计

设计的电能计量装置共使用 3 路采集通道，分别为电压通道、5A 电流通道、20A 电流通道。

电压通道电路原理图如图 4-6 所示，其中 VP 和 VN 引脚分别接 ADE7816 芯片 15 引脚和 16 引脚。考虑到电能计量装置的精确度，电路中的分压电阻 R31 和 R32 也均选择了误差小于千分之一的精密电阻。防止因为选用普通电阻，导致电能计量芯片采集的电压信息不准确，即使电能计量芯片的误差小于 0.1%，可能会因为电阻阻值的偏差导致误差增大。

220V 交流电经 R31 和 R32 分压后输入 ADE7816 的电压通道，分压后的电压约为

220mV，小于最大输入电压 500mV。

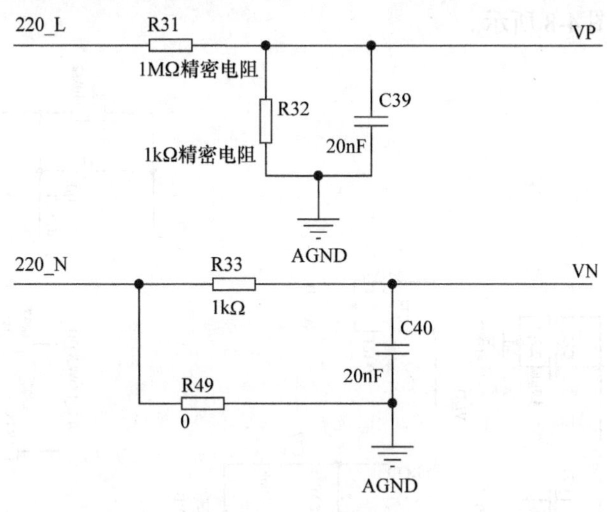

图 4-6　电压通道电路

基于电流互感器的选型，设计两路电流采集通道，其中一路采用最大输入电流为 5A 的电流互感器，另一路采用最大输入电流为 20A 的电流互感器。两路电流通道共用 ADE7816 电流 A 通道，双路电流输入电路的原理图如图 4-7 所示。

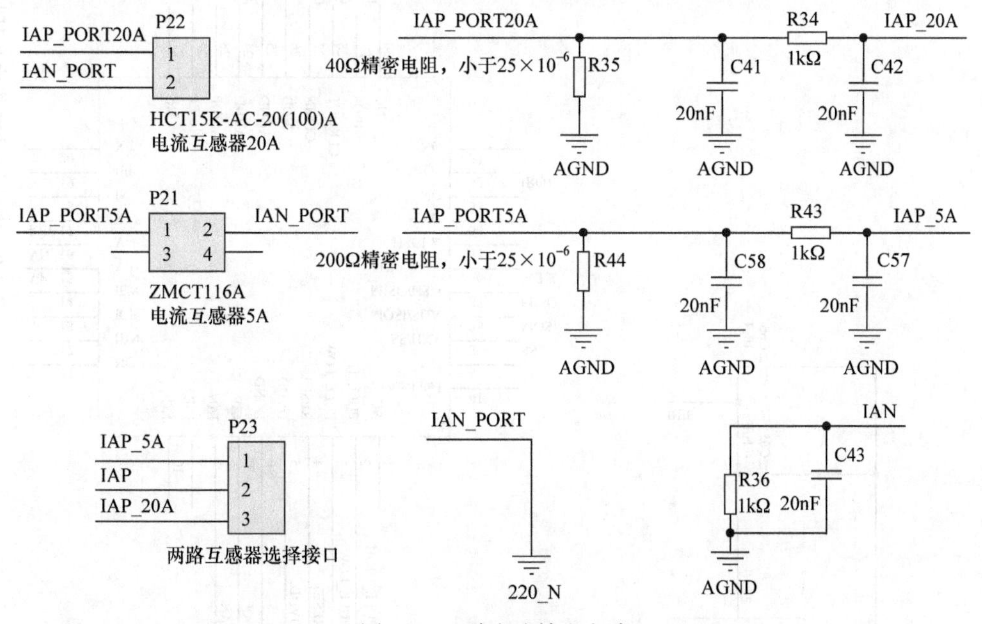

图 4-7　双路电流输入电路

4.3.3　电能计量主电路设计

选用高精度稳压芯片 ADR280 为电能计量 IC 提供 1.2V 参考电压，该器件的输出稳压误差低于 ADE7816 的计量误差。选用 16.38MHz 无源时钟晶振为 ADE7816 电能计量 IC 提供高速时钟源。设计硬件复位电路实现对电能计量 IC 的硬件复位。使用 ADE7816

的一路电压输入通道和一路电流通道对设备运行电信号进行采集。电能计量主芯片及其外围电路原理图如图 4-8 所示。

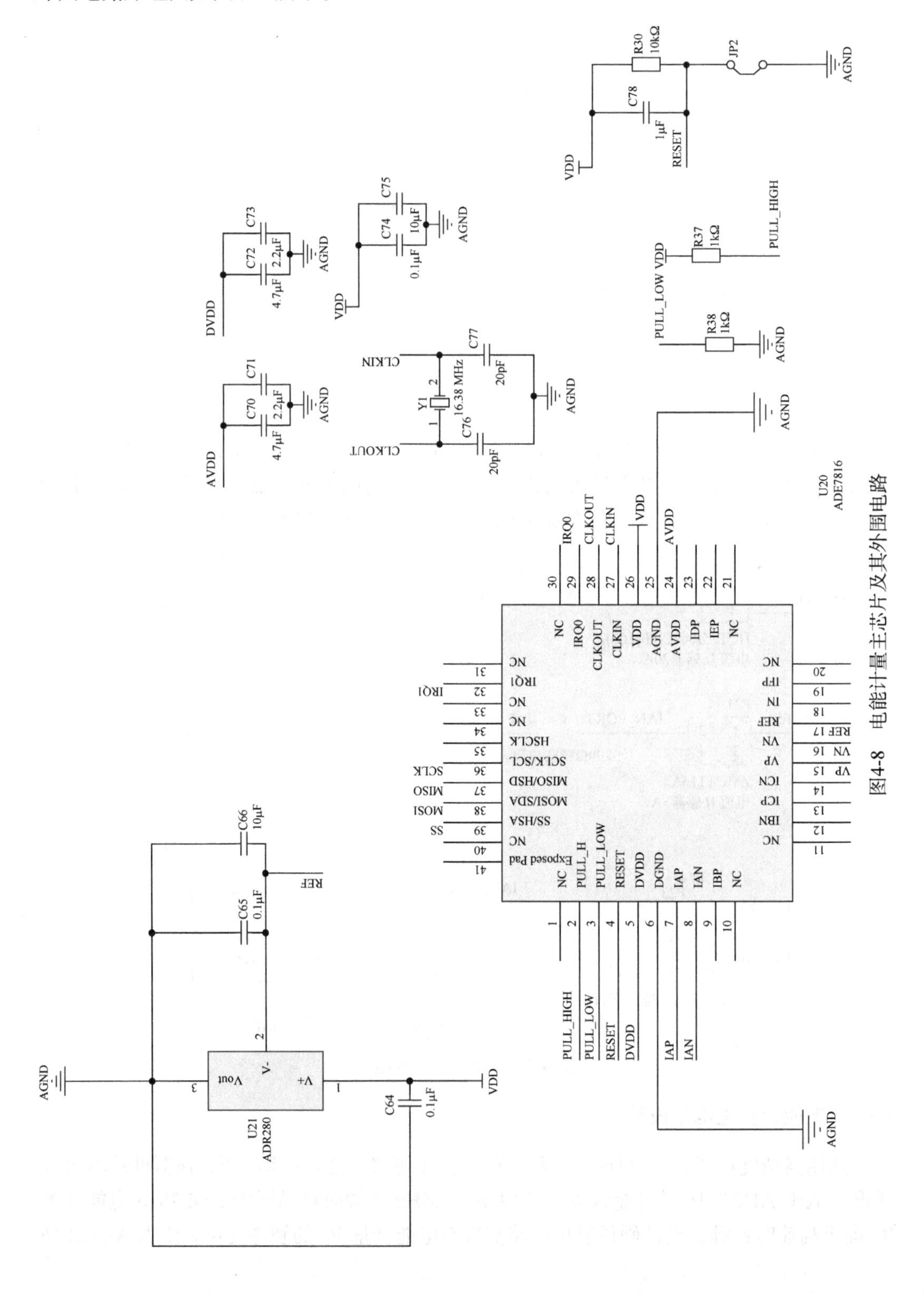

图4-8　电能计量主芯片及其外围电路

ADE7816 和主控芯片采用 SPI 的方式通信，接线方式如下：ADE7816 的 39 引脚接 STM32F103RBT6 的 50 引脚，ADE7816 的 38 引脚接 STM32F103RBT6 的 57 引脚，ADE7816 的 37 引脚接 STM32F103RBT6 的 56 引脚，ADE7816 的 36 引脚接 STM32F103RBT6 的 55 引脚，ADE7816 的 32 引脚接 STM32F103RBT6 的 53 引脚，ADE7816 的 29 引脚接 STM32F103RBT6 的 54 引脚。

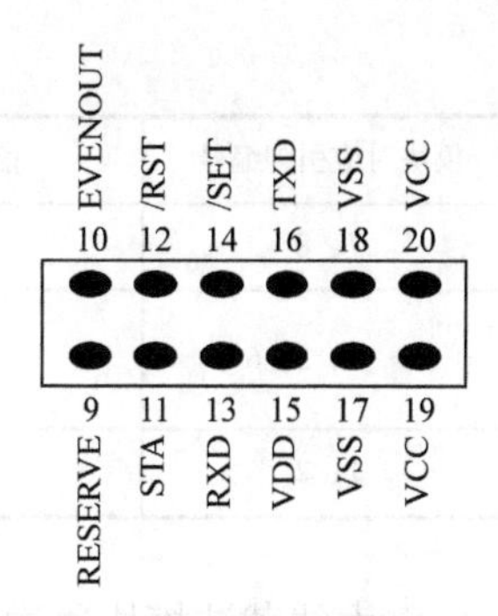

图 4-9　GWD-M100 弱电接口引脚定义示意图

4.3.4　电力线载波通信模块电路接口设计

GWD-M100 弱电接口引脚排列如图 4-9 所示，引脚功能如表 4-3 所示。

表 4-3　GWD-M100 引脚功能表

模块对应引脚编号	信号类别	信号名称	说明
9	预留	RESERVE	预留
10	状态	EVENTOUT	电能表事件状态输出，当有开表盖、功率反向、时钟错误、存储器故障事件发生时，输出高电平，请求查询异常事件；查询完毕输出低电平。电平上拉电阻在基表(即电能表)侧
11	状态	STA	接收时地址匹配正确输出 0.2s 高电平；发送过程输出高电平，表内 CPU 判定载波发送时禁止操作继电器。电平上拉电阻在基表(即电能表)侧
12	信号	/RST	复位输入(低电平有效)
13	信号	RXD	通信模块接收电能表 CPU 信号引脚(5V TTL 电平)
14	信号	/SET	MAC 地址设置使能；低电平时，方可设置载波模块 MAC 地址
15	电源	VDD	通信模块数字部分电源，由电能表提供电压为直流 5(1±5%)V，电流为 50mA
16	信号	TXD	通信模块给电能表 CPU 发送信号引脚(5V TTL 电平)
17、18	电源	VSS	通信地
19、20	电源	VCC	通信模块模拟电源，由电能表提供，电压范围为+12～+15V，输出功率为 1.5W

通信模块载波耦合接口引脚排列如图 4-10 所示，对应引脚定义如表 4-4 所示。

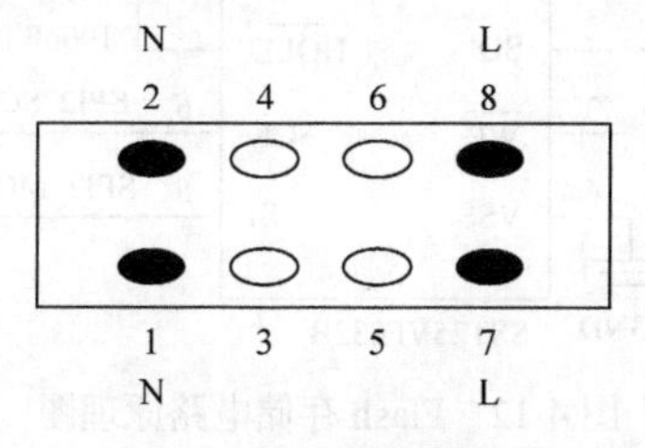

图 4-10　GWD-M100 载波耦合接口示意图

表 4-4 GWD-M100 载波耦合引脚功能表

模块对应引脚编号	信号类别	信号名称	说明
7、8	载波	L	电网相线作为信号耦合接入端
3、4、5、6	空	空	空引脚，无焊盘设计，增加安全距离，提高绝缘性能
1、2	载波	N	电网中性线作为信号耦合接入端

电力线载波模块通过串口与主控芯片通信，所以载波模块原理图如图 4-11 所示。

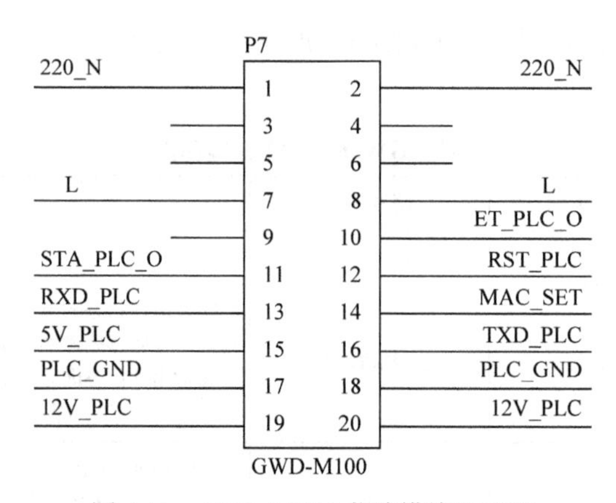

图 4-11 GWD-M100 载波模块原理图

其中，引脚 1、2 接零线；引脚 3、4、5、6 悬空；引脚 7、8 接电网相线；引脚 9 悬空；引脚 10、11、12、14 连接主控芯片 GPIO 引脚；引脚 11 为载波通信模块接收引脚，连接主控芯片串口发送引脚；引脚 16 为载波通信模块发送引脚，连接主控芯片串口接收引脚；引脚 15 接 5V 电源；引脚 17、18 接电源地；引脚 19、20 接 12V 电源。

4.3.5 Flash 存储电路设计

Flash 存储电路原理图如图 4-12 所示，SST25VF032B 芯片引脚与主控芯片的连接方式见第 3 章最小系统外扩 Flash 电路设计。

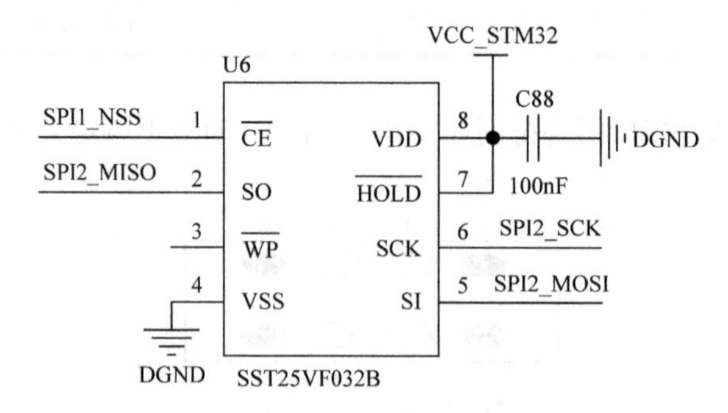

图 4-12 Flash 存储电路原理图

4.4 软 件 设 计

4.4.1 软件整体框架

能耗监控系统在软件设计上采用应用层、抽象层和底层驱动软件层 3 层架构，以数据结构为核心的软件设计思想。对各个任务的处理是基于有限状态机的嵌入式开发思想，保证各任务的执行时间已知、各任务之间的联系已知。编程方法上采用面向对象的结构化编程方法。系统软件整体框架如图 4-13 所示。

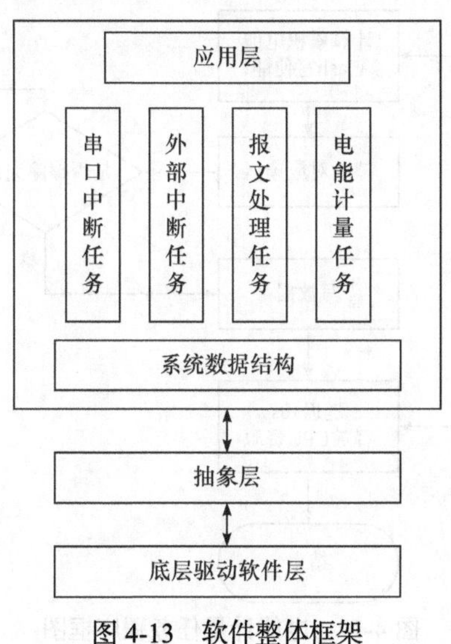

图 4-13　软件整体框架

4.4.2 电能计量任务设计

状态监测节点需要对 ADE7816 电能计量 IC 的电能数据、实时电压数据、实时电流数据进行实时采集，计算电能的积累量，并存储于 Flash 中。电能计量任务的程序框图如图 4-14 所示。

程序获取 CPU 资源后，首先采集 ADE7816 电能计量 IC 中的电信号，对于实时电压与实时电流数据，直接请求信号量后更新共享资源区对应的位置即可。对于电能数据，首先判断在这 10s 的采集周期中是否有增长，如果有增长，程序将请求信号量后更新共享资源区对应的位置，没增长则不更新。更新完共享资源区后，需要将共享资源区的数据写入 Flash 中。操作 Flash 的步骤为：①Flash 写使能；②擦除对应扇区；③等待擦除完成；④写数据。将电能数据存储于数据库后，延迟 10s，程序进入等待状态，并触发任务调度。

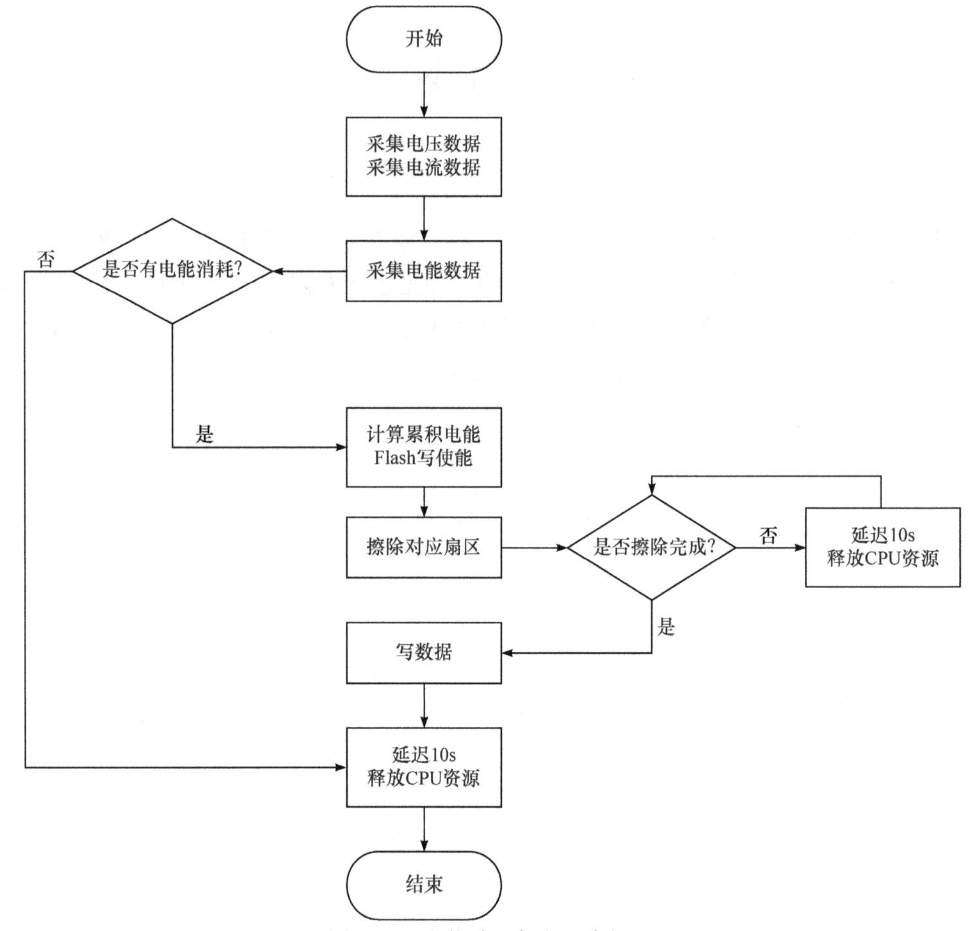

图 4-14　电能计量任务程序框图

4.4.3　通信模块软件设计

数据通信采用一问一答的方式，即智能网关通过电力线下发指令，终端通过载波模块接收，然后把接收到的数据传输到微控制器，微控制器把提前组好的完整帧按原有路径发送至智能网关。采集终端与智能网关之间使用了国网多功能电能表通信协议，即 DL/T 645—2007 通信协议。DL/T 645—2007 通信协议的数据帧格式如表 4-5 所示。

表 4-5　协议数据帧格式定义

说明	代码
帧起始符	68H
地址域	A0
	A1
	A2
	A3
	A4
	A5
帧起始符	68H
控制码	C

续表

说明	代码
数据域长度	L
数据域	DATA
校验码	CS
结束符	16H

在使用串口通信之前，首先对微控制器的 USART 接口进行初始化，初始化内容主要包括占用 I/O 口的配置、USART 的波特率、通信方式、传输格式，然后把采集器终端设置为接收状态，并设置为中断接收，便于接收外部的命令帧。当终端接收完一组完整的命令帧后，根据帧解析函数进行检验，通过检验后，根据该帧中的功能码(AFN)执行不同的任务，任务执行完成后根据通信协议，若需终端回应，则将终端置于发送状态，发送相应应答信号，发送完成后再回到接收状态。由于载波模块在上电 5s 之后会给微处理器发送地址请求帧，请求微处理器对其设地址，因此通信程序流程图中包含载波请求地址机制。通信程序流程图如图 4-15 所示。

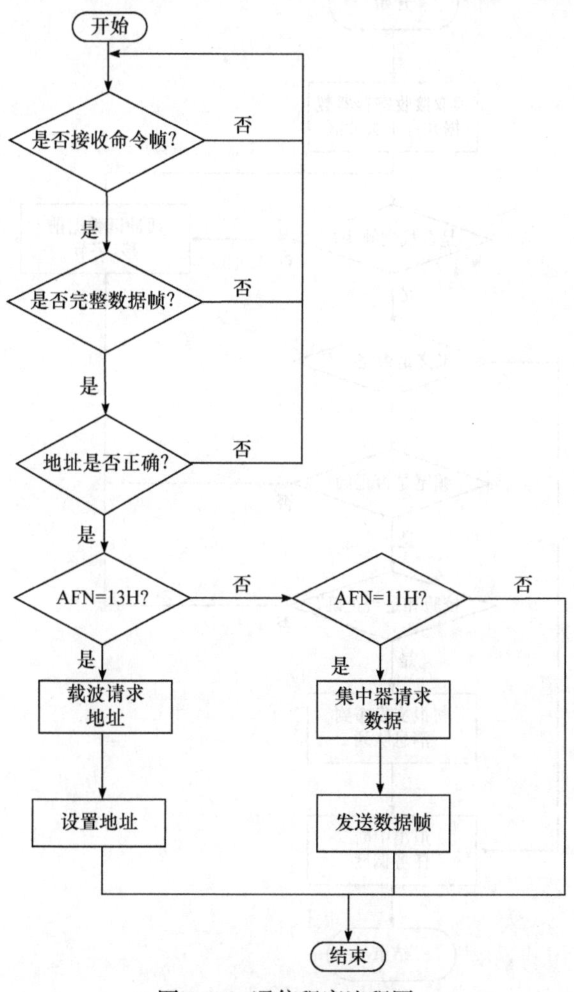

图 4-15　通信程序流程图

参考 DL/T 645—2007 通信协议，对于解析数据帧的流程如下：首先提取帧的前 6 字节，根据协议任何一帧都是以 0x68 为起始，判断帧的第一位是否为 0x68，若为 0x68，则继续接收数据并判断帧第 7 位是否也为 0x68，当判断出帧的第 0 位和第 7 位均为 0x68 时，表示已经找到了正确的帧头，可以继续接收后面的信息。继续解析帧的第 9 位，此位为帧的数据长度位，通过提取数据长度便可以确定帧数据的长度。最后判断校验位(CS)和结束位，校验位的值为在校验位之前所有数值的模之和。若以上校验均满足协议的规范，再比较地址域，判断该帧是否为发给本采集器的命令。若上述处理中，有任何帧解析不满足协议要求，则把接收的数据依次前移一位，重新从帧头解析。

4.4.4　中断任务

状态监测节点的软件中有两个中断任务，其中一个为外部中断，该函数接收用户的按键命令并根据用户的按键信号控制继电器的状态。另一个是串口中断任务，该任务获取串口外设接收到的数据并捕获符合规定的协议报文。串口中断任务的程序框图如图 4-16 所示。

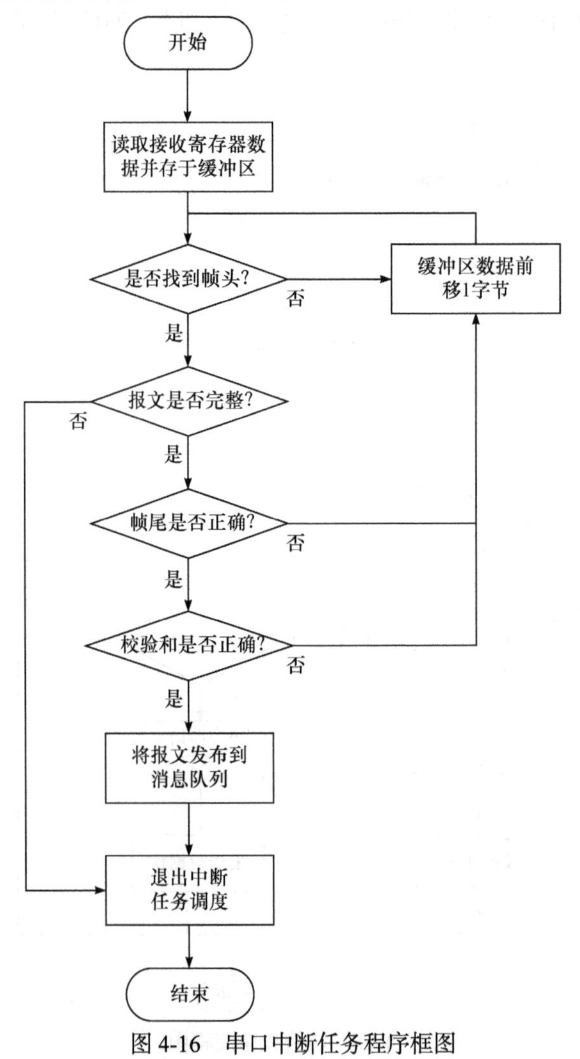

图 4-16　串口中断任务程序框图

当缓冲区接收的数据超过 8 字节后，程序会寻找 68H、地址域、68H 格式的帧头，如果没有找到帧头，所有缓冲区数据前移 1 字节，直到缓冲区数据小于 8 字节。如果没有接收到数据域长度，程序将退出中断任务，并进行任务调度。如果接收到了数据域长度，程序进而判断装置是否接收到了完整报文，如果没有接收到完整报文，就退出中断任务；如果接收到完整报文，就会对帧校验和及帧尾作进一步的判断。如果接收到符合协议规范的报文，程序将报文发布到消息队列，从而使报文处理任务能够请求到相应的报文，并依据控制码进行处理。

4.4.5　报文处理任务

对于接收到的报文，需要作相应的处理，因此设计了相应的报文处理任务，该任务的优先级高于电能计量任务的优先级。

该任务会实时请求消息队列，如果请求不到就会进入阻塞态，请求到之后就会进入就绪态，由于该任务优先级别很高，如果发生任务调度，会优先执行该任务，从而保证通信的实时性。请求到报文消息后，程序根据控制码的不同，从而做出相应的回复。如果收到的控制码是 11H，说明此报文为来自智能网关的数据抄读命令，程序将该数据组帧后传输给智能网关。如果收到报文的控制码是 13H，说明此报文为单向载波模块的地址请求命令，程序将会把组帧后的地址配置命令返回给单相载波模块。如果收到报文的控制码是 14H，说明此报文为来自智能网关的继电器控制命令，程序将依据报文数据域的信息来操作继电器，并将控制成功的报文返回给智能网关。

4.4.6　电能计量装置校准

为获得精确读数，去除外部元件或内部基准电压的装置间差异，需要对状态监测装置进行校准。所需校准的数据主要包括有功、无功电能以及电流和电压有效值。校准 ADE7816 时必须采用精确源，精确源必须能够提供可控制的电压和电流输入，且精度高于最终装置所需规格。

1. 相位校准

当使用的电流互感器引起相移时，在低功率因数下会引起较大误差，需要对装置进行相位校准。相位校准应在增益或失调校准前进行，因为大相位校正会改变 ADE7816 的增益响应。为获得最佳结果，施加的电流和电压功率因数应尽可能接近 0.5。接下来，将以电流 A 通道为例，对装置进行校准。相位误差由式(4-1)得出。

$$\text{Error(degrees)}=\arctan\left\{\frac{\text{AWATTHR}\sin\varphi-\text{AVARHR}\cos\varphi}{\text{AVARHR}\sin\varphi-\text{AWATTHR}\cos\varphi}\right\} \tag{4-1}$$

其中，AWATTHR 为 ADE7816 的 A 通道有功功率积累寄存器数值；AVARHR 为 ADE7816 的 A 通道无功功率积累寄存器数值；φ 为电压与电流间的角度(单位为度)；Error 为相位误差(单位为度)。

ADE7816 采用所有的带通滤波器来精确增加电流通道相对电压通道提前或延迟的时间。为了调整延迟或提前的时间，必须调整这些滤波器的系数。式(4-2)与式(4-3)展示该系数的计算过程。

$$PCF\_A\_COEFF_{FRACTION} = \frac{\sin(Error(\theta) + 3\omega) - \sin\omega}{\sin(error(\theta) + 4\omega)} \tag{4-2}$$

其中，$Error(\theta)$ 为相位误差，ω 由式(4-3)得出：

$$\omega = 2\pi \frac{Linefreq(Hz)}{8000} \tag{4-3}$$

$$PCF\_A\_COEFF = 2^{23} \times PCF\_A\_COEFF_{FRACTION} \tag{4-4}$$

其中，PCF_A_COEFF 即为 ADE7816 中 A 通道相位校正寄存器所需设置的数值。

2. 建立 Wh / LSB 常数

校准电能数据时，必须确定 Wh / LSB 常数。Wh / LSB 常数用于在有功电能寄存器内设置每个 LSB 的权重，该常数可将电能寄存器读数转换为真实值。Wh / LSB 常数由式(4-5)确定。

$$Wh/LSB = \frac{Load(W) \times Accumulation\_Time(sec)}{AWATTHR \times 3600sec/hr} \tag{4-5}$$

其中，Accumulation_Time(sec) 是线周期累加时间；AWATTHR 是累加时间过后的电能寄存器读数。

如果用户需要调节常数以满足特定规格或使常数更易于存储，可使用 ADE7816 中的 AWGAIN 寄存器。AWGAIN 寄存器可用于将 Wh / LSB 常数修改±50%。AWGAIN 寄存器会影响 AWATTHR 寄存器的数值，如式(4-6)所示。

$$AWGAIN = 2^{23}\left[\frac{AWATTHR_{EXPECTED}}{AWATTHR_{ACTUAL}} - 1\right] \tag{4-6}$$

依据式(4-6)，可通过修改 AWGAIN 寄存器的值来达到修改 Wh / LSB 常数的目的。

3. 增益校准

为了弥补内外基准电压、内外器件差异，必须进行增益校准。依据式(4-7)得到 AWATTHR 有功电能积累寄存器的预期数值。

$$AWATTHR_{EXPECTED} = \frac{Load(W) \times Accumulation\_Time(sec)}{Wh/LSB \times 3600sec/hr} \tag{4-7}$$

AWATTHR 的实际值可于寄存器中读出，并依据式(4-6)进行有功积累的增益校准。然而，多数情况下，也可将有功电能增益校准的 AWGAIN 寄存器计算的值写入 AVERGAIN 寄存器，以保持相同的 LSB 权重。

4. 失调校准

在低电流水平下，测量精度受电压/电流通道串扰影响，需通过失调校准来削弱这种干扰。预期的 AWATTHR 寄存器由式(4-7)决定，失调引起的误差百分比由式(4-8)决定。

$$Error(\%) = \frac{AWATTHR_{ACTUAL} - AWATTHR_{EXPECTED}}{AWATTHR_{EXPECTED}} \tag{4-8}$$

ADE7816 中的失调校准寄存器应依据式(4-9)进行设定。

$$\text{AWATTOS} = -\text{Error}(\%) \times \frac{\text{AWATTHR}_{\text{EXPECTED}}}{\text{Accumulation\_Time(sec)}} \times \frac{\text{WTHR}}{8\text{kHz}} \tag{4-9}$$

其中，WTHR 为 ADE7816 的 WTHR 寄存器的设置值。无功电能的失调校准与有功电能失调校准类似。

5. 电压/电流有效值校准

在进行电压/电流有效值校准时，为补偿器件间差异、采用有效值增益常数将有效值读数(单位为 LSB)转换为电流或电压值(单位为安培或伏特)。电压和电流有效值常数在固定负载条件下，通过将有效值寄存器内的 LSB 数除以输入幅度来确定。具体计算公式如式(4-10)与式(4-11)所示。

$$\text{V\_Cons[V/LSB]} = \frac{\text{Voltage\_Input[V]}}{\text{VRMS[LSB]}} \tag{4-10}$$

$$\text{I\_Cons[V/LSB]} = \frac{\text{Current\_Input[A]}}{\text{IARMS[LSB]}} \tag{4-11}$$

其中， VRMS 为电能计量 IC 的电压有效值读数； IARMS 为电能计量 IC 的 A 通道电流有效值读数。

本 章 小 结

本章以实际工程为背景，从工程需求到系统总体设计，从硬件设计到软件设计，详细介绍了建筑能耗监控系统。读者可以根据本章内容进一步学习嵌入式系统的实际工程应用，可以更好地了解嵌入式系统的实际工程应用，加深对嵌入系统设计的印象。

思 考 题

(1) 电能计量芯片 ADE7816 的精度是多少位?

(2) 电流互感器的工作原理是什么?

(3) 设计载波传输模块外围电路时需要注意什么问题?

(4) 载波通信方式的优缺点是什么?

(5) 思考各个任务之间的衔接过程。

(6) 思考电能计量装置校准如何实现。

第 5 章　室内环境参数监测系统工程实例设计

随着现代社会的发展，人们越来越多地关注生产及生活中的环境问题，对环境质量参数的监测都有不同的要求。在现代工业生产中，环境参数的变动可能对工业生产产生影响。为保证生产的平稳、顺利进行，通常需要同时监测多个环境参数变量，如温度、湿度、二氧化碳含量等；在日常生活中，曾经人们关注较多的环境参数为室内温度和湿度，近年来，雾霾的出现，使得越来越多的家庭开始关心 PM2.5 的含量，除此之外，一些家庭，尤其是刚进行房屋装修的家庭会更多地关注生活环境中甲醛及 TVOC(采样分析的所有室内有机气态物质)含量。所以需要一种测量系统，可以根据人们的需求，精确地测量一些环境参数，方便人们的生产及生活。

5.1　系统功能说明

室内环境参数监测系统作为检测环境参数的整体系统，其主要实现功能为采集室内的相关环境参数，并通过直观的界面显示，另外，还要实现数据的存储以方便随时查询。作为一个完整的系统，该环境参数监测系统还需要通过一定的通信方式实现与上行的通信。其主要功能可总结归纳如下。

(1) 数据采集。室内环境参数监测系统可采集的环境数据主要包括空气中 CO_2 浓度、温度、湿度、PM2.5 含量、甲醛含量及 TVOC 含量，可根据需要采集其中的某几种。

(2) 界面显示。界面采用 TFT 液晶屏进行环境参数的显示，显示内容为测量环境参数值。

(3) 数据存储。室内环境参数监测系统具有 SD 卡口，可支持本地存储功能。

(4) 数据查询。根据密码权限，可通过相应按键操作进行所需环境参数的查询。

(5) 与智能网关通信。室内环境参数监测系统具有载波通信模块标准接口，可根据电力线载波通信方式与上行智能网关进行环境参数的通信传输。

5.2　系统总体设计

5.2.1　应用系统的结构设计

根据 5.1 节室内环境参数监测系统的功能介绍，该系统需要完成数据的采集、存储和数据的显示查询及与上行智能网关通信等功能，整个系统框架如图 5-1 所示。

5.2.2　相关模块选型

在进行模块选型时，首先要从以下几个方面进行需求分析。

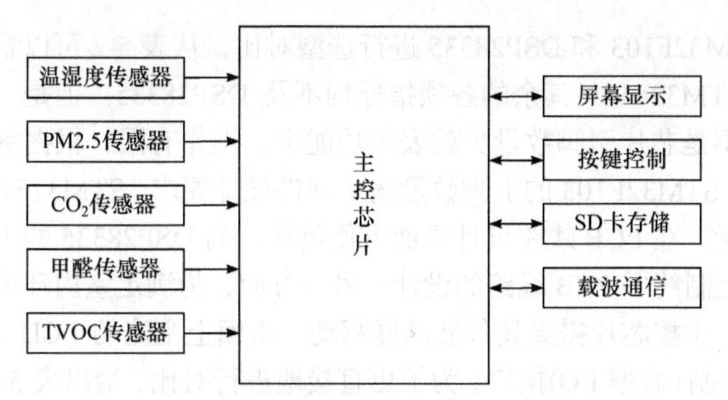

图 5-1　室内环境参数监测系统框架图

(1) 外观。外观要求轻薄美观，适用于人机交互。

(2) 功能。考虑采集、显示、存储、传输等。

(3) 性能。性能包括测量精度、采样周期等。

(4) 成本。要考虑选用性价比高、便于维护的模块。

综合上述分析，可归纳出选型的约束指标为功能、性能、可靠性、成本、体积、功耗。

按照图 5-1 所确定的室内环境参数监测系统结构，需对应选择合适的模块，以完成完整的控制系统电路设计，控制系统需要选择主控芯片、温湿度传感器、PM2.5 传感器、CO_2 传感器、甲醛传感器、TVOC 传感器、屏幕显示和通信模块部分。

接下来，将结合约束指标，详细讲解模块的选型过程。

1. 主控芯片

主控芯片在整个室内环境参数监测系统中具有重要作用，在嵌入式芯片选型时，应充分考虑满足功能、性能、可靠性、成本、体积和功耗这 6 项功能约束。我们选择 STM32F103、AT89C51 和 DSP28335 三种微处理器进行对比选型。

首先，对 STM32F103 和 AT89C51 进行选型对比。从表 5-1 可以看出，STM32F103 的芯片位数、工作频率、引脚数量和外设接口这些条件均优于 AT89C51，AT89C51 在执行简单操作(如控制继电器)时具备价格优势，但无法保证多个外设的采集、存储、显示、传输的实时性。因此，STM32F103 和 AT89C51 相比，STM32F103 更符合室内环境参数监测系统的功能要求。

表 5-1　微处理器 STM32F103 与 AT89C51 选型对比

项目	STM32F103	AT89C51
芯片位数	32 位	8 位
工作频率	72MHz	24MHz
引脚数量	100 个	40 个
外设接口	丰富，硬件配置	稀少，软件模拟
价格	68 元/个(25 个)	20 元/个(25 个)

其次，对 STM32F103 和 DSP28335 进行选型对比，从表 5-2 可以看出，除了芯片位数和价格之外，STM32F103 其余的各项指标均不及 DSP28335。但是，一方面，考虑引脚配置方面，并不是芯片引脚数量少就表示功能少、操作有限，根据室内环境参数监测系统的功能要求，STM32F103 的引脚数量满足硬件设计要求，STM32F103 有 100 个引脚且功能可任意配置，在 PCB 线路设计方面方便灵活，而 DSP28335 的 176 个引脚功能固定，在一定程度上制约了 PCB 线路的设计；另一方面，为满足室内环境参数监测系统中界面显示的要求，主控芯片需要具备液晶屏驱动。市面上主流的 LCD 显示屏带有(指令/数据选择+读/写控制+数据 I/O)接口，为了更直接地进行对比，给出表 5-3 所示的对比表。

表 5-2　微处理器 STM32F103 与 DSP28335 选型对比 1

项目	STM32F103	DSP28335
芯片位数	32 位	32 位
工作频率	72MHz	120MHz
引脚数量	100 个	176 个
运算格式	定点型，浮点运算需转换	浮点型
价格	59 元/个(100 个)	169 元/个(100 个)

表 5-3　微处理器 STM32F103 与 DSP28335 选型对比 2

项目	STM32F103	DSP28335
FSMC 接口	有	无
配置方式	硬件连接	软件模拟
编程难度	易	难
CPU 占用	小	大

通过表 5-3 可知，STM32F103 具备 FSMC 接口，借助芯片的 FSMC 接口，实现与 LCD 屏内置的读/写控制器的硬件连接，可大幅度提升传输速度；与 DSP28335 相比，STM32F103 软件设计实现简单，CPU 占用小，节约了 CPU 资源和人力开发成本。

图 5-2　STM32F103 实物图

综合上述分析，虽然 STM32F103 在数据处理速度和 CPU 运算能力方面弱于 DSP28335，但是 STM32F103 在功能可配置引脚和液晶屏驱动方面较 DSP28335 有很大的优势，而且 STM32F103 芯片成本低，易开发，所以 STM32F103、AT89C51 和 DSP28335 中，选用 STM32F103 作为室内环境参数监测系统的主控芯片。其实物图如图 5-2 所示。

2. PM2.5 传感器

选择 PMS7003、PMS1003、APO 和 GP2Y 四种传感器进行对比选型，其实物图如图 5-3～图 5-6 所示。四种传感器的各指标对照如表 5-4 所示。

图 5-3　PMS7003 传感器实物图

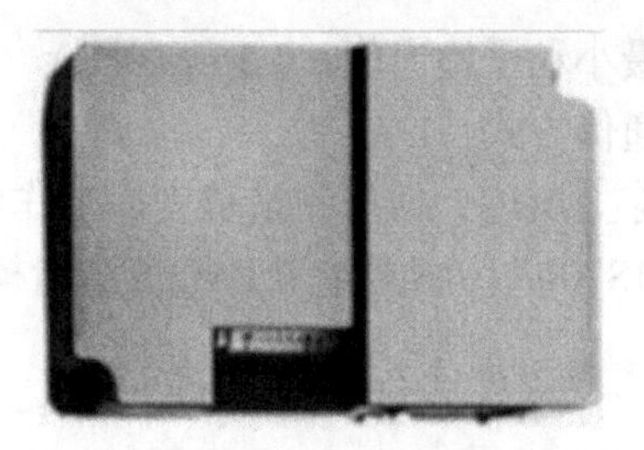

图 5-4　PMS1003 传感器实物图

图 5-5　APO 传感器实物图

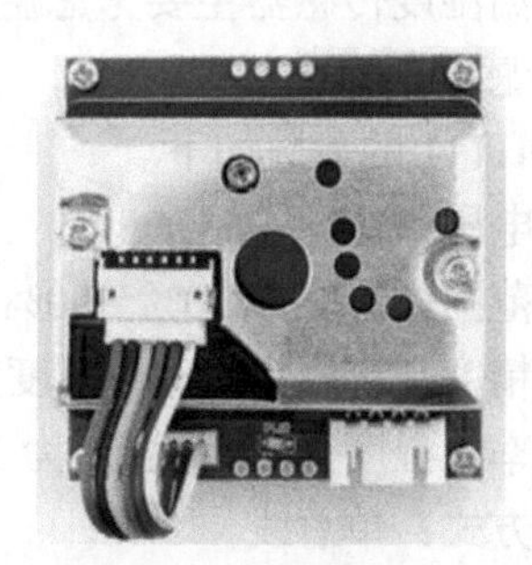

图 5-6　GP2Y 传感器实物图

表 5-4　PMS7003、PMS1003、APO 和 GP2Y 四种传感器的对比

名称	颗粒分辨率/μm	量程/ppm	工作温度/℃	功耗/mW	测量原理	最大尺寸/mm	价格/元
PMS7003	0.3	0～1000	−10～60	500	激光散射	48 × 37 × 12	94
PMS1003	0.3	0～2000	−5～50	500	激光散射	65 × 42 × 23	180
APO	0.3	0～1000	0～60	600	激光散射	63 × 38 × 17	125
GP2Y	0.8	0～500	−10～65	1000	晶体管+二极管	46 × 30 × 18	18

首先，对比四种 PM2.5 传感器，考虑传感器精度，GP2Y 的颗粒分辨率远低于其他三种传感器，且其测量原理相对老旧，故不再考虑 GP2Y 传感器。考虑传感器的功能，由于 APO 的工作温度在 0～60℃范围内，无法在 0℃以下的温度下正常工作，故不再考虑 APO 传感器。对比剩下的 PMS7003 和 PMS1003 传感器，PMS7003 的工作温度范围更广、体积更小并且价格更有优势。经过上述分析，在满足室内环境参数监测系统要求的基础上，我们选用满足功能、保证性能、价格优惠且体积轻薄的 PMS7003 传感器作为该系统的 PM2.5 传感器。

PMS7003 的具体工作原理及详细工作参数如下。

原理：采用激光散射原理。即令激光照射在空气中的悬浮颗粒物上产生散射，同时在某一特定角度收集散射光，得到散射光强随时间变化的曲线。进而微处理器利用基于米氏(MIE)理论的算法，得出颗粒物的等效粒径及单位体积内不同粒径的颗粒物数量。其相关参数如下。

供电电压：5V。

工作电流：100mA。

休眠电流：200μA。

工作温度：−10～60℃。

最小粒子检出值：0.3μm。

通信方式：UART。

综上所述，根据测量精度、工作电压、工作电流、工作温度等多方面综合考虑，选择 PMS7003 传感器作为 PM2.5 测量模块。

3. 温湿度传感器

温湿度模块的选型步骤及考虑指标同上述主控芯片及 PM2.5 传感器模块，这里就不再赘述。温湿度传感器主要考虑温湿度的测量范围和精度问题。给出 DHT11 传感器和 RHT21 传感器的参数对比。

(1) DHT11 的参数如下。

供电电压：3.3～5.5V。

测量范围：湿度为 20%～90%，温度为 0～50℃。

测量精度：湿度为±5%，温度为±2℃。

分辨率：湿度为 1%，温度为 1℃。

通信方式：单总线。

尺寸：32mm × 14mm × 5.5mm。

DHT11 实物图如图 5-7 所示。

(2) RHT21 的参数如下。

供电电压：2.1～3.6V。

测量范围：湿度为 1%～100%，温度为–40～125℃。

测量精度：湿度为±2%，温度为±0.3℃。

分辨率：湿度为 0.04%，温度为 0.01℃。

通信方式：IIC。

尺寸：10mm × 10mm × 1mm。

RHT21 实物图如图 5-8 所示。

图 5-7　DHT11 实物图

图 5-8　RHT21 实物图

从测量温度区间考虑，DHT11 传感器的工作温度为 0～50℃，RHT21 传感器的工作温度为–40～125℃。考虑到夏天极其炎热及冬天极其寒冷的室外工作环境或者低温及高温的工业现场环境，DHT11 传感器的工作温度显然是不合适的。而 RHT21 不仅测量范围宽、测量精度高，而且体积较小，因此选择 RHT21 传感器作为温湿度测量模块。

4. CO_2 传感器

CO_2 传感器模块的选型步骤及考虑指标同上述主控芯片及 PM2.5 传感器模块，这里就不再赘述。CO_2 传感器主要考虑精度和功耗问题。给出 MG811 传感器和 Telaire6703 传感器的参数对比。

选取 CO_2 传感器主要需要考虑精度和功耗问题。

(1) MG811 的相关参数如下。

工作电压：DC(6 ± 0.1)V。

工作电流：200mA。

工作温度：−20～50℃。

存储温度：−20～70℃。

工作方式：模拟输出(30～50mA)。

测量范围：0～10000ppm(ppm 表示 10^{-6} 数量级)。

通信方式：ADC。

MG811 实物图如图 5-9 所示。

(2) Telaire6703 的相关参数如下。

工作电压：DC4.4～5.5V。

工作电流：最大电流为 200mA，平均电流为 25mA。

工作温度：10～50℃。

存储温度：−30～70℃。

工作方式：数字输出。

测量范围：0～5000ppm。

通信方式：UART。

Telaire6703 实物图如图 5-10 所示。

图 5-9　MG811 实物图

图 5-10　Telaire6703 实物图

根据 CO_2 传感器的选取要求，首先，MG811 工作电压要求较高，电压偏差为 0.1V；其次，MG811 的功耗较高，为 6 × 0.2 = 1.2W；最后，其精度差，因为 0～10000 的数值在 30～50mA 的范围内进行转换，相当于 1mA 的变化就会有 500ppm 的偏差。然而，Telaire6703 的工作温度范围小，但由于室内环境参数监测系统可检测室内 CO_2 浓度，因此不会出现低温和高温，是可以满足普遍要求的。因此选择 Telaire6703 传感器作为 CO_2 测量模块。

5. 甲醛传感器

甲醛传感器模块的选型步骤及考虑指标同上述芯片及传感器模块，这里就不再赘述。综合各方面考虑，选取 WZ-S-K 甲醛传感器模块作为系统的甲醛传感器。该模块采用升级版传感器结合先进的微检测技术，直接将环境中的甲醛含量转换成浓度值，标准化数字输出，便于集成使用。其实物图如图 5-11 所示。

图 5-11　WZ-S-K 甲醛传感器实物图

WZ-S-K 甲醛传感器的主要特点为测量精度高、响应速度快、使用寿命长、功耗低、稳定可靠、抗干扰能力强、无须定时校准。

WZ-S-K 甲醛传感器的主要性能参数如下。

监测量程：0～2ppm。

最大过载：10ppm。

供电电压：5～7V。

响应时间：小于 40s

恢复时间：小于 60s。

分辨率：0.001ppm。

保存温度：0～20℃。

工作温度：–20～50℃。

工作湿度：10%～90%。

6. TVOC 传感器

TVOC 传感器模块的选型步骤及考虑指标同上述芯片及传感器模块，这里就不再赘述。综合各方面考虑，选取 MICS-VZ-89TE 传感器作为系统的 TVOC 传感器模块。该模块集成了先进的 MOS 原理传感器和智能检测算法，可探气体包括挥发性有机物 VOC。其实物图如图 5-12 所示。

MICS-VZ-89TE 传感器的主要特性包括无须校验、低功耗、宽范围 VOC 检测、强敏感性、耐冲击、耐振动。

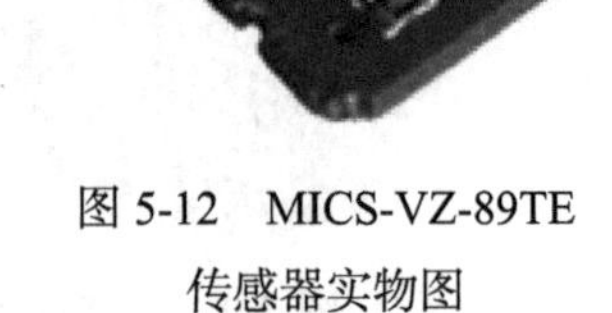

图 5-12　MICS-VZ-89TE 传感器实物图

MICS-VZ-89TE 传感器的主要性能参数如下。

监测范围(等值 TVOC)：0～1000PPb。

反应时间：小于 5s。

更新频率：1Hz。

供电电压：3.3(1 ± 0.5%)V。

运行功率：125mW。

保存温度：–40～80℃。

工作温度：0～50℃。

保存湿度：0～95%。

工作湿度：0～95%。

7. 屏幕显示

由于室内环境参数监测系统中的屏幕需要显示各个传感器采集的数据，且需要简单的显示界面和菜单切换，综合各方面考虑，选取 TK050F5590 液晶显示屏作为系统的屏幕显示模块。其实物图如图 5-13 所示。

图 5-13　TK050F5590 实物图

TK050F5590 液晶显示屏的主要特征描述如下。

液晶显示类型：TFT/TRANSMISSIVE。

输入电压：2.8V。

模块功耗：840mW。

工作温度：–20～70℃。

存储温度：–30～80℃。

外围尺寸：67mm × 121.2mm × 2.36mm。

可视区域：62mm × 112.42mm。

有效区域：63.26mm × 117.72mm。

点阵：480 × 854RGB。

像素间隙：0.0807mm × 0.0807mm。

8. 通信模块

电力线载波通信方式是以输电线路为载波信号的传输媒介的电力系统通信。由于输电线路具备十分牢固的支撑结构，并架设 3 条以上的导体(一般有三相良导体及一或两根架空地线)，所以输电线输送工频电流的同时，用之传送载波信号，既经济又十分可靠。这种通信方式更加适用于室内环境参数监测系统。综合各方面考虑，选取晓程载波模块作为系统的通信模块。其实物图如图 5-14 所示。

图 5-14　晓程载波模块实物图

载波模块主要特征描述如下。

工作电压：5V。

工作电流：50mA。

载波发射电压：12～15V。

载波发射电流：120mA。

载波中心频率：120kHz。

带宽：15kHz。

调制方式：DBPSK。

工作温度：–40～85℃。

相对湿度：10%～90%，无冷凝。

5.3 硬件设计

5.3.1 系统硬件框架

该室内环境参数监测系统主要完成对 PM2.5、CO_2、温湿度、甲醛及 TVOC 等环境参数的采集，并在液晶屏上能够实时地显示采集到的数据，另外可实现对采集数据的存储及查询功能。该系统在硬件上包括电源模块、微处理器、环境参数监测模块、存储模块、通信模块和液晶显示模块。其中各环境参数监测模块、存储模块、通信模块及液晶屏分别与微处理器连接，电源模块为微处理器、环境参数监测模块、电力线载波通信模块和屏幕显示模块供电。系统的硬件结构框架如图 5-15 所示。

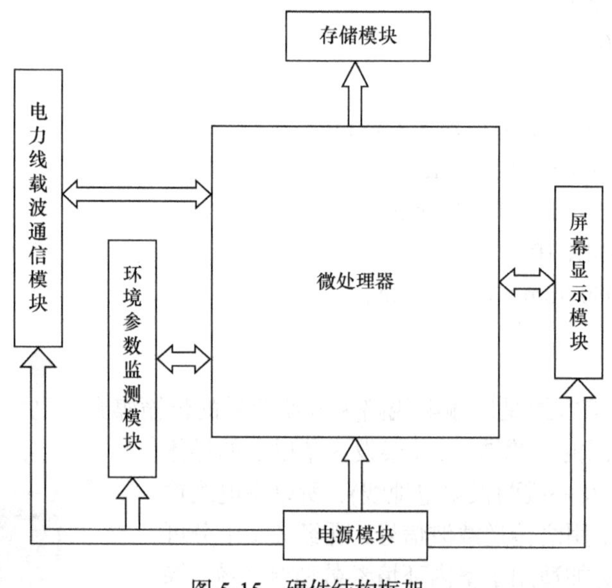

图 5-15　硬件结构框架

5.3.2 微处理器模块设计

该系统中选用微处理器的具体型号为 STM32F103ZET6，其主要完成对各环境参数监测模块所采集数据的读取及存储，并将其以规定格式显示在系统屏幕上。另外，要通过电力线载波实现与上行设备的通信以实现采集数据信息的传递。其电路设计图如图 5-16 所示。

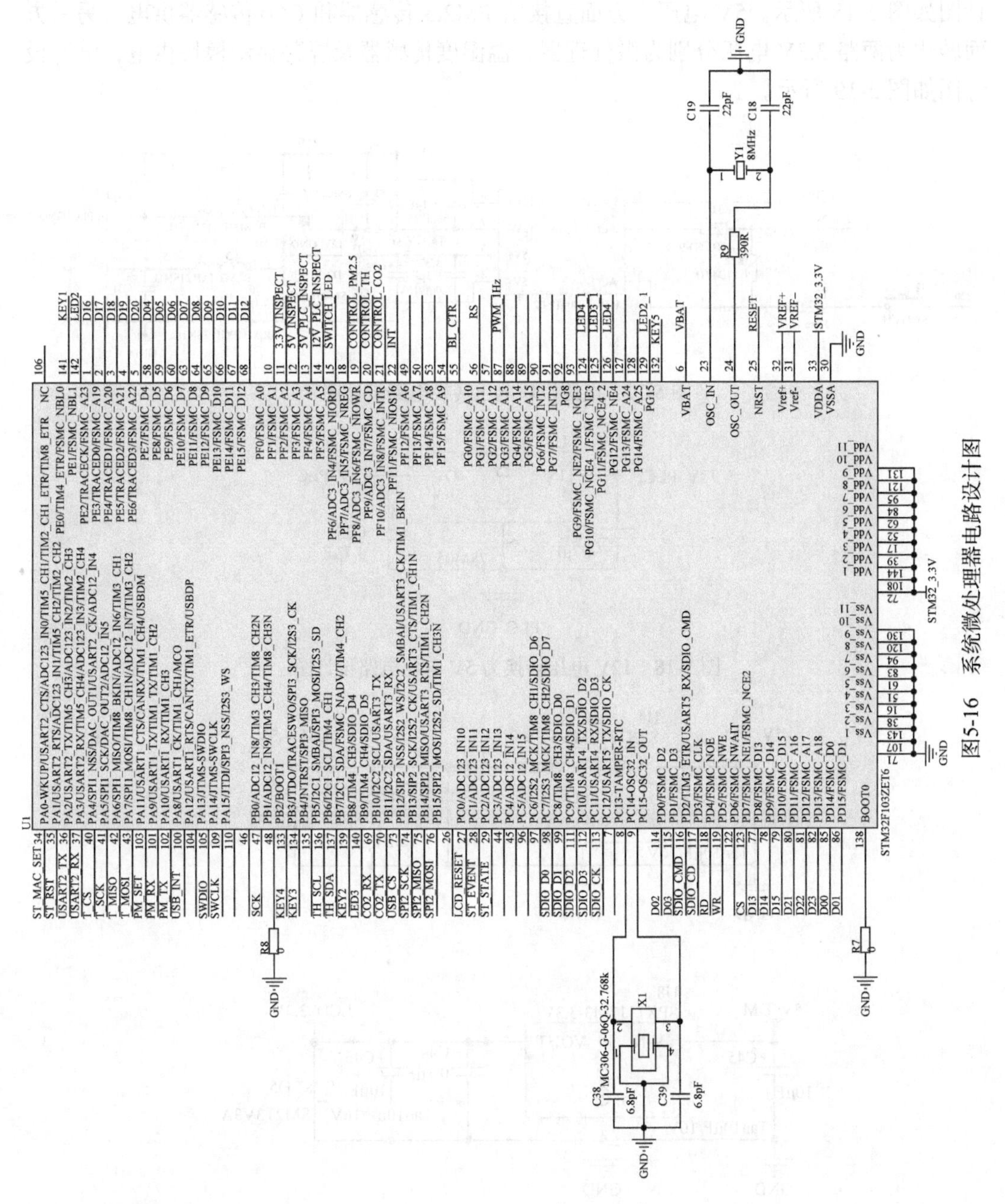

图5-16　系统微处理器电路设计图

5.3.3　电源模块设计

该系统中选用电源模块的具体型号为双路电源模块 LH10- 10D0512-02，其主要功能是为微处理器、载波通信模块、环境参数监测模块及屏幕显示模块提供电源。该电源模块将系统输入的 220V 电压转换为两路电压，分别为 12V 和 5V，电路设计图如图 5-17 所示。其中，12V 电压又经三端口稳压器转换为 5V 电压给载波通信模块供电，电路设计图如图 5-18 所示。5V 电压一方面直接给 PM2.5 传感器和 CO_2 传感器供电，另一方面转化为两路 3.3V 电压分别为微处理器、温湿度传感器及屏幕显示模块供电，电路设计图如图 5-19 所示。

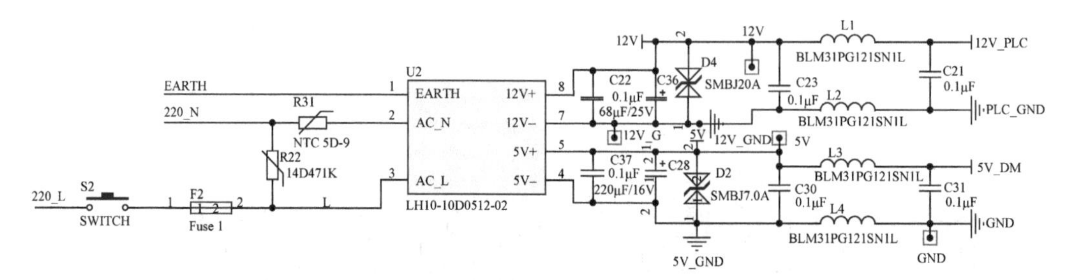

图 5-17　电源模块电压转换电路设计图

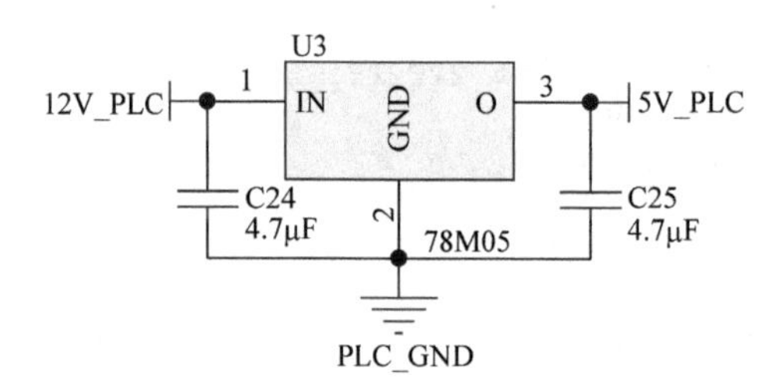

图 5-18　12V 电压转换为 5V 电压电路设计图

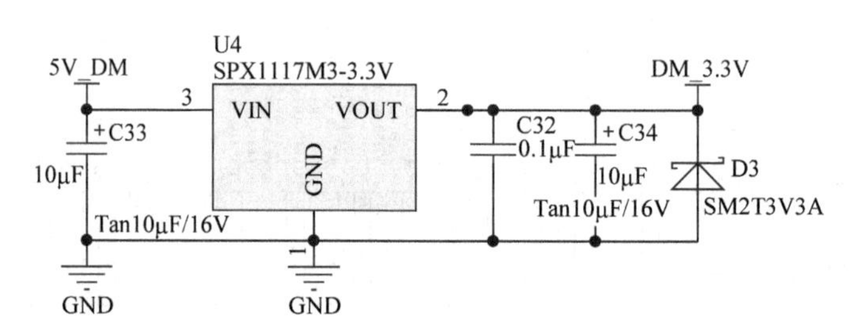

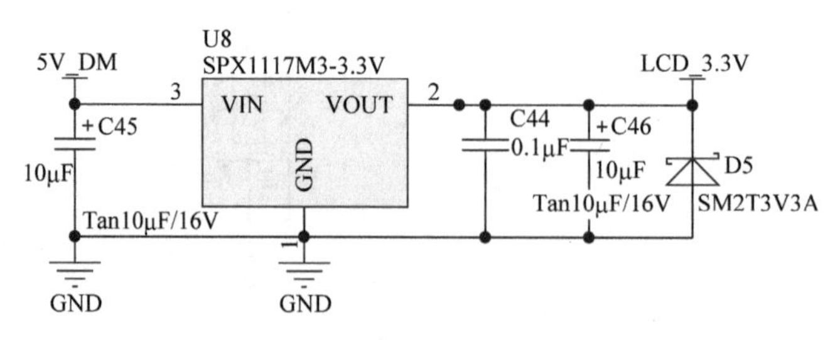

图 5-19　5V 电压转换为 3.3V 电压电路设计图

5.3.4　温湿度采集模块设计

温湿度采集模块的供电电压为 3.3V，其通信方式采用的是 IIC 通信。IIC 通信是一种简单、双向二线制同步串行通信方式，其包括 SDA(串行数据线)和 SCL(串行时钟线)。通信原理为通过对 SDA 和 SCL 高低电平时序的控制来产生 IIC 总线协议所需要的信号进行数据的传递。温湿度采集模块的硬件连接图如图 5-20 所示。温湿度传感器的引脚定义如表 5-5 所示。

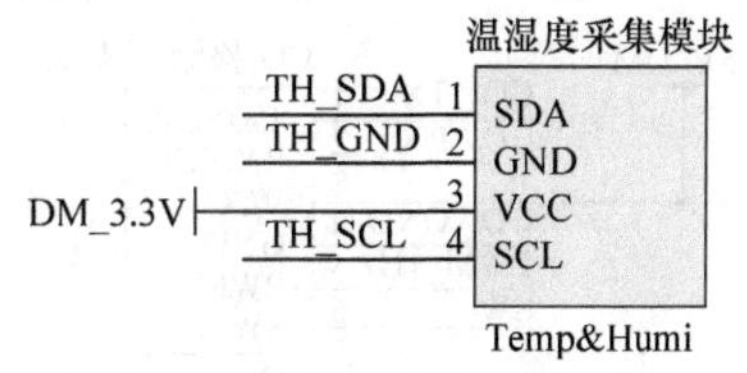

图 5-20　温湿度采集模块硬件连接图

表 5-5　温湿度传感器引脚定义

引脚	名称	功能
1	SDA	串行数据
2	GND	地
3	VCC	供电电压
4	SCL	串行时钟

5.3.5　PM2.5 采集模块设计

PM2.5 采集模块的供电电压为 5V，其通信方式采用的是 USART 串口通信。USART 能够灵活地与外部设备进行全双工通信，是一个高度灵活的串行通信设备。串口通信参数：波特率为 9600bit/s，数据位为 8 位，无奇偶校验位，停止位为 1 位。PM2.5 采集模块的 RX 和 TX 引脚分别与微处理器 USART1 的 TX 和 RX 引脚对应连接。PM2.5 采集模块的硬件连接图如图 5-21 所示。PM2.5 传感器的引脚定义如表 5-6 所示。

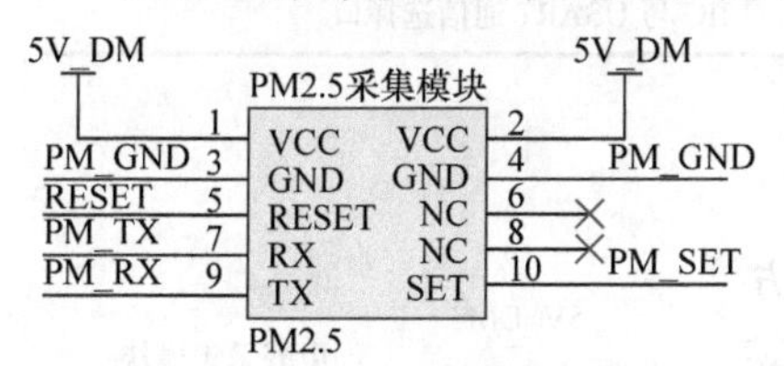

图 5-21　PM2.5 采集模块硬件连接图

表 5-6　PM2.5 传感器引脚定义

引脚	名称	功能
1	VCC	电源正 5V
2	VCC	电源正 5V
3	GND	电源地
4	GND	电源地
5	RESET	模块复位信号/TTL 电平@3.3V，低复位
6	NC	—
7	RX	串口接收引脚/TTL 电平@3.3V
8	NC	—
9	TX	串口发送引脚/TTL 电平@3.3V
10	SET	设置引脚/TTL 电平@3.3V，高电平或者悬空为正常工作状态，低电平为休眠状态

5.3.6 CO_2采集模块设计

CO_2采集模块的供电电压为 5V，其采用的通信方式为 USART 串口通信与 IIC 通信两种可选择的通信方式。该模块工作原理为非分散红外法、镀金光学法与扩散取样法，数据更新每 5s 进行一次。CO_2 采集模块的 RX 和 TX 引脚分别与微处理器 USART3 的 TX 和 RX 引脚对应连接。串口通信参数：波特率为 19200bit/s，数据位为 8 位，无奇偶校验位，停止位为 1 位。采用 Modbus 通信协议进行通信。CO_2 采集模块的硬件连接图如图 5-22 所示。CO_2 传感器的引脚定义如表 5-7 所示。

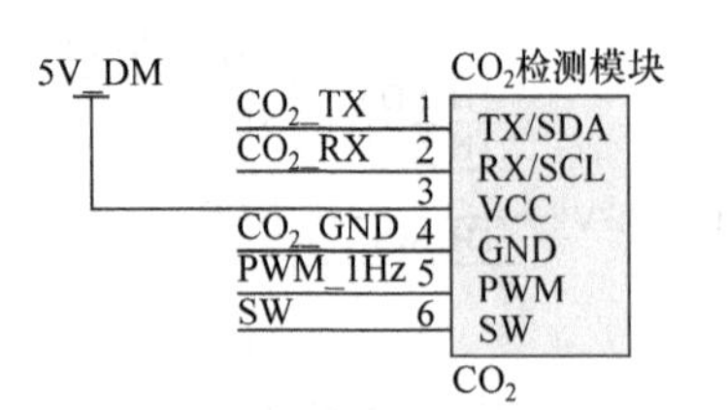

图 5-22　CO_2采集模块硬件连接图

表 5-7　CO_2传感器引脚定义

引脚	名称	功能
1	TX/SDA	串口发送/IIC 数据信号
2	RX/SCL	串口接收/IIC 时钟信号
3	VCC	电源正(5V)
4	GND	电源地
5	PWM	PWM 输出/RS485 流量控制
6	SW	IIC 与 USART 通信选择口

5.3.7 甲醛采集模块设计

甲醛采集模块的供电电压为 5V，其采用的通信方式为 USART 串口通信。该模块工作原理为升级版甲醛模块结合先进的微检测技术，直接将环境中的甲醛含量转换为浓度值。甲醛采集模块的 RX 和 TX 引脚分别与微处理器串口的 TX 和 RX 引脚对应连接。串口通信参数：波特率为 9600bit/s，数据位为 8 位，无奇偶校验位，停止位为 1 位。甲醛采集模块的硬件连接图如图 5-23 所示。甲醛传感器的引脚定义如表 5-8 所示。

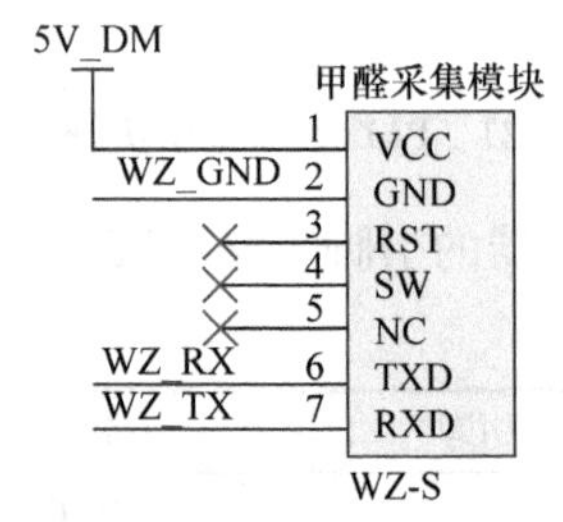

图 5-23　甲醛采集模块硬件连接图

表 5-8　甲醛传感器引脚定义

引脚	名称	功能
1	VCC	电源(5V)
2	GND	电源地
3	RST	复位端
4	SW	通信选择口
5	NC	未使用
6	TXD	数据输出(0～3.3V)
7	RXD	数据输入(0～3.3V)

5.3.8　TVOC 采集模块设计

TVOC 采集模块的供电电压为 3.3V，其采用的通信方式为 IIC 通信。TVOC 采集模块的硬件连接图如图 5-24 所示。TVOC 传感器的引脚定义如表 5-9 所示。

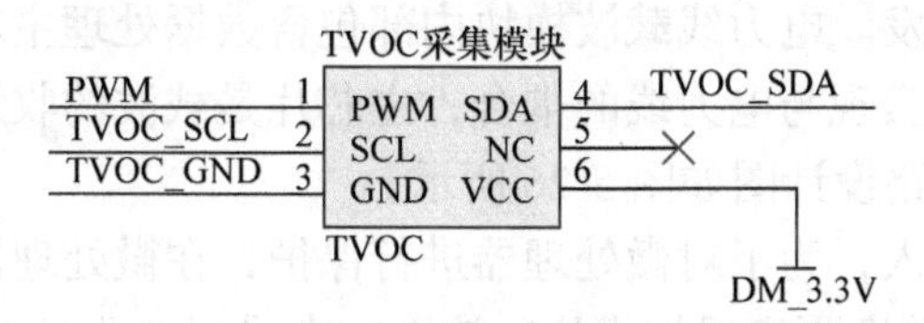

图 5-24　TVOC 采集模块硬件连接图

表 5-9　TVOC 传感器引脚定义

引脚	名称	功能
1	PWM	低于 50%占空比为 TVOC 输出
2	SCL	IIC 通信时钟信号
3	GND	电源地
4	SDA	IIC 通信数据信号
5	NC	未使用
6	VCC	电源正(3.3V)

5.3.9　屏幕显示模块设计

该系统中选用的屏幕显示模块由两部分组成，分别为液晶屏模块和转接板。两部分硬件连接后作为整体接入系统设计中，其电路设计图如图 5-25 所示。

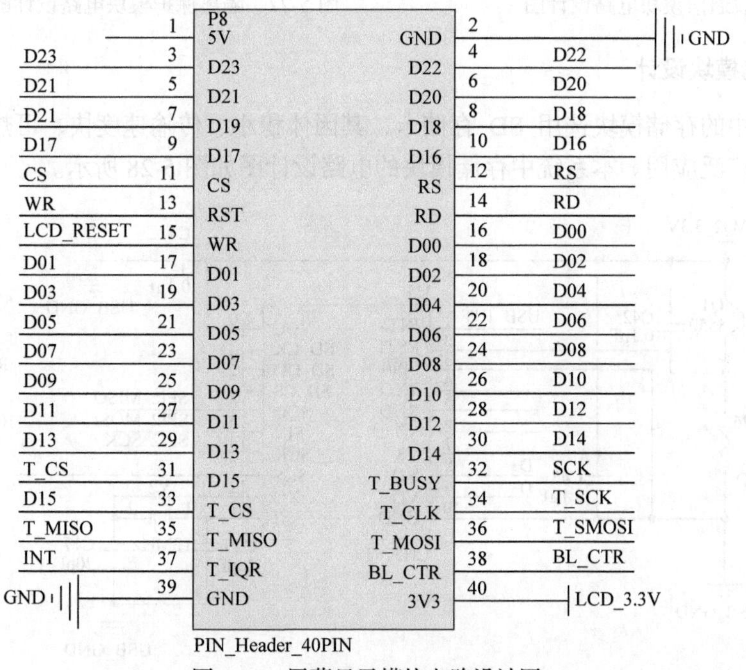

图 5-25　屏幕显示模块电路设计图

5.3.10　载波通信模块设计

该系统中选用的电力线载波通信模块与微处理器通过串口 USART2 连接进行数据通信，载波可发送系统相关数据，参数通过模块耦合到电力线，接收信号通过模块解耦，整个过程实现数据的收发。电力线载波模块内部包含数据处理主芯片、发送和接收配置线路，通过变压器线圈实现与电力线的耦合，主芯片是载波的收发处理芯片，与微处理器之间串行通信。其电路设计图如图 5-26 所示。

由于系统有强电接入，为了对微处理器进行保护，在微处理器与电力线载波通信模块之间要设置 DC/DC 数字隔离保护模块。该系统中采用工业级 Si8663 型号的数字隔离芯片。Si8663 数字隔离芯片具有六路通道，其中三路的传输方向由微处理器到低压电力线载波通信模块，其余三路通道的传输方向是由低压电力线载波通信模块到微处理器。它具有宽范围的工作温度，数据传输速率为 150Mbit/s，与同类产品比较，其抖动性能最低，可保证具有最低的数据传输误码率。隔离保护模块的电路设计图如图 5-27 所示。

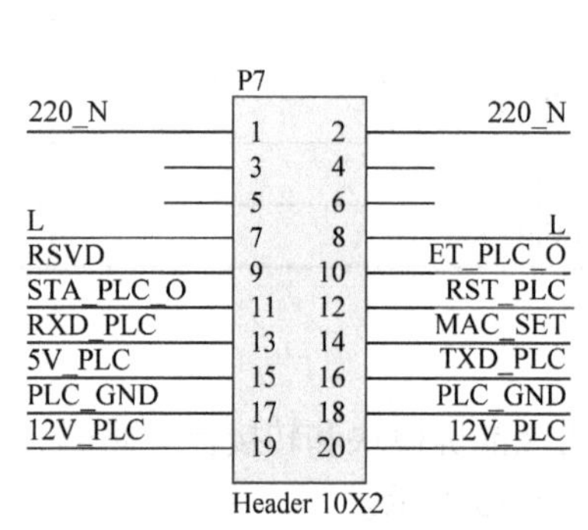

图 5-26　载波通信模块电路设计图

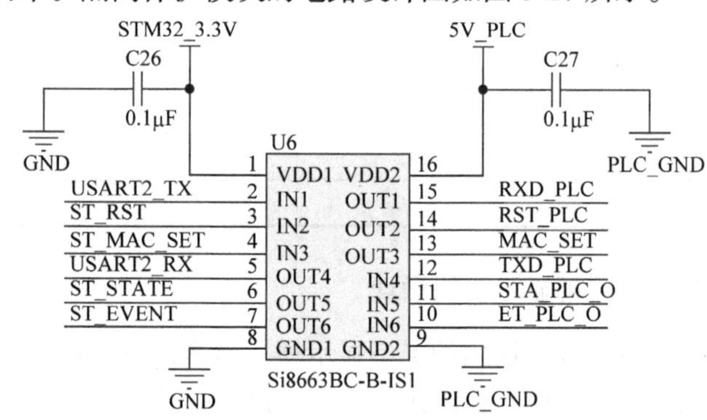

图 5-27　隔离保护模块电路设计图

5.3.11　存储模块设计

该系统中的存储模块选用 SD 存储卡，其因体积小、传输速度快、可热插拔等优良特性而得到广泛应用。本系统中存储模块的电路设计图如图 5-28 所示。

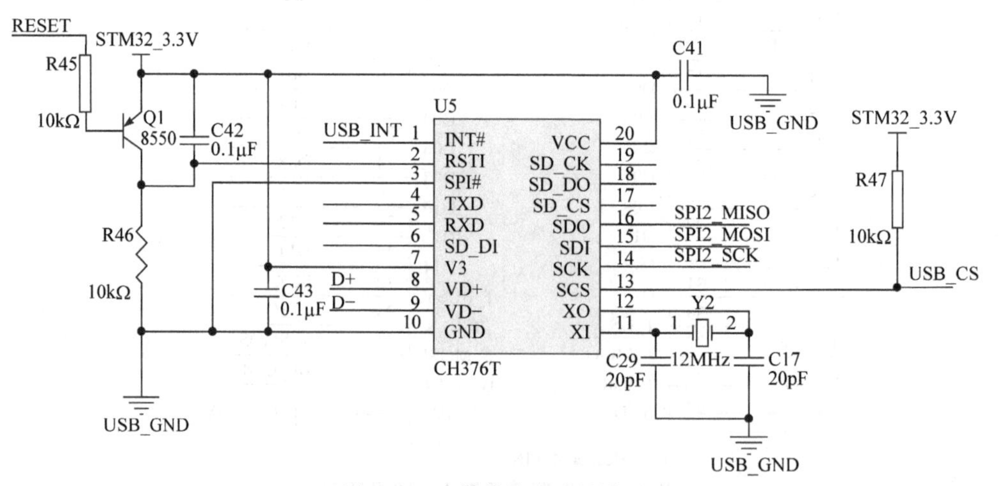

图 5-28　存储模块电路设计图

5.4 软件设计

5.4.1 软件设计结构

室内环境参数监测系统的软件设计采用模块化的设计思想，整个软件系统可以分为主程序、参数监测模块程序和液晶屏显示程序几部分。

在软件设计上，采用应用层、抽象层和底层驱动层三层架构，以数据结构为核心的软件设计思想。对各个任务的处理基于有限状态机的嵌入式开发思想，保证各任务的执行时间已知，各任务之间的联系已知。编程方法上采用面向对象的结构化编程方法。系统软件总体框图如图 5-29 所示。

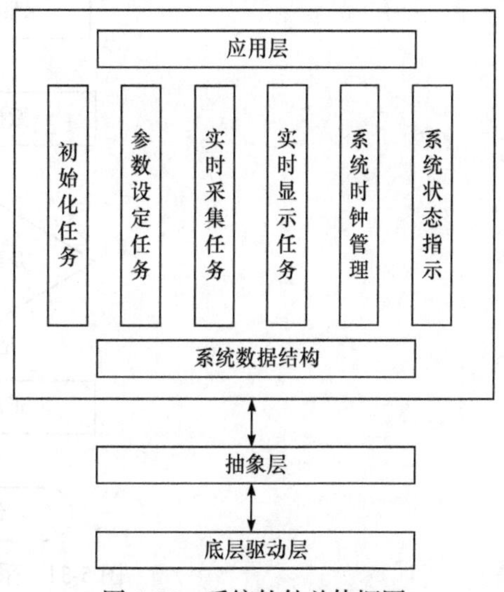

图 5-29　系统软件总体框图

5.4.2 系统主程序软件设计

室内环境参数监测系统主程序包括系统初始化、电力线载波通信、“看门狗”等。其中，系统初始化部分包括系统时钟初始化、GPIO 端口初始化、串口初始化、定时器初始化等。为了保证微控制器的软硬件处于正常工作状态，在执行初始化操作之前会有一段系统延时，确保各个模块处于正常起始状态，并且在系统运行过程中，程序会不断地检测软件工作是否正常，若发现软件运行不正常，程序会自动进行复位。数据采集与处理系统会实时对环境参数进行采集，分别采集温湿度、PM2.5 含量和 CO_2 浓度值。系统主程序流程图如图 5-30 所示。

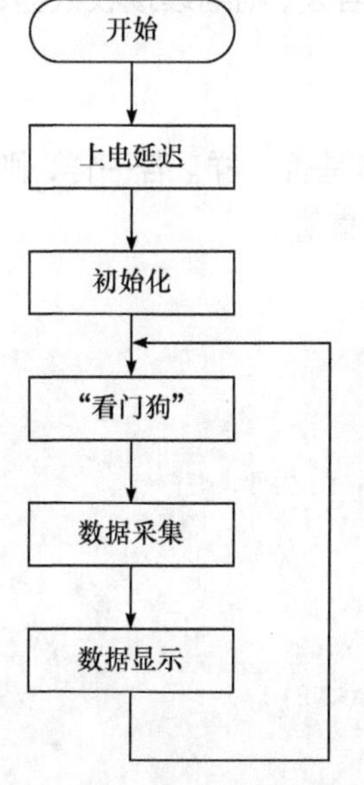

图 5-30　系统主程序流程图

5.4.3 检测模块驱动软件设计

室内环境参数监测系统采集空气中温湿度、PM2.5 含量和 CO_2 的浓度，其中，温湿度数据传输是利用标准的 IIC 完成的，PM2.5 含量和 CO_2 的浓度数据通过两个 USART 串口传输至微控制器。采集完的数据根据程序设定的阈值判断采集的数据是否正常。若正常，则进行显示；若不正常，则根据相应的处理机制进行操作。采集模块采集程序流程图如图 5-31 所示。

其中 PM2.5 和 CO_2 的数据采集是利用串口中断完成的，微处理器与这两个环境参数监测传感器通信的时候用到了数据帧。数据帧是指在数据通信过程中，串口完成一次传输时需要用到的信息，把这些信息组成一个通信帧，这便形成了数据帧。既然在通信中用到了数据帧，就需要知道帧的信息，方便对帧进行解析，以确认这组帧是否有效。以 CO_2 数据帧

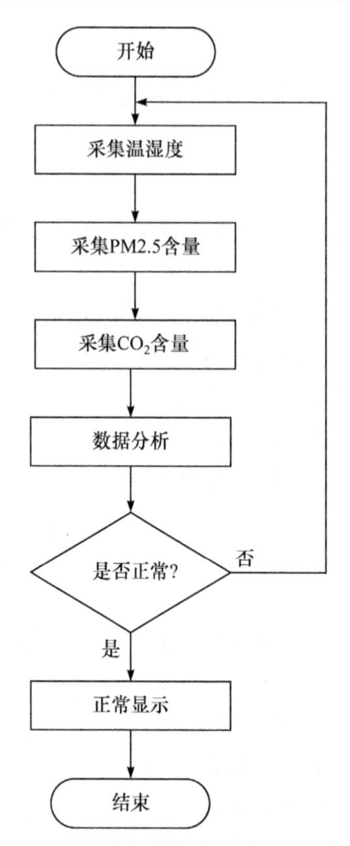

图 5-31　采集模块采集程序流程图

为例进行解析。

(1) 判断串口是否接收到数据。

(2) 接收到的数据第 0 位是否为 0x15 且第 1 位是否为 0x04。若是，则继续接收数据；若不是，则将缓冲区数据前移，直到满足条件为止。

(3) 判断接收的字节数是否小于规定数。若是，则继续接收。

(4) 计算校验位，判断计算出的校验位和数字帧中的校验数值是否一样。若一样，则进行帧的有效数据提取，用于 CO_2 浓度的计算，从而得到相应采集值。

参考程序如下：

```
int i;
      uint16_t CRC_temp1=0;
      if(USART_GetITStatus(USART3, USART_IT_RXNE) != RESET)
      //接收中断
      {
        USART_ClearFlag(USART3,USART_IT_RXNE);
         u2_receive[u2_index]= USART_ReceiveData(USART3);
         //接收数据
         u2_index++;
```

```
         while((u2_index>1)&&(u2_receive[0]!=0x15||u2_receive [1]!=0x04))
        {
            for(i = 1;i < u2_index;i++)    //缓冲区数据前移
            {
                u2_receive[i-1]=u2_receive[i];
            }
            u2_index --;
            return ;
            }
      if(u2_receive[1]==0x04)
      {
        if(u2_index<u2_receive[2]+5)
        return ;
        CRC_temp1=(u2_receive[u2_index-2]<<8)|u2_receive[u2 _index-1];
        if(CRC_temp1==CRC16_3(u2_receive,  u2_index-2))
                {
                CO2=((u2_receive[3]*256.0)+u2_receive[4]);
                if(CO2>5000)CO2=5000;
                u2_index =0;
                CO2_flag=1;
                }
        }
    }
```

PM2.5 的数据帧解析方式与 CO_2 的解析是一样的，这里不再赘述。温湿度是通过 IIC 通信方式进行数据传输的，温度测量函数和湿度测量函数计算方法相同，此处以温度计算函数为例，其参考程序如下。

```
float  temperature;
int temperature_flag=0;
float SHT21_Work_T(void)
{
    u8 MSB,LSB;
    float temp = 0;
    I2C_Start();
    I2C_WriteByte(0x80);
    I2C_WriteByte(0xf3);                        //发送数据
    I2C_Stop();
    delay_ms(85);
    I2C_Start();
    I2C_WriteByte(SHT21ADDR|0x01);              //保证 IIC 工作
    MSB = I2C_ReadByte();
```

```
        Make_Ack();
        LSB = I2C_ReadByte();
        Make_Ack();
        I2C_ReadByte();
        Make_Nack();
        I2C_Stop();
        delay_ms(100);
        LSB &= 0xfc;
        temp = MSB*256+LSB;
        temperature = ((175.72)*((float)temp)/65536-46.85)-1.3;
        //计算温度
        temperature_flag=1;
        return temperature;
}
```

微控制器每 5s 都会分别采集三个传感器模块的数据，采集数据的流程是一样的，这里以 CO_2 的采集程序为例进行讲解。

(1) 时间是否到 5s。若到 5s，则进行采集；若不到 5s，则不需要采集。

(2) 若到 5s，则微控制器发送读取数据请求数据帧，开启检测，返回数据时间，定时 1s。

(3) 若在规定的 1s 时间内，数据返回，则完成采集，返回数据，标志位清零。

(4) 若没有在规定的时间返回数据，则判断抄读数据的失败次数。若失败次数大于 3 次，则放弃本次数据采集。

(5) 若失败次数小于 3 次，则进行采集，开启检测数据返回时间。

其中，定时时间采用定时器，利用定时器的主要目的是防止程序中出现阻塞和死循环的情况，这样可以保证程序的执行时间已知，程序的运行状态清晰明确。

具体程序如下：

```
switch(step_CO2)
{
    case 0:
        MSTimerSet(CO2tim_t,5000);          //定时 5s
        step_CO2++;
        break;
    case 1:
        if(MSTimerCheck(CO2tim_t))          //到 5s
        {
            send_command_CO2();             //发送 CO2 命令
            MSTimerSet(CO2tim_r,1000);      //定时 3s 用来接收数据
           step_CO2++;
        }
```

```
            break;
        case 2:
            if(!MSTimerCheck(CO2tim_r))        //3s 不到
            {
                if(CO2_flag==1)                //接收到数据
                {
                    CO2_ppm=CO2;               //返回 CO2 的数据
                    step_CO2=0;
                    CO2_flag=0;
                }
            }
            else
            {
                step_CO2=2;
            }
            break;
        case 3:
            if(CO2_flag==1)
            {
                    CO2_ppm=CO2;               //返回 CO2 的数据
                    step_CO2=0;
                    CO2_flag=0;
            }
            else
            {
                    step_CO2++;
            }
            break;
        case 4:
            if(sendCO2_times<3)                //重发次数小于 3
            {
                    sendCO2_times++;
                    step_CO2=0;
            }
            else
            {
                    step_CO2=0xFF;             //返回错误
                    step_CO2=0;
                    sendCO2_times=0;
            }
            break;
```

```
        default:
                step_CO2=0;                         //返回错误
                sendCO2_times=0;
                CO2_flag=0;
        break;
}
```

其他数据采集模块的数据采集也是采用这种方式，这里不再赘述。

5.4.4 通信模块驱动软件设计

对于系统中的电力线载波通信模块的收发引脚与微控制器串口 USART2 发收引脚对应连接，实现该系统与上行系统(智能网关)的数据传输。通信的具体实现步骤参考 5.4.3 节，这里不再赘述。

具体程序如下：

```
u8 i=0,cs=0;
if(USART_GetITStatus(USART2,USART_IT_RXNE)==SET)
{
     USART_ClearITPendingBit(USART2,USART_IT_RXNE);
     u5_receive[u5_recount]=USART_ReceiveData(USART2);
     u5_recount ++;
     while(u5_recount > 6 && u5_receive[0] != 0x68 && u5_receive[7]!=0x68)
     {
          for(i = 1;i < u5_recount;i ++)          // 找帧头
          {
          u5_receive[i - 1] = u5_receive[i];
          }
          u5_recount --;
     }
     if(u5_recount <= 6)
     {
           return;
     }
     if(u5_recount<=(u5_receive[9]+11))
           return;
     }
if( u5_receive[u5_receive[9]+11]!=0x16 )          //判帧尾
     {
     while(u5_recount > 6 && u5_receive[0] != 0x68 && u5_receive[7]!=0x68)
          {
          for(i = 1;i < u5_recount;i ++)
          {
```

```
                u5_receive[i - 1] = u5_receive[i];
                }
                u5_recount --;
                }
                  return;
            }
   for(i=0;i<(u5_receive[9]+10);i++)
            {
              cs+=u5_receive[i];
            }
   if(cs==(u5_receive[u5_receive[9]+10]))
            {
            memcpy(Rxbuf,u5_receive,u5_recount);
            Rx_len=u5_recount;
            u5_recount=0;
            flag_receive=1;
            }
    }
```

系统中采集数据定义为一条数据帧的相同格式，具体定义程序如下：

```
   data_buf[0]=(int)CO2_ppm>>8;                       //CO2 高字节
   data_buf[1]=(int)CO2_ppm & 0xFF;                   //CO2 低字节

   temp=SHT21_Work_T();
   data_buf[2]=temp;                                  //温度高字节
   data_buf[3]=(int)((temp-data_buf[2])*10);          //温度低字节

   temp_1=SHT21_Work_H();
   data_buf[4]=temp_1;                                //湿度高字节
   data_buf[5]=(int)((temp_1-data_buf[4])*10); //湿度低字节

   Read_PM();
   data_buf[6]=(int)pm2_5>>8;                         //PM2.5 高字节
   data_buf[7]=(int)pm2_5&0xFF;                       //PM2.5 低字节
   data_buf[8]=0x00;
```

5.4.5　屏幕显示模块驱动软件设计

系统中的屏幕显示模块用来显示实时采集的室内环境参数。程序流程为：首先设置温湿度、CO_2参数名称及其单位，其次设置温湿度、CO_2的数值坐标和 PM2.5 图片坐标，显示实时时钟(包括年、月、日、时、分)，当显示各个参数的实时数值时，先要采集数据，定时 1s，1s 之后，把采集的温湿度、CO_2 的数值及其相应的 PM2.5 数值对应的图片显示到液晶屏上。程序流程图如图 5-32 所示。

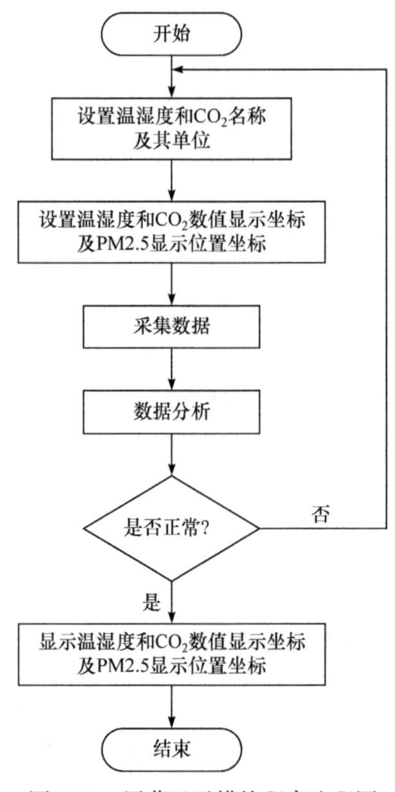

图 5-32　屏幕显示模块程序流程图

屏幕显示模块程序以温度显示为例进行详细讲解。

(1) 设定温度显示的横、纵坐标。

(2) 判断数据是整数还是小数。若是小数，则需要显示小数点；若是整数，则直接显示。

(3) 更新数据，开启更新数据的规定时间。

(4) 是否超过更新数据的规定时间。若超过，则重新更新。

(5) 在规定时间内更新完成，完成本轮显示。

参考程序如下：

```
GUI_SetFont(&GUI_Font72);
GUI_GotoX(585);                                      //X 坐标
GUI_GotoY(76);                                       //Y 坐标
if(Temperature==0)                                   //如果是 0℃
{
    GUI_DispFloatMin(Temperature,0);                 //显示整数 0
    GUI_DispCEOL_T();                                //清屏
}
else                                                 //其他温度
```

```
{
    GUI_DispFloatMin(Temperature,1);                    //显示小数
    GUI_DispCEOL_T();                                   //清屏
}
switch(step_temperature)
{
    case 0:
            MSTimerSet(t_temperature,1000);             //定时 1s
            step_temperature++;
            break;
    case 1:
            if(MSTimerCheck(t_temperature))             //1s 到
            {
                Temperature=Temperature;
                step_temperature=0;
            }
            else                                        //1s 没到
            {
            step_temperature=1;
            }
    break;
}
```

本系统设计中，PM2.5 是通过不同的颜色的圆形图案来显示环境中不同的 PM2.5 含量，当 PM2.5 低于 35 时呈现绿色，高于 75 时呈现橙色，介于两者之间显示黄色，参考程序如下：

```
if(pm2_5<=35) GUI_DrawBitmap(&bmlv,66,67);                  //绿色
else if(pm2_5<=75)GUI_DrawBitmap(&bmhuang,66,67);           //黄色
else GUI_DrawBitmap(&bmcheng,66,67);                        //橙色
```

5.5　系统集成与调试

1. 系统运行前的检查

刚焊接好的系统硬件电路板不要急着上电，上电之前需要进行检查，确定没问题后才可以上电运行测试，具体步骤如下。

(1) 目测电路板是否存在焊渣、锡球，最好使用放大镜观察，焊渣、锡球的存在可能会导致某些引脚短接，芯片功能不正常。

(2) 观察元器件焊接是否存在虚焊问题。

(3) 使用万用表蜂鸣挡分别测量电源输入端和输出端对地是否导通。若蜂鸣挡有鸣叫声，则说明电源端对地存在短路现象；若对存在短路现象的系统电路板上电，则电路可

能会烧毁。

(4) 对于220V电源部分，在上电前，做好绝缘隔离。

2. 系统运行后的硬件调试

系统上电运行后不要急于测量电压、电流等电气指标，先观察电路有无异常现象，例如，指示灯是否正常，有无冒烟现象，有无异常气味，手摸集成电路封装是否发烫(一般，功率管和电源芯片在正常工作下温度也可能达到 60℃，但这不属于异常发烫现象)等。如果出现异常现象，应立即关断电源，待排除故障后再通电。若无上述的异常情况，上电后就可以测量各部分的电气指标是否正确，若都正常，则可以接着调试电路功能。

(1) 调试主板电压，包括交流220V输入、12V、5V及3.3V。

(2) 测量电压时，需要逐级测量，按照 12V→5V→3.3V 的顺序测量。其中，U3 为12V转5V；U4和U8为5V转3.3V。

(3) 测试STM32芯片供电，U1为STM32芯片的位置，芯片正常工作电压为3.3V，测试电压正常后才能下载程序。

3. 系统运行后的软件调试

(1) 测完各项电压后，将主板和屏幕板用接线带连接好。

(2) 对主板上电，在屏幕显示模块区域按照丝印找到VCC和GND，测量电压，正常值为3.3V。

(3) 下载屏幕测试程序，若屏幕出现花屏、白屏，说明屏幕显示模块没有焊接好或者接线带接触不良；正常情况为屏幕为黑底，中间出现白色字样“Hello World”，表明系统运行。

本章小结

本系统主要是为了实现在线采集室内环境参数而设计的，该系统可以采集环境中的PM2.5 浓度、CO_2 含量和温湿度。本章从硬件设计、软件编写和系统集成与调试三个方面详细讲解了该系统的工作原理。硬件上先说明了各模块的选型依据并讲解了该系统的结构框架、各个模块之间的连接方式，并附上了相应的硬件原理图；软件上讲解了程序的设计框架，着重讲解了某些功能的程序设计思路，并附上了相应的程序流程图；系统集成与调试部分讲解了完成硬件设计和软件设计后，如何对系统的功能实现进行测试。通过讲解硬件选型，说明系统在设计中需要考虑的主要问题；通过讲解软件的框架设计，说明程序的运行机理；通过讲解系统集成与调试，说明系统的功能实现。

思考题

(1) 在选取嵌入式主控芯片时，需要注意哪些方面？

(2) 该系统的环境采集模块主要用到了STM32F103的哪些外设资源？

(3) 该系统的程序设计采用的什么方式？采用这种方式有什么样的好处？

(4) 串口通信中的数据帧是如何进行解析的？试写出一条 CO_2 数据帧。

(5) 简述该系统进行整体调试的主要步骤。

(6) 查阅资料，尝试写出IIC初始化的程序。

第 6 章　室内窗户状态监测系统工程实例设计

随着世界经济的发展，传统不可再生能源储量日趋减少，节能的重要性不言而喻。我国虽早在 20 世纪就确立了节能减排在发展中的战略地位，但因人口众多、年新增住房量大，我国建筑领域的能耗总量一直居高不下。对此，我国目前正在重点推进容纳人数多、作业设备多、占用时间长的办公建筑领域的节能工作，在 2021 年 2 月国务院印发的《“十四五”节能减排综合工作方案》中明确要求建筑科技公司采集各种与建筑能耗影响因素相关的建筑运行数据，并基于此对已有办公建筑进行能耗监测和节能改造。

办公建筑在占用期间，建筑使用人员通常会通过不定期开窗通风来使建筑内环境更加舒适，这是因为开窗通风是进行室内外环境交换最为简单有效的方法，该行为可以创造更为舒适的室内环境，而与此同时，建筑内用于改善室内环境的电器(如空调、新风等)的工作状态发生了变化，建筑能耗也受到了影响，因而办公建筑不同时段的窗户状态是一项与建筑能耗影响因素相关的重要建筑运行数据，建筑科技公司有必要对该数据进行连续收集。本次设计的窗户状态监测系统就为此提供了一种对平推窗的窗户开启宽度数据进行有效采集的方法，其可以实现在 PC 端远程获取、呈现并记录办公建筑的实时窗户开启宽度数据，于建筑科技公司而言，这将有效节约数据采集的人力成本并有利于办公建筑能耗监测和节能改造工作的推进。

6.1　系统功能说明

本次设计的窗户状态监测系统面向建筑能耗分析工作，旨在为人居行为中的开关窗行为对建筑负荷影响的研究提供便利，其应满足的含功能在内的各项需求可归纳如下。

(1) 数据采集功能。窗户开启宽度监测装置可以定时采集窗户开启宽度，测量误差为 –2.5～2.5cm，以满足绝大多数建筑内人居行为对建筑负荷影响的课题的研究。

(2) 数据传输功能。装置可以将采集到的实时窗户状态数据直接或经数据网关间接传输至 PC 端上位机。

(3) 自动校正功能。每次重新上电后，装置可以自动校正，测量结果不受安装位置的影响。

(4) 低功耗。装置在测量间隔期间的低功耗状态，可以较长时间持续工作而不更换电池。

(5) 体积小巧，安装位置灵活且便于拆卸。

6.2　系统总体设计

6.2.1　应用系统结构设计

根据 6.1 节的系统功能说明，该系统需要完成数据的采集和数据的传输功能，整体系

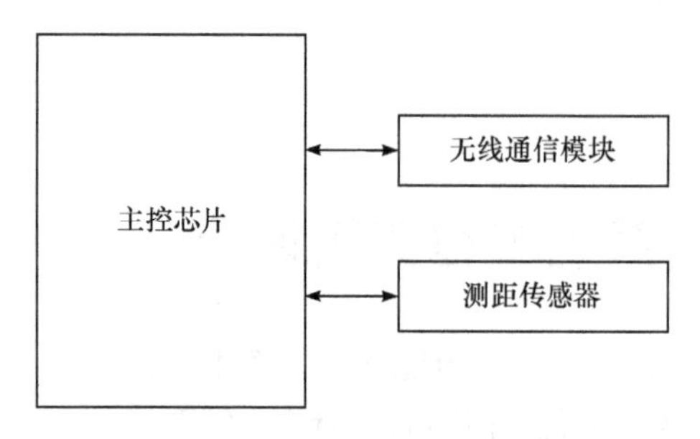

图 6-1 室内窗户状态监测系统框架图

统框架如图 6-1 所示。

6.2.2 相关模块选型

按照图 6-1 所确定的室内窗户状态监测系统结构，需对应选择合适的主控芯片、主控通信模块、测距传感器以完成完整的控制系统电路设计。在选型时，不仅要考虑选择的硬件是否能够满足预期功能，还要考虑 6.1 节中提到的系统的体积、功耗等的限制。接下来，将详细介绍本次设计中的三款主要功能部件的选型过程。

1. 主控芯片

根据市场主流趋势，本次设计选用 STM32 系列单片机。STM32 系列单片机是意法半导体公司基于 Intel 公司的 Cortex-M 系列微控制器专用内核生产的单片机产品，用于满足现代化应用的需求，适用于外围电路复杂、功能要求较高的嵌入式系统中，具有高性能、低功耗、低成本等特点，其相较于 8 位单片机在应用层面更具有优势。

在确定具体使用的 STM32 型号之前,可以先对装置所需的 MCU 资源进行初步估计。经统计，本次外围设备需占用的单片机硬件资源数量如表 6-1 所示，而 STM32 系列单片机中的最小封装(LQFP48)芯片内便集成有 37 个 I/O 口、2 个 IIC 接口、3 个 USART 串行接口(由于有一个 IIC 接口与串口共用，因此不能同时将该接口作为 IIC 和 USART 接口)和 1 个 JTAG 调试接口，故选择基础的 48 脚 STM32 芯片就可以满足需求。

表 6-1 设计所需硬件资源统计

所需硬件资源名称	数量/个
USART	1
普通 I/O 口	6～8
JTAG 调试接口	1

最后，考虑到装置还有低功耗方面的需求，便基本确定本次设计使用主打低功耗的 STM32L 系列产品 STM32L151C8T6，其实物图如图 6-2 所示。

图 6-2 STM32L151C8T6 实物图

2. 测距传感器

按技术原理分类，市面上常用的测距传感器模块可分为激光测距模块、超声波测距模块、红外测距模块。基于这三种技术的常见产品的性能参数和成本的大致参考范围见表 6-2，需要说明的是，表中仅统计了常用传感器模块的相关参数，不排除基于这三种技术的一些特制传感器模块的相关参数超出范围，如现有超远距离激光传感器，但其制造成本也远超出 200 元且在开发中并不常用，故不在此讨论。

表 6-2　基于不同技术的测距传感器模块的对比

参数名称	激光测距模块	超声波测距模块	红外测距模块
测量范围	4～800cm	1～400cm	4～150cm
响应时间	几十毫秒	数秒	几十毫秒
测量精度	很高	一般	一般
工作电流	10～20mA	1～20mA	20～50mA
输出方式	UART	UART	模拟值输出
成本	50～200 元	4～35 元	20～50 元

对比表 6-2 中的三种测距传感器模块可以看出：激光测距模块成本远高于超声波测距模块和红外测距模块，相应地，其测量范围大、响应快、精度高，但本次设计中两次测量间隔至少大于 1min，对精度的要求在厘米级，超声波测距模块和红外测距模块的测量范围等也能满足要求，故激光测距模块在本次设计中性价比极低，不宜选择；红外测距模块与超声波测距模块相比，工作电流明显更大，且红外测距模块没有控制端口，会一直处于工作状态，功耗显然不符合要求，而超声波模块待机电流小，误差稳定，故可以最终确定本次设计使用超声波测距模块。

表 6-3 是市面上两种典型的超声波测距模块的性能参数对比，从表中可以看出，两者的性能均能满足本次设计测量要求，但 US-100 超声波模块供电电压灵活，可以同时兼容 3.3V 与 5V 供电的 MCU，而 HC-SR04 仅支持 5V 供电，若搭配 3.3V 供电 MCU 需要增设电压转换电路，这将明显增大装置体积，此外 US-100 工作电流显著低于 HC-SR04，这将明显降低产品功耗，故虽然 US-100 价格更高，但其性价比超过 HC-SR04，更适合本次设计，其实物图如图 6-3 所示。

图 6-3　US-100 实物图

表 6-3　HC-SR04 与 US-100 对比

参数	HC-SR04	US-100
供电电压	5V	2.4～5.5V
工作电流	15mA	2mA
测量范围	2～400cm	2～450cm
测量误差	1%	0.3(%1±1)cm
成本	6 元	31 元

3. 无线通信模块

目前常用的无线通信方式有 WiFi、蓝牙、ZigBee、LoRa 等，四种通信方式各有其优势，市面上基于相关技术的无线通信模块产品的技术指标参考范围如表 6-4 所示。

表 6-4　四种无线通信技术的技术指标对比

参数名称	WiFi	蓝牙	ZigBee	LoRa
传输距离	10～50m，特殊设备可达300m	10m 以内	10～100m	2km，郊区等空旷地区最远可达 15km
传输速度	2.4G 频段：1～11Mbit/s 5G 频段：1～500Mbit/s	1Mbit/s	理论上可达 160～250Kbit/s，目前技术均小于 100Kbit/s	0.3～50Kbit/s
电池续航(中等容量AA 电池)	数天	数小时	5 年以上	5 年以上
组网方式	基于无线路由	需要通过其他设备节点接入互联网	基于 ZigBee 网关	基于 LoRa 网关
最大接入数量	20～50 个设备	主设备最多可与 7 个设备通信	200～500 个设备	500～5000 个设备
模块成本	44～51 元	5～20 元	36～42 元	30～37 元

本次设计中，考虑到窗户状态监测装置在测量间隔期间处于低功耗状态，WiFi 与蓝牙显然不满足要求，因为其静态电流远超单片机休眠状态下的电流，达不到在测量间隔期间省电的目的。而 LoRa 和 ZigBee 通信模块成本相近，相关功能也均满足本次设计要求，但 LoRa 通信技术近年来发展速度快，各方面性能都已超过 ZigBee 技术，发展前景更好，故在本次设计中使用 LoRa 通信模块以使装置具有更好的性价比和应用前景。

表 6-5 是两种市面上常用的 LoRa 模块的性能参数对比。两者集成的都是 Semtech 公司最新的 SX1278 芯片，其中 Al-Thinker Ra-01/02 模块(01、02 是模块封装的区分，下同)是深圳市安信可科技有限公司推出的工业级 LoRa 通信模块，也是目前使用最为广泛的 LoRa 模块之一，ATK-LoRa-01/02 模块是广州市星翼电子科技有限公司近年推出的串口 LoRa 模块，从表中可以看出，两者的成本与性能相差不大，均能满足本次设计要求，ATK-LoRa-01/02 性能略优于 Al-Thinker Ra-01/02，而 Al-Thinker Ra-01/02 性能经过多年验证，可靠性有更好的保证。但从接口方面考虑，两线 UART 接口相较于四线 SPI 在 PCB 设计上更加简单，可以有效减小装置体积，考虑到上手难易程度，UART 通信也更加容易，故本次设计使用 ATK-LoRa-01/02 通信模块，适用于 PCB 使用的邮票孔版封装 ATK-LoRa-02 实物图，如图 6-4 所示。

表 6-5　Al-Thinker Ra-01/02 与 ATK-LoRa-01/02 对比

参数名称	Al-Thinker Ra-01/02	ATK-LoRa-01/02
芯片方案	SX1278	SX1278
供电电压	2.7～3.6V	2.7～5V

续表

参数名称	Al-Thinker Ra-01/02	ATK-LoRa-01/02
最大输出	+20dBm	+20dBm
最大工作电流	140mA	118mA
睡眠电流	3μA	2μA
接口	SPI	UART
成本	20 元	35 元

图 6-4　ATK-LoRa-02 实物图

6.3　硬件设计

6.3.1　系统硬件框架

该室内窗户状态监测系统主要完成两项功能：一是窗户开启宽度数据的采集；二是通过 LoRa 模块进行实时采集数据的发送。装置整体包含微处理器、超声波测距模块和 LoRa 无线通信模块三大块，由独立纽扣电池直接供电，其中超声波测距模块和 LoRa 无线通信模块分别有与 STM32 单片机进行通信的独立接口。系统的硬件结构框架如图 6-5 所示。

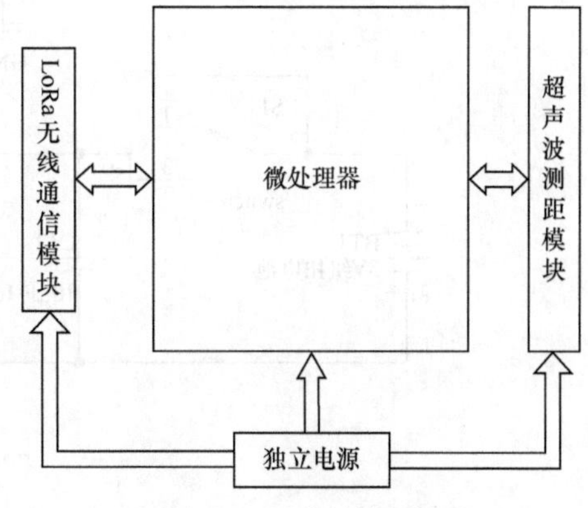

图 6-5　硬件结构框架

6.3.2　微处理器模块设计

该装置中，微处理器 STM32L151C8T6 型号单片机主要完成的是对窗户状态数据采集过程的全流程控制，包括在每次窗户开启宽度的测量前检测与甄别上位机发送的信息，驱动超声波测距模块进行测距工作，将测量结果传输至上位机等。其电路设计图如图 6-6 所示。

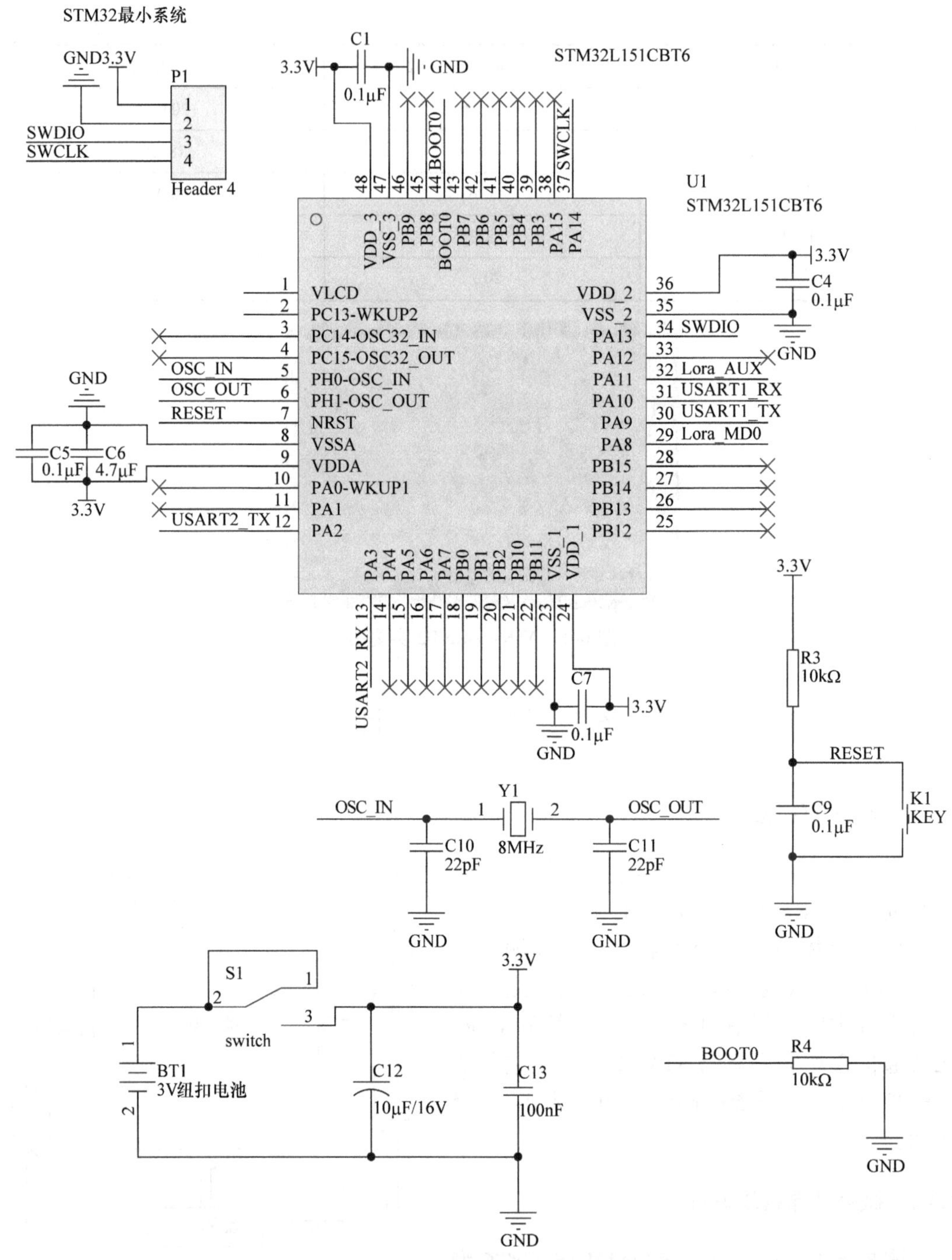

图 6-6　系统微处理器电路设计图

6.3.3　超声波测距模块设计

US-100 超声波测距模块可实现 2cm～4.5m 的非接触测距功能，拥有 2.4～5.5V 的宽电压输入范围，静态功耗低于 2mA，自带温度传感器对测距结果进行校正，同时具有 GPIO、串口两种通信方式实现数据的读取，且自带“看门狗”。模块上集成有超声波发射器与接收器，测距原理为：超声波发射器向某一方向发射超声波，并在发射时刻开始计时，超声波途中碰到障碍物返回来，超声波接收器收到反射波就立即停止计时，根据这一过程的总时间和声速可以计算最终距离。本次设计中，US-100 超声波测距模块与 STM32 主控芯片的硬件连接如图 6-7 所示，模块各引脚定义可以参考表 6-6。

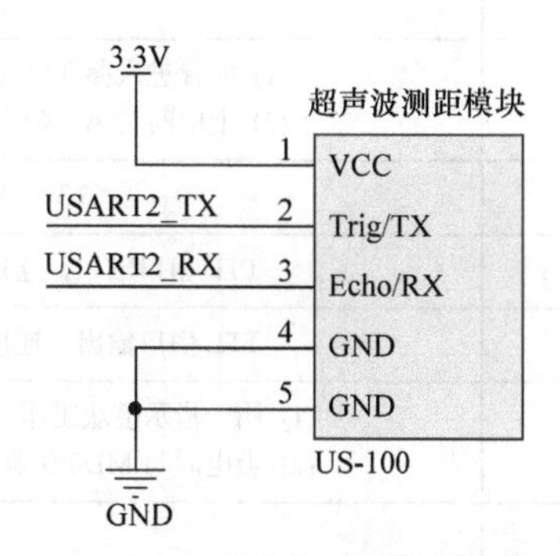

图 6-7　超声波测距模块硬件连接图

表 6-6　US-100 超声波模块引脚定义

引脚	名称	功能
1	VCC	接 VCC 电源(供电范围为 2.4～5.5V)
2	Trig/TX	当为 UART 模式时，接外部电路 UART 的 TX 端； 当为电平触发模式时，接外部电路的 Trig 端
3	Echo/RX	当为 UART 模式时，接外部电路 UART 的 RX 端； 当为电平触发模式时，接外部电路的 Echo 端
4	GND	接外部电路的地
5	GND	接外部电路的地

6.3.4　LoRa 无线通信模块设计

ATK-LoRa-02 是 ALIENTEK 推出的一款高性能、远距离 LoRa 无线串口模块，模块的工作频率为 410～441MHz,以 1MHz 频率为步进信道，共 32 个信道，可通过 AT 指令在线修改串口速率、发射功率、空中速率、工作模式等各种参数，并且支持固件升级功能。模块采用串口 UART 的方式通信，通信通过 TXD(输出端)、RXD(接收端)两个接口进行，适配 3.3V 电压供电的 MCU，其与 STM32 主控芯片的具体硬件连接如图 6-8 所示。ATK-LoRa-02 各引脚功能可以参考表 6-7。

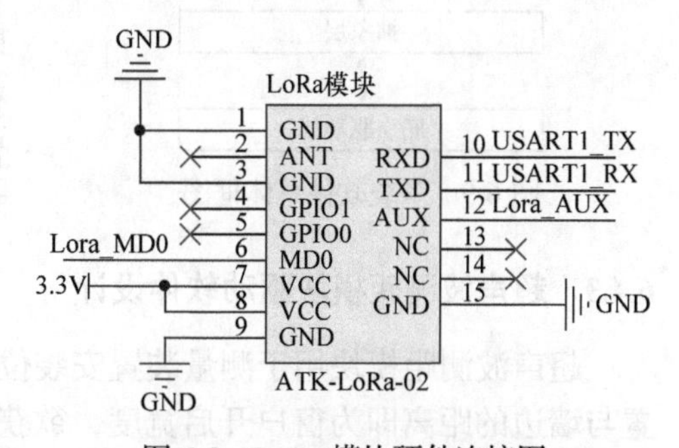

图 6-8　LoRa 模块硬件连接图

表 6-7　ATK-LoRa-02 通信模块引脚定义

引脚	名称	功能
1、3、9、15	GND	地线
2	ANT	天线
4	GPIO1	未用
5	GPIO0	未用
6	MD0	(1) 配置进入参数设置； (2) 上电时与 AUX 引脚配合进入固件升级模式
7、8	VCC	3.3～5V 电源输入
10	RXD	TTL 串口输入，连接到外部 TXD 输出引脚
11	TXD	TTL 串口输出，连接到外部 RXD 输入引脚
12	AUX	(1) 用于指示模块工作状态，用户唤醒外部 MCU； (2) 上电时与 MD0 引脚配合进入固件升级模式
13、14	NC	未用

6.4　软 件 设 计

6.4.1　软件结构设计

室内窗户状态监测系统的软件设计采用模块化的设计思想，整个软件系统可以分为主程序、超声波测距模块驱动程序和 LoRa 模块驱动程序几个部分。系统软件总体框图如图 6-9 所示。

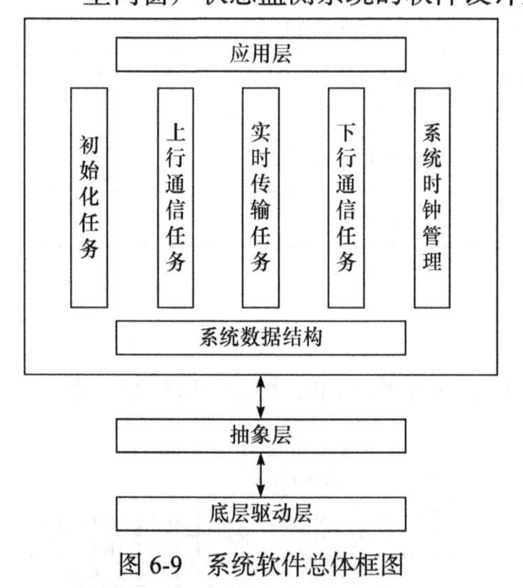

图 6-9　系统软件总体框图

6.4.2　系统主程序软件设计

窗户状态监测装置主程序包括系统初始化、获取装置初始位置等。其中，系统初始化部分包括系统时钟初始化、GPIO 端口初始化、串口初始化、定时器初始化等。装置初始化之前会有一段延时，保证上电后软硬件处于就绪状态，各项初始化与前期准备工作完成后，装置进入休眠状态，仅在唤醒时进行数据的采集和传输，系统主程序流程图如图 6-10 所示。

6.4.3　超声波测距模块驱动软件设计

超声波测距模块用于测量装置安装位置与墙边的距离，该距离值减去窗户紧闭时装置与墙边的距离即为窗户开启宽度，欲获得窗户实际开启宽度，需先驱动超声波测距模块进行距离测量。超声波测距模块驱动程序流程图如图 6-11 所示。

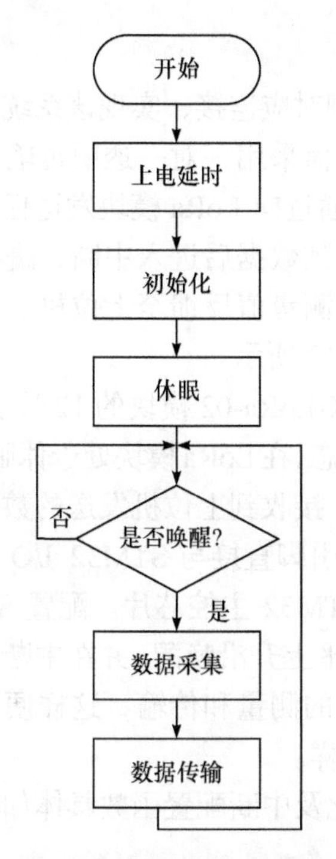

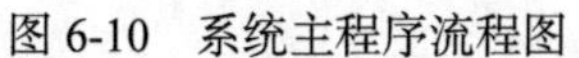

图 6-10　系统主程序流程图

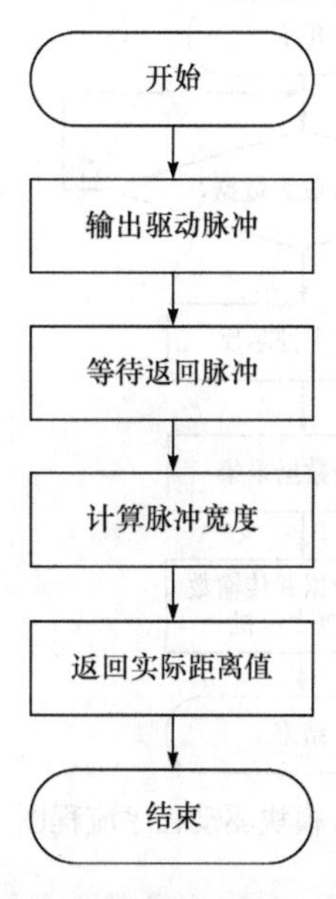

图 6-11　超声波测距模块驱动程序流程图

本次设计中，超声波测距模块使用电平方式驱动，由单片机向模块 Trig 引脚输入一个 10μs 以上的高电平脉冲，驱动模块发出 8 个 40kHz 的超声波脉冲，然后检测回波信号。超声波模块测量完成后，会根据温度值对测量结果进行校正，并同样返回一段脉冲，以脉冲宽度表示声波来回时间，这时便可以通过计算得出装置与墙体的实际距离。

参考程序如下：

```
double Get_Distance(void)
{
     double Distance;
     US_100_start();
     while(GPIO_ReadInputDataBit(GPIOA,US_100_ECHO_PIN) == RESET);
     TIM_Cmd(TIM3,ENABLE);                          //开启 TIM3 定时器计时
     while(GPIO_ReadInputDataBit(GPIOA,US_100_ECHO_PIN) == SET);
//等待脉冲结束
     TIM_Cmd(TIM3,DISABLE);                         //关闭 TIM3 定时器计时
     Distance = TIM_GetCounter(TIM3)* 340/200.0;
//Distance = cnt * 1/10000 * 340 / 2(单位:m)
     TIM_SetCounter(TIM3,0);                        //计数器清零
     return Distance;
}
```

6.4.4 LoRa 通信模块驱动软件设计

LoRa 模块与 STM32 芯片的串口 USART1 发收引脚对应连接，实现该系统与上位机的数据传输。数据通信采用一对一透明传输，即所发即所收，上位机可以通过向 LoRa 模块发送任意数据唤醒装置，装置在接收到数据后进入中断，进行一次窗户开启宽度测量并将测量值反馈至上位机。该部分驱动程序流程图如图 6-12 所示。

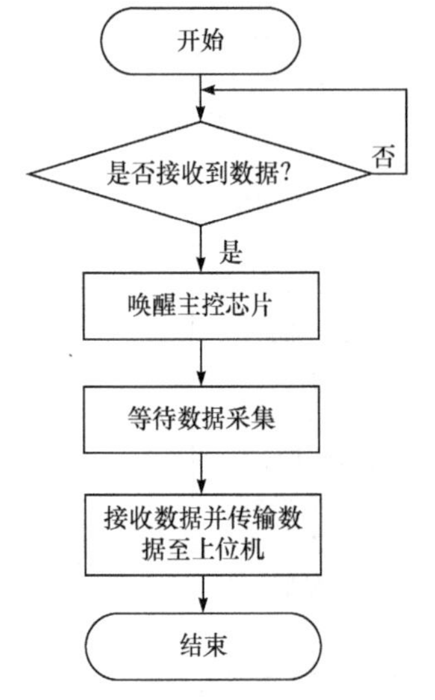

图 6-12 LoRa 模块驱动程序流程图

本次设计中，ATK-LoRa-02 模块的 12 号引脚 AUX 用于指示模块工作状态，在 LoRa 模块处于休眠状态时，AUX 引脚为低电平，接收到上位机发送的数据后，引脚电平翻转，故将该引脚直接与 STM32 I/O 口连接，可以用于唤醒板载 STM32 主控芯片。配置 STM32 唤醒模式为 I/O 引脚电平上升沿唤醒，并在中断函数中完成窗户开启宽度数据的测量和传输，这样便可实现窗户状态数据的定时采样。

LoRa 模块初始化及中断配置函数具体如下：

```
void LoRa_Init(void)
{
    u8 retry=0;
    u8 temp=1;
    GPIO_InitTypeDef  GPIO_InitStructure;

    RCC_APB2PeriphClockCmd(RCC_APB2Periph_GPIOA, ENABLE);
    GPIO_InitStructure.GPIO_Pin = GPIO_Pin_8;//LORA_MD0
    GPIO_InitStructure.GPIO_Mode = GPIO_Mode_Out_PP;
    GPIO_InitStructure.GPIO_Speed = GPIO_Speed_50MHz;
    GPIO_Init(GPIOA, &GPIO_InitStructure);

    GPIO_InitStructure.GPIO_Pin = GPIO_Pin_11;//LORA_AUX
    GPIO_InitStructure.GPIO_Mode = GPIO_Mode_IPD;
    GPIO_InitStructure.GPIO_Speed = GPIO_Speed_50MHz;
    GPIO_Init(GPIOA, &GPIO_InitStructure);

    GPIO_EXTILineConfig(GPIO_PortSourceGPIOA,GPIO_PinSource11);

    EXTI_InitStructure.EXTI_Line=EXTI_Line11;
    EXTI_InitStructure.EXTI_Mode = EXTI_Mode_Interrupt;
    EXTI_InitStructure.EXTI_Trigger = EXTI_Trigger_Rising;
//上升沿触发
```

```
    EXTI_InitStructure.EXTI_LineCmd = DISABLE;
    EXTI_Init(&EXTI_InitStructure);

    NVIC_InitStructure.NVIC_IRQChannel = EXTI15_10_IRQn
//LORA_AUX
    NVIC_InitStructure.NVIC_IRQChannelPreemptionPriority
    NVIC_InitStructure.NVIC_IRQChannelSubPriority = 0x03;
    NVIC_InitStructure.NVIC_IRQChannelCmd = DISABLE;
    NVIC_Init(&NVIC_InitStructure);

    LORA_MD0=0;
    LORA_AUX=0;

    while(LORA_AUX)                        //确保 LoRa 模块处于空闲状态
    {
        delay_ms(500);
    }
    USART1_init(115200);                   //串口波特率
    LORA_MD0=1;                            //进入 AT 模式
    delay_ms(40);
    retry=3;
    while(retry--)
    {
        if(!lora_send_cmd("AT","OK",70))
        {
            temp=0;
            break;
        }
    }
    if(retry==0) temp=1;                   //返回值 temp 用于判断是否初始化成功
    return temp;
}
```

系统被唤醒后进入的中断服务程序如下：

```
void EXTI15_10_IRQHandler(void)
{
if(EXTI_GetITStatus(EXTI_Line11))
    {
        double Distance;
        u8 sendbuff[10];
        Distance = Get_Distance();
        sprintf((char*)sendbuff,"%.2f",Distance);
```

```
            LoRa_mode(0);                          //进入发送模式
            u1_printf("%s",sendbuff);              //调用串口发送
            EXTI_ClearITPendingBit(EXTI_Line11);   //清除中断标志位
            LoRa_mode(2);                          //发送完成后进入休眠
        }
    }
```

6.5　系统集成与调试

在对设计的嵌入式装置上电前，要进行必要的检查，如通常需要检查电路板是否有短路、虚焊等现象，电路板所处环境是否适宜，周围是否有多余导线或导体等情况。

上电后，一般首先需要对电路板的各级电压进行测试，确保各主要部件工作在正确的电压下，同时检查流经电路板的总电流是否与理论值相差较大。若电压或电流值明显不正确，要迅速切断电源，排查可能的原因。

经过以上的检查和测试，确保电路板没有异常后，便可以对装置的功能进行分块测试。

6.5.1　系统测量窗户开启宽度功能测试

对于窗户开启宽度的测试，可以通过 ST-LINK 下载器进行，ST-LINK 下载器除了下载功能外，还支持单片机系统的在线调试，在超声波测距模块的驱动函数内的合适位置设置断点，将记录测量值的变量加入观察区，便可以看到每一次的距离测量值。实际操作中，可以提前选取多个测点，用直尺等工具测出各个测点与墙体距离的实际值，再将每次传感器的返回值与实际值进行对比，判断超声波传感器测得的数据精度是否符合要求，若误差较大，可以对函数内部的计算式进行修改以对计算结果进行校正。

6.5.2　系统数据传输功能测试

使用通信模块进行数据的收发，除了要正确配置主控芯片与通信接口外，一般还需对模块工作模式等进行配置，这需要参考模块生产厂家提供的配套的模块数据手册。本次使用的 ATK-LoRa-02 无线通信模块的工作方式等均通过软件配置，使用的是 AT 指令集，指令框架为 AT[+CMD](=KEY)，其中，CMD 为指令名称，KEY 为参数值。要完成本系统的 LoRa 收发功能，至少要通过 AT 指令完成模块的工作模式、传输模式、发射功率、信道和速率、通信波特率的配置，其他参数如模块休眠时间等也可以根据需要进行更改。配置完成后，模块进入透传模式，相当于无线串口，会自动将 STM32 主控芯片发给模块的数据传输至上位机。

在设计好的上位机界面可以看到窗户实时开启宽度数据和历史图像，如图 6-13 所示。对比上位机界面的数据和内存中的变量值，可以判断传输到上位机的数据是否有误，若上传数据均符合要求，则装置到此已基本能够满足需求。

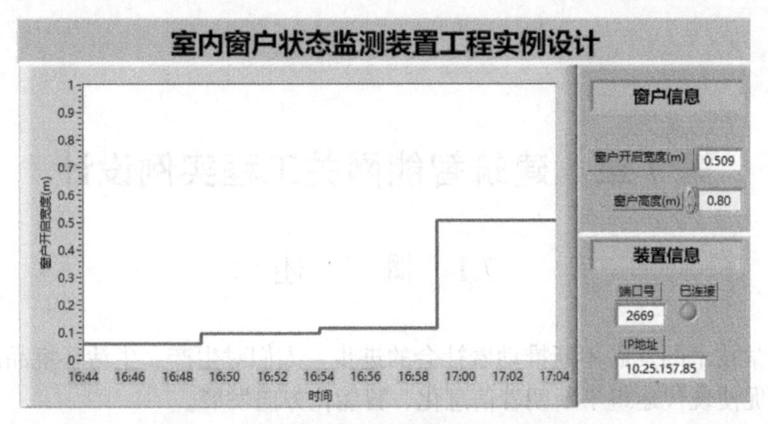

图 6-13　室内窗户状态监测装置的上位机界面

本 章 小 结

本系统主要是为了实现平推窗的窗户状态监测而设计的，其可以采集各类办公建筑中平推窗的实时窗户开启宽度。本章从硬件设计、软件编写和系统集成与调试三个方面详细讲解了该系统的工作原理。硬件上先说明了各模块的选型依据，然后讲解了该系统的结构框架、各个模块之间的连接关系，并附上了相应的硬件原理图；软件上讲解了程序的设计框架，着重讲解了某些功能的程序设计思路，并附上了相应的程序流程图；系统集成与调试部分讲解了完成硬件设计和软件设计后，需要对系统进行哪些检查，如何对系统的功能进行分块测试及最终的测试效果。

思 考 题

(1) 本嵌入式装置的主控芯片是否还有其他合适的选择，其相较于本方案的优缺点是什么？

(2) 超声波测距模块和 LoRa 无线通信模块各占用主控芯片哪些资源，被占用 I/O 口的配置是否相同？

(3) 超声波测距模块测得数据的数据精度取决于哪些因素？

(4) 若要求上位机与装置进行一对多的数据收发，通信协议中应该至少包含哪些内容？

(5) 系统在进入功能测试环节前可能还需要进行哪些必要的检查？

第7章　建筑智能网关工程实例设计

7.1　概　　述

当代科学技术的发展不断推动着社会的进步，人们对生产、生活环境品质的追求也越来越高，促使现代建筑不断朝着信息化、智能化方向发展。

建筑智能化是建筑实现信息感知与传输、数据解析与决策的核心技术，使用智能监测和控制系统可减少20%的能源消耗。现如今建筑智能化系统覆盖面比较广泛，既包括新建建筑内的系统搭建，又兼顾既有建筑的智能化改造。在社会各界的共同努力下，近年来建筑智能化的相关研究取得了一定的成绩。数据显示，我国主要建筑能源消耗略有减少，建筑能源消耗总量增长速度变慢。广义建筑能耗分为建筑运行能耗、建筑间接能耗与建筑材料能耗。而对于既有建筑，其运行能耗成为衡量其是否符合绿色建筑的主要评价指标。

搭建建筑智能化系统是实现建筑运行监测的重要手段，它能有效降低建筑内设备能耗，保证建筑在使用周期内更加高效节能。在行业领域内，以环境监测和能效管理等功能为主要导向的智能化系统发展迅速，降低了因城市发展而带来的建筑运行能耗持续增长的速度。随着传感器技术、物联网技术和嵌入式系统的不断发展，越来越多的监测和控制设备应用到智能建筑系统中，为更加精确地监测建筑内用电设备工作的情况并且实现智能控制提供了硬件基础。

然而，对于智能建筑领域，由于不同的物联设备要匹配不同的场景需求，且实际装配位置距离远近不一，并且不同的设备根据其数据类型可能有多种通信方式，这就使得集中式架构的物联网系统装配成本骤增，适配性大打折扣。

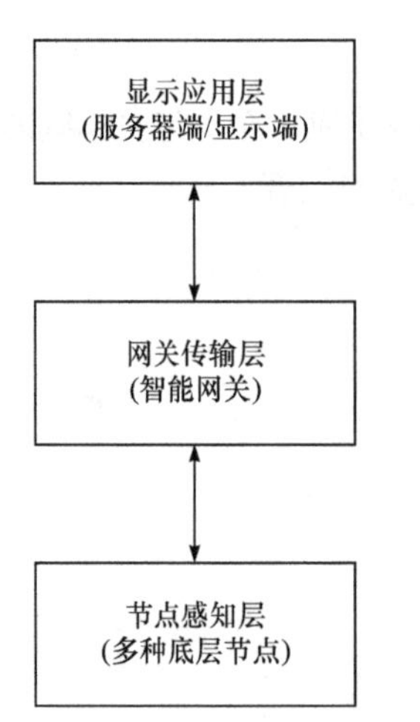

图7-1　智能建筑监测控制系统结构图

目前的智慧物联系统中，网关设备接口单一，可配置扩展性不足，智能控制策略下放不及时，智能化程度欠缺，因此，本章将介绍一种扩展性强、可配置程度高且具有高时效性、高智能化的新型智能网关。

在智能建筑中，大体可将智能建筑监测控制系统分为三层结构，如图7-1所示，分别是节点感知层、网关传输层及显示应用层。其中节点感知层由多种节点组成，包括电表、燃气表、空气质量检测表、水质检测表、壁温传感器、噪声传感器、用水量监测、照明监控和空调监控。显示应用层由服务器端及显示端组成，起到数据接收、储存和处理的作用，并将数据进行可视化，同时设有人机交互模块，可对下行节点进行数据查询及控制。

网关传输层作为节点感知层和显示应用层的中间层，起到了承上启下的作用，对节点感知层的节点进行数据采集控制，对显示应用层进行数据反馈和指令执行，其重要性不言而喻。由此可见，智能网关的设计是智能建筑中尤为重要的一环，其作为系统的中枢，应具有较广泛的兼容性，并需要满足一定的行业规范要求，同时要明确其功能，考虑其应用场景及后续的软硬件升级，进行程序设计，详细的智能网关工程实例设计在后面进行详细叙述。

7.2　系统功能说明

7.2.1　需求分析

在建筑领域中，智能网关可以采集底层节点的数据(包括电表、燃气表、空气质量检测表、水质检测表、壁温传感器、噪声传感器、用水量监测、照明监控和空调监控)，此部分在智能网关中称为下行通信，也可以与基于 LabVIEW 编写的服务端进行数据通信、人机交互、参数配置和远程升级等，此部分称为上行通信。上行通信和下行通信组成了智能网关的最主要功能，本工程实例所介绍的智能网关是基于 C 语言编写的，以 STM32F407 芯片作为底层硬件。

智能网关作为智能建筑系统的中枢，具有较广泛的兼容性，并需要满足一定的行业规范。因此智能网关上下行通信应可同时兼容多种标准的有/无线接口和多种标准的通信协议，其中：

(1) 下行通道采用 RS485 总线接口、低压电力线载波通信方式(宽、窄带)等接口，协议采用《电力用户用电信息采集系统技术规范：智能网关本地通信模块接口协议》(Q/GDW 376.2—2009)、国网 DLT 645—2007 协议和 Modbus-RTU 协议，与节点进行数据通信，智能网关可以连接智能楼宇所需要的常用设备。

(2) 上行通道采用 RS485 总线接口、WiFi、4G 和 RJ45 等接口，协议采用《电力用户用电信息采集系统技术规范：主站与采集终端通信协议》(Q/GDW 376.1—2009)、Modbus-RTU 协议和 MQTT 协议，与服务端进行数据传输，同时智能网关具有数据存储、处理等功能。智能网关可通过专有的上位机软件，对其参数和功能进行在线配置。

智能网关应实现的功能包括以下几项。

(1) 定周期轮抄。对于需采集的数据，定周期对底层节点进行数据轮抄。

(2) 点抄数据。当用户或者上位机需要查看某个或者多个节点的数据时，可以实时反馈数据。

(3) 设备状态监测和实时控制。对于照明、空调等设备，可以实现定时开关、设定工作模式，同时可以定周期轮抄状态和点抄设备当前的状态。

(4) 配置智能网关。使用专有的配置软件可以对智能网关功能进行配置，主要包括配置上下行接口、配置上下行通信协议，配置挂载的设备类型、数量及智能网关地址等主要功能。

(5) 智能网关可实现正常的数据存储(时长不少于三个月)和故障信息的存储。智能网关支持远程升级，可通过 4G、WiFi 和上行 RS485 对其进行程序升级。

(6) 可记录节点和设备运行状况。当节点发生参数变更、数据故障或表故障等状况时，生成事件并记录发生时间和异常数据。

智能网关系统需求结构如图 7-2 所示。

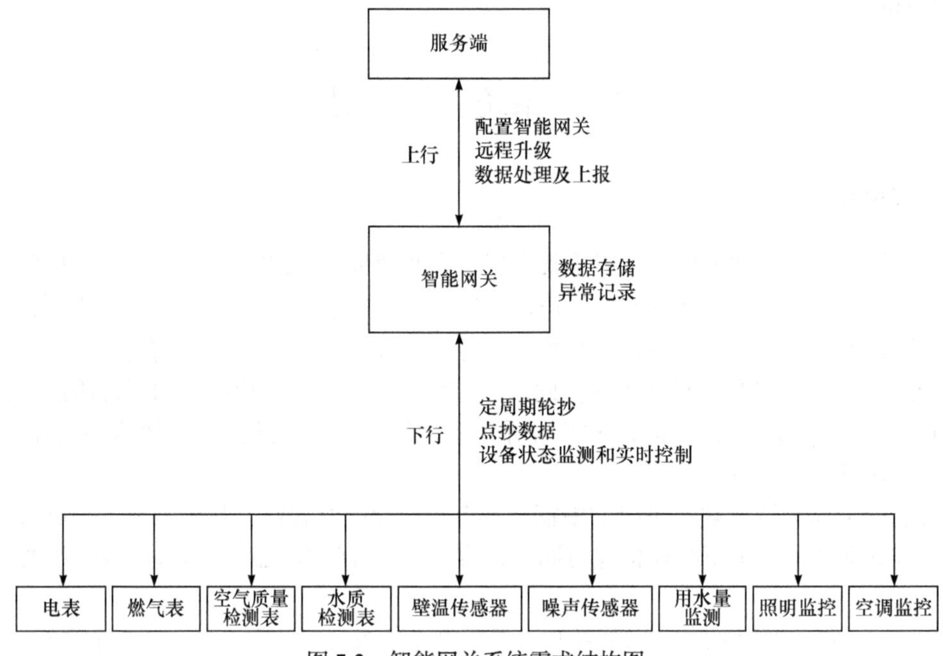

图 7-2　智能网关系统需求结构图

7.2.2　功能设计

1. 数据采集功能

智能网关采集各电表、燃气表、空气质量检测表、水质检测表、壁温传感器、噪声传感器、用水量监测、照明监控、空调监控装置的实时数据和历史数据。

智能网关可用下列方式采集节点表的数据。

(1) 实时采集。智能网关直接采集指定节点表的相应数据项。

(2) 定时自动采集。智能网关应能按主站设置的采集周期自动采集节点表数据。

(3) 设备状态监测和实时控制。对于照明、空调等设备，可以实现定时开关、设定工作模式，同时可以定周期轮抄状态和点抄设备当前的状态。

2. 数据管理和存储

智能网关应能按要求对采集数据进行分类存储，如实时数据和历史数据。采集周期由主站设置，最小时间间隔为 15min。

3. 参数设置和查询

智能网关存储容量应满足本技术条件的所有功能要求。智能网关可实现正常的数据存储(时长不少于三个月)和故障信息的存储。

参数设置和查询，见表 7-1。

表 7-1　参数设置和查询说明

功能名称	参数设置和查询
功能说明	实现参数设置与查询功能
功能要求	使用专有的配置软件可以对智能网关功能进行配置，主要包括配置上下行接口、配置上下行通信协议、配置底层挂接的设备的类型、数量及智能网关地址等主要的功能

智能网关应有计时单元，计时单元的日计时误差≤±1s/d。智能网关可接收主站或本地手持设备的时钟召测和对时命令。智能网关应能通过本地信道对节点表进行广播对时。

可主站远程或手持设备本地设置和查询下列参数。

(1) 智能网关档案。

(2) 智能网关通信参数，如主站通信地址(包括主通道和备用通道)、通信协议、IP 地址等。

(3) 可远程或本地设置和查询抄表方案，如采集周期、抄表时间、采集数据项等。

4. 事件记录

智能网关应能根据设置的事件属性，将事件按重要事件和一般事件分类记录。事件包括智能网关参数变更、抄表失败、智能网关停/上电、节点表时钟超差等。

智能网关应主动向主站发送告警信息。智能网关应能保存最近 500 条事件记录。事件记录见表 7-2。

表 7-2　事件记录

序号	数据项	数据源
1	数据初始化和版本变更记录	智能网关
2	参数丢失记录	智能网关
3	参数变更记录	智能网关
4	节点表参数变更(选配)	智能网关
5	节点表时间超差(选配)	智能网关
6	节点表故障信息(选配)	智能网关
7	智能网关停/上电事件	智能网关
8	智能网关故障记录	智能网关
9	节点表示度下降(选配)	智能网关
10	节点量超差(选配)	智能网关

续表

序号	数据项	数据源
11	节点表飞走(选配)	智能网关
12	节点表停走(选配)	智能网关
13	485 抄表失败	智能网关
14	智能网关与主站通信流量超门限	智能网关
15	电表运行状态字变位(选配)	智能网关

5. 本地功能

本地功能说明见表 7-3。

表 7-3　本地功能说明

功能名称	本地功能
功能说明	具有智能网关本地状态指示、本地参数设置、软件升级、本地维护与扩展接口功能
功能要求	(1) 显示或指示相关信息。 (2) 本地维护接口。 (3) 本地扩展接口。 (4) 本地信息触发功能

本地状态指示如下。

(1) 显示或指示相关信息。本地状态指示应有电源、工作状态、通信状态等指示。

(2) 本地维护接口。提供本地维护接口，支持手持设备设置参数和现场抄读节点量数据，并有权限和密码管理等安全措施，防止非授权人员操作。

(3) 本地扩展接口(选配)。提供本地通信接口，可抄读智能网关内的采集数据。

(4) 本地信息触发功能。通过长按智能网关编程键 2s 以上或通过红外接口向智能网关发送特定命令帧(具体命令帧参见通信规约中的规定)，智能网关可向主站发送特定信息(具体信息内容与格式参见通信规约中的规定)。

6. 智能网关维护

智能网关维护说明见表 7-4。

表 7-4　智能网关维护说明

功能名称	智能网关维护
功能说明	实现智能网关自测试、自诊断、初始化、远程升级等功能
功能要求	(1) 自检自恢复功能。 (2) 终端初始化功能。 (3) 其他功能： ① 软件远程下载； ② 断点续传

(1) 自检和异常记录。智能网关可自动进行自检，发现设备(包括通信)异常应有事件记录和告警功能。

(2) 初始化。智能网关接收到主站下发的初始化命令后，分别对硬件、参数区、数据区进行初始化，参数区置为缺省值，数据区清零。

(3) 远程软件升级。智能网关支持主站对智能网关进行远程在线软件下载升级，并支持断点续传方式，但不支持短信通信升级。

7.3 系统总体设计

嵌入式系统是以应用为中心，以计算机技术为基础，软硬件可配置，对功能、性能、可靠性、成本、体积、功耗有严格约束的专用系统的理念，根据 7.1 节中智能网关的功能介绍，整个系统框架如图 7-3 所示。

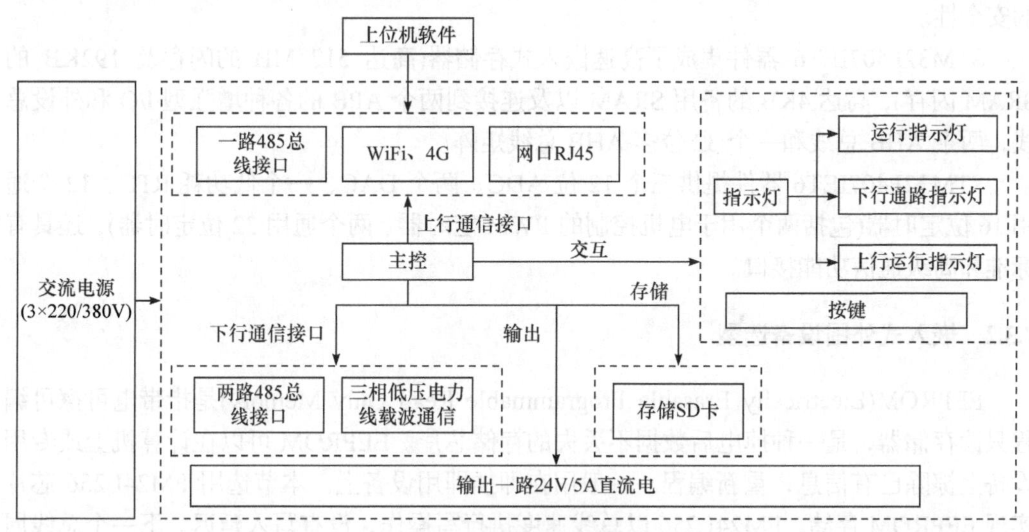

图 7-3 智能网关系统

7.3.1 嵌入式处理器选型

硬件总体方案设计中，包含有上行 485 接口、级联 485 接口、抄表 485 接口、4G/WiFi/网口、RS232 接口、三相载波接口、SDIO 接口和 USB OTG 接口。基于硬件设计基本要求，需要 5 个 USART、1 个 SDIO 接口和 1 个 USB OTG 接口，考虑工作频率以及经济成本，主处理器 CPU 选用 STM32F407IET6 芯片。芯片性能参数见表 7-5。

表 7-5 芯片性能参数

芯片	STM32F407IET6
IIC	3
SPI	3

续表

芯片	STM32F407IET6
USART/UART	6
USB OTG 全速/高速	2
SDIO/MMC 接口	1
CAN	2
工作频率	168MHz

STM32F407IET6 芯片基于高性能 ARM-M4 32 位 RISC 内核，其工作频率高达168MHz。Cortex-M4 内核具有浮点单元(FPU)单精度，支持所有 ARM 单精度数据处理指令和数据类型。它还实现了全套 DSP 指令和一个内存保护单元(MPU)，可增强应用程序的安全性。

STM32F407IET6 器件集成了高速嵌入式存储器(高达 512 MB 的闪存及 192KB 的SRAM 闪存)，高达 4KB 的备用 SRAM 以及连接到两个 APB 的各种增强型 I/O 和外设总线，两条 AHB 总线和一个 32 位多 AHB 总线矩阵。

STM32F407IET6 器件提供三个 12 位 ADC、两个 DAC、一个低功耗 RTC、12 个通用 16 位定时器(包括两个用于电机控制的 PWM 定时器、两个通用 32 位定时器)，还具有标准和高级通信功能接口。

7.3.2 嵌入式外围设备选型

EEPROM(Electrically Erasable Programmable Read Only Memory)是指带电可擦可编程只读存储器，是一种掉电后数据不丢失的存储芯片。EEPROM 可以在计算机上或专用设备上擦除已有信息，重新编程。一般用在即插即用设备上。本节选用 FM24L256 芯片实现 EEPROM 存储，FM24L256 以总线速度执行写操作，没有写入延迟。下一个总线周期可以立即开始，而无须进行数据轮询。同样，由于写操作不需要内部提高写电路的电源电压，因此在写过程中的功耗比 EEPROM 低得多。

很多单片机系统都需要大容量存储设备以存储数据。目前常用的有 U 盘、Flash 芯片、SD 卡等。它们各有优点，综合比较，最适合单片机系统的莫过于 SD 卡了，它不仅容量可以做到很大(64GB 以上)，支持 SPI 驱动，而且有多种尺寸可供选择(标准的 SD 卡尺寸以及 TF 卡尺寸等)，能满足不同应用的要求。只需要少数几个 GPIO 接口即可外扩一个 64GB 以上的外部存储器，容量从几十兆到几十吉字节，选择尺度很大，更换也很方便，编程也简单，是单片机大容量外部存储器的首选。SD 卡是一种基于半导体快闪记忆器的新一代记忆设备，它具有体积小、数据传输速度快、可热插拔等优良的特性，被广泛地应用在便携式装置上，如数码相机、个人数字助理(PDA)和多媒体播放器等。本节选用 32GB 的 Mini_SD 卡，用来存储数据，存储空间足够大。

CAN 是 Controller Area Network 的缩写，是 ISO 的串行通信协议。CAN 的高性能和

可靠性已被认同，并被广泛地应用于船舶、医疗设备、工业设备等方面。现场总线是当今自动化领域技术发展的热点之一，被誉为自动化领域的计算机局域网。它的出现为分布式控制系统实现各节点之间实时、可靠的数据通信提供了强有力的技术支持。本节选用 SN65HVD230DR 芯片实现 CAN 通信，SN65HVD232 控制器局域网(CAN)收发器设计与 Texas Instruments TMS320Lx240x™配合使用，具有 CAN 控制器或等效设备的 3.3V DSP。它们用于符合 ISO 11898 标准的 CAN 串行通信物理层的应用程序。每个 CAN 收发器均设计为以高达 1 Mbit/s 的速度向总线提供差分发送功能，并向 CAN 控制器提供差分接收功能。

485 模块选用芯片 SN65LBC184，每个 485 模块允许 128 个单元连接到 485 总线，在噪声环境下仍能保持 250Kbit/s 的传输速率，满足要求，故选用该芯片。

单片机内部的时钟由于温度、电磁及自身因素，精度经常很低，所以不适合做时钟，因此外加时钟芯片。本节选用 RX8025SA 芯片设计时钟电路，该芯片是内置高精度调整的 32.768kHz 水晶振子的 IIC 总线接口方式的实时计时器。除了具有 6 种发生中断功能、2 个系统的闹钟功能、对内部数据进行有效或无效的振动停止检测功能、电源电压监视功能外，还配有时钟精度调整功能，可以对时钟进行任意精度调整。内部振荡回路是以固定电压驱动的，因而可获得受电压变动影响小且稳定的 32.768kHz 时钟输出。该产品功能多样，采用表贴封装形式，最适用于手机和其他便携式物联终端。

7.3.3 嵌入式软件设计架构

基于 KEIL 开发环境，使用有限状态机，根据智能网关的功能，主应用层任务包括初始化任务、上行任务、下行任务、运行任务和策略任务；子应用层任务包括以下任务：参数初始化任务、硬件初始化任务、链路连接任务、主动上报任务、接收数据任务、路由学习任务、总轮抄任务、状态检测任务、点抄任务、控制任务、修改密码任务、校时任务、修改表号任务、空调策略任务和灯策略任务。其中，所有的任务管理都是以系统时钟管理为基础的，故应用层任务管理的前提是管理好系统时钟。应用层及子应用层任务框图见图 7-4。

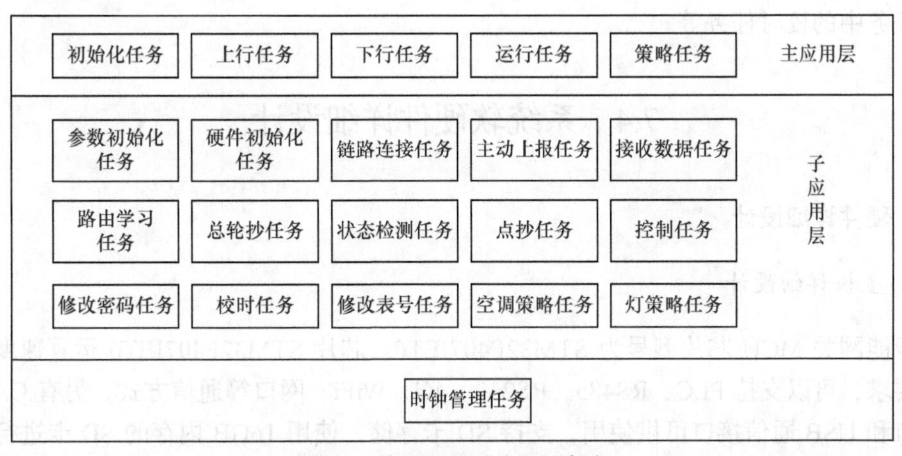

图 7-4 应用层及子应用层任务

抽象层任务主要包括 WiFi 运行状态管理、4G 运行状态管理、以太网运行状态管理、上行数据发送管理、运行指示灯管理、时钟读写管理、读取数据管理、存储数据管理、下行数据发送管理、下行数据接收管理、下行数据接收判断。这些管理任务将底层驱动进一步封装，实现与应用层的友好连接。抽象层任务框图见图 7-5。

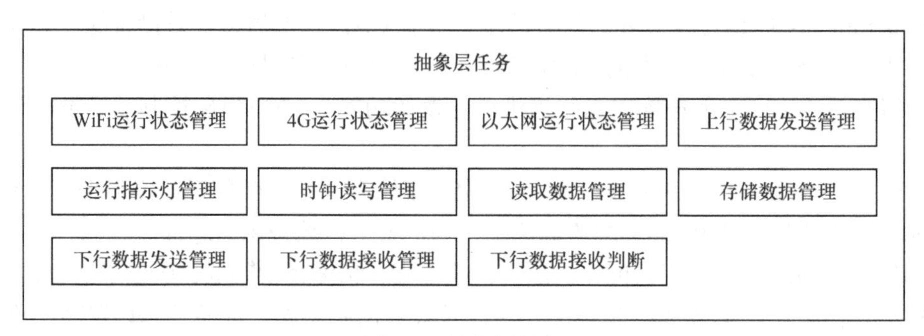

图 7-5　抽象层任务

硬件驱动层任务包括定时器定时管理驱动、RTC 时钟初始化、USB 驱动、SD 卡驱动、USART 串口驱动、DMA 收发驱动、GPIO 驱动。硬件驱动层任务框架见图 7-6。

图 7-6　硬件驱动层任务

这些驱动和具体的硬件相关，针对不同的硬件平台，需要修改底层驱动程序。

上述内容若要全部完成，所需工作量巨大，可将其分模块进行编写，归纳各应用层及其子应用层、相关的抽象层和驱动层函数，实现部分功能，如下行任务中的点抄任务、上行任务中的校时任务等。

7.4　系统软硬件详细设计

7.4.1　硬件详细设计

1. 主板详细设计

智能网关 MCU 芯片型号为 STM32F407IET6。芯片 STM32F407IET6 运算速度快，满足要求，可以支持 PLC、RS485、RS232、4G、WiFi、网口等通信方式，另有 CAN 通信接口和 USB 通信接口可供使用，支持 SD 卡存储，使用 16GB 内存的 SD 卡进行数据存储，存储空间足够大。图 7-7 为 MCU 芯片原理图。

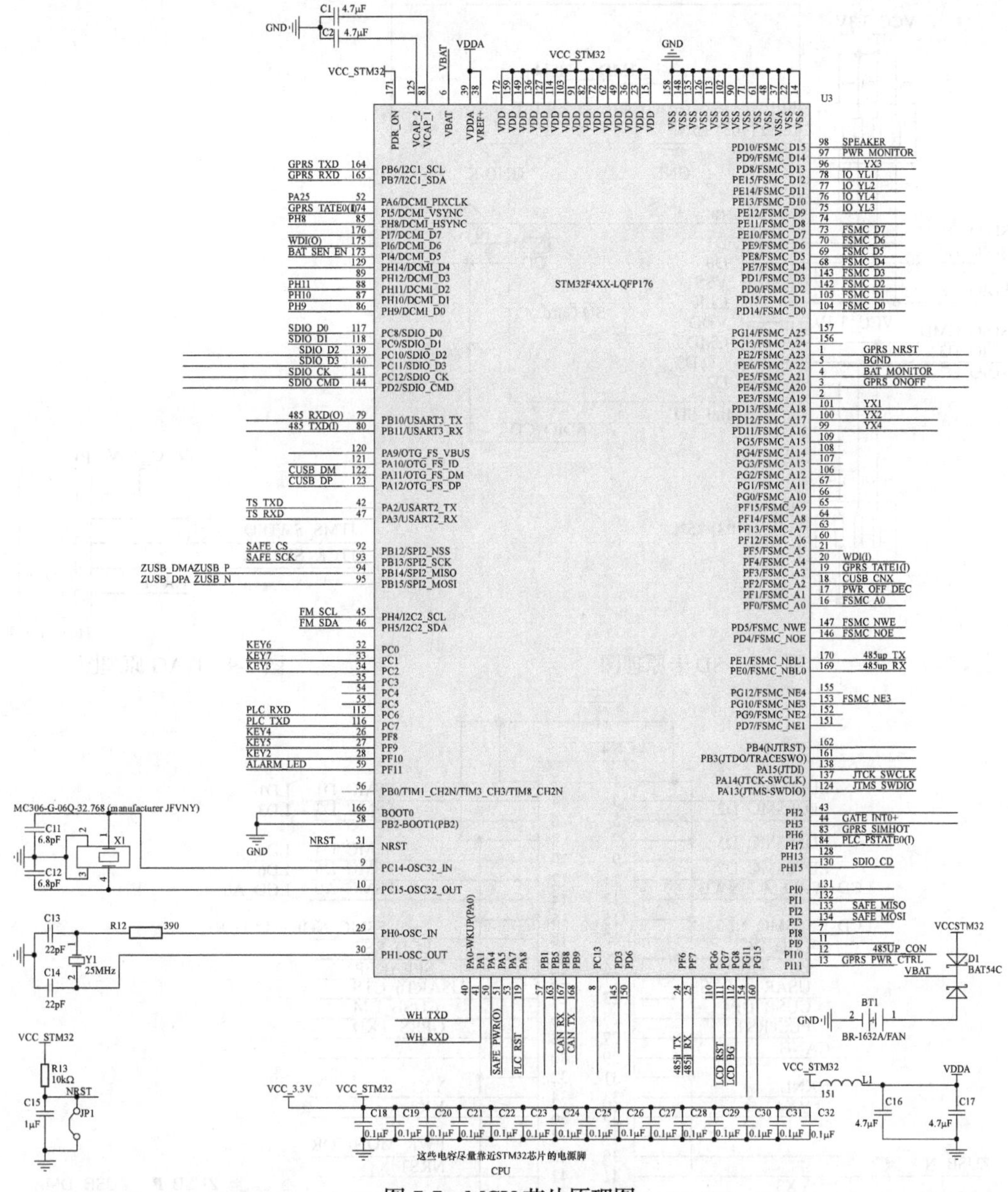

图 7-7　MCU 芯片原理图

SD 卡原理图如图 7-8 所示。SD 卡的卡槽固定在核心板上，插入 16GB 内存的 SD 卡，用来存储数据，存储空间足够大。若需取出 SD 卡，可将电源切断后打开智能网关外壳，将 SD 卡取出，满足后期更换和维护的需要。

JTAG 原理图如图 7-9 所示。

核心板连接端子：核心板与主板通过 2X32P(间距 2mm)的排针连接，采用 2mm 间距的排针排座可以尽可能节约核心板所占的空间。

各引脚名称如图 7-10 和图 7-11 所示，通过接地对引脚之间进行隔离，减少引脚之间的干扰，提高设备稳定性和抗干扰性。

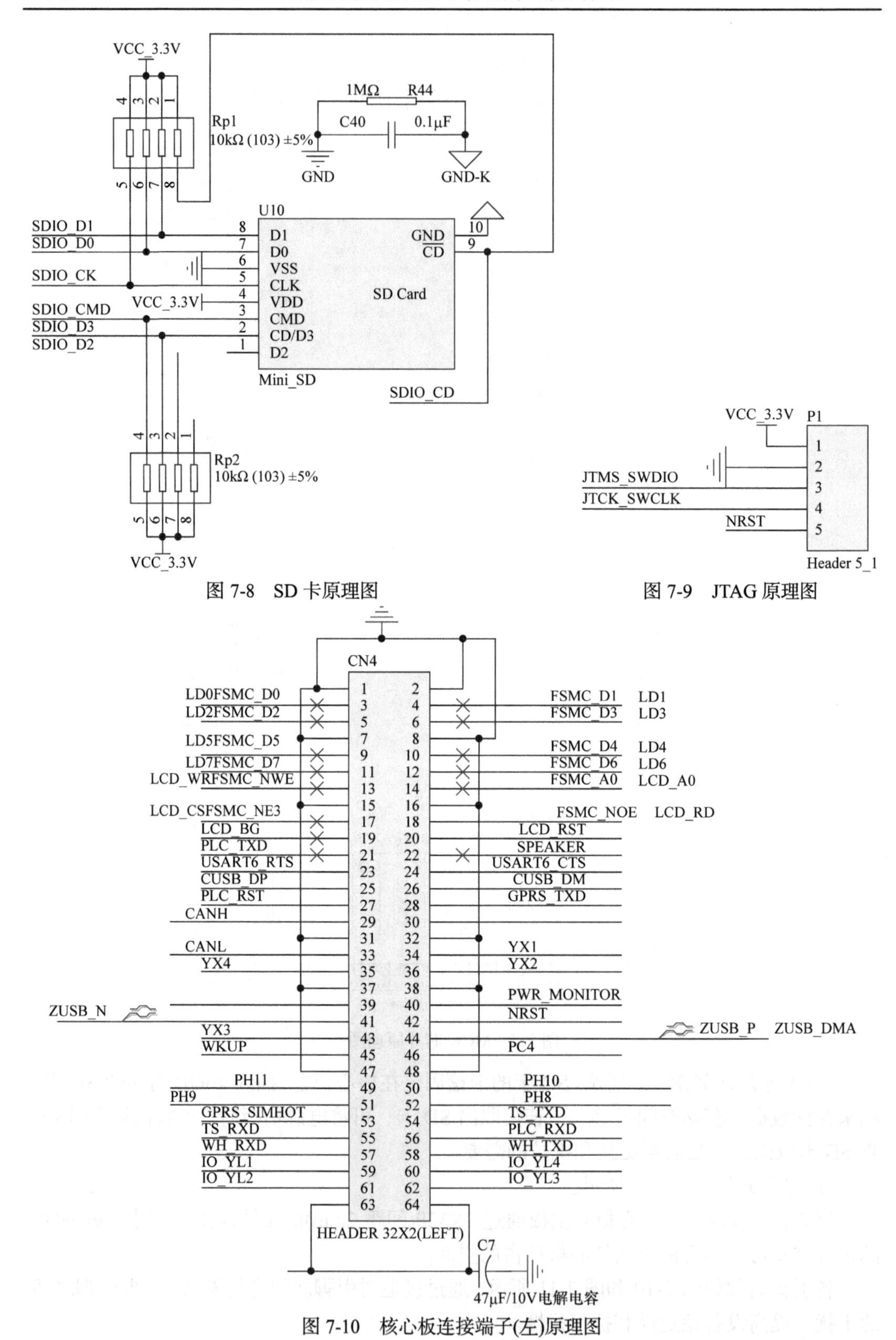

图 7-8　SD 卡原理图

图 7-9　JTAG 原理图

图 7-10　核心板连接端子(左)原理图

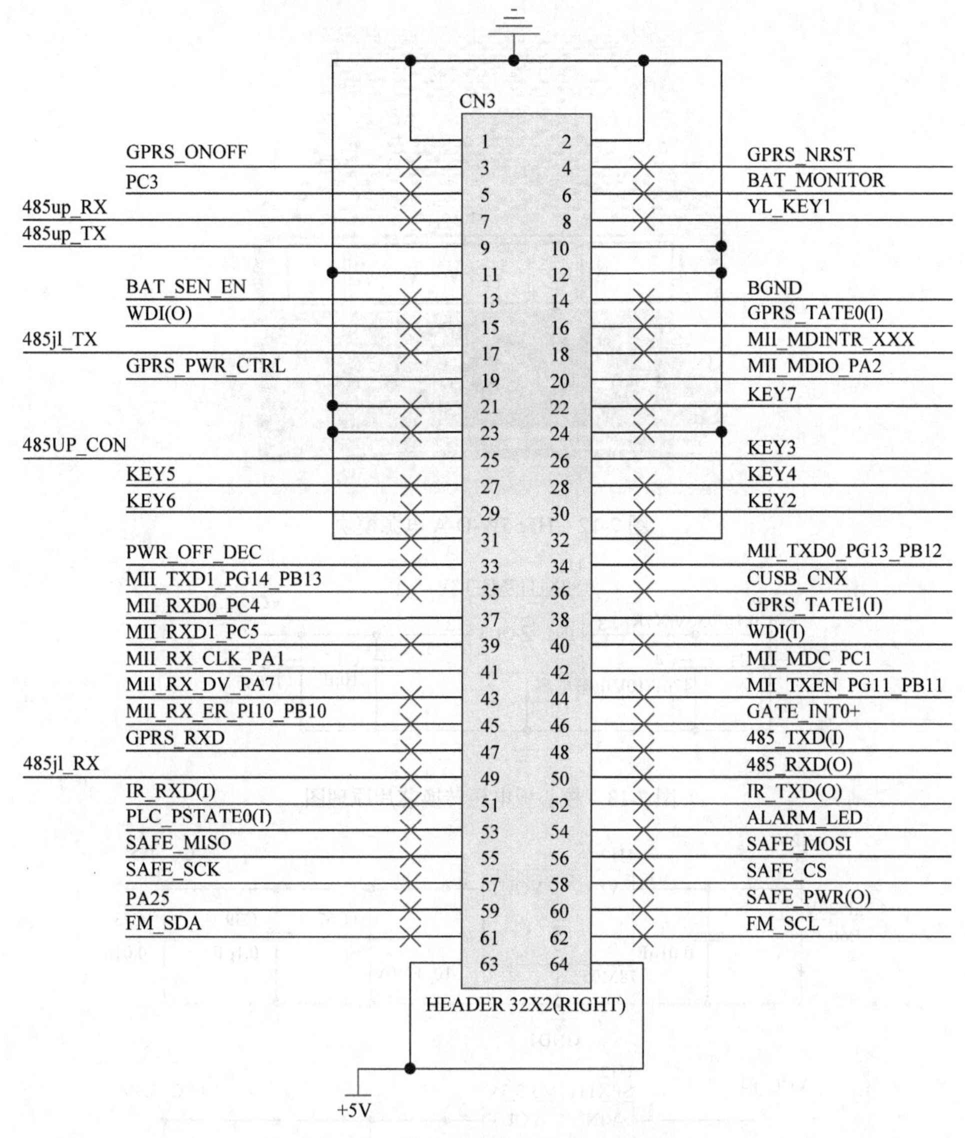

图 7-11　核心板连接端子(右)原理图

电源模块采用 HF55W-D-A 电源，该电源模块额定电压为 220V，工作电压范围为 176～264VAC，将交流电转换成 5V、6A 和 12V、2.5A 直流电，效率为 68%。电源模块规格为 160mm × 98mm × 39mm，可以放在智能网关盒子里，故选用该电源模块，图 7-12 为 HF55W-D-A 电源模块。

电源产生的 5V 和 12V 电压用来给主板供电。两个电压之间不共地，5V 和 12V 电压之间实现隔离。

5V 供电电源通过芯片 SPX1117M3-3.3V 将 5V 供电电压转成 3.3V，电流为 0.8A，功率足够用来给 MCU 和 RS232 模块等供电，图 7-13 为核心板电压转换芯片原理图，图 7-14 为 12V 电压转换模块原理图。

图 7-12　HF55W-D-A 电源模块

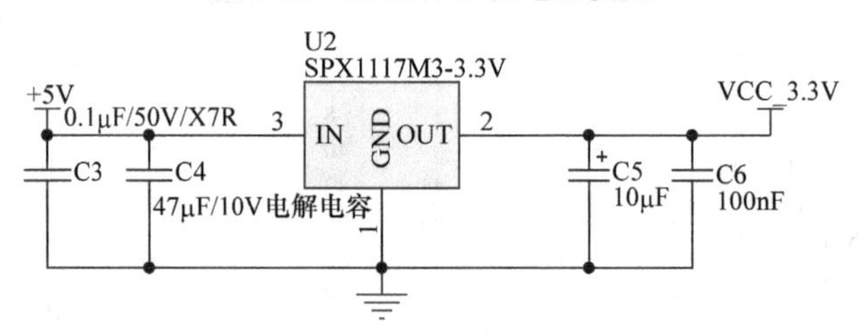

图 7-13　核心板电压转换芯片原理图

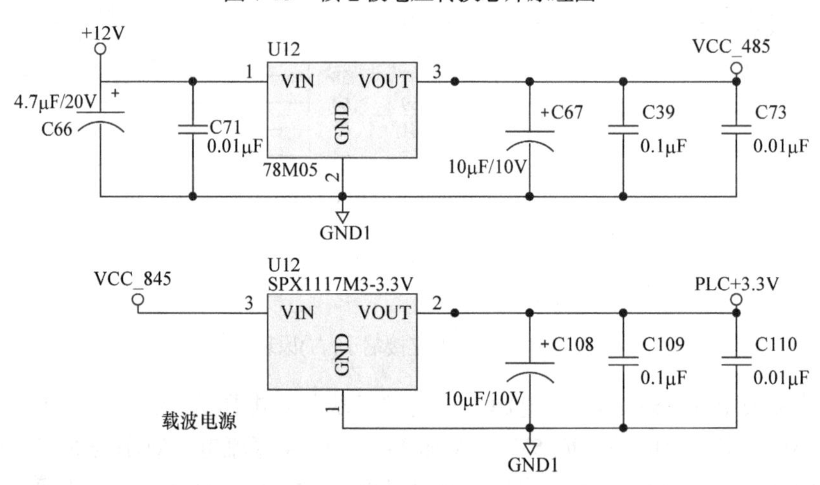

图 7-14　12V 电压转换模块原理图

三相载波模块的 12V 供电电压通过 HF55W-D-A 电源模块产生的 12V 电压来直接给三相载波模块供电。

12V 电压主要给三相载波模块和 RS485 模块供电，三相载波模块需要 12V 和 3.3V 电压供电。RS485 需要 5V 电压供电。

RS485 模块的 5V 供电电压通过芯片 78M05 将 12V 供电电压转换成 5V 后提供给 RS485 模块。

三相载波模块的 3.3V 供电电压通过芯片 78M05 将 12V 供电电压转换成 5V，该 5V 电压经过 SPX1117M3-3.3V 转换成 3.3V 后给载波供电。

底板连接端子：各引脚名称如图 7-15 和图 7-16 所示，通过接地对引脚之间进行隔离，减少引脚之间的干扰，提高设备稳定性和抗干扰性。

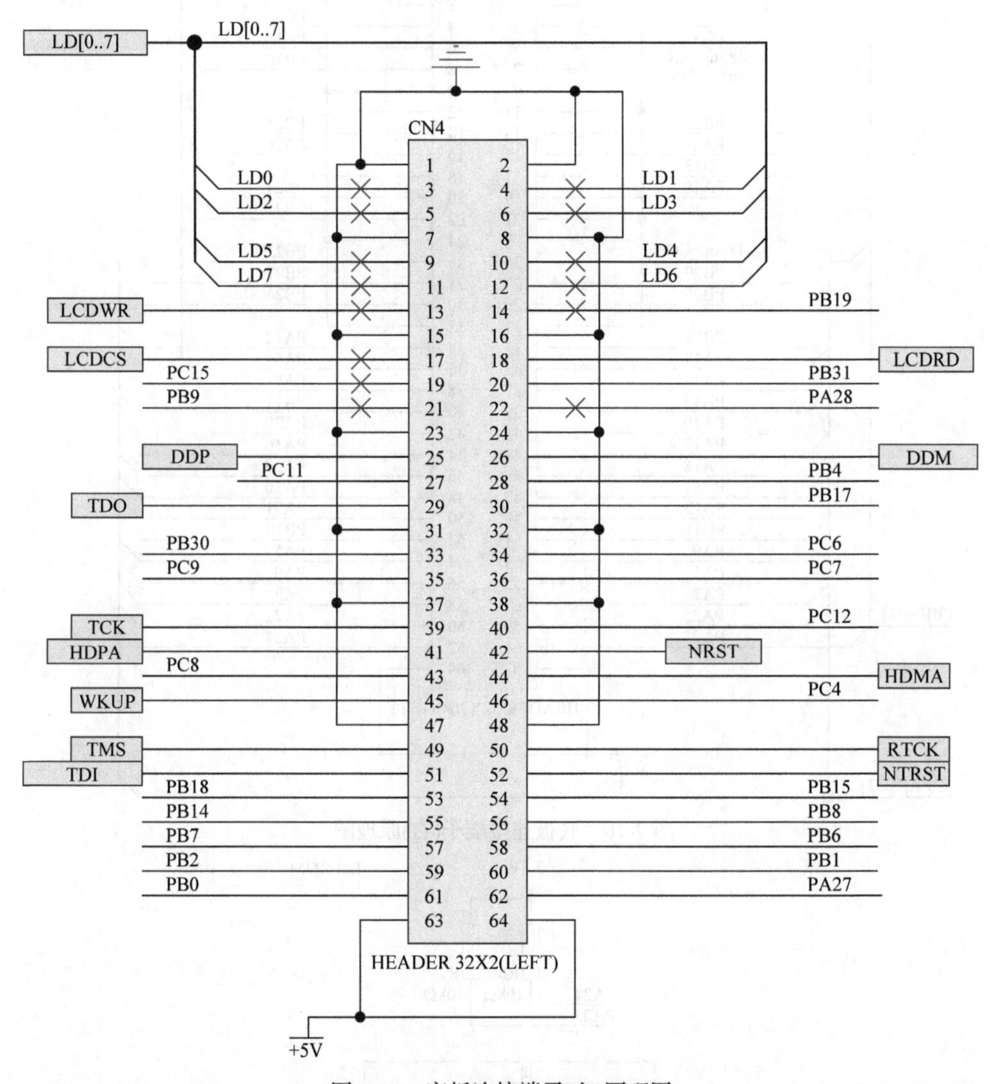

图 7-15　底板连接端子(左)原理图

EEPROM 原理图如图 7-17 所示。

时钟原理图如图 7-18 所示。

主 USB 原理图如图 7-19 所示。

从 USB 原理图如图 7-20 所示。

上行通信模块接口如图 7-21 所示。

按钮：智能网关提供按钮功能，不同的按钮有不同的功能，方便在使用的过程中进行相应的操作，按钮原理图如图 7-22 所示。

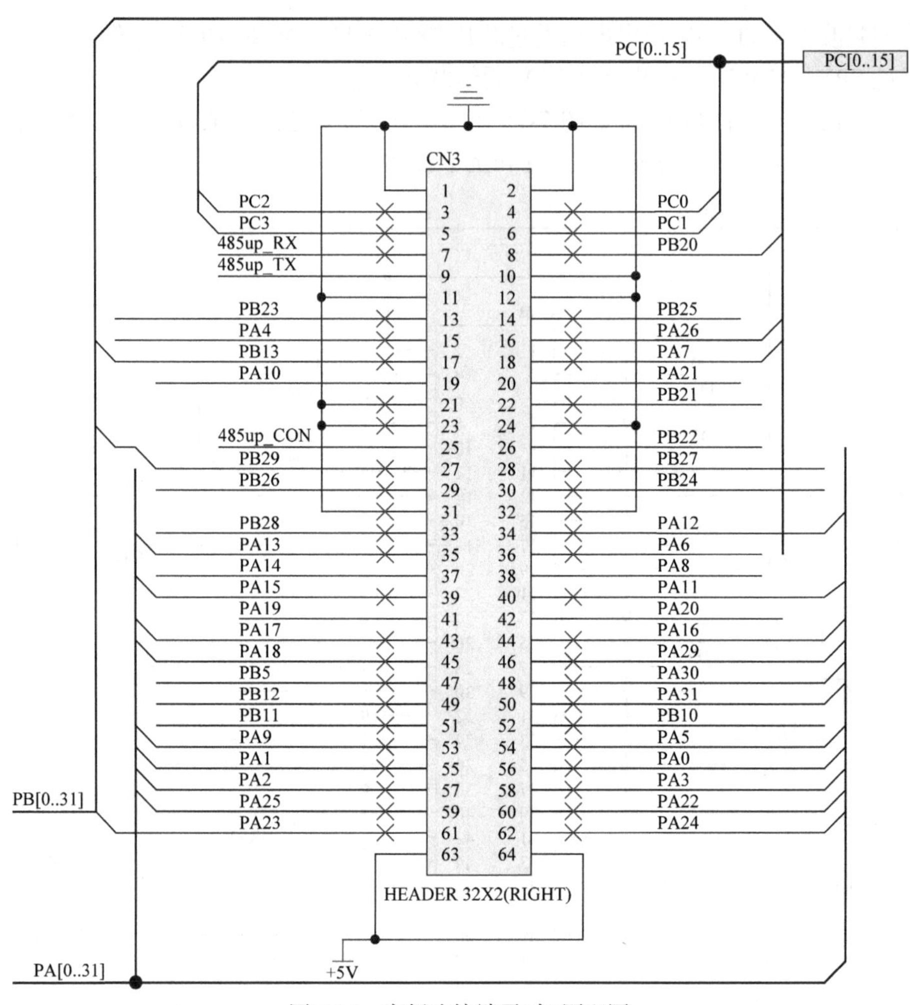

图 7-16　底板连接端子(右)原理图

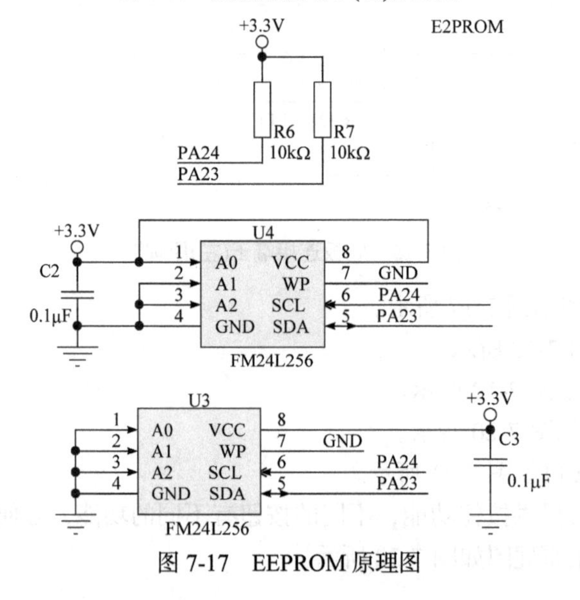

图 7-17　EEPROM 原理图

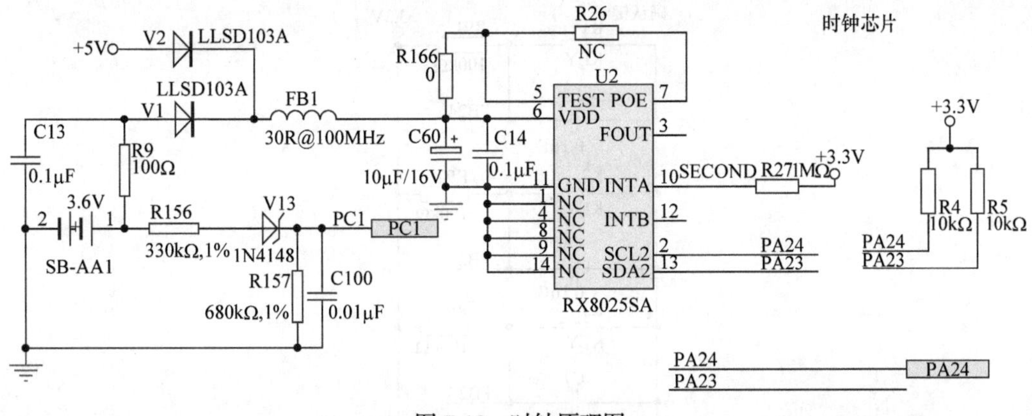

图 7-18　时钟原理图

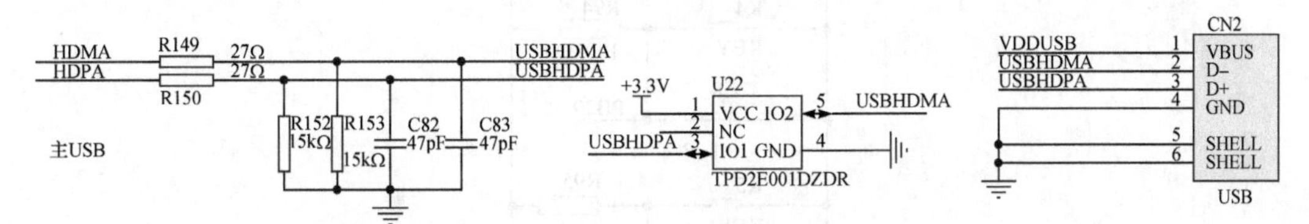

图 7-19　主 USB 原理图

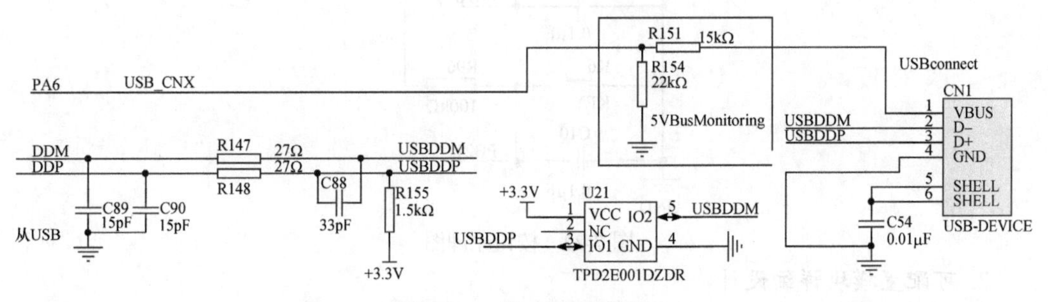

图 7-20　从 USB 原理图

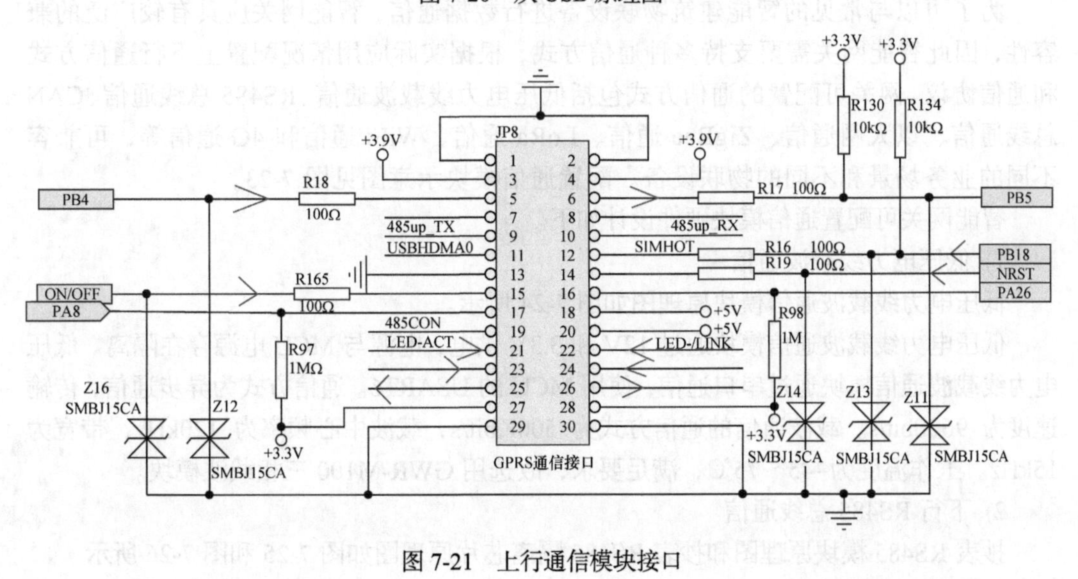

图 7-21　上行通信模块接口

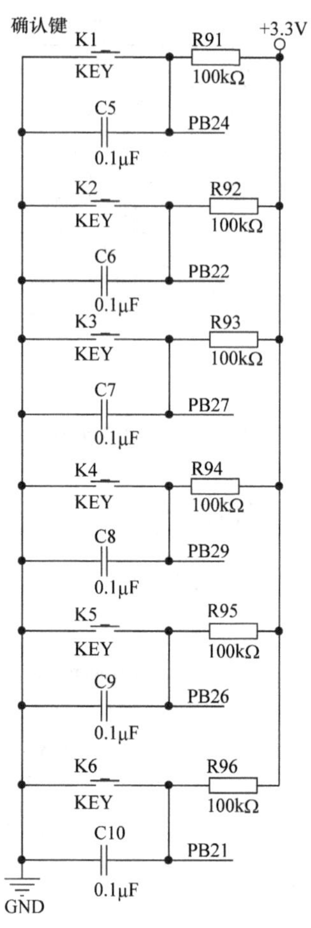

图 7-22　按钮原理图

2. 可配置模块详细设计

为了可以与常见的智能建筑物联设备进行数据通信，智能网关应具有较广泛的兼容性，因此智能网关需要支持多种通信方式，根据实际应用情况配置上下行通信方式和通信协议。网关可配置的通信方式包括低压电力线载波通信、RS485 总线通信、CAN 总线通信、以太网通信、ZigBee 通信、LoRa 通信、WiFi 通信和 4G 通信等，可兼容不同的业务场景和不同的物联设备。配置通信模块示意图见图 7-23。

智能网关可配置通信模块硬件设计如下。

1) 低压电力线载波通信

低压电力线载波通信模块原理图如图 7-24 所示。

低压电力线载波通信模块通过 12V 和 3.3V 供电，电源与 MCU 电源存在隔离。低压电力线载波通信模块通过串口通信，使用 MCU 的 USART6。通信方式为异步通信，传输速度为 9600bit/s。载波通信的通信方式为 500Kbit/s，载波中心频率为 120kHz，带宽为 15kHz。工作温度为–45～75℃，满足要求，故选用 GWR-M100 三相载波模块。

2) 下行 RS485 总线通信

抄表 RS485 模块原理图和抄表 RS485 隔离芯片原理图如图 7-25 和图 7-26 所示。

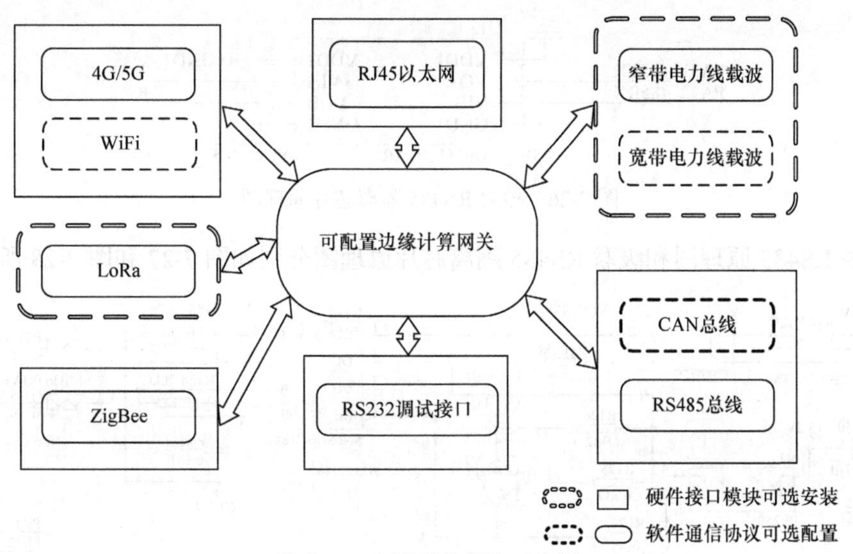

图 7-23　配置通信模块示意图

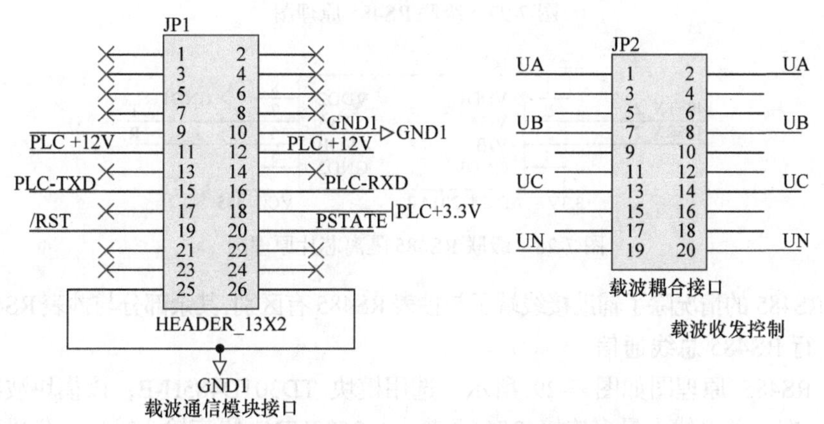

图 7-24　低压电力线载波通信模块原理图

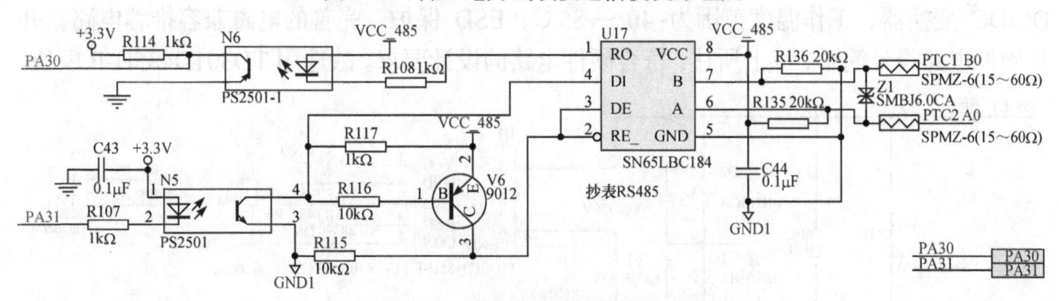

图 7-25　抄表 RS485 模块原理图

抄表 RS485 采用 5V 电压供电，12V 电压经过电压转换芯片得到 5V 电压，电源与 MCU 电源直接存在隔离，故使用隔离芯片进行通信端隔离。在使用时将外部 RS485 A 端和 B 端与智能网关抄表 RS485 A 端和 B 端对应连接，无须使用控制引脚，可直接使用。每个 RS485 模块允许 128 个单元连接到 RS485 总线，在电学噪声环境下仍能保持 250Kbit/s 的传输速率，满足要求，故选用该芯片。

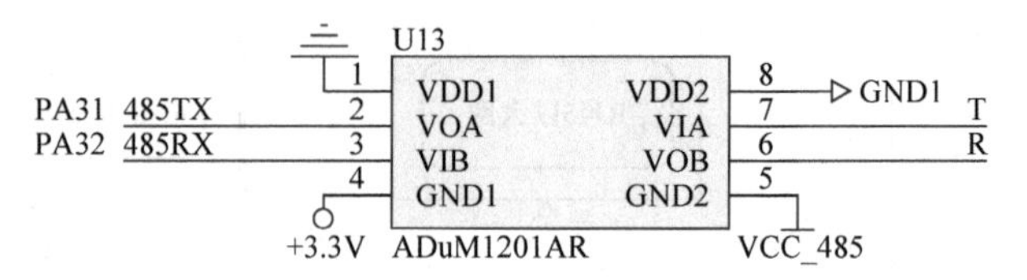

图 7-26　抄表 RS485 隔离芯片原理图

级联 RS485 原理图和级联 RS485 隔离芯片原理图分别如图 7-27 和图 7-28 所示。

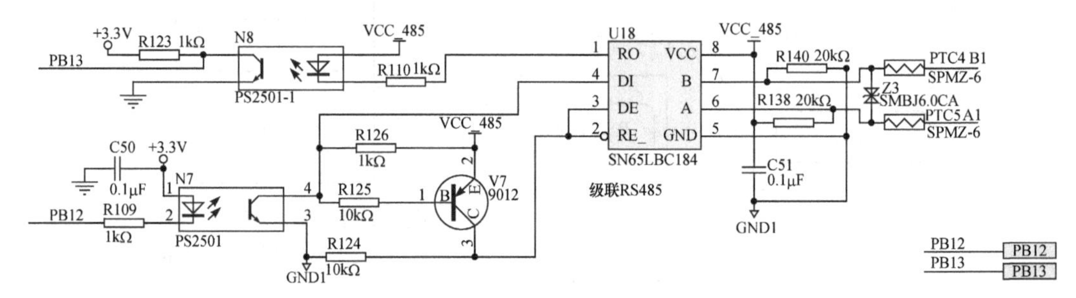

图 7-27　级联 RS485 原理图

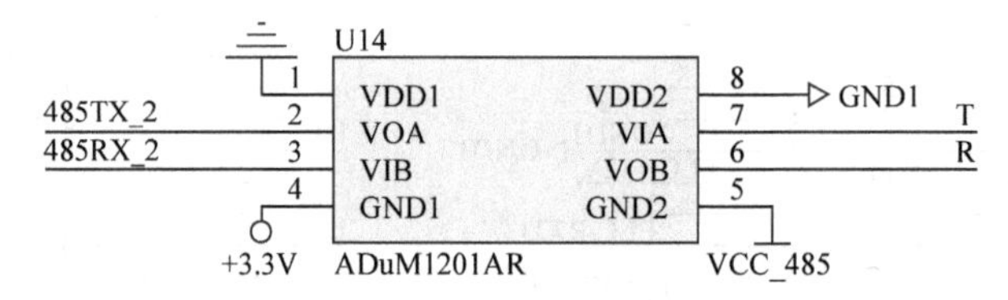

图 7-28　级联 RS485 隔离芯片原理图

级联 RS485 的情况除了辅助接线端子与抄表 RS485 有区别,其余部分与抄表 RS485 相同。

3) 上行 RS485 总线通信

上行 RS485 原理图如图 7-29 所示。选用模块 TD301D485H-E，该模块波特率高达 500Kbit/s，在一条总线上最多连接 256 个节点，2500VDC 隔离输入输出，集成高效隔离 DC/DC 变换器，工作温度范围为−40～+85℃，ESD 保护，完善的电磁兼容推荐电路，并且硬件电路设计简单，综上所述，符合硬件电路的设计要求。故选用 TD301D485H-E 模块。

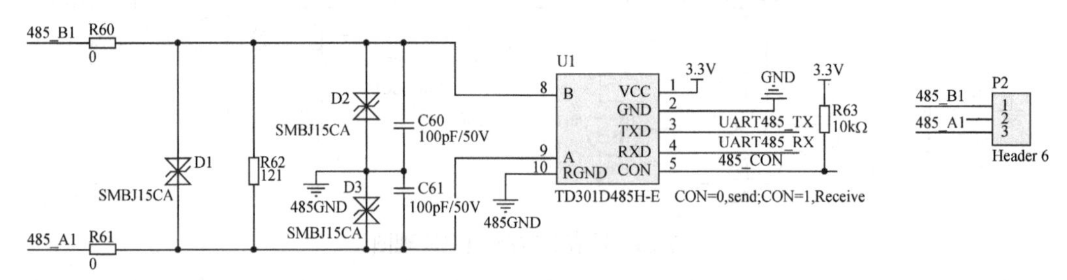

图 7-29　上行 RS485 原理图

4) WiFi 通信

WiFi 模块原理图如图 7-30 所示。选用模块 USR-WiFi232-B2，USR-WiFi232-B2 是一款一体化的 802.11b/g/n WiFi 的模块，它提供了一种将用户的物理设备连接到 WiFi 无线网络上并提供 UART 串口等接口传输数据的解决方案。通过 USR-WiFi232-B2 模组，传统的低端串口设备或 MCU 控制的设备均可以很方便地接入 WiFi 无线网络，从而实现物联网络控制与管理。该模块硬件上集成了 MAC、基频芯片、射频收发单元，以及功率放大器；嵌入式的固件则支持 WiFi 协议及配置，以及组网的 TCP/IP 网络协议栈。模块针对智能家居、智能电网、手持设备、个人医疗、工业控制等低流量和低频率的数据传输领域的应用作了专业的优化。

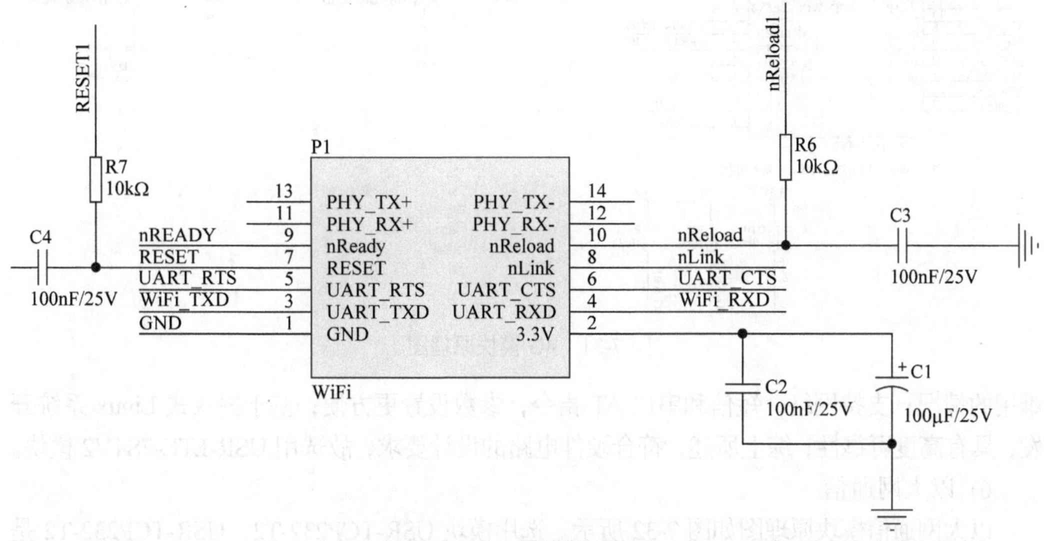

图 7-30　WiFi 模块原理图

产品特性：支持 802.11b/g/n 无线标准；支持 TCP/IP 网络协议栈；支持 UART/GPIO/以太网数据通信接口；支持无线工作在 STA/AP/AP+STA 模式；支持路由/桥接模式网络构架；支持快速联网协议(usr-link)；支持注册 ID、MAC，支持有人透传云、用户自定义注册包；支持自定义心跳包、套接字分发协议；支持超时重启、定时重启功能；支持串口自由组帧和自动成帧，转发效率更高；支持 Websocket 功能，实现串口与网页的实时交互；支持网页、串口 AT 命令、网络 AT 命令三种参数配置方式；外置天线、3.3V 单电源供电；支持透明/协议数据传输模式；提供 AT 指令集配置；支持心跳信号、WiFi 连接指示；灵活的软件平台，提供定制化服务；综上所述，模块 USR-WiFi232-B2 符合硬件设计的实际要求，故选用该模块。

5) 4G 通信

4G 模块原理图如图 7-31 所示。选用模块 USR-LTE-7S4V2，USR-LTE-7S4V2 是一款插针式 4G 模块，实现 UART 转 4G 双向透传功能；支持 5 模 13 频；高速率、低时延；支持 2 个网络链接同时在线，支持 TCP、UDP；支持注册包/心跳包机制；支持网络透传、HTTPD、UDC 工作模式；支持基本指令集；支持 FOTA 差分升级；支持“看门狗”防护，稳定运行；兼容 7S3、7S4 引脚。

产品特性：5 模 13 频，移动、联通、电信 4G 高速接入，同时支持移动和联通 3G 与 2G 接入；支持 2 个网络连接同时在线，支持 TCP 和 UDP；每路连接支持 20 包串口数据缓存，连接异常时可选择缓存数据不丢失；支持注册包/心跳包功能；支持远程短信设置模块参数；支持多种工作模式，如网络透传模式、HTTPD 模式、UDC 模式；支持套接字分发协议，可以向不同 Socket 发送数据；支持 FTP 更新协议，方便客户设备远程更新；支持 FOTA 远程升级，固件升级更方便；支持简单指令发送中文/英文短信，避免了 PDU 发送中文短信复杂

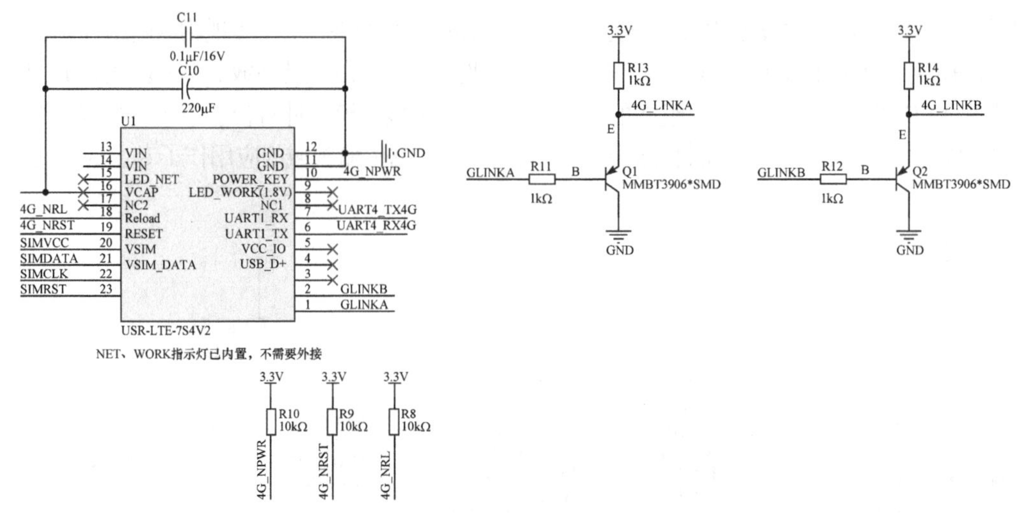

图 7-31　4G 模块原理图

难用的情况；支持网络、短信和串口 AT 指令，参数设置更方便；基于嵌入式 Linux 系统开发，具有高度可靠性；综上所述，符合硬件电路的设计要求，故选用 USR-LTE-7S4V2 模块。

6) 以太网通信

以太网通信模块原理图如图 7-32 所示。选用模块 USR-TCP232-T2，USR-TCP232-T2 是一款插针式以太网通信模块，实现 UART 转以太网双向透传功能；成本可控；具备 1 路以太网口，10/100Mbit/s 速率；支持自定义注册包、心跳包机制；支持网页、AT 指令、串口、网络配置；支持超时重启、DHCP 自动获取 IP、DNS 域名解析、虚拟串口、远程升级固件功能。

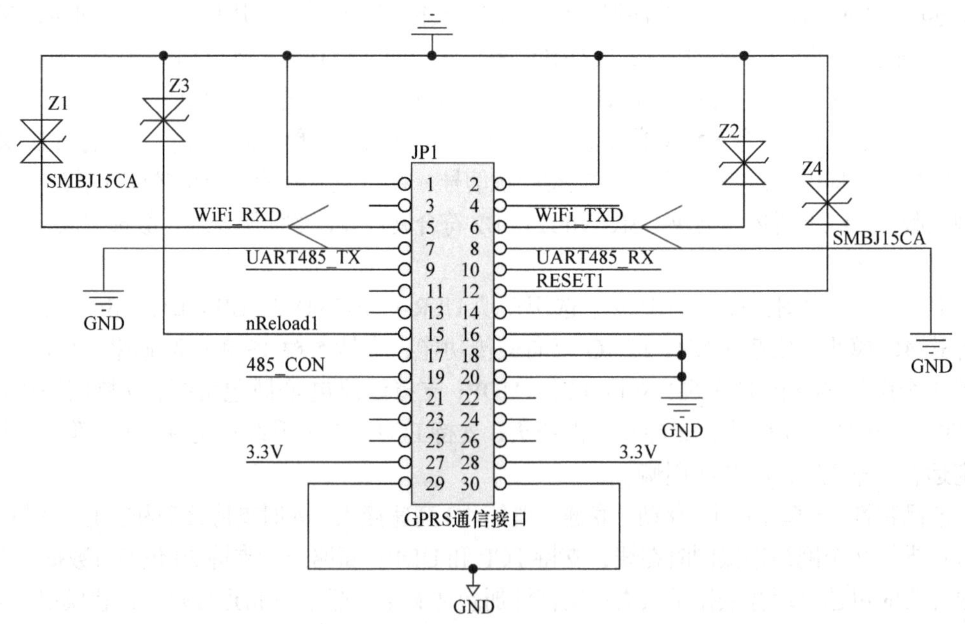

图 7-32　以太网通信模块原理图

规格：支持 TCP Server/TCP Client/UDP Server/UDP Client 等不同工作方式；支持虚拟串口、参数设置和透传云软件；支持 IP、TCP、UDP、DHCP、DNS、HTTP、ARP、ICMP

等多种网络协议；支持 RS232/485/422 等多路串口，场景丰富；具备 CE、FCC、RoHS 等多项权威认证。综上所述，其符合硬件电路的实际要求，故选用 USR-TCP232-T2 模块。

7.4.2　软件详细设计

1. 主程序软件结构设计

系统软件采用应用层、子应用层、抽象层和底层驱动层 4 层的层次结构，以数据结构为核心的软件设计思想。任务处理上基于有限状态机，保证各任务的协调执行。系统软件结构框图如图 7-33 所示。

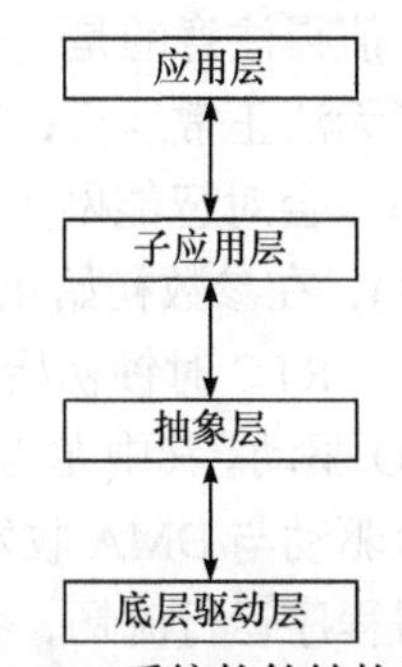

图 7-33　系统软件结构框图

系统的数据流图如图 7-34 所示。

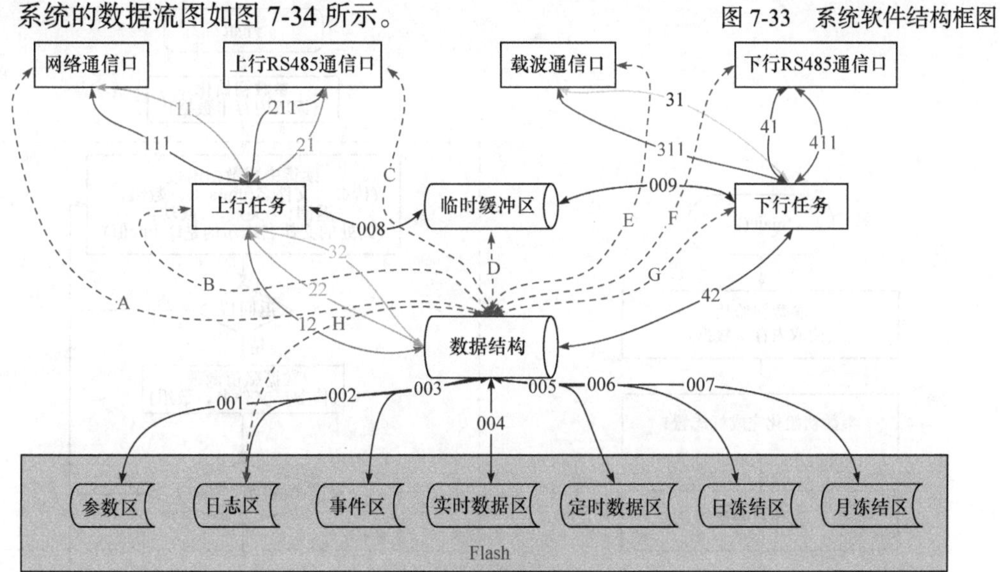

图 7-34　数据流图

2. 主程序设计

主程序主要用于设定各应用层任务的协调，其流程图如图 7-35 所示。

下面对各部分功能进行简要介绍。

(1) 参数初始化。参数初始化是指主要完成智能网关运行过程以及接下来的硬件初始化过程中的参数初始化。

(2) 硬件初始化。硬件初始化是指主要实现智能网关底层硬件的初始化功能，包括 SD 初始化、GPIO 初始化、UART 初始化、Flash 初始化等。这些功能和具体的硬件有关，需要参见相关的硬件平台。

(3) 运行任务。为系统的正常运行提供基准时间，需要在主程序中循环读取 RTC 时钟，以便给相关任务提供时钟参考，如计算心跳时间、计算秒级以上的定时等。

(4) 上行任务。上行任务是指完成终端与主台之间的链路连接，并且实现相关协议解析处理功能。

(5) 下行任务。下行任务是指完成与下行节点之间的通信，并实现数据解析与数据存储功能。

(6) 策略任务。策略任务包含多种策略，需根据实际需求进行编写，可由上位机进行选择调用。

值得注意的是，初始化在整体程序流程中尤其重要，初始化的不完全将会使程序各功能无法正常运行，对于初始化部分，初始化分为参数初始化及硬件初始化，参数初始化部分会对智能网关运行需要的必要参数进行初始化(包括智能网关自身参数以及节点表库)，在参数初始化完成后，方可进行硬件初始化，初始化的内容包括定时器定时管理驱动、RTC 时钟初始化、USB 驱动、USART 串口驱动、SD 卡驱动、DMA 收发驱动、GPIO 驱动。其中尤为重要的是 RTC 时钟初始化、USART 串口驱动、GPIO 驱动。USART 串口驱动与 DMA 收发驱动配合，使用 DMA 驱动进行数据的收发，便可省去串口中断，使得程序运行流畅，各任务之间的跳转不会出现错误，其详细流程如图 7-36 所示。

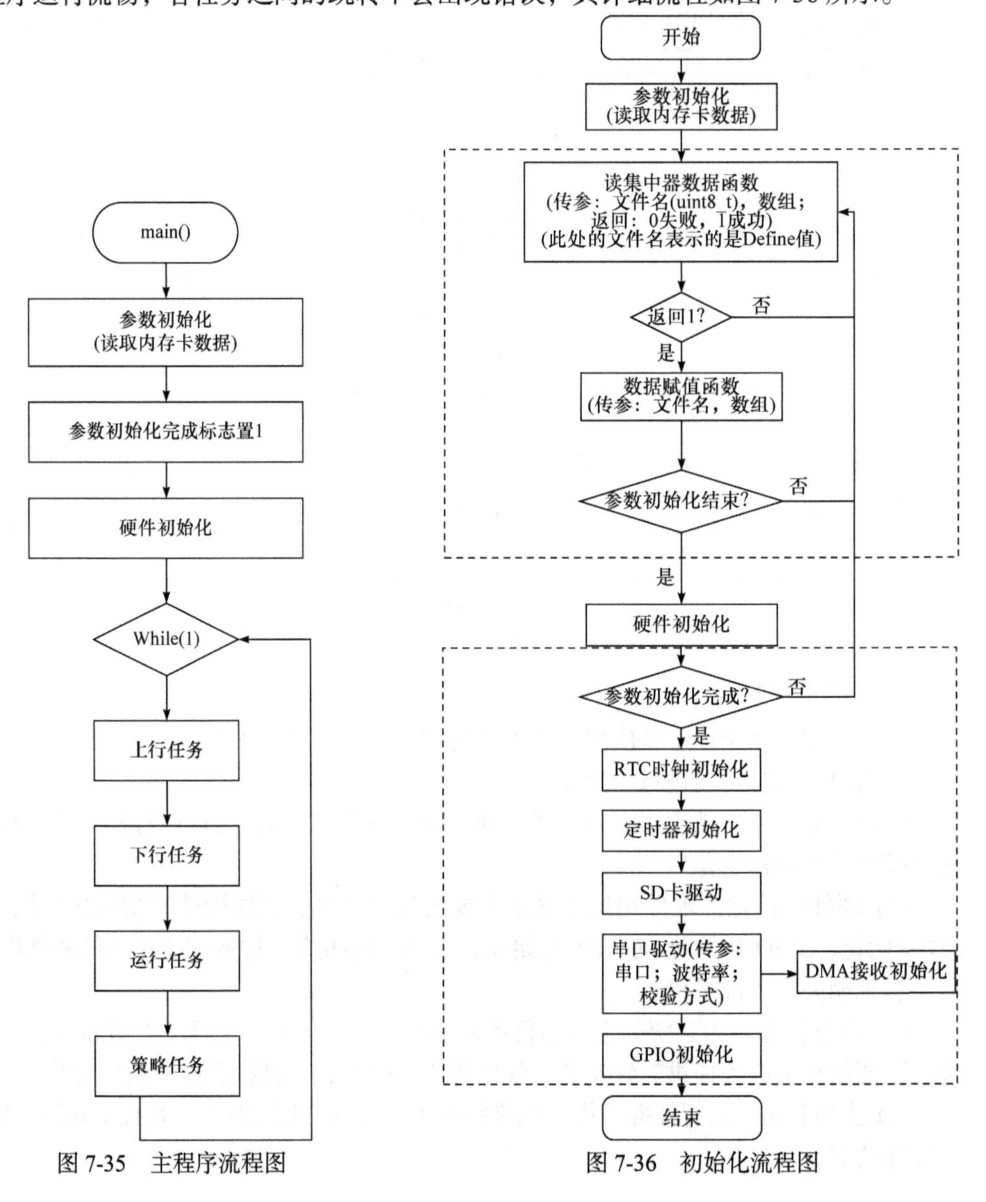

图 7-35　主程序流程图　　图 7-36　初始化流程图

3. 下行程序设计

下行任务包括路由学习任务、点抄任务、轮抄任务、状态检测任务，下行流程图如图 7-37 所示。其中，点抄任务的优先级最高，在其他任务还未开始数据操作之前，都需要给点抄任务让步，保证其优先执行。在这里对路由学习任务进行说明，路由学习是载波模块进行自组网所需要的步骤，这个过程所需的时间并不确定，由此需要在其余下行任务中对其进行判断，当执行其余下行任务时，需暂停路由学习任务，当其余下行完成之后，再对其进行恢复。

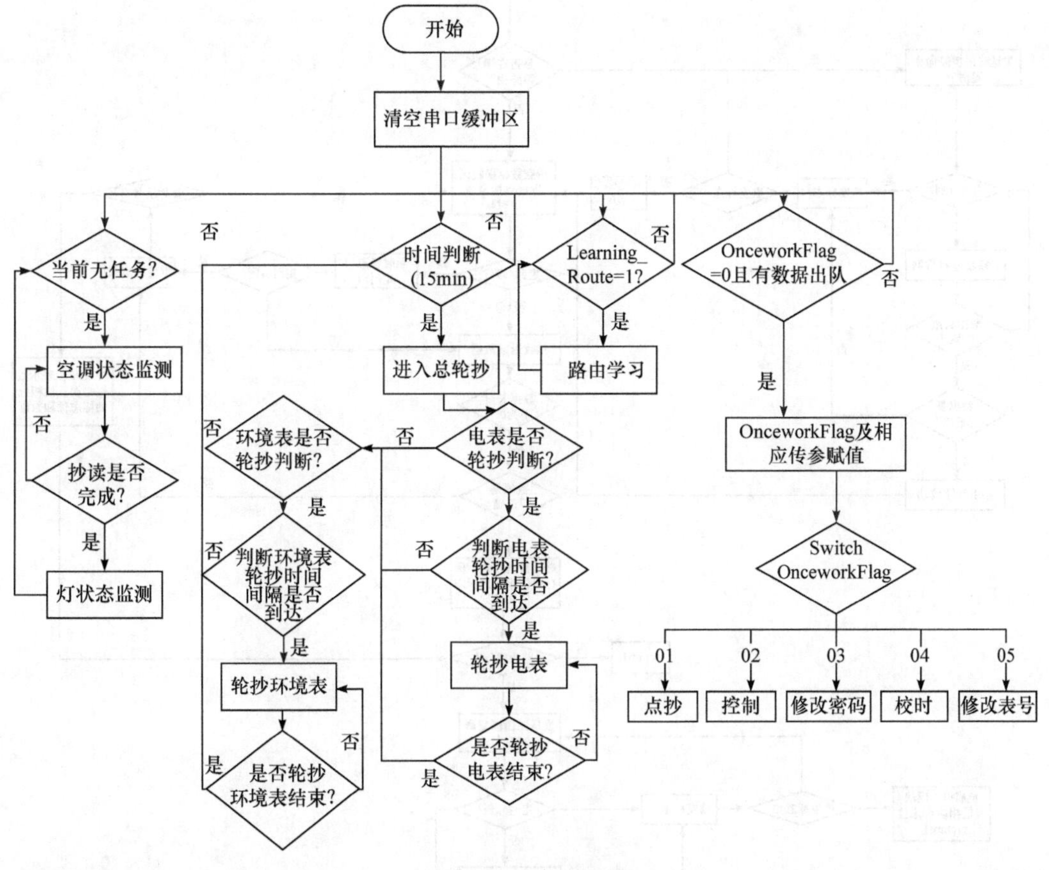

图 7-37　下行流程图

本系统中，点抄及轮抄任务为主要任务，其结构较为关键，下行其余任务结构可基于此结构进行修改，其流程图由图 7-38 和图 7-39 所示。

基于上述流程图，可进行下行部分点抄、轮抄等主要功能的设计，在程序代码的编写部分，可采用 switch-case 结构，如下面程序段所示：

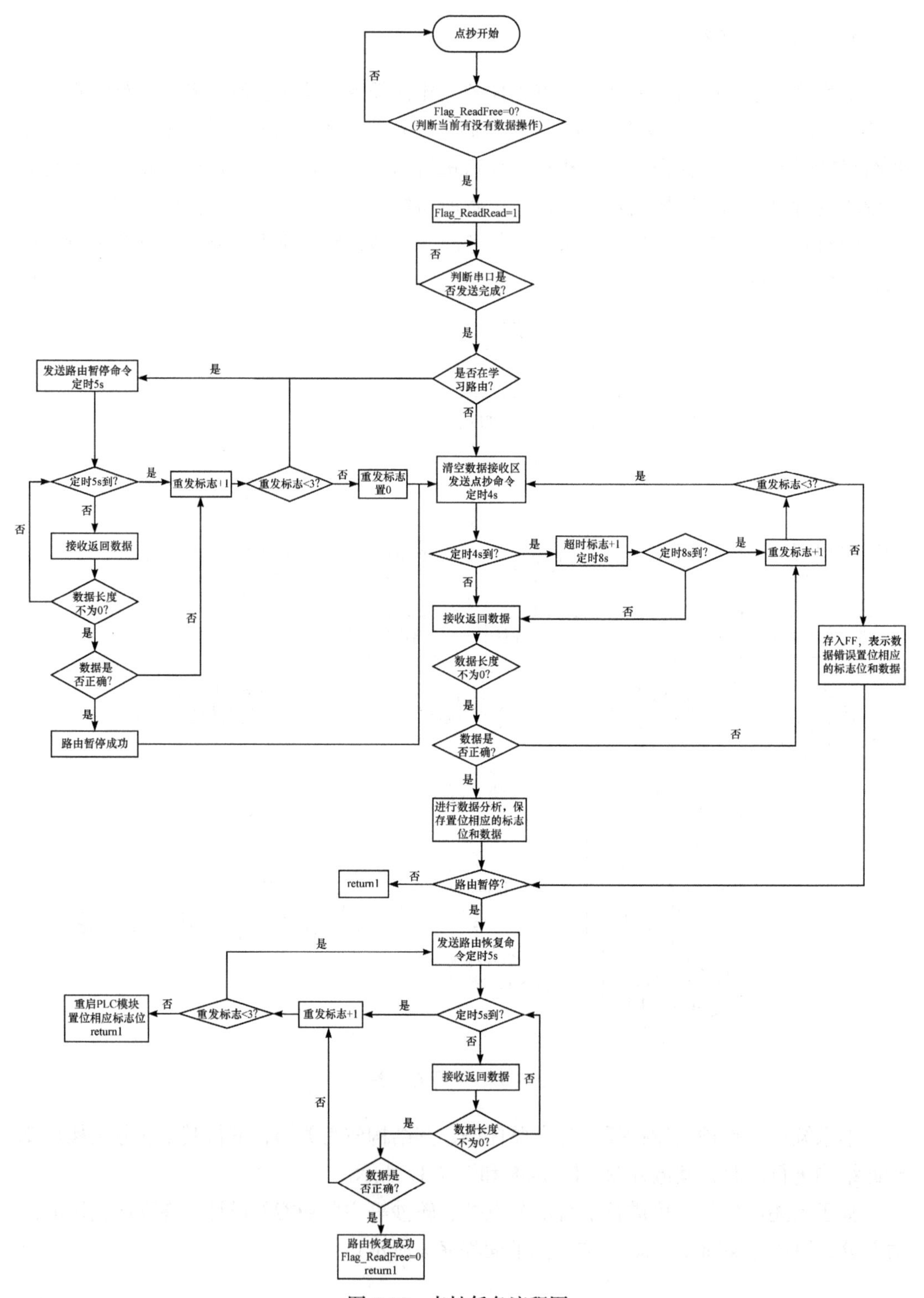

图 7-38　点抄任务流程图

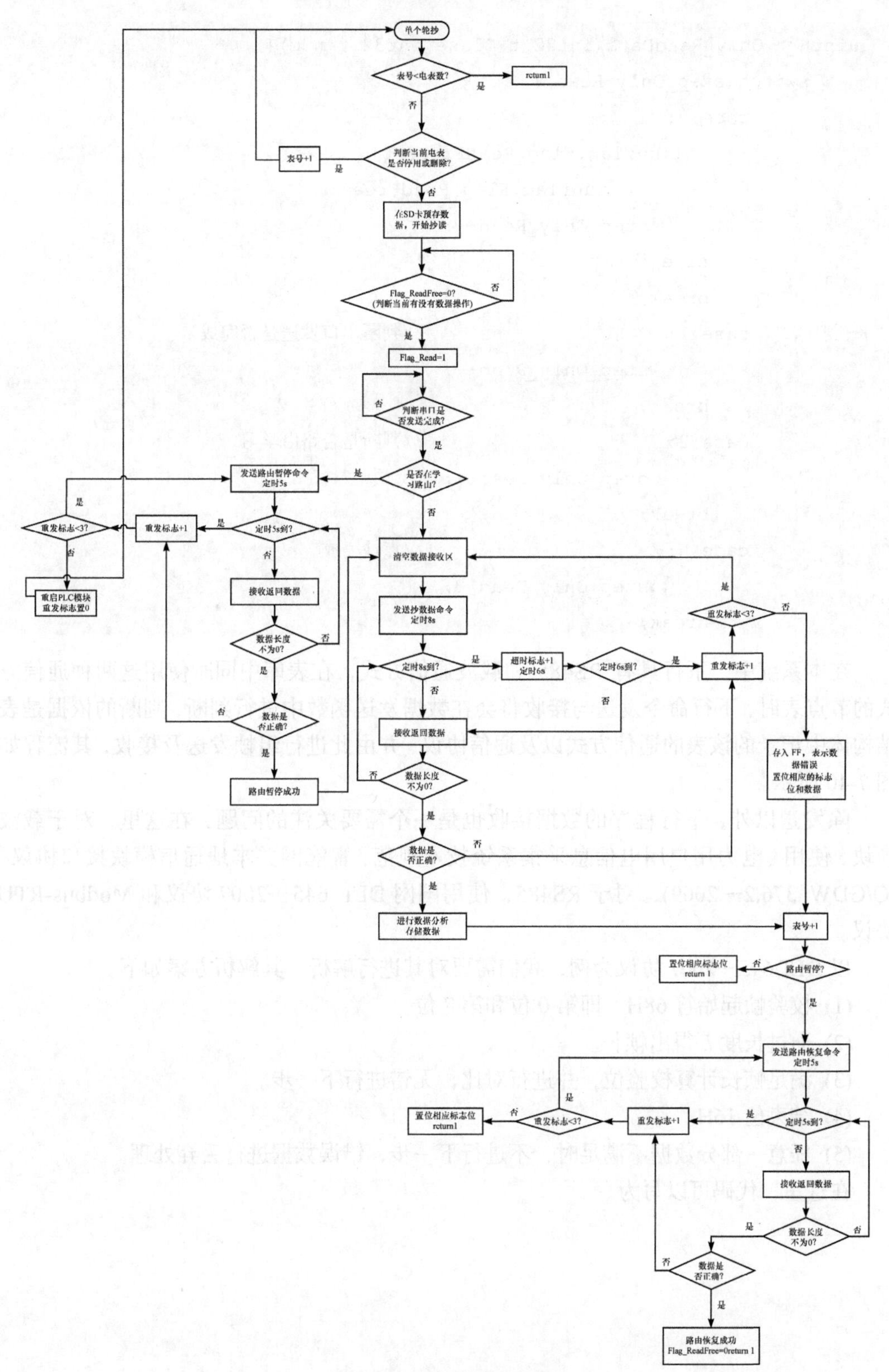

图 7-39　轮抄任务流程图

```
uint8_t Only_ReadData(int32_t Class,int32_t num){
    switch(step_Only_Read){
        case 0:
            if(runflag.Flag_ReadFree==0)
                    runflag.Flag_ReadFree=1;
                step_Only_Read++;  }
            else
            break;
        case 1:                          //判断串口发送是否完成
                step_Only_Read++;
            break;
        case 2:                          //判断是否路由学习
                step_Only_Read++;
            break;
        case N:                          //点抄完成
                step_Only_Read=0;
            break;}
```

在本系统中，下行具有 RS485 和载波通信方式，在表库中同时使用这两种通信方式的节点表时，下行命令发送与接收将会在数据发送函数中进行判断，判断的依据是表结构体中记录的该表的通信方式以及通信协议，并由此进行组帧发送及接收，其流程如图 7-40 所示。

除发送以外，下行程序的数据接收也是一个需要关注的问题，在这里，对于载波模块，使用《电力用户用电信息采集系统技术规范：智能网关本地通信模块接口协议》(Q/GDW 376.2—2009)，对于 RS485，使用国网 DLT 645—2007 协议和 Modbus-RTU 协议。

以 DLT 645—2007 协议为例，我们需要对其进行解析，其解析方案如下。

(1) 校验帧起始符 68H，即第 0 位和第 7 位。

(2) 通过长度 L 得出帧长。

(3) 满足帧长计算校验位，并进行对比，无错进行下一步。

(4) 结束位 16H。

(5) 任意一部分数据不满足时，不进行下一步，错误数据进行丢弃处理。

在这里，代码可以写为

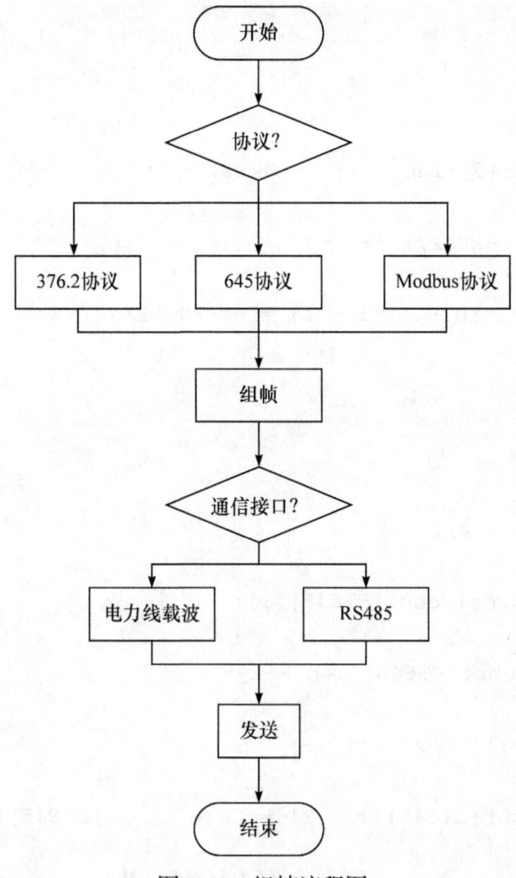

图 7-40　组帧流程图

```
 if(UARTReceive(ch, Receivebuf[DT645] + RxPos, 1))
 {
      RxPos ++;
 }
while(RxPos>1 &&(Receivebuf[DT645][0]!= 0x68||Receivebuf[DT645][7]!= 0x68))
 {
      for(i = 1;i <RxPos;i ++)
      Receivebuf[DT645][i - 1] = Receivebuf[DT645][i];
      RxPos --;
 }
 if(RxPos< 6 || Receivebuf[DT645][0] != 0x68)
 return 0;
 len = Receivebuf[DT645][9] + 12;
 if(len< 4 || len> RX_BUF_LEN )
 {
      for(i = 1;i <RxPos;i ++)
           Receivebuf[DT645][i - 1] = Receivebuf[DT645][i];
      RxPos --;
```

```
        return 0;
    }
    if(RxPos<len)
    return 0;
    if(Receivebuf[DT645][len - 1] != 0x16)
    {
        for(i = 1;i <RxPos;i ++)
        {
            Receivebuf[DT645][i - 1] = Receivebuf[DT645][i];
        }
        RxPos --;
        return 0;
    }
    sum = 0;
    for(i = 0;i <len - 2;i ++)
    {
            sum += Receivebuf[DT645][i];
    }
    if(sum != Receivebuf[DT645][len - 2])
    {
            for(i = 1;i <RxPos;i ++)
            {
            Receivebuf[DT645][i - 1] = Receivebuf[DT645][i];
            }
            RxPos --;
            return 0;
    }
    else
    {
            RxPos = 0;
            return len;
    }
```

4. 上行程序设计

上行任务包括远程连接状态检测，在状态管理完成后方可进行轮抄上报任务、数据返回任务以及数据接收处理任务，这三个任务的优先级一样，其流程如图 7-41 所示，其中在接收数据时，会对接口进行记录，这样返回数据时就会对发送命令的接口进行返回。此处的程序也可使用 switch-case 结构，具体原因不再赘述。

基于现场通信环境的复杂性，可能需要各种不同的通信协议，所以网关上行部分与上位机的通信实现了通信协议的可配置性。我们采用了《电力用户用电信息采集系统技术规范：主站与采集终端通信协议》(Q/GDW 376.1—2009)、Modbus-RTU 协议和 MQTT 协议。下面简单讲解三种协议的含义并介绍 Modbus 协议的解析过程。

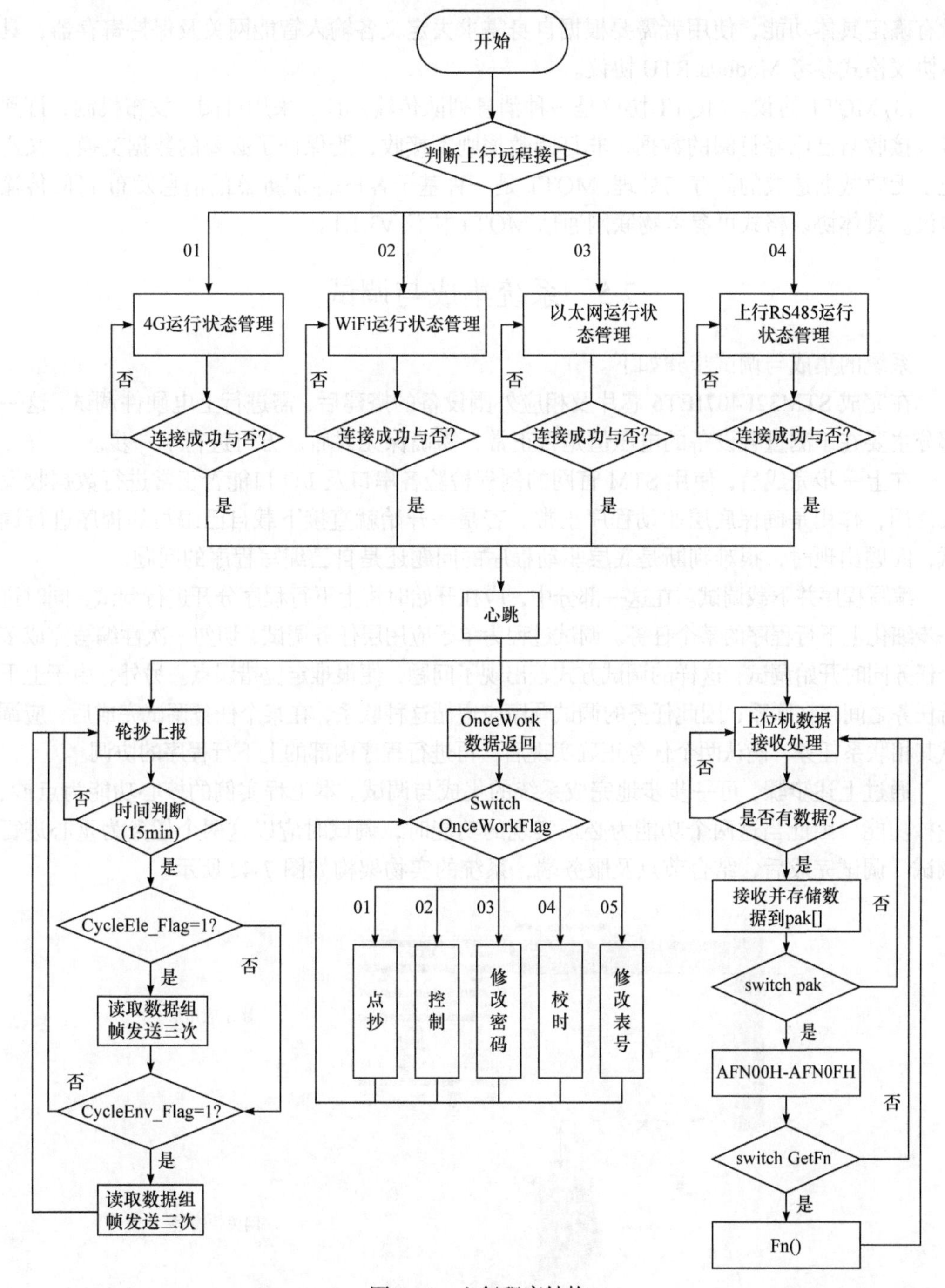

图 7-41　上行程序结构

(1) 376.1 协议。《电力用户用电信息采集系统技术规范：主站与采集终端通信协议》(Q/GDW 376.1—2009)(简称 376.1 协议)是标准通信协议，协议给出了相应的通信约束以及规范。使用相应数据传输功能时，可根据使用者的需求进行具体开发。

(2) Modbus-RTU 协议。对于 Modbus-RTU 协议，值得说明的是，Modbus-RTU 协议

没有确定具体功能，使用者需要根据自身需求去定义各输入智能网关及保持寄存器，具体协议格式参考 Modbus-RTU 协议。

(3) MQTT 协议。MQTT 协议是一种消息列队传输协议，采用订阅、发布机制，订阅者只接收自己已经订阅的数据，非订阅数据则不接收，既保证了必要的数据交换，又避免了无效数据造成的储存与处理。MQTT 是一种基于客户端-服务器的消息发布/订阅传输协议。具体协议格式可参考物联网通信 MQTT 协议 v3.1.1。

7.5　系统集成与调试

系统的集成与调试步骤如下。

在完成 STM32F407IET6 芯片及相应外围设备的搭建后，需进行上电硬件调试，这一部分主要在于测量各设备的电压值是否正常，需确保无误后，方可进行下一步。

在上一步完成后，使用 STM 官网的例程检验各串口及 I/O 口能否正常进行数据收发及使用，作用是确保底层驱动程序正常。若是一开始就直接下载自己编写的程序进行调试，问题出现时，很难判断是底层驱动程序的问题还是自己编写程序的问题。

编写程序并下载调试。在这一部分中，应在开始时将上下行程序分开进行调试，同时进一步细化上下行程序的某个任务。调试过程为单子应用层任务调试，切勿一次性编写完成多个任务同时开始调试，这样的调试方式若出现了问题，便很难定位错误点。另外，由于上下行任务之间存在联系，因此任务的调试顺序应遵循这种联系，在某个任务调试完成后，应调试其相联系任务，确认两个任务正确实现后，再进行程序内部的上下行程序的协调。

通过上述步骤，可一步步地完成系统的集成与调试。本工程实例的核心功能为点抄、轮抄功能，因此当这两个功能为必须实现的功能时，调试时应以这两个任务为重心进行调试。调试完成后，结合节点及服务端，系统的实物架构如图 7-42 所示。

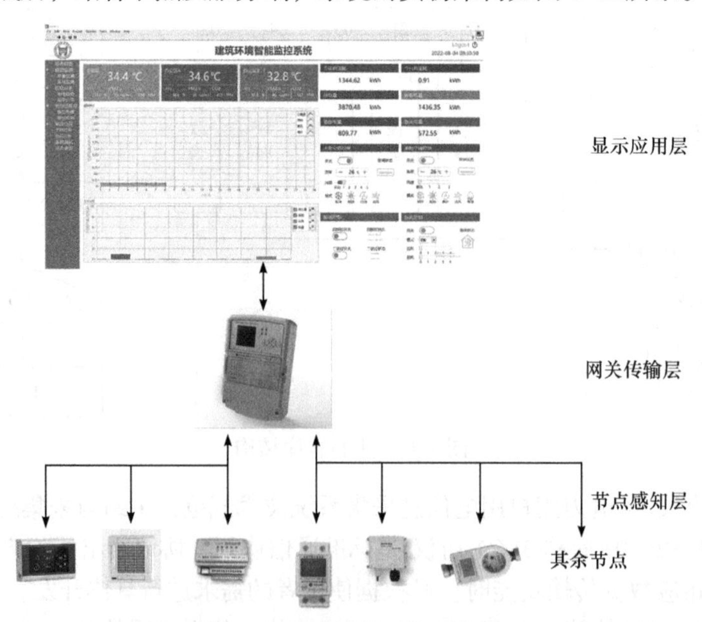

图 7-42　智能建筑系统实物图

本章小结

本工程实例主要是实现对建筑运行数据进行采集和处理，该装置可以采集底层节点的数据并与服务端进行数据通信。本章从硬件设计和软件编写两个方面详细讲解了该装置的工作原理。硬件上讲解了装置的结构框架、各个模块之间的连接方式，并附上了相应的硬件原理图；软件上讲解了程序的设计框架，着重讲解了某些功能的程序设计思路，并附上了相应的程序流程图。通过讲解硬件选型，说明装置在设计中需要考虑的主要问题；通过讲解软件的框架设计，说明程序的运行机理。

思考题

(1) 本章工程实例主要用到了 STM32F407IET6 的哪些外设资源？

(2) 本章所用装置的程序设计采用什么方式？采用这种方式有什么样的好处？

(3) 下行通信采用的通信方式是什么？简述其原理。

(4) Q/GDW 376.2—2009 协议帧是如何进行解析的？

(5) 根据 Modbus-RTU 协议的格式，写出 Modbus-RTU 协议的解析流程图。

第8章　基于Java的建筑智能化上位机工程实例设计

8.1　系统功能说明

本章讨论基于Java的公共建筑智能监控系统的上位机工程实例。系统通过使用Java编写的服务器端软件与建筑智能网关通信，获取智能网关采集到的数据，并将数据进行处理，存入数据库，同时用户可以通过服务器端软件直接对智能网关下发指令，实现对节点的控制。同时，收集到的数据可以发送给基于Vue框架编写的Web前端界面，以饼图、折线图和柱状图等方式呈现给用户。用户不仅可以通过使用Vue设计的人机界面进行交互，直观清晰地获取数据变化情况，并且可以对公共建筑的部分设备进行控制。

本章所介绍的工程实例，以Java服务器端软件设计为核心，介绍服务器端与智能网关之间的数据通信、基于MySQL数据库的建筑运行数据存储以及基于Vue框架的前端人机界面设计三部分。基于Java的服务器端软件与智能网关之间可以使用RS485、以太网、WiFi和4G等方式进行数据通信，获取数据后，服务器端软件与MySQL数据库建立连接，将数据存入数据库，并且服务器端软件能够通过TCP/IP协议连接数据库，与数据库实时进行通信，将数据取出发送给前端软件进行实时显示。用户可以通过操作前端软件界面查询系统监控的数据，并生成各种曲线图，也可以控制新风、空调等设备，调控室内环境。

8.2　系统总体设计

整个建筑智能化系统分为四部分，分别是基于Java的服务器端软件设计、基于渐近式架构Vue的前端界面设计、建筑智能网关、数据采集和控制节点。客户端与服务器端整体是B/S(Browser/Server)架构，即浏览器和服务器架构模式，用户可以通过自己的浏览器来对服务器进行访问，获得Vue设计的前端人机交互界面，进行实时交互。客户端和服务器端通过HTTP协议，设计自定义的通信体进行数据通信。系统整体框图如图8-1所示。

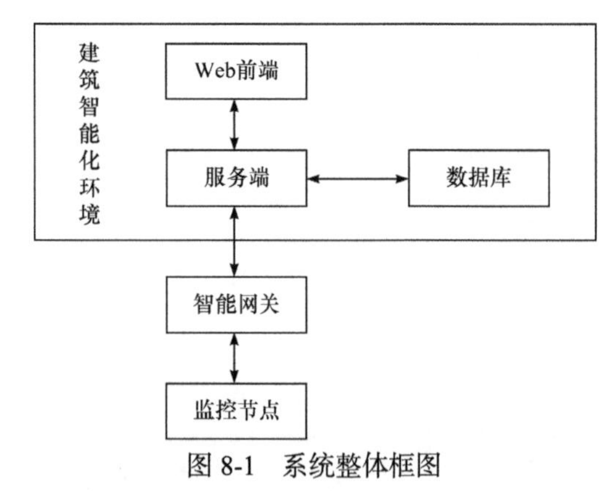

图8-1　系统整体框图

8.3 服务器端软件设计介绍

本次服务器端软件设计采用 SpringBoot 的架构设计，应用 Java 编程语言在 IntelliJ IDEA 中进行开发。在架构中，还使用到了 MyBatis 架构简化对数据库的通信以及 Netty 架构建立与网关的通信通道，使服务器端能够与智能网关以自定义的通信协议进行通信，达到对节点数据的接收以及指令的下发目的，并且服务器端与客户端采用前后端分离架构，在使用 HTTP 协议的情况下自定义通信体实现通信，接下来对上述提到的架构以及开发软件和编程语言分别进行介绍。整体的服务器端软件架构设计如图 8-2 所示。

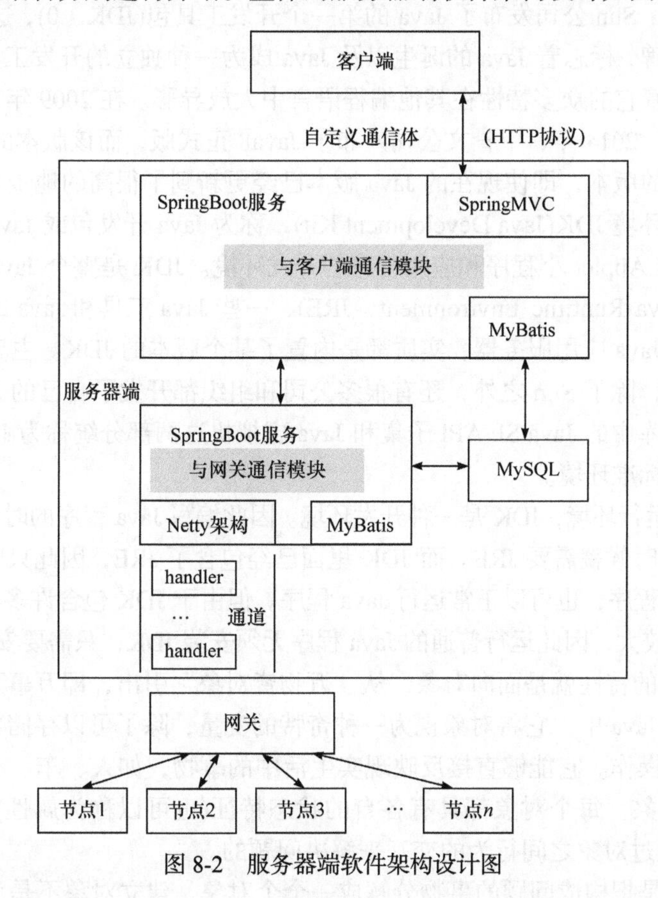

图 8-2 服务器端软件架构设计图

8.3.1 Java 编程语言

Java 是一门面向对象的编程语言，不仅吸收了 C++语言的各种优点，还摒弃了 C++里难以理解的多继承、指针等概念，因此 Java 语言具有功能强大和简单易用两个特征。Java 语言作为静态面向对象编程语言的代表，极好地实现了面向对象理论，允许程序员以优雅的思维方式进行复杂的编程。Java 具有简单性、面向对象、分布式、健壮性、安全性、平台独立与可移植性、多线程、动态性等特点。Java 可以编写桌面应用程序、Web 应用程序、分布式系统和嵌入式系统应用程序等。在当今社会中，Java 语言依然在众多编程语言中占据着不可动摇的地位。图 8-3 是 Java 的标志图。

图 8-3　Java 的标志图

1996 年 1 月，Sun 公司发布了 Java 的第一个开发工具包(JDK 1.0)，这是 Java 发展历程中的重要里程碑，标志着 Java 的诞生以及 Java 成为一种独立的开发工具。在之后的时间里，Java 凭借着它的众多特性在其他编程语言中大放异彩。在 2009 年，甲骨文公司宣布收购 Sun 公司，2014 年，甲骨文公司发布了 Java8 正式版，而该版本的 Java 也是如今大多数公司使用的版本，即使现在的 Java 版本已经更新到了很高的地步。

Java 的编程环境 JDK(Java Development Kit)，称为 Java 开发包或 Java 开发工具，是一个编写 Java 的 Applet 小程序和应用程序的开发环境。JDK 是整个 Java 的核心，包括 Java 运行环境(Java Runtime Environment，JRE)、一些 Java 工具和 Java 的核心类库(Java API)。不论什么 Java 应用服务器，实质都是内置了某个版本的 JDK。主流的 JDK 是 Sun 公司发布的 JDK，除了 Sun 之外，还有很多公司和组织都开发了自己的 JDK。另外，可以把 Java API 类库中的 Java SE API 子集和 Java 虚拟机这两部分统称为 JRE，JRE 是支持 Java 程序运行的标准环境。

JRE 是一种运行环境，JDK 是一种开发环境。因此编写 Java 程序的时候需要 JDK，而运行 Java 程序的时候就需要 JRE。而 JDK 里面已经包含了 JRE，因此只要安装了 JDK，就可以编辑 Java 程序，也可以正常运行 Java 程序。但由于 JDK 包含许多与运行无关的内容，占用的空间较大，因此运行普通的 Java 程序无须安装 JDK，只需要安装 JRE 即可。

Java 最重要的特性就是面向对象，从“万物皆对象”引出，即万事万物都可以定义为一个对象。在 Java 中，它将对象视为一种奇特的变量，除了可以存储数据之外，还可以对它自身进行操作。它能够直接反映现实生活中的事物，如人、车、小鸟等，将其表示为程序中的对象。每个对象都具有各自的状态特征(也可以称为属性)及行为特征(方法)，Java 就是通过对象之间行为的交互来解决问题的。

面向对象就是把构成问题的事物分解成一个个对象，建立对象不是为了实现一个步骤，而是为了描述某个事物在解决问题中的行为。类是面向对象中的一个很重要的概念，因为类是很多个具有相同属性和行为特征的对象所抽象出来的，对象是类的一个实例。类具有三个特性：封装、继承和多态。

(1) 封装。封装的核心思想就是隐藏细节、数据安全，将对象不需要让外界访问的成员变量和方法私有化，只提供符合开发者意愿的公有方法来访问这些数据和逻辑，保证了数据的安全和程序的稳定。

(2) 继承。子类可以继承父类的属性和方法，并对其进行拓展。

(3) 多态。同一种类型的对象执行同一种方法时可以表现出不同的行为特征。通过继承的上下转型、接口的回调，以及方法的重写和重载可以实现多态。

8.3.2　IDEA 编程工具

IDEA 全称为 IntelliJ IDEA，是 Java 编程语言的集成开发环境。IntelliJ 在业界被公认为最好的 Java 开发工具，尤其在智能代码助手、代码自动提示、重构、JavaEE 支持、各类版本工具(git、svn 等)、JUnit、CVS 整合、代码分析、创新的 GUI 设计等方面的功能可以说是超常的。IDEA 是 JetBrains 公司的产品，支持 HTML、CSS、PHP、MySQL、Python 等。IDEA 的标志图如图 8-4 所示。

图 8-4　IDEA 的标志图

IDEA 所提倡的是智能编码，是减少程序员的工作，IDEA 的特色功能如下：智能的选取、丰富的导航模式、历史记录功能、JUnit 的完美支持、对重构的优越支持、编码辅助、灵活的排版功能、XML 的完美支持、动态语法检测、代码检查、对 JSP 的完全支持、智能编辑、EJB 支持、列编辑模式、预置模板、完美的自动代码完成、版本控制完美支持、不使用代码的检查、智能代码、正则表达式的查找和替换功能、JavaDoc 预览支持以及程序员意图支持等特点。

8.3.3　SpringBoot 架构

SpringBoot 是由 Pivotal 团队提供的全新框架，其设计目的是简化新 Spring 应用的初始搭建以及开发过程。该框架使用了特定的方式来进行配置，从而使开发人员不再需要定义样板化的配置。通过这种方式，SpringBoot 致力于在蓬勃发展的快速应用开发领域(Rapid Application Development)成为领导者。这里提到的 Spring 应用架构是 Java 平台上的一种开源应用框架，提供具有控制反转特性的容器。尽管 Spring 框架自身对编程模型没有限制，但其在 Java 应用中的频繁使用让它备受青睐，控制反转特性旨在方便项目维护和测试，它提供了一种通过 Java 的反射机制对 Java 对象进行统一的配置和管理的方法。Spring 框架的出现让程序的整体呈现一种架构的样式，程序员只需要按照这个“架构”往里面填写相应的内容即可，并且按照它的规定配置好各种配置文件，这就是 Spring 架构的重点：约定大于配置。按照架构的“约定”来进行程序的开发，让程序的开发过程变得更加规律，只需要遵守相应的规则就能简单地开发程序。Spring 的标志图如图 8-5 所示。

图 8-5　Spring 的标志图

Spring 架构的配置较为烦琐，SpringBoot 架构的出现大大简化了配置，让程序的开发变得轻量便捷。SpringBoot 是 Spring 家族中的一个全新框架，用来简化 Spring 程序的创建和开发过程。以往通过 SpringMVC+Spring+MyBatis 框架进行开发的时候，需要配置 web.xml、Spring、MyBatis，然后整合在一起，而 SpringBoot 抛弃了烦琐的 xml 配置过程，采用大量默认的配置来简化 Spring 开发过程。SpringBoot 化繁为简，使开发变得更加简单迅速。SpringMVC 架构详见 8.3.4 节，MyBatis 架构详见 8.5.2 节。

SpringBoot 的出现大大简化了程序的开发过程，让程序开发变得非常简单，容易上手，从它的特性中也可以看出 SpringBoot 的优点。SpringBoot 的特性如下：①能够快速创建基于 Spring 的程序。②能够直接使用 Java Main 方法启动内嵌的 Tomcat 服务器运行 SpringBoot 程序，不需要部署 war 包。③提供约定的 starter POM 来简化 Maven 配置，让 Maven 的配置变得简单。④自动化配置，根据项目的 Maven 依赖配置，SpringBoot 自动配置 Spring、SpringMVC 等。⑤提供了程序的健康检查功能。基本可以完全不使用 xml 配合文件，采用注解配置。这里的 Maven 是一个仓库，在开发 Java 程序的时候，对于一些公共的功能和函数常常采取封装操作简化程序的代码。Maven 仓库里面存储的就是一些公共的代码，针对不同的架构都提取出对应的代码，方便程序的使用。Maven 的作用就是引入程序所需要的依赖，即其他的架构代码，来简化程序的开发过程，不再需要像以往的程序一样在开发中导入大量的包(这里的包就是封装的公共代码)，而只需要几行 Maven 配置即可对导入的包实现管理和应用。从图 8-6 可以看出导入依赖项目中的代码，这里的依赖管理文件是项目的 POM.xml 文件。

```
<dependencies>
    <dependency>
        <groupId>org.projectlombok</groupId>
        <artifactId>lombok</artifactId>
        <optional>true</optional>
    </dependency>
    <dependency>
        <groupId>org.springframework.boot</groupId>
        <artifactId>spring-boot-starter-test</artifactId>
        <scope>test</scope>
    </dependency>
</dependencies>
```

图 8-6　Maven 依赖导入代码部分图

这样就可以把需要的依赖包导入代码当中，简化程序的开发过程。具体的 SpringBoot 项目构建如下。

(1) 打开 IDEA 开发软件，执行 File→New→Project 命令。选择 Spring Initializr 选项，如图 8-7 所示。

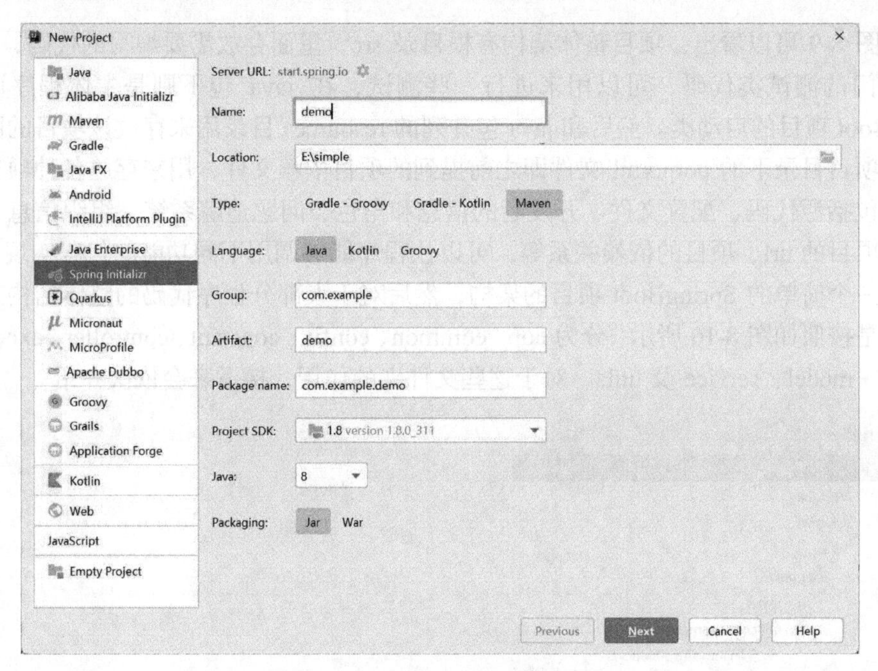

图 8-7　SpringBoot 项目创建图一

(2) 命名好 SpringBoot 项目、地址、Java 语言版本，单击 Next 按钮，弹出如图 8-8 所示的对话框。

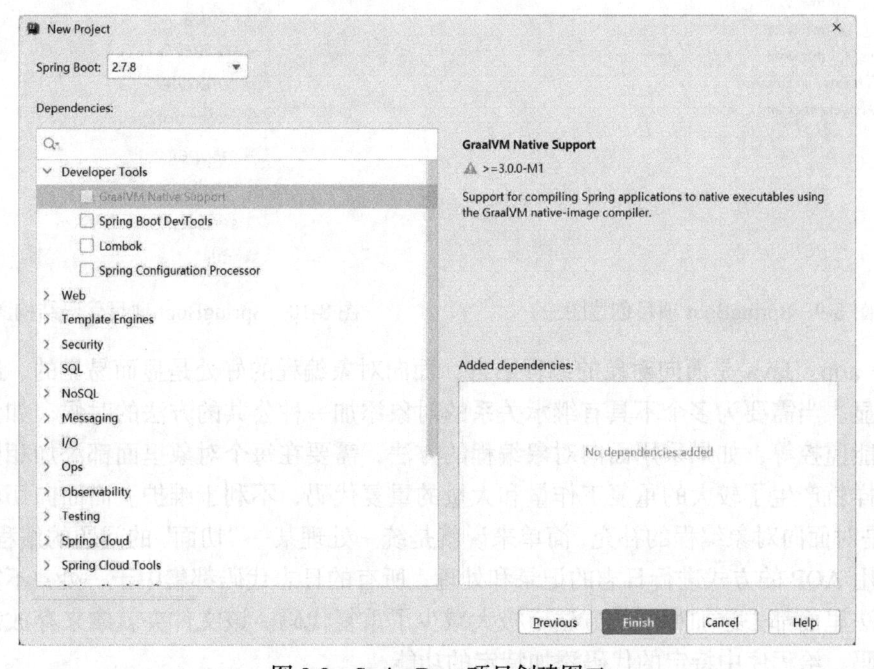

图 8-8　SpringBoot 项目创建图二

(3) 选择项目所需要依赖的文件，单击 Finish 按钮即可创建一个 SpringBoot 项目。项目创建好的具体架构如图 8-9 所示。

从图 8-9 可以看出，项目整体架构有根目录 src，里面存放需要编写的代码，test 包下是专门的测试类代码，可以用来进行一些测试，在 java 包下则是主体程序以及该 SpringBoot 项目的启动类。然后和 java 包并列的 resources 目录用来存放该项目的配置文件。在项目目录下的 pom.xml 文件即之前提到的项目依赖文件，用来存放各种项目依赖文件，包括源代码、配置文件、开发者的信息和角色、问题追踪系统、组织信息、项目授权、项目的 url、项目的依赖关系等，可以让程序能够调用不同功能的代码实现开发。这就是一个简单的 SpringBoot 项目的架构，然后对于大部分程序代码的整体结构来说，大部分是按照如图 8-10 所示，分为 aop、common、config、constant、controller、exception、mapper、model、service 及 utils。对于这些文件夹的作用，接下来会依次介绍。

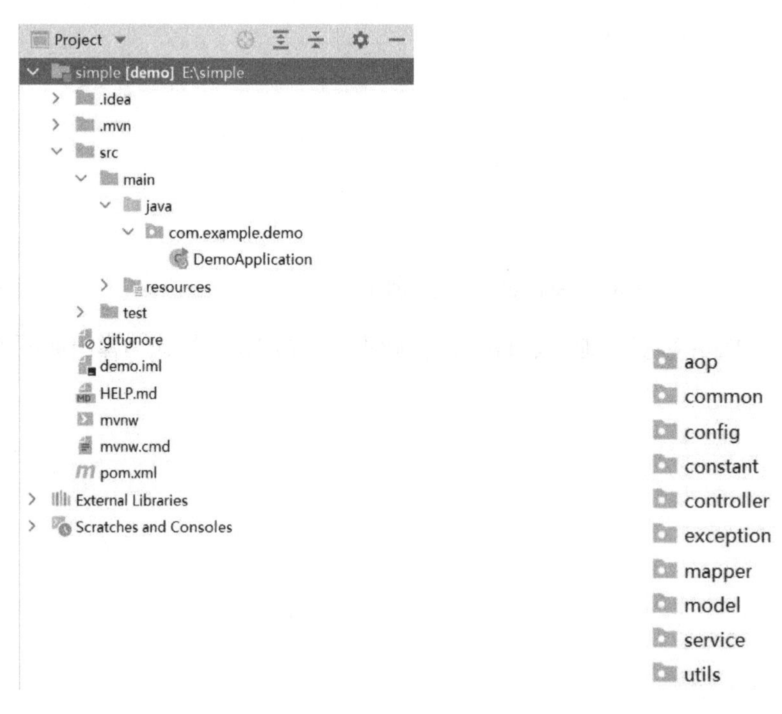

图 8-9　SpringBoot 项目创建图三

图 8-10　SpringBoot 项目代码结构图

(1) aop。Java 是面向对象的编程语言，面向对象编程的好处是显而易见的，缺点也同样明显。当需要为多个不具有继承关系的对象添加一种公共的方法的时候，如日志记录、性能监控等，如果采用面向对象编程的方法，需要在每个对象里面都添加相同的方法，这样就产生了较大的重复工作量和大量的重复代码，不利于维护。而面向切面编程(AOP)是对面向对象编程的补充，简单来说就是统一处理某一“切面”的问题的编程思想。如果使用 AOP 的方式进行日志的记录和处理，所有的日志代码都集中于一处，不需要在每种方法里面都去添加相同的方法，极大减少了重复代码。该文件夹就拿来存放需要切面的代码，给程序中特定的代码添加特定的功能。

(2) common。该文件夹下主要存放一些公共代码部分，如公共的返回对象以及一些枚举类等。

(3) config。该文件夹主要存放一些配置文件，如 redis 缓存的配置文件、rabbitmq 消息队列的配置文件等。

(4) constant。该文件夹下主要存放一些常量。

(5) controller。SpringMVC 模型中的一员，该模型在 8.3.4 节会详细讲解。本次项目系统中涉及前端人工交互界面的展示，那么就需要用到 Java Web 开发，SpringMVC 是一个基于 Java 实现 MVC 设计模式的请求驱动类型的轻量级 Web 框架，通过把 Model、View、Controller 分离，将 Web 层进行职责解耦，把复杂的 Web 应用分成逻辑清晰的几部分，简化开发，减少出错，方便组内开发人员之间的配合。该文件夹下就包含 controller 层所需要的代码，主要作用就是接收前端传递的信息，解析后传递给业务逻辑 service 层，并且根据 service 层返回的结果返回给前端相应的信息，因为本次设计使用的是前后端分离的架构，所以返回的便是前后端自定义的通信体。

(6) exception。该文件夹下主要存放一些自定义异常类以及全局异常处理器。异常就是程序执行过程中的不正常情况，它的作用就是增强程序的健壮性，异常在 java 中以类的形式存在，每一个异常类都可以创建异常对象。异常主要分为编译时异常和运行时异常。编译时异常要求程序员在编写程序阶段必须预先对这些异常进行处理，如果不处理则编译器报错，因此得名编译时异常。而对于运行时异常来说，在编写程序阶段，程序员可以预先处理，也可以不管。自定义的异常都是运行时异常，全局异常处理器就可以处理这些程序代码抛出的运行时异常，做一些相应的处理，全局异常处理器的实现采用的就是 SpringAOP 的面向切面的编程方式，对特定的代码添加了特定的处理。

(7) mapper。该文件夹下主要存放的是与数据库请求相关的接口。在数据库相关操作的业务逻辑代码里面，需要调用这里的接口完成对数据库的一些操作，如常见的增、删、改、查等。后续详细部分见 8.5.2 节。

(8) model。它是 SpringMVC 模型中的 Model 里面的 model 数据层，该文件夹下主要存放程序代码中的实体类，可以是将数据库字段进行对象化的实体类，也可以是前后端进行通信的信息体中的实体类等。

(9) service。它是 SpringMVC 模型中的 Model 里面的 service 业务层，该文件夹下存放业务代码，即根据程序需求来编写的业务逻辑代码，是如今程序编码中至关重要的一部分。

(10) utils。常见的工具类，在该文件夹下对一些公共代码进行提炼，或者对一些方法进行重载，让方法更加灵活，主体作用是简化程序代码的开发。

在创建好 SpringBoot 项目的时候，只需要运行项目 src/main/java/com/xxx/xxx 下的启动类即可，在启动类里面只存在一个 main 函数，是项目的主体函数，执行函数里面的 run 方法即可启动整个 SpringBoot 项目。SpringBoot 项目的具体启动流程如下：① 初始化配置。通过类加载器(loadFactories)读取 classpath 下所有的 spring.factories 配置文件，创建一些初始配置对象。通知监听者应用程序开始启动，创建环境对象 environment，用于读取环境配置，如 application.yml。②创建应用程序上下文 createApplicationContext，创建 bean 工厂对象。③刷新上下文(启动核心)：配置工厂对象，包括上下文类加载器、对象发布处理器、beanFactoryPostProcessor；注册并实例化 bean 工厂发布处理器，并且调用这些处理器，对包扫描解析(主要是 class 文件)；注册并实例化 bean 发布处理器 beanPostProcessor；初始化一些与上下文有特别关系的 bean 对象(创建 tomcat 服务器)；实例化所有 bean 工厂缓存的 bean 对象；发布通知，通知上下文刷新完成(启动 tomcat 服务器)。④通知监听者启动程序完成。具体可见 SpringBoot 官网。

8.3.4　SpringMVC 架构

SpringMVC 属于 Spring FrameWork 的后续产品，已经融合在 Spring Web Flow 里面。Spring 框架提供了构建 Web 应用程序的全功能 MVC 模块。使用 Spring 可插入 MVC 架构，从而在使用 Spring 进行 Web 开发时，可以选择使用 Spring 的 SpringMVC 框架或集成其他 MVC 开发框架。Spring Web Flow 建立在 SpringMVC 之上，并允许实现 Web 应用程序的“流”，流封装了引导用户执行某些业务的一系列步骤。它跨越多个 HTTP 请求，可以处理事务数据，并且能够重用，在本质上它是动态的以及能够长期运行的。如果要使用该架构，只需要在程序中导入它的依赖即可。

SpringMVC 架构中的 MVC 表示 Model、View、Controller。Model 是模型层，主要负责对数据的访问和业务的处理。View 是视图层，主要负责对数据内容的展示，但本次项目是前后端分离的架构，后端只需要做到返回前端所需的数据即可，不需要做到对数据的展示，具体的数据渲染交给前端完成，这样做的好处就是大大减少了项目代码的耦合，符合高内聚、低耦合的理念。Controller 是控制层，主要实现对数据的转发，对于前后端分离项目来说，Controller 的作用就是提供前端调用的接口，实现前后端数据的通信。具体的 SpringMVC 运行流程如图 8-11 所示。

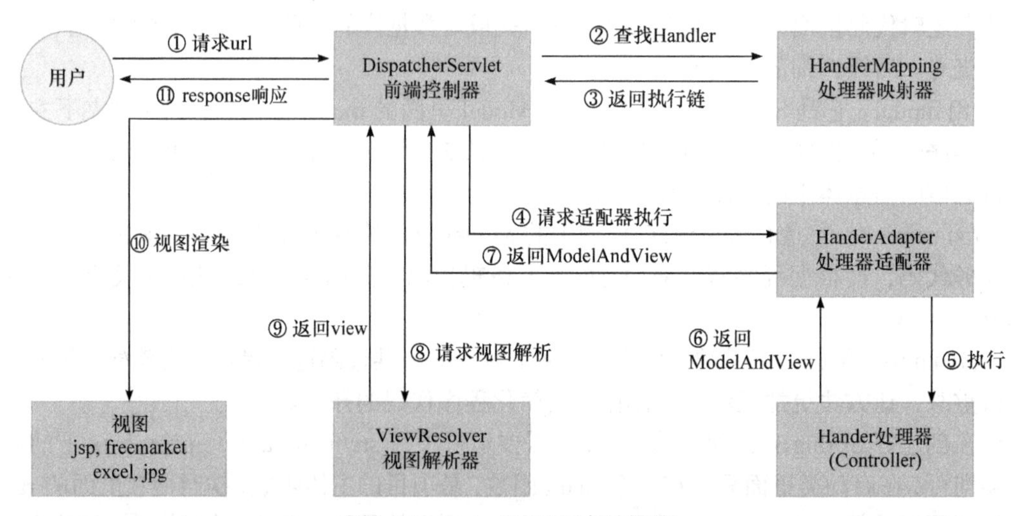

图 8-11　SpringMVC 运行流程图

SpringMVC 的运行流程如下：①用户发送请求至前端控制器 DispatcherServlet。②DispatcherServlet 收到请求调用 HandlerMapping 处理器映射器。③处理器映射器根据请求 url 找到具体的处理器，生成处理器对象及处理器拦截器一并返回给 Dispatcher Servlet。④DispatcherServlet 通过 HandlerAdapter 处理器适配器调用处理器。⑤执行处理器，即 Controller 层。⑥Controller 执行完成返回 ModelAndView。⑦HandlerAdapter 将 Controller 执行结果 ModelAndView 返回给 DispatcherServlet。⑧DispatcherServlet 将 ModelAndView 传给 ViewReslover 视图解析器进行解析。⑨ViewReslover 解析后返回具体的 view。⑩DispatcherServlet 对 view 进行渲染。⑪DispatcherServlet 响应用户。

上述提到的 SpringMVC 主要组件的作用如下：①前端控制器 DispatcherServlet 的作用为接收请求、响应结果，相当于转发器，有了 DispatcherServlet 就减少了其他组件之间的耦合度。②处理器映射器 HandlerMapping 的作用是根据请求的 url 来查找 Handler。③处理器 Handler 的作用是对请求做出处理。④视图解析器 ViewResolver 的作用是进行视图的解析，根据视图逻辑名解析真正的视图。

上面提到的 SpringMVC 的运行流程图是之前的前后端未分离项目的运行过程，对于本次前后端分离项目来说，与 view 相关的都不再考虑，前端的请求发给后端程序，后端由 Controller 层来处理这些请求，并且调用后端的业务代码，得到返回结果，由 Controller 层对结果进行封装后返回给前端。具体的数据渲染由前端完成。

8.4　服务器端与智能网关通信设计

8.4.1　服务器端与智能网关的通信协议

通信协议是指双方实体完成通信或服务所必须遵循的规则和约定。协议定义了数据单元使用的格式，信息单元应该包含信息与含义、连接方式、信息发送和接收的时序，从而确保网络中的数据顺利地传送到确定的地方。

无论通信的载体是什么，都可以使用通信协议实现终端之间的数据传输。如基于 RS485，可以使用 Modbus 作为应用层通信协议；使用 CAN 总线，可以使用 CAN 通信协议；使用以太网，可以使用 TCP/IP 通信协议。以计算机之间的通信为例，通信协议用于实现计算机与网络连接之间的标准，网络如果没有统一的通信协议，计算机之间的信息传递就无法识别。通信协议是指通信各方事前约定的通信规则，可以简单地理解为各计算机之间相互会话所使用的共同语言，两台计算机在进行通信时，必须使用的通信协议。

通信协议具有以下三要素。

(1) 语法。语法是指如何通信，包括数据的格式、编码和信号等级(电平的高低)等。

(2) 语义。语义是指通信内容，包括数据内容、含义和控制信息等。

(3) 定时规则(时序)。定时规则包括确定何时通信，明确通信的顺序、速率匹配和排序。

同时，一般通信协议具有分层的体系结构特点。

(1) 将通信功能分为若干个层次，每一个层次完成一部分功能，各个层次相互配合共同完成通信的功能。

(2) 每一层只和直接相邻的两层通信，它利用下一层提供的功能，向高一层提供本层所能完成的服务。

(3) 每一层是独立的，隔层都可以采用最适合的技术来实现，每一个层次可以单独进行开发和测试。当某层技术进一步发生变化时，只要接口关系保持不变，则其他层不受影响。

将网络体系进行分层就是把复杂的通信网络协调问题进行分解，再分别处理，使复杂的问题简化，以便于网络的理解及各部分的设计和实现。

8.4.2　376.1 协议

在进行本系统的通信协议设计时，基于三层参考模型“增强性能体系结构”。通信协议的链路层传输为小端模式，即低位在前，高位在后；低字节在前，高字节在后。协议的格式为异步传输帧格式，定义如图 8-12 所示。

帧字段	说明	
起始字符(68H)	固定长度的报文头	
长度L		
长度L		
起始字符(68H)		
控制域C	控制域	用户数据区
控制域A	地址域	
链路用户数据	链路用户数据(应用层)	
校验和CS	帧校验和	
结束字符(16H)		

图 8-12　通信协议格式

当数据进行传输时，需要遵循以下传输规则。

(1) 线路空闲状态为二进制 1。

(2) 帧的字符之间无线路空闲间隔；两帧之间的线路空闲间隔最少需 33 位。

(3) 若按规则(5)检出了差错，两帧之间的线路空闲间隔最少需 33 位。

(4) 帧校验和(CS)是用户数据区的 8 位位组的算术和，不考虑进位。

(5) 接收方校验。

对于每个字符：校验启动位、停止位、偶校验位。

对于每帧：检验帧的固定报文头中的开头和结束所规定的字符以及协议、标识位；识别 2 个长度 L；每帧接收的字符数为用户数据长度 $L1+8$；帧校验和；结束字符；校验出一个差错时，校验按规则(3)的线路空闲间隔。

若这些校验有一个失败，舍弃此帧；若无差错，则此帧数据有效。进行数据校验的流程图如图 8-13 所示。

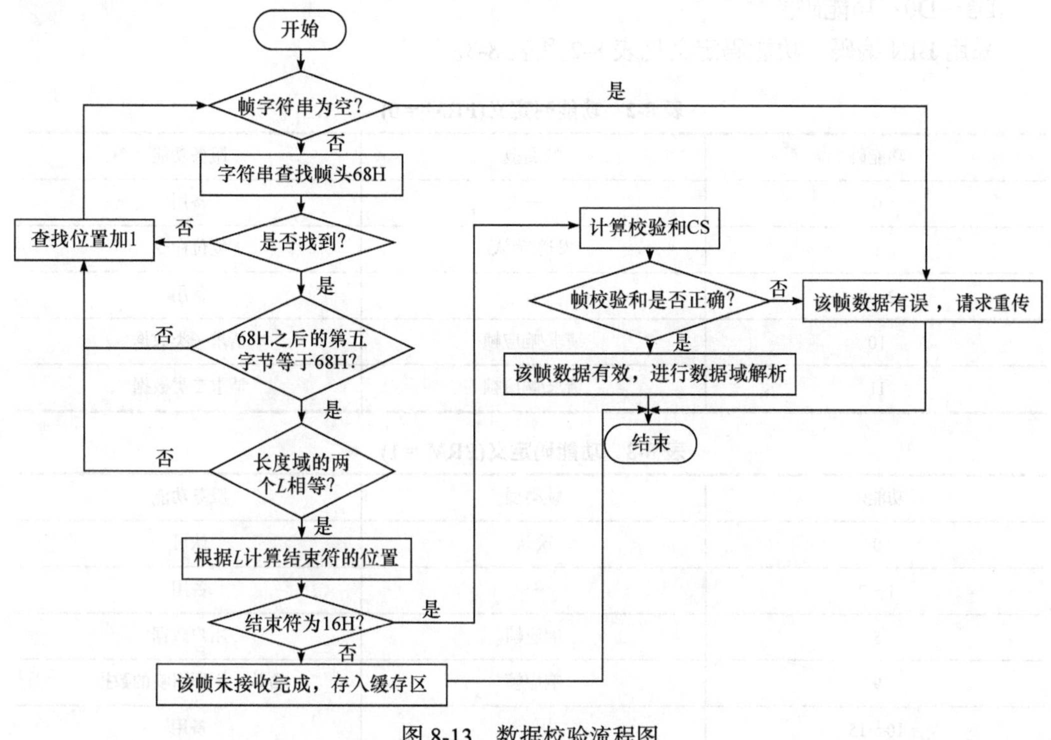

图 8-13　数据校验流程图

1. 起始字符

起始字符包含两个 68H，分别位于长度域之前和之后。

2. 长度 *L*

长度 *L* 由 2 字节组成，表示用户数据域的长度，采用 BIN 编码，是控制域、地址域、数据域的字节总数，总长度不超过 65535。

3. 控制域 C

控制域 C 表示报文传输的方向和所提供的传输服务类型，格式定义如表 8-1 所示。

表 8-1　控制域字定义

D7	D6	D5	D4	D3	D2	D1	D0
DIR	PRM	保留	保留	功能码			

D7：传输方向位(DIR)。D7=0，表示此帧报文是上位机发出的下行报文；D7=1，表示此帧报文是测量仪发出的上行报文。

D6：启动标志位(PRM)。D6=0 表示此帧报文来自上位机；D6=1 表示此帧报文来自测量仪。

D5～D4：保留。

D3～D0：功能码。

采用 BIN 编码，功能码定义见表 8-2 和表 8-3。

表 8-2　功能码定义(PRM = 0)

功能码	帧类型	服务功能
0	—	备用
1	发送/确认	复位命令
2～8	—	备用
10	请求/响应帧	请求一类数据
11	请求/响应帧	请求二类数据

表 8-3　功能码定义(PRM = 1)

功能码	帧类型	服务功能
0	确认	认可
1～7	—	备用
8	响应帧	用户数据
9	响应帧	否认：无所召唤的数据
10～15	—	备用

4. 地址域

地址域由行政区划码 A1、终端地址 A2、主站地址和组地址标志 A3 组成，格式见表 8-4。

表 8-4　地址域定义

地址域	数据格式	字节数
行政区划码 A1	BCD	2
终端地址 A2	BIN	2
主站地址和组地址标志 A3	BIN	1

终端地址 A2：地址范围为 1～65535，A2 = 00000H 为无效地址，A2 = FFFFH 且 A3 的 D0 位为零时表示系统广播地址，上位机向所有节点发送命令，且每个节点需作出响应。

主站地址和组地址标志 A3：D3 = 0 表示终端地址 A2 为单地址，按节点标号标记；D3 = 1 表示终端地址 A2 为组地址，即智能网关的地址。A3 的 D1～D7 组成 0～127 个主站地址 MSA，即上位机所在地址。

上位机启动的发送帧的 MSA 应为非零值，终端响应帧的 MSA 跟随上位机的 MSA。

终端启动发送帧的 MSA 应为零，上位机响应帧也为零。

5. 用户数据域

用户数据域是一帧数据中包含信息量最大的区域，它包含了该帧数据真实所要传递的信息，其格式定义如表 8-5 所示。

表 8-5　用户数据域格式定义

用户数据	字节数
功能码 AFN	1
帧序列域 SEQ	1
数据单元标识 1	2
数据单元 1	按传入数据定义
⋮	⋮
数据单元标识 *n*	2
数据单元 *n*	按传入数据定义
附加信息域	按需求定义

(1) 功能码。功能码由一字节组成，采用 BIN 编码，具体格式定义如表 8-6 所示。

表 8-6　功能码 AFN 格式定义

功能码	描述	功能码	描述
AFN	功能定义	06H	备用
00H	确认/否认	07H	采集控制命令
01H	复位	08H～09H	备用
02H～03H	备用	0AH	查询参数
04H	设置参数	0BH	请求任务数据
05H	控制命令	0CH	请求 1 类数据

(2) 帧序列域 SEQ。帧序列域格式定义如表 8-7 所示。

Tpv = 0：附加信息 AUX 中无时间标签。

Tpv = 1：附加信息 AUX 中带有时间标签。

FIR = 0，FIN = 0：要传输多帧数据，该帧表示中间帧。

FIR = 0，FIN = 1：要传输多帧数据，该帧表示结束帧。

FIR = 1，FIN = 0：要传输多帧数据，该帧表示起始帧。

FIR = 1，FIN = 1：单帧。

CON = 0：接收方不需要对该帧报文进行确认。

CON = 1：接收方需要对该帧报文进行确认。

PSEQ：启动帧序列号，取自启动帧计数器低 4 位计数值，范围为 0～15。

RSEQ：响应帧序列号，跟随收到的启动帧序列号。

表 8-7　帧序列域格式

D7	D6	D5	D4	D3～D0
Tpv	FIR	FIN	CON	PSEQ/RSEQ

(3) 数据单元标识。数据单元标识由信息点标识和信息类标识组成，分别包含两字节。

信息点标识由信息点元 DA1 和信息点组 DA2 两字节组成，信息点组采用二进制编码，信息点元 DA1 对位表示某一信息点组的 1～8 个信息点，具体格式定义见表 8-8。信息类标识 DT 由信息类元 DT1 和信息类组 DT2 两字节组成,编码方式与信息点标识相同,具体格式定义见表 8-9。

表 8-8　信息点标识

信息点组 DA2	信息点元 DA1							
D7～D0	D7	D6	D5	D4	D3	D2	D1	D0
1	P8	P7	P6	P5	P4	P3	P2	P1
2	P16	P15	P14	P13	P12	P11	P10	P9
3	P24	P23	P22	P21	P20	P19	P18	P17
⋮	⋮	⋮	⋮	⋮	⋮	⋮	⋮	⋮
255	P2040	P2039	P2038	P2037	P2036	P2035	P2034	P2033

表 8-9　信息类标识

信息类组 DT2	信息类元 DT1							
D7～D0	D7	D6	D5	D4	D3	D2	D1	D0
0	F8	F7	F6	F5	F4	F3	F2	F1
1	F16	F15	F14	F13	F12	F11	F10	F9
2	F24	F23	F22	F21	F20	F19	F18	F17
⋮	⋮	⋮	⋮	⋮	⋮	⋮	⋮	⋮
30	F248	F247	F246	F245	F244	F243	F242	F241
⋮	⋮	⋮	⋮	⋮	⋮	⋮	⋮	⋮
255	F2040	F2039	F2038	F2037	F2036	F2035	F2034	F2033

(4) 数据单元。数据单元的定义见表 8-10。

表 8-10　数据单元

应用层功能码	数据单元标识	功能
AFN = 00H(确认/否认)	F1	全部确认，无数据体
	F2	全部否认，无数据体
	F3	按数据单元标识确认和否认
	F4	历史数据确认
AFN = 01H(复位命令)	F1	硬件初始化

续表

应用层功能码	数据单元标识	功能
AFN = 01H(复位命令)	F2	数据区初始化
	F3	参数初始化
	F4	参数及全体数据区初始化
AFN = 04H(设置参数)	F1	终端组地址
	F2	终端 IP
	F3	终端 MAC 地址
	F4	重发次数
	F5	采样频率
	F6	节点地址
	F7	设置终端密码
AFN=05H(控制命令)	F31	系统校时
AFN = 07H	F1	启动采集
	F2	停止采集
AFN = 0AH(查询参数)	F1	终端组地址
	F2	终端 IP
	F3	终端地址
	F4	重发次数
	F5	采样频率
	F6	节点地址
	F7	设置终端密码
AFN = 0DH	F24	铝电解槽阳极监测装置实时数据

(5) 附加信息域 AUX。附加信息域可根据需要加入时间标签或其他信息。

(6) 帧校验和。帧校验和是用户数据区所有字节的 8 位位组算术和，不考虑溢出位。用户数据区包括控制码、地址域、用户数据域。

8.4.3 Netty 架构

Netty 是由 JBOSS 提供的一个 Java 开源框架，现为 Github 上的独立项目。Netty 提供异步的、事件驱动的网络应用程序框架和工具，用以快速开发高性能、高可靠性的网络服务器和客户端程序。Netty 是一个异步事件驱动的网络应用程序框架，用于快速开发可维护的高性能协议服务器和客户端。使用 Netty 可以确保用户快速和简单地开发出一个网络应用，例如，实现了某种协议的客户端、服务器端应用。Netty 相当于简化和流线化了网络应用的编程开发过程。Netty 是一个吸收了多种协议(包括 FTP、SMTP、HTTP 等各种二进制文本协议)的实现项目。Netty 的优点在于保证易于开发的同时还能确保其应用的性能、稳定性和伸缩性。

Netty 的特点：①设计优雅，适用于各种传输类型的统一 API 阻塞和非阻塞 Socket。基于灵活且可扩展的事件模型，可以清晰地分离关注点。②使用方便，详细记录的 Javadoc、用户指南和示例，没有其他依赖项，JDK5(Netty3.x)或 JDK6(Netty4.x)就足够了。③高性能、吞吐量更高、延迟更低，减少资源消耗，最小化不必要的内存复制。④安全，完整的 SSL/TLS 和 StartTLS 支持。⑤社区活跃、不断更新，版本迭代周期短，发现的 Bug 可以被及时修复，同时，会加入更多的新功能。

想要在程序代码中使用 Netty，只需要引入 Netty 的依赖即可。Netty 的高性能和高吞吐量都是因为 Netty 的模型，在介绍 Netty 的模型之前，先从传统的 I/O 模型开始介绍。

传统的 I/O 模型采用阻塞 I/O 模型获取输入的数据，每个连接都需要独立的线程完成数据的输入、业务处理和数据返回。那么它的问题就很明显，当并发数很大时，就会创建大量的线程，占用很大的系统资源，连接创建后，如果当前线程暂时没有数据可读，该线程会阻塞在读操作上，造成线程资源的浪费。针对传统阻塞的 I/O 服务模型的缺点，Reactor 模式提出的解决方案有：①基于 I/O 复用模型，多个连接共用一个阻塞对象进行处理，应用程序只需要在一个阻塞对象等待即可。②基于线程池的复用线程资源，当某个连接有新的数据可以处理时，对一个空闲线程进行业务处理。

Reactor 模式指通过一个或多个输入同时传递给服务处理器的模式(基于事件驱动)，是一种设计模式。服务器端程序会处理传入的多个请求，并将它们同步分派到相应的处理线程，因此 Reactor 模式也称为 dispatcher 模式。Reactor 模式使用了 I/O 复用监听事件，收到事件后，将该事件分发给某个线程(进程)，这点就是网络服务器高并发处理的关键。根据 Reactor 的数量和处理资源池线程的数量不同，可以分为单 Reactor 单线程、单 Reactor 多线程、主从 Reactor 多线程。

1. 单 Reactor 单线程

该模式主要是 Reactor、Handler、Acceptor 在一个线程里面，服务器端用一个线程通过多路复用搞定所有的 I/O 操作，遇见高并发会出现阻塞。Reactor 将 I/O 事件分派给对应的 Handler。Acceptor 处理客户端新连接，并分派请求到处理器链中。Handler 执行非阻塞读/写任务，即业务处理。它的优点是模型简单，没有多线程、进程通信、竞争的问题。缺点是：①性能问题，一个线程无法完全发挥多核 CPU 的性能；②可靠性问题，线程意外终止，或者进入死循环，会导致整个系统通信模块不可用，不能接收和处理外部消息，造成节点故障。该模式可以在客户端的数量有限、业务处理非常快速的场景使用。单 Reactor 单线程模式图如图 8-14 所示。

2. 单 Reactor 多线程

该模式是 Reactor 对象通过 select 方法监控客户端的请求事件，收到事件后，通过 dispatcher 进行分发。如果建立连接请求，则 Acceptor 通过 accept 处理连接请求，然后创建一个 Handler 对象处理建立连接后的各种事件；如果不是连接请求，则由 Reactor 分发

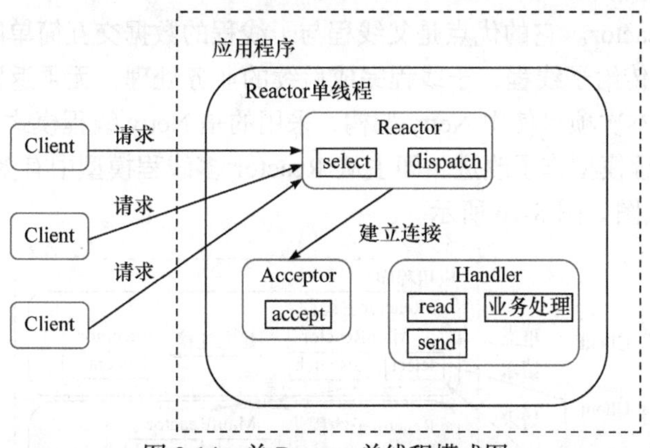

图 8-14 单 Reactor 单线程模式图

调用对应的 Handler 来处理。Handler 只负责响应事件，不做具体的业务处理，通过 read 方法读取数据后，会分发后面的 Worker 线程池的某个线程处理业务。Worker 线程池会分配独立的线程，完成真正的业务，并将结果返回给 Handler，Handler 收到响应后，通过 send 方法将结果回送给客户端。它的优点是可以充分地利用多核 CPU 的处理能力。缺点是多线程的数据共享和访问比较复杂，reactor 处理所有事件的监听和响应，在高并发应用场景容易出现性能瓶颈。单 Reactor 多线程模式图如图 8-15 所示。

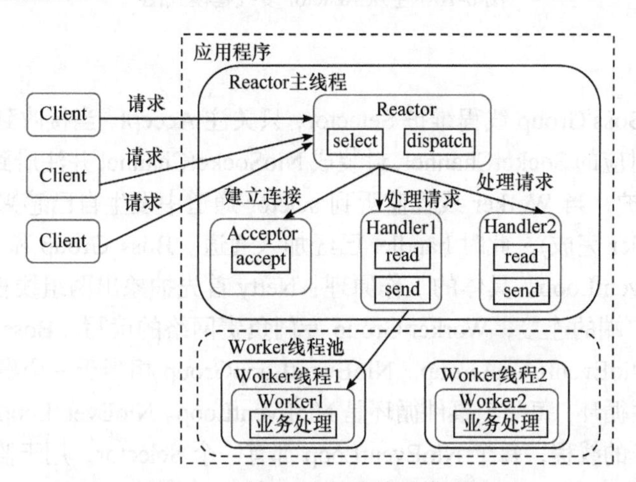

图 8-15 单 Reactor 多线程模式图

3. 主从 Reactor 多线程

该模式中，Reactor 主线程 MainReactor 对象通过 select 监听连接事件，收到事件后，通过 Acceptor 处理连接事件，当 Acceptor 处理连接事件后，MainReactor 将连接分配给 SubReactor，SubReactor 将连接加入连接队列进行监听，并创建 Handler 进行各种事件处理，当有新事件发生时，SubReactor 就会调用对应的 Handler 进行处理。Handler 通过 read 读取数据，会分发给后面的 Worker 线程池里面的 Worker 线程进行处理，Worker 线程池分配独立的 Worker 线程进行业务处理并返回结果，Handler 收到相应的结果后，再通过 send 将结果返回给客户端。Reactor 主线程可以对应多个 Reactor 子线程，MainReactor 可以关联多个 SubReactor。它的优点是父线程与子线程的数据交互简单明确，父线程接收新连接，把新连接传给子线程，子线程完成后续的业务处理，无须返回数据。缺点就是编程复杂度较高。本次项目使用 Netty 架构，采用的是 Netty 线程模式，它主要就是基于主从 Reactor 多线程模型作了改进，即主从 Reactor 多线程模型中有多个 Reactor。主从 Reactor 多线程模式图如图 8-16 所示。

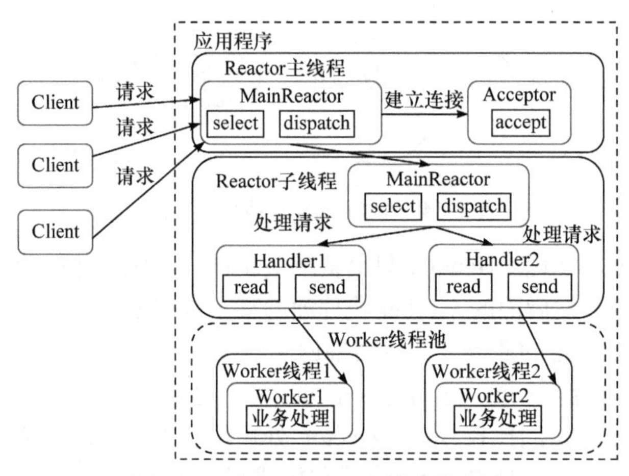

图 8-16　主从 Reactor 多线程模式图

4. Netty 线程

该模式中的 Boss Group 线程维护 Selector，只关注 Accept，当接收到 Accept 事件时，Boss Group 获取对应的 SocketChannel，封装成 NioSocketChannel 并注册到 Worker 线程(事件循环)，进行维护，当 Worker 线程监听到 seletor 通道中发生自己感兴趣的事件后，就进行处理(由 handler 完成)，此时 handler 已经加入通道。Boss Group 和 Worker Group 都可以有多个 NioEventLoop。具体的工作原理：Netty 首先抽象出两组线程池，Boss Group 专门负责接收客户端的连接，Worker Group 专门负责网络的读写。Boss Group 和 Worker Group 类型都是 NioEventLoopGroup。NioEventLoopGroup 相当于一个事件循环组，这个组中含有多个事件循环，每一个事件循环是 NioEventLoop。NioEventLoop 表示一个不断循环的执行处理任务的线程，每个 NioEventLoop 都有一个 Selector，用于监听绑定在其上的 socket 网络通信。NioEventLoopGroup 可以有多个线程，即可以含有多个 NioEventLoop，可以指定有多少个。Netty 线程模式图如图 8-17 所示。

每个 BossNioEventLoop 循环执行的步骤：①轮询 accept 事件。②处理 accept 事件，与 client 建立连接，生成 NioSocketChannel，并将其注册到某个 WorkerNioEventLoop 上的 selector。③处理任务队列的任务，即 runAllTasks。每个 WorkerNioEventLoop 循环执行的步骤：①轮询 read、write 事件。②处理 I/O 事件，即 read、write 事件，在对应的 NioSocketChannel 上进行处理。③处理任务队列的任务，即 runAllTasks。

每个 WorkerNioEventLoop 在处理业务的时候，会使用到 pipeline(管道)，pipeline 中包含 channel，即通过 pipeline 可以获取对应的通道，管道中维护了很多的处理器。而本次项目中主要就是在服务端设计这些处理器来完成 376.1 协议的开发。

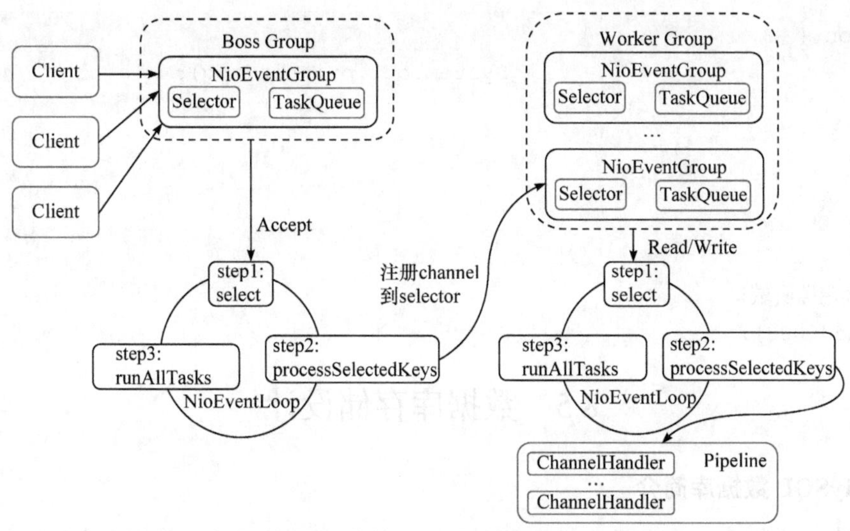

图 8-17 Netty 线程模式图

简易的服务端部分代码如下：

```
// 服务器端启动器，负责组装 Netty 组件
new ServerBootstrap()
/** 添加组，BossEventLoopGroup、WorkerEventLoopGroupselector+ thread(每个
组由一个线程加一个选择器组成)
 */
.group(new NioEventLoopGroup())
// 选择服务器的 ServerSocketChannel 实现
.channel(NioServerSocketChannel.class)
// boss 负责连接，worker(child)负责读写，决定 worker 能执行哪些操作
.childHandler(
    /** 代表和客户端进行数据读写通道的初始化，负责添加其他 handler,初始化器在连接
建立后被调用
     */
    new ChannelInitializer<NioSocketChannel>() {
        @Override
        protected void initChannel(NioSocketChannelch) throws Exception
{
            ch.pipeline().addLast(
            // 将 Bytebuf(字节管理的)转为字符串
            new StringDecoder());
        ch.pipeline().addLast(
            new ChannelInboundHandlerAdapter() {
                @Override
                public void channelRead(
                    ChannelHandlerContextctx, Object msg) throws
```

```
Exception {
                            System.out.println(msg);
                        }
                    });
                }
            }
    )
    // 绑定监听端口
    .bind(8080);
```

8.5 数据库存储设计

8.5.1 MySQL 数据库简介

数据库是计算机应用系统中的一种专门管理数据资源的系统，数据有多种形式，如文字、数码、符号、图形、图像及声音等，数据是所有计算机系统所要处理的对象。我们所熟知的一种处理办法是制作文件，即将处理过程编成程序文件，将所涉及的数据按程序要求组成数据文件，再用程序来调用，数据文件与程序文件保持着一定的关系。在计算机应用迅速发展的情况下，这种文件式管理方法便显出它的不足。例如，它使得数据通用性差、不便于移植、在不同文件中存储大量重复信息、浪费存储空间、更新不便等。

而数据库系统便能解决上述问题。数据库系统不从具体的应用程序出发，而是立足于数据本身的管理，它将所有数据保存在数据库中，进行科学地组织，并借助数据库管理系统，以它为中介，与各种应用程序或应用系统接口，使之能方便地使用数据库中的数据。其实简单地说，数据库就是一组经过计算机整理后的数据，存储在一个或多个文件中，而管理这个数据库的软件就称为数据库管理系统。一般一个数据库系统(DataBase System)可以分为数据库(DataBase)与数据管理系统(DataBase Management System，DBMS)两部分。主流的数据库软件有 Oracle、Informix、Sybase、SQL Server、PostgreSQL、MySQL、Access、FoxPro 和 Teradata 等。

MySQL 数据库可以称得上是目前运行速度最快的 SQL 数据库之一。除了具有许多其他数据库所不具备的功能外，MySQL 数据库还是一种免费的产品，用户可以直接在 MySQL 官网下载安装，而不必支付任何费用。MySQL 数据库支持大型数据库，可以管理上千万条记录的数据库，支持多操作系统，支持多语言连接。

在这里对数据库的创建以及表单和字段的创建可以参考阿里巴巴 Java 开发手册，以及了解数据库的三大范式和其他优秀设计来完成对数据库的创建与管理。

8.5.2 MyBatis 架构

在介绍 MyBatis 架构之前，先介绍一下如何与 MySQL 数据库连接。Java 程序与数据库连接采用 Java 数据库连接技术(Java DataBase Connectivity，JDBC)，是 Java 语言中用来规范客户端程序如何来访问数据库的应用程序接口，提供了如查询和更新数据库中数据的方法。JDBC 本质上也是一种发送 SQL 操作数据库的 client 技术，只不过需要通过 Java 编码完成，通过 JDBC 技术与数据库进行交互，使用 Java 语言发送 SQL 语句到数据库中，可以实现对数据的增、删、改、查等功能，可以更高效、安全地管理数据。JDBC 要通过 Java 代码操作数据库，在 JDBC 中定义操作数据库的各种接口和类型如下。

(1) Driver：驱动接口，定义建立链接的方式。

(2) DriverManager：工具类，用于管理驱动，可以获取数据库的链接。

(3) Connection：表示 Java 与数据库建立的连接对象(接口)。

(4) PreparedStatement：发送 SQL 语句的工具。

(5) ResultSet：结果集，用于获取查询语句的结果。

基于以上接口，Java 程序代码实现与数据库的连接，剩下的就只需要向 MySQL 数据库发送 SQL 语句实现对数据库的增、删、改、查等功能，数据库返回的结果会在 ResultSet 中获得，这样就采用 JDBC 实现了对数据库的连接。

MyBatis 架构是一款优秀的持久层框架，它支持自定义 SQL、存储过程以及高级映射。在本次项目中之所以选用 MyBatis 架构是因为 MyBatis 免除了几乎所有的 JDBC 代码以及设置参数和获取结果集的工作。MyBatis 可以通过简单的 XML 或注解来配置和映射原始类型、接口和普通老式 Java 对象(Plain Old Java Objects，Java POJO)为数据库中的记录，MyBatis 图标如图 8-18 所示。

图 8-18　MyBatis 图标

要在 SpringBoot 架构中使用 MyBatis 架构来操作数据库，只需要引入相应的依赖即可。具体的与数据库 MySQL 连接以及调用数据库实现增、删、改、查功能的步骤如下。

首先让 SpringBoot 框架与 MySQL 数据库相连，只需要在 application.yml 文件里面进行配置即可。具体代码如下：

```
spring:
datasource:
    driver-class-name: com.mysql.cj.jdbc.Driver
    url:
jdbc:mysql://localhost:3306/xxx?useUnicode=true&useSSL=true&characterEncod
ing=UTF-8&serverTimezone=UTC
    username: 用户名
    password: 密码
```

这里配置的是 SpringBoot 架构的数据源，选择 MySQL 数据库，用的是 MySQL8 版本，这样配置后 SpringBoot 架构与 MySQL 数据库就连接成功了。然后进行 MyBatis 框架的配置，让 MyBatis 去 classpath:mapper 文件夹下找 XML 映射文件，配置如下：

```
mybatis:
  mapper-locations: classpath:mapper/*.xml
```

接着在 8.3.3 节创建的 SpringBoot 架构中的 mapper 文件夹里面写操作数据库的接口，在接口上加上@Mapper 注解，即可将接口文件和 XML 文件进行映射，实现对数据库的操作。最后在 resources 目录下新建 mapper 文件，里面存放生成的 XML 文件即可，具体的 XML 文件以及 SQL 语句的书写详见 MyBatis 官网。

8.6　基于 Vue 的前端设计

上位机界面是提供给使用者的第一印象，会直接影响用户体验。因此，有效、合理的界面能够为程序增色不少。Vue 聚焦于视图层，是一个构建数据驱动的 Web 界面的库。它通过简单的 API 提供高效的数据绑定和灵活的组件系统。大量的项目与实践表明，Vue 可以适用于各个场景。

8.6.1　搭建开发环境

1. 本地 Node 环境

Node.js 使用高效且轻量级的事件驱动、非阻塞 I/O 模型，是一种基于 Chrome V8 引擎的 JavaScript 运行环境。Node.js 的特性使得其非常适合于搭建响应速度快、易于扩展的网络应用。Node.js 的安装步骤可参考 Node 官网。Node.js 的包管理工具有 npm 和 yarn 等。npm 是 node package manager 的缩写，它是节点的包管理器。通过 npm 可以很方便地进行 JavaScript 包的下载、升级。一些 npm 常用命令如下。

获取输入命令的详细信息：

```
npm help <term>
```

查看各命令的简单用法：

```
npm -l
```

初始化 package.json：

```
npminit
```

全局安装：

```
npm install -g
```

删除：

```
npm uninstall
```

搜索与查询：

```
npm search [--long][search terms …] npm info
```

2. ide 相关配置

常用的集成开发环境 ide 有 Webstorm、Visual Studio Code、Nodepad++、Sublime text、IntelliJ IDEA 等。

IntelliJ IDEA 是 Java 编程语言开发的集成环境。具有代码自动提示、重构、JavaEE 支持、CVS 整合、代码分析等功能。IDEA 可以对 Java 代码、JavaScript、JQuery、Ajax 等进行调试。在 IntelliJ IDEA 的设置页面，单击 plugins 按钮，在新页面的输入框中输入要安装的插件名，搜索这个插件，在出现的插件选项中进行下载。另外，需要注意的是，插件安装成功后，需要重启 IntelliJ IDEA 使插件生效。IntelliJ IDEA 的常用插件有 Alibaba Java Coding Guidelines 阿里巴巴代码规范检查插件、AiXcoder Code Completer 代码提示补全插件、FindBugs 潜在 Bug 检查、JReBel Plugin 热部署插件等。

8.6.2 搭建 Vue 工程

Vue-cli 是 Vue 官方提供的脚手架工具，基于 webpack 构建，并带有合理的默认配置。使用 Vue-cli 搭建 Vue 工程的代码如下，运行 npm run dev 后，会在浏览器上出现如图 8-19 所示的页面。

```
npm install -g @vue/cli
Vue initwebapck<project-name>
cd <project-name>
npm install
npm run dev
```

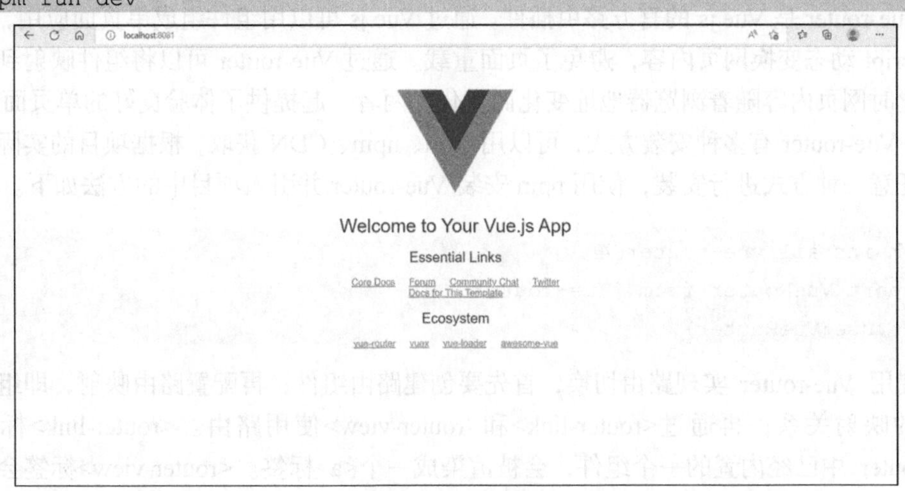

图 8-19　Vue 界面

8.6.3 官方周边库

1. Axios

Axios 是一个基于 promise 的 HTTP 库，可以用于浏览器和 node.js。promise 对象是

ES6 标准中引入的，为了方便异步编程而设立的。Promise 对象包括 then 和 catch 方法，分别用于处理异步操作和抛出异常操作。Axios 在服务器端使用原生 node.js http 模块，在浏览端使用 XMLHttpRequests。Axios 主要应用于向服务器端发起请求。Axios 有多种安装方式，可以用 bower、npm、CDN 获取，根据项目的实际情况选择任意一种方式进行安装，使用 npm 安装 axios 并引入项目中的方法如下。

```
npmiaxios --save
import axios from 'axios'
Vue.use(axios)
```

Axios 可用于转换请求数据和响应数据，拦截请求和响应，取消请求，自动转换 JSON 数据。Axios 常用的请求方法是 get(获取数据)和 post(提交数据)。为给定 ID 的 user 创建 get 请求的示例如下。

```
axios.get('/user?ID=123')
.then(function (response) {
          console.log(response.data);
     })
.catch(function (error) {
          console.log(error);
     })
```

2. Vue-router

Vue-router 是 Vue.js 的官方路由插件。通过 Vue.js 可以用组件组成单页面应用，利用 JavaScript 动态变换网页内容，避免了页面重载。通过 Vue-router 可以将组件映射到路由上，此时网页内容随着浏览器地址变化而变化。两者一起提供了体验良好的单页面 Web 应用。Vue-router 有多种安装方式，可以用 yarn、npm、CDN 获取，根据项目的实际情况选择任意一种方式进行安装，使用 npm 安装 Vue-router 并引入项目中的方法如下。

```
npm install vue-router@4
import VueRouter from 'Vue-router'
Vue.use(VueRouter)
```

使用 Vue-router 实现路由切换，首先要创建路由组件；再配置路由映射，即组件和路径的映射关系；再通过<router-link>和<router-view>使用路由。<router-link>标签是 Vue-router 中已经内置的一个组件，会被渲染成一个<a>标签。<router-view>标签会根据当前的路径，动态渲染出不同的组件。改变路径的模式有两种：一般默认路径的改变使用 URL 的 Hash 模式，另一种模式是 HTML5 的 history。Hash 模式通过监听浏览器地址 Hash 值的变化，执行相应的 JavaScript 更换网页内容，history 模式利用 history API 实现 url 地址改变，从而改变网页内容。通过将路由的 mode 类型设为 history，可以实现将默认的 Hash 模式改为 history 模式。

8.6.4　Element UI 组件库

Element UI 是一套为开发者、设计师和产品经理准备的基于 Vue2.0 的桌面端组件库。Element UI 提供了配套的设计资源，帮助网站快速成型。使用 Element UI 可以搭建出逻辑清晰、结构合理且高效易用的产品。通常采用 npm 的方式安装 Element UI，它能更好地和 webpack 打包工具配合使用。

```
npmi element-ui -S
```

可以引入整个 Element，也可以根据需要仅引入部分组件。在 main.js 中写入以下内容可以引入完整的 Element。

```
import ElementUI from 'element-ui';
import 'element-ui/lib/theme-chalk/index.css';
Vue.use(ElementUI);
```

Element 提供了导航、数据、表单、提示等众多组件。Element 对每个组件都提供了清晰的使用文档和 demo。一些基础组件包括布局、布局容器、色彩、字体、边框、图标、按钮、文字链接。Layout 通过基础的 24 分栏，迅速简便地创建布局。Container 是用于布局的容器组件。使用这两个组件可以方便快速地搭建页面的基本结构。常见页面通常由 Header 顶栏容器、Aside 侧栏容器、Main 主要区域容器、Footer 底栏容器组合构成，如图 8-20 所示。

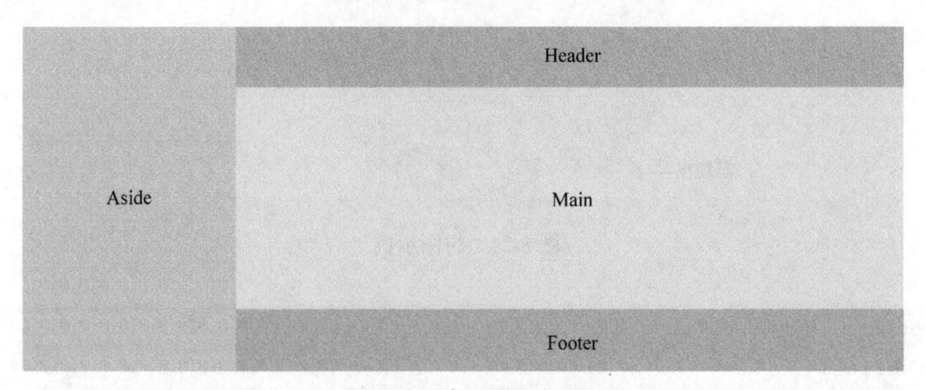

图 8-20　常见页面布局

Element 为了避免视觉传达差异，使用一套特定的调色板来规定颜色，为所搭建的产品提供一致的外观视觉感受。可以使用预定义的颜色名称，或 RGB 值、HEX 值、HSL 值、RGBA 值、HSLA 值来指定颜色。

8.6.5　数据可视化的实现

数据可视化使用图表来总结复杂的数据，能够提高数据分析的效率。ECharts 是一款基于 JavaScript 的数据可视化图表库，提供直观、生动、可交互、可个性化定制的数据可视化图表。Echarts 提供了多种安装方式，可以用 GitHub、npm、CDN 获取，根据项目的实际情况选择任意一种方式安装，使用 npm 安装 echarts 并引入项目中的方法如下。

```
npm install echarts --save
import * as echarts from 'echarts';
```

Echarts 提供了常规的折线图、柱状图、散点图、饼图、K 线图，用于地理数据可视化的线图、地图、热力图，用于统计的盒形图，用于 BI 的漏斗图，用于关系数据可视化的关系图、treemap、旭日图，多维数据可视化的平行坐标，并且支持图与图之间的混搭。下面简单介绍饼图、折线图和柱状图。

1. 饼图

饼图主要用于表现不同类目的数据在总和中的占比。每个扇形弧度表示数据数量的比例。设置饼图的方式是将 series 的 type 设置为 pie。饼图不需要配置坐标轴，而是将数据名称和值都写在 series 中，饼图会根据所有数据的值，按比例分配它们在饼图中对应的弧度。饼图的半径可以通过 series.radius 设置，可以是相对的百分比字符串，也可以是绝对的像素数值。如果要显示每个扇形对应的标签，可以将 series.label.show 设为 true。下面是一个简单的饼图的例子，对应的效果图如图 8-21 所示。

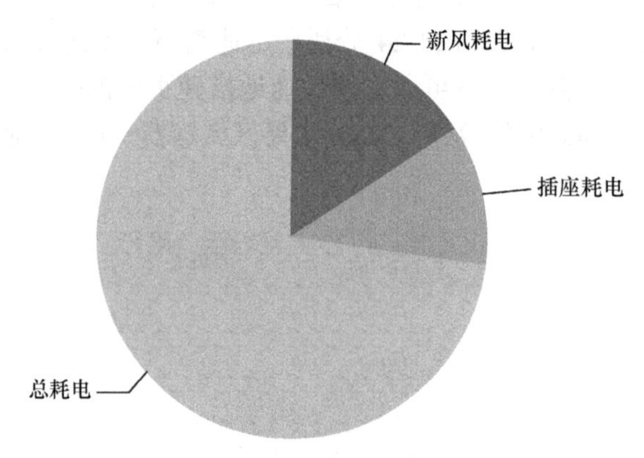

图 8-21　饼图示例

```
option = {
  series: [
   {
     type: 'pie',
     data: [
       {
        value: 335,
        name: '新风耗电'
       },
       {
        value: 234,
        name: '插座耗电'
       },
```

```
      {
        value: 1548,
        name: '总耗电'
      }
    ]
  }
 ]
};
```

2. 折线图

折线图主要用来展示数据项随着时间推移的趋势或变化。设置折线图的方式是将 series 的 type 设置为 line。折线的样式可以通过 lineStyle 设置。可以为其指定颜色、阴影、线宽、不透明度、折线类型等。数据点的样式可以通过 series.itemStyle 指定阴影、不透明度、填充颜色、描边颜色、描边类型、描边宽度。下面是一个简单的折线图的例子，对应的效果图如图 8-22 所示。

```
option = {
xAxis:{
     type:'category',
     data:['新风耗电', '总耗电', '插座耗电']
  },
yAxis:{
     type:'value'
  },
  series:[
   {
     data:[335, 1548, 234],
     type:'line'
   }
  ]
};
```

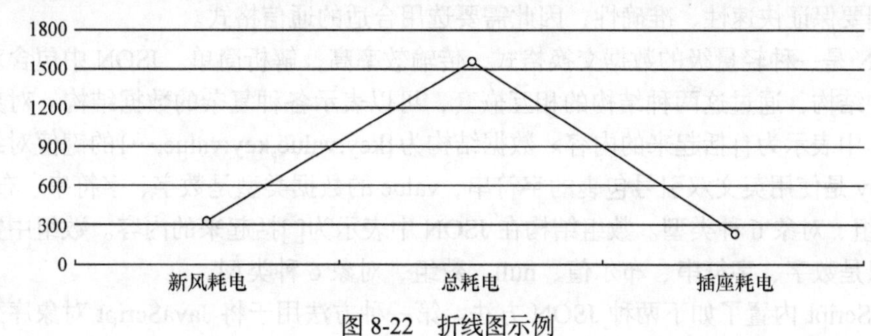

图 8-22　折线图示例

3. 柱状图

柱状图是一种通过柱形的长度来表现数据大小的常用图表类型。设置柱状图的方式是将 series 的 type 设置为 bar。柱条的样式可以通过 series.itemStyle 设置。可以为其指定颜色、阴影、柱条透明度、描边颜色、宽度、样式、柱条圆角的半径等。柱条的背景色可以通过 backgroundStyle 配置。下面是一个简单的柱状图的例子，对应的效果图如图 8-23 所示。

```
option ={
xAxis:{
     data:['Mon', 'Tue', 'Wed', 'Thu', 'Fri', 'Sat', 'Sun']
  },
yAxis:{},
  series:[
     {
      type:'bar',
      data:[23, 24, 18, 25, 27, 28, 25]
     }
  ]
};
```

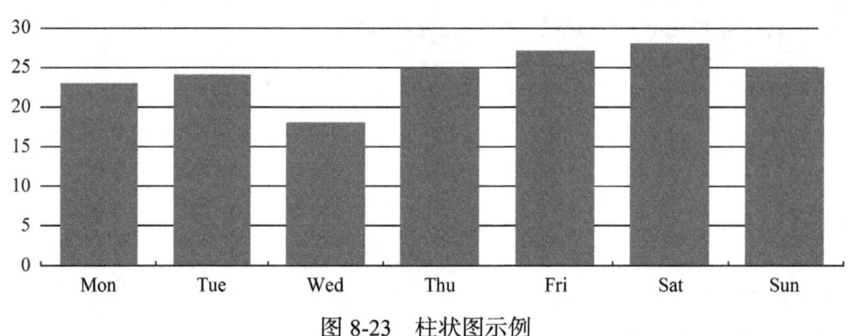

图 8-23　柱状图示例

8.6.6　前端与后端的数据交换格式

数据交换格式指前端和后端之间进行数据传输与交换的格式。后端处理好的数据传送给前端要保证快速性、准确性，因此需要选用合适的通信格式。

JSON 是一种轻量级的数据交换格式，传输效率高，解析简单。JSON 中包含对象和数组两种结构，通过这两种结构的相互嵌套，可以表示各种复杂的数据结构。对象结构在 JSON 中表示为{}括起来的内容。数据结构为{key:value,key:value,…}的键值对结构。其中，key 是使用英文双引号包裹的字符串，value 的数据类型是数字、字符串、布尔值、null、数组、对象 6 种类型。数组结构在 JSON 中表示为[ ]括起来的内容。数组中数据的类型可以是数字、字符串、布尔值、null、数组、对象 6 种类型。

JavaScript 内置了如下两种 JSON 方法。第一种方法用于将 JavaScript 对象序列化为

JSON 字符串，接着通过网络进行传递。其中，第一个参数是要序列化的数据，第二个参数是控制对象的键值，第三个参数是数据序列化后，输出打印的格式。第二种方法用于将接收到的 JSON 格式的字符串反序列化为一个 JavaScript 对象。

```
JSON.stringify({},[],"")
JSON.parse(json.DATA)
```

8.6.7 前端与后端的通信设计

前端也称客户端，与服务器端(后端)相对应，为客户提供本地服务的程序，需要与服务器端互相配合运行。一般用 Socket 套接字实现后端和前端之间的物理连接，进行数据传输，主要有 UDP 和 TCP 两个协议，而 UDP 是广播式数据传输，面向无连接的、不保证可靠的交付数据的协议，一般用于视频和音频等多媒体通信，不适合本系统的通信设计。所以本节将着重介绍面向连接的、可靠的、基于字节流的 TCP 协议。

Internet 协议(Internet Protocol，IP)、用户数据报协议(User Datagram Protocol，UDP)和传输控制协议(Transmission Control Protocol，TCP)是网络通信的基本工具。名称 TCP/IP 来自两个最著名的互联网协议套件——传输控制协议和互联网协议。通过 TCP/IP，用户可以通过单个网络或 Internet 进行通信。TCP/IP 通信为用户提供了简单的界面，隐藏了确保可靠网络通信的复杂性。

TCP/IP 参考模型是首先由 ARPANET 所使用的网络体系结构。这个体系结构在它的两个主要协议出现以后称为 TCP/IP 参考模型(TCP/IP Reference Model)。这一网络协议共分为四层：网络访问层(Network Access Layer)、互联网层(Internet Layer)、传输层(Transport Layer)和应用层(Application Layer)。

网络访问层在 TCP/IP 参考模型中并没有详细描述，只是指出主机必须使用某种协议与网络相连。

互联网层是整个体系结构的关键部分，其功能是使主机可以把分组发往任何网络，并使分组独立地传向目标。这些分组可能经由不同的网络，到达的顺序和发送的顺序也可能不同。高层如果需要顺序收发，那么就必须自行处理对分组的排序。互联网层使用 IP。TCP/IP 参考模型的互联网层和 OSI 参考模型的网络层在功能上非常相似。

传输层使源端和目的端机器上的对等实体可以进行会话。在这一层定义了两个端到端的协议：TCP 和 UDP。TCP 是面向连接的协议，它提供可靠的报文传输和对上层应用的连接服务。为此，除了基本的数据传输外，它还有可靠性保证、流量控制、多路复用、优先权和安全性控制等功能。UDP 是面向无连接的不可靠传输的协议，主要用于不需要 TCP 的排序和流量控制等功能的应用程序。

应用层包含所有的高层协议，包括远程登录协议(Telecommunications Network，TELNET)、文件传输协议(File Transfer Protocol，FTP)、简单邮件传输协议(Simple Mail Transfer Protocol，SMTP)、域名服务(Domain Name Service，DNS)、网络新闻组传输协议(Net News Transfer Protocol，NNTP)和超文本传输协议(HyperText Transfer Protocol，HTTP)等。TELNET 允许一台机器上的用户登录到远程机器上，并进行工作；FTP 提供有效地

将文件从一台机器移到另一台机器的方法；SMTP 用于电子邮件的收发；DNS 用于把主机名映射到网络地址；NNTP 用于新闻的发布、检索和获取；HTTP 用于在 WWW 上获取主页。TCP/IP 中各层之间的关系如图 8-24 所示。

在 TCP/IP 中包含一系列用于处理数据通信的协议：TCP(传输控制协议)，用于应用程序之间通信；UDP(用户数据包协议)，用于应用程序之间的简单通信；IP(网际协议)，应用于计算机之间的通信；ICMP(因特网控制消息协议)，针对错误和状态的协议；DHCP(动态主机配置协议)，针对动态寻址的协议。

在进行 Web 开发时，前端与后端交互的方式包括 AJAX、Fetch、WebSocket 等。AJAX 全称是 Asynchronous JavaScript And XML，是一种使用 XMLHttpRequest 技术构建更复杂的动态页面的编程实践。XMLHttpRequest 是一种支持异步请求的技术，用于与服务器交互，可以在不刷新页面的情况下请求 URL 获取服务器数据。在 XMLHttpRequest 的基础上，通过 JavaScript 操作 DOM 更新页面数据，是 AJAX 编程技术的核心。Axios 是通过 Promise 实现的对 AJAX 技术的封装。AJAX 工作原理图如图 8-25 所示。AJAX 编码有 4 步，其中包括创建 XMLHttpRequest 对象、创建 HTTP 请求、设置响应 HTTP 请求状态变化的函数、设置获取服务器返回数据的语句、发送 HTTP 请求。其中，XMLHttpRequest 对象有 5 种状态，由 readyState 属性值决定，分别对应未初始化状态、载入状态、载入完成状态、交互状态、完成状态。

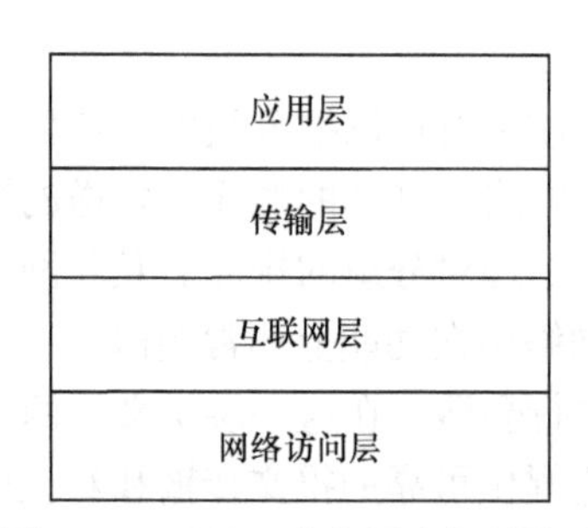

图 8-24　TCP/IP 中各层之间的关系

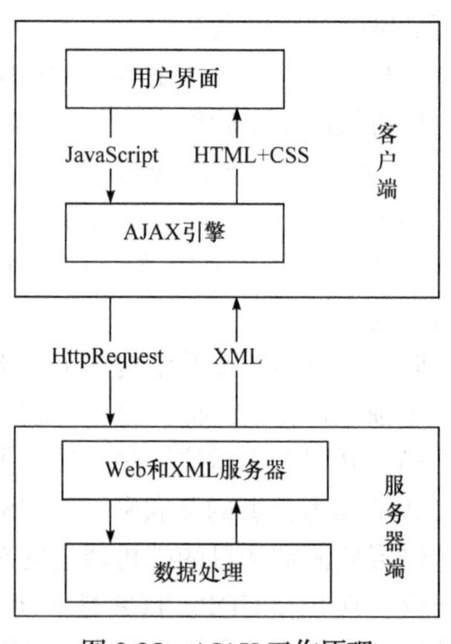

图 8-25　AJAX 工作原理

(1) 未初始化状态。readyState 属性值为 0，已创建 XMLHttpRequest 对象，但未调用 open()方法。

(2) 载入状态。readyState 属性值为 1，已调用 open()方法，但未发送请求。

(3) 载入完成状态。readyState 属性值为 2，已发送完成请求。

(4) 交互状态。readyState 属性值为 3，已接收到部分响应数据。

(5) 完成状态。readyState 属性值为 4，已接收到全部数据，连接关闭。

8.7　基于 Java 的工程实例设计

在本章前面的部分，分别介绍了建筑环境智能监控系统中服务器端与智能网关的通信设计、与 MySQL 数据库的连接设计以及 Vue 前端人机界面设计。在本节中，对建筑环境智能监控系统，使用基于 SpringBoot 的服务器端软件编程的整体思路以及 Vue 前端人机界面的布局设计分析，完成了对建筑环境智能监控系统的实例化工程设计。

8.7.1　服务器端与智能网关的通信实现

服务器端与智能网关基于 TCP/IP 网络通信，使用 376.1 协议来完成信息的传输。服务器端开启和智能网关通信的 SpringBoot 服务，该 SpringBoot 服务主要是依靠 Netty 架构完成，然后监听该服务的端口，当网关开机连接该端口后建立通道 channel，然后网关发出登录信号帧后，实现网关的登录，开始与网关进行通信，将网关后续上报的建筑运行数据存储在数据库 MySQL 中，方便前端界面发出请求来获取数据。同时，在前端界面定义了对该建筑环境内照明、空调等设备的开启与关闭操作，后端接收到前端的请求信息后，会发给网关通信服务，由网关通信服务发送帧给网关，实现对上述节点的操作。为了让服务器端保持与网关的联接，定义了心跳帧，当超过三次没有接收到心跳帧后(几次可以自己定义)，会打印异常，供服务器端查看，后续的操作也可由服务器端自己定义。

8.7.2　服务器端的数据帧判断

在实际的工程中，可能会因为通信故障、采集装置故障等原因造成数据的错误，因此需要对数据帧进行判断。当服务器端软件接收到装置上传的原始数据帧后，需要先对数据帧判断其帧头、帧尾、校验和等，若判断数据帧不符合格式要求，则此帧数据将会被丢弃，从而保证接收到数据的正确性。以下首先介绍帧的接收解析，即判断接收到的数据是否符合帧的格式，以及帧是否完整的程序，具体到 Netty 架构里面即定义解析帧的处理器。解析帧的逻辑步骤如下。

(1) 因为帧的第一个字节为 68H，判断帧开头是否为 68H。

(2) 如果是 68H，再判断以 68H 为起始字符的字符串长度是否为 0。若不为 0，则进行下一步；若为 0，则结束。

(3) 若上一步不为 0，判断长度是否大于 6 字节。若为真，则执行下一步；若为假，则结束。

(4) 若上一步为真，则判断第 6 字节是否也为 68H，因第 2 字节和第 3 字节组成的长度 L 与第 4 字节与第 5 字节组成的 L 相同，因此判断两个 L 相对应的位置，即第 2 字节和第 4 字节，第 3 字节和第 5 字节是否相等。如果同时满足以上条件，则表示为完整的帧头，然后向下执行；如果不同时满足则原字符串偏移一字节继续搜索 68H。

(5) 通过第 2 字节和第 3 字节组成的 L 计算帧长度，因为低位在前高位在后，所以需要将高低 8 位互换位置再减去最后两位再加 8 得到数据位长度，判断计算出的帧长度是否小于等于帧的长度。若为真，则继续向下执行；若为假，则结束。

(6) 截取字符串最后一字节判断帧尾是否为 16H。若为真，则继续向下执行；若不为真，则原字符串偏移一字节继续搜索 68H。

(7) 计算用户数据区的八位位组算数和，不考虑进位，与帧的倒数第二字节对比判断帧校验和是否相等，确定帧是否完全正确。若为真，则继续向下执行；若不为真，则原字符串偏移一字节继续搜索 68H。

(8) 若上一步为真，则开始解析报文的数据体，将解析出来的数据存储到 MySQL 数据库。

同时考虑到通信出现的粘包和半包问题。因为 TCP 是流式协议，就会出现这种问题，采取的解决办法是使用 Netty 架构自带的处理器 LengthFieldBasedFrameDecoder，因为 376.1 协议的长度位置和该处理器的长度识别不一样，所以需要写一个类继承该处理器，并且用重写 getUnadjustedFrameLength 方法来实现对长度的识别即可完成对粘包和半包问题的处理。重写方法的代码如下，仅适用于 376.1 协议，仅供参考。

```
   @Override
      protected long getUnadjustedFrameLength(ByteBufbuf, int offset, int
length, ByteOrder order) {
   ByteBuf slice = buf.slice(offset, length);
         byte b = slice.readByte();
         byte b1 = slice.readByte();
         int low = Byte.toUnsignedInt(b);
         int high = Byte.toUnsignedInt(b1);
         return (high * 256L + low) / 4 + 2;
      }
```

同时关于心跳帧的处理使用 Netty 架构自带的 IdleStateHandler 处理器，监听通道上是否有读写事件的发生，若一定时间没有发生读事件，则判定与网关失去连接。本次项目中主要的管道中的处理器如图 8-26 所示。

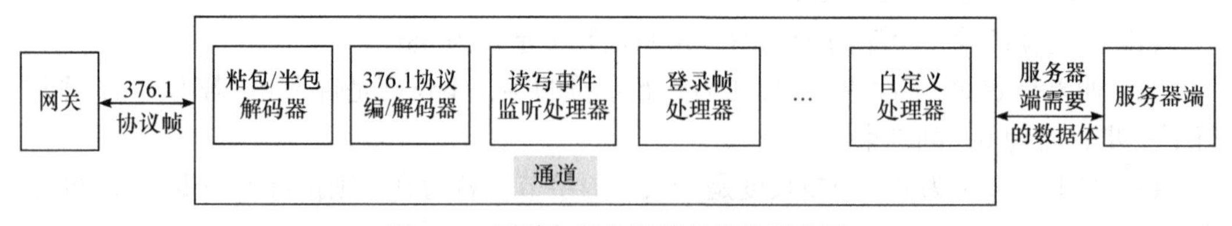

图 8-26　网关与服务器端的连接通道图

8.7.3　服务器端的数据处理

本部分大致分为对网关的通信数据的处理以及对前端数据的通信体定义和处理。

首先是对网关的通信数据的处理，当通过帧校验后，通信数据会经过各个管道中的处理器，当该处理器遇到类型符合的帧时，即登录帧、轮抄帧、心跳帧等，该处理器会对解析后的数据体实现相应功能的处理，以及对网关回复信息，然后经过外部的处理器进行组帧并发送给网关，实现与智能网关的通信，管道中的处理器位置如图 8-26 所示。具体的处理逻辑自己定义即可。

其次是服务器端对前端数据的处理，首先和前端自定义一个公共的通信体，本次项目定义的公共通信体如下：

```
public class BaseResponse<T> implements Serializable {
        /**
          * 状态码
          */
        private int code;

        /**
          * 返回体
          */
        private T data;

        /**
          * 消息
          */
        private String msg;

        /**
          * 详细描述
          */
        private String desc;

        public BaseResponse(int code, T data, String msg, String desc) {
this.code = code;
this.data = data;
this.msg = msg;
this.desc = desc;
        }

        public BaseResponse(int code, T data) {
this(code, data, "", "");
        }
}
```

在前面 SpringBoot 架构介绍中提到的文件夹 controller 以及 SpringMVC 架构的介绍中，可以通过 controller 层实现和前端的通信。在 controller 层中定义 controller 类，在 controller 类上加上@RestController 注解即可实现返回的通信类变成 JSON 格式，让前端能更好地解析，同时在通信体中标注返回的状态码以及消息和描述，更好地传递信息给前端。同时，JSON 格式占带宽小，数据格式比较简单，易于读写，大大简化了服务器端和前端的开发，并且具有易于维护的优点。

8.7.4　服务器端与客户端的通信实现

本次项目采用 B/S 架构，即浏览器和服务器架构模式，并且采取前后端分离架构，后端即服务器端暴露接口给客户端(前端)调用，自定义通信体实现信息的传输。接口方式采用 Restful 风格，Restful 风格指的是网络应用资源定位和资源操作的风格，不是标准，也不是协议。Rest 即 Representational State Transfer 的缩写，可译为“表现层状态转化”。这种风格设计的软件，可以更简洁，更有层次，更易于实现缓存等机制。前端 Vue 采用 axios 对后端接口进行访问，后端接收到前端的 HTTP 的请求后，根据请求的地址找到后端暴露的接口，实现调用，然后返回自定义的通信体内容，前端接收到响应后进行解析，即可对界面进行渲染，服务器端和客户端的通信成功实现。下面是一个简单的前端请求后端接口的例子。

前端：

```
this.axios.post('/xxx',parameterName,
    {headers:{'Content-Type':'application/json;charset=UTF-8'}}
    ).then(res => {
    if (res.data.code === 200){
    }else{
    }
    })
```

后端：

```
@PostMapping("/xxx")
public    BaseResponse<T>login(@RequestBody    Simple    simpe,    HttpSer
vletRequest request) {
          // 业务逻辑代码
......
          return XXXUtils.success(ResponseCode.SUCCESS, response,"成功");
    }
```

这里的 PostMapping 是指接收前端的 POST 请求方法，HTTP 协议规定 POST 提交的数据必须放在消息主体(entity-body)中，协议规定的数据有四种编码模式：①application/x-www-form-urlencoded；②multipart/form-data；③application/json；④text/xml。这里采用 application/json 模式，前面也讲述了 JSON 格式的好处。前端发出请求后，后端用 Simple 对象接收，这里的 Simple 是定义的与前端的请求内容一致的内容，这里前后端必须统一，并且加上@RequestBody 注解才能取到前端请求的参数，当然，地址也要相同才能实现请求，后端接收到请求后返回自定义的通信体，依据@RestController 注解，将通信体转为

JSON 格式返回给前端，前端得到数据后进行渲染。

8.7.5　前后端跨域处理

跨域问题的出现是由于浏览器的同源策略限制。同源策略(Sameoriginpolicy)是一种约定，它是浏览器最核心也最基本的安全功能，如果缺少了同源策略，浏览器的正常功能可能都会受到影响。可以说 Web 是构建在同源策略基础之上的，浏览器只是针对同源策略的一种实现。同源(即指在同一个域)就是两个页面具有相同的协议(Protocol)、主机(Host)和端口号(Port)。当一个请求 url 的协议、域名、端口三者之间任意一个与当前页面 url 不同时，即为跨域，那么解决跨域问题实现前后端分离架构的通信就显得非常重要。

跨域问题是因为请求地址中协议、域名和端口任一不同导致的，就算前后端项目都部署在同一台服务器上，也会出现端口不同而导致的跨域问题，要解决跨域问题，本次项目采取代理模式。简单地说，代理模式就相当于一个中间商，前端请求后端的接口，如果跨域问题导致失败，那么可以让前端先将请求发给一个代理服务器，让代理服务器去请求后端接口，这样就解决了跨域的问题。具体的解决方案由前端实现，如下：

```
proxyTable:{
   '/api':{
target:'xxx',
changeOrigin:true,
pathRewrite:{
      '^/api':
        }
     }
}
```

8.7.6　客户端的人机界面设计

建筑智能化系统的服务器端软件主要完成与智能网关的通信、数据解析、数据存储和数据上传，通过与客户端建立 TCP 连接，实现数据上传通信。

客户端作为一个数据显示页面，直接与客户对接。根据页面的用户体验界面规范，其人机界面设计需要满足以下五个原则。

(1) 以用户为中心。了解用户的需求、目标、偏好及操作习惯，站在用户的立场和角度考虑设计网页，设计由用户控制的界面，而不是界面控制用户。

(2) 一致性。所有界面的风格保持一致，所有具有相同含义的术语保持一致，且易于理解。保证用户能迅速在网页中找到需要的信息；快速学会整个网站的各种功能操作；对网页的形象有深刻记忆。

(3) 拥有良好的直觉特征。以用户所熟悉的现实世界事务的抽象来给用户暗示和隐喻，帮助用户迅速学会使用软件。

(4) 较快的响应速度。既要避免响应速度过慢导致用户等待，又要避免响应时间过快影响用户的操作节奏。

(5) 简单且美观。信息显示遵循只显示与当前用户语境有关的信息，使用便于用户迅速获取信息的方式表示信息。

如图 8-27 和图 8-28 所示为基于 Vue 开发的建筑智能化系统 Web 前端界面，开发过程基于以上五个原则。

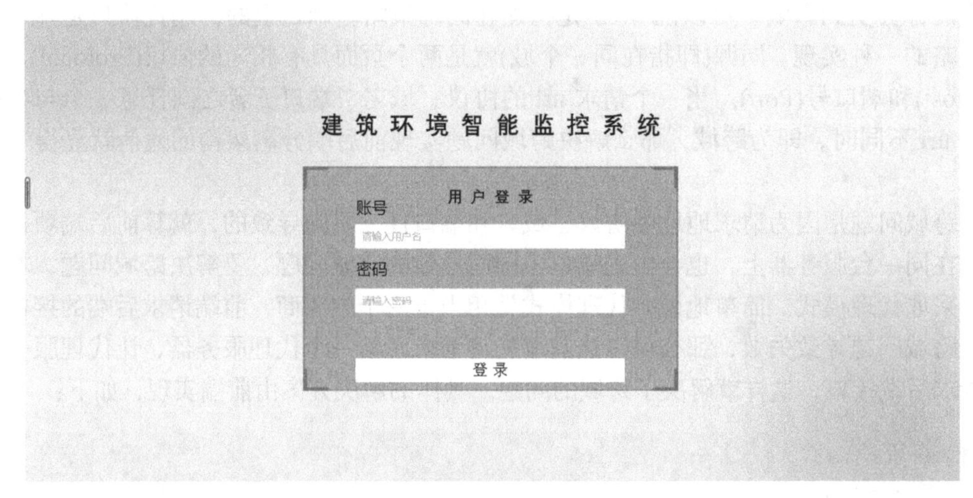

图 8-27　前端登录界面

在 IntelliJ IDEA 的集成开发环境下，使用渐近式架构 Vue 进行 Web 前端界面的快速开发。用组件库 ElementUI 帮助网站快速成型；用 echarts 实现数据可视化；用 Vue-router 实现页面路由转换；用 axios 完成前后端数据通信。主界面上将各个显示控件和操作按钮左右对齐，上下间隔等距，让界面更加整齐美观。使用焦点、位置、分组、层次、大小、颜色或者字体等，将注意力集中在首先看到的用户界面控件上。尽量以可视的方式指明用户接下来应该进行的操作。

如图 8-27 所示，对账号和密码两个输入框增加了表单验证功能，在防止用户犯错的前提下，尽可能让用户更早地发现并纠正错误。输入账号和密码后，单击“登录”按钮，当账号和密码与数据库中账号信息匹配时，即可通过 Vue-router 跳转到数据可视化主页面。否则，激活一个悬浮在页面顶部中心的通知提醒消息，提示账户或密码错误。

前端数据监控界面如图 8-28 所示。数据可视化界面如图 8-29 所示。此页面将展示三个环境表实时采集的数据和建筑的实时耗电数据，并实现空调和灯的状态的控制。三个环境表分别采集会议区、办公区 A 和办公区 B 的温度、湿度、CO_2浓度、PM2.5 的值，这几组数据在主要区域容器 main 中通过导航菜单 NavMenu 实现待展示区域数据的切换。对所监控的建筑中的两台空调的控制以及空调当前数据的显示均通过表单 Form 实现。表单右上角的指示灯表示当前空调的状态，两盏灯的开关由按钮简单控制。使用折线图展示当日插座耗电、新风耗电、照明耗电、总耗电的时耗电分布，当鼠标指针悬浮在折线图某点上时，会显示该点对应时刻的四个耗电值，如图 8-30 所示。使用柱状图展示本周的四个耗电值的日耗电分布，当指针悬浮在某柱上时，会显示出该日对应的耗电值，如

图 8-31 所示。当前时刻的实时耗电分布通过饼图展示，当指针悬浮在某扇形上时，会显示出该扇形对应的耗电值，如图 8-32 所示。

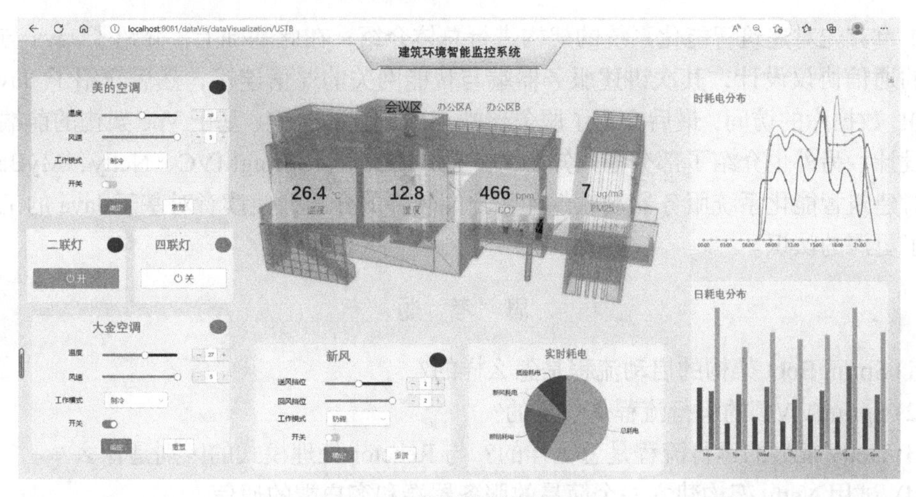

图 8-28　前端数据监控界面

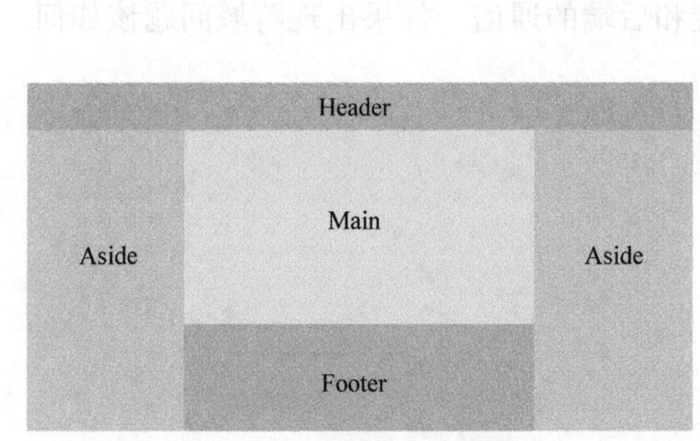

图 8-29　数据可视化界面

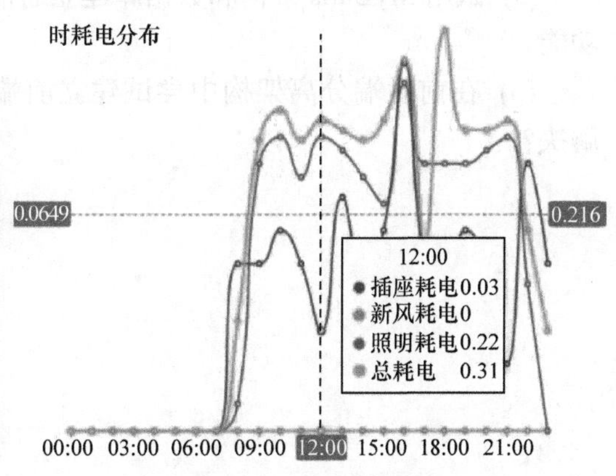

图 8-30　时耗电分布详情图

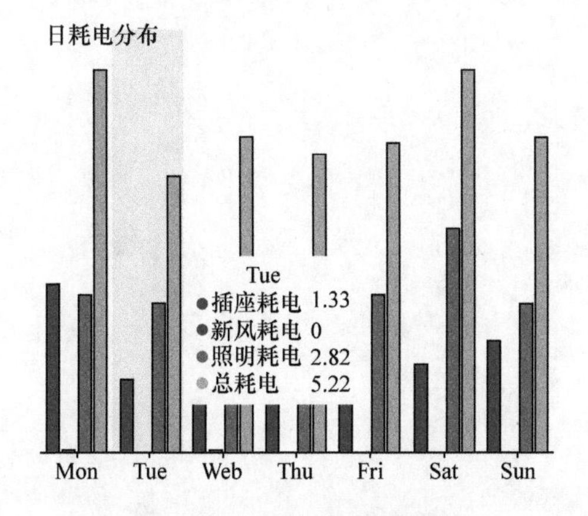

图 8-31　日耗电分布详情图

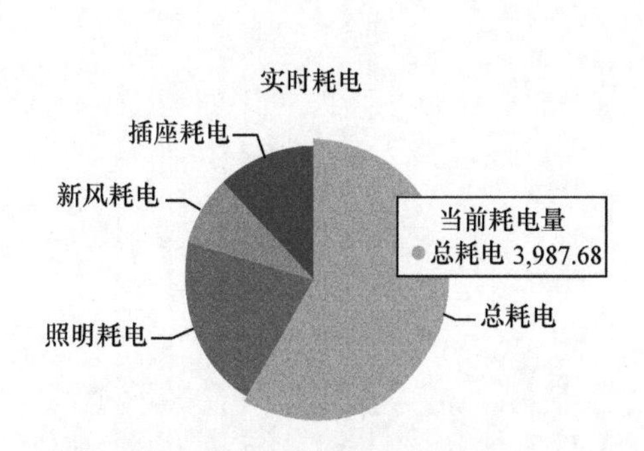

图 8-32　实时耗电分布详情图

本 章 小 结

本章首先对建筑智能化系统的架构进行总体介绍，在此基础上，介绍了 Java 与智能网关的通信协议设计，其次讲述服务器端与智能网关的通信连接，然后介绍了 Java 对 MySQL 数据库的访问，最后介绍了服务器端与用户端的通信、基于 Vue 架构的前端人机界面设计。另外也介绍了部分框架知识——SpringBoot、SpringMVC、Netty、MyBatis。通过对建筑智能化系统服务器端软件和客户端软件的介绍，使读者对基于 Java 的工程设计有了更深的认识。

思 考 题

(1) SpringBoot 架构的启动流程是怎么样的？

(2) SpringMVC 的运行流程是怎样的？

(3) Netty 模型的运行流程是怎么样的？与 Reactor 处理模式的区别是什么？

(4) 试用 Netty 架构建立一个简易的服务器端和客户端的通信。

(5) 试用 MyBatis 架构和数据库建立通信，并且完成对数据库基础的增、删、改、查功能。

(6) 在前后端分离架构中尝试建立前端和后端的通信，如果出现跨域问题该如何解决？

第 9 章　铝电解阳极电流测量装置工程实例设计

9.1　铝电解生产工艺概述

电解炼铝方法于 1988 年用于铝电解槽工业生产，自此，铝电解槽便一直是电解炼铝的核心设备，预焙铝电解槽结构示意图如图 9-1 所示。冰晶石-氧化铝熔盐电解法的实质是将氧化铝熔于电解质(含多种氧化物添加剂的冰晶石熔体)中，通以整流后的系列电流，槽内的氧化铝发生电解反应，产生铝液。

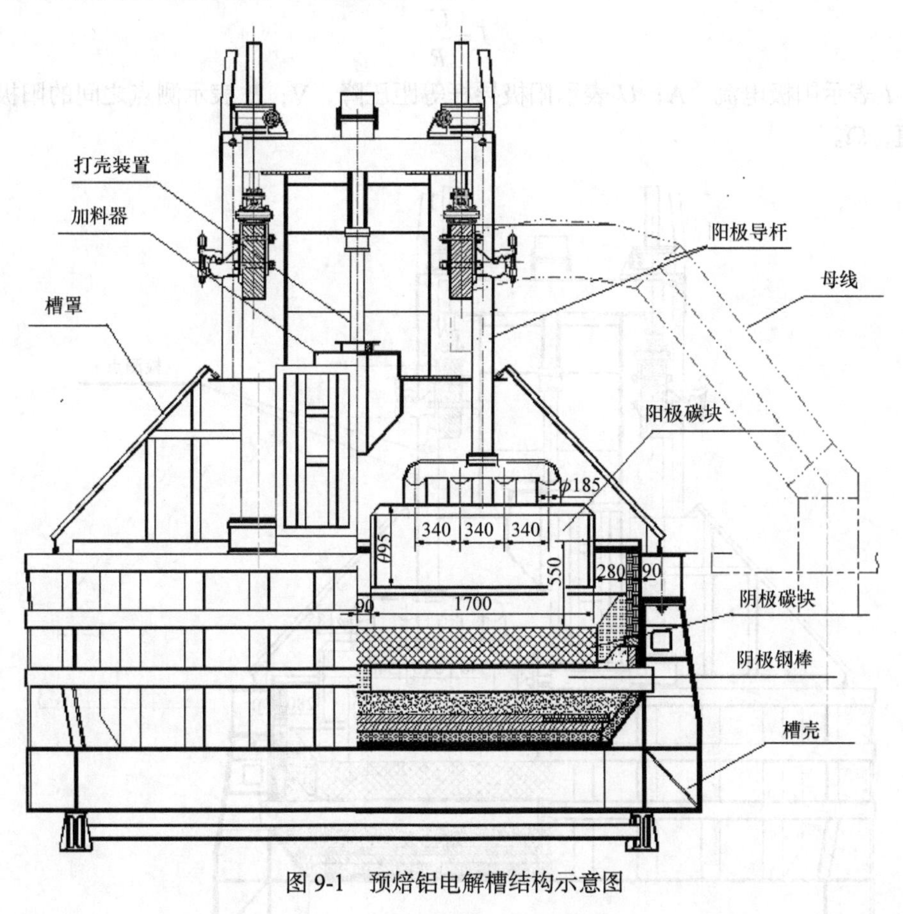

图 9-1　预焙铝电解槽结构示意图

铝电解是一个多变量耦合、时变和大滞后的工业过程，自身内部复杂的物理化学反应和各种外界条件与作业的干扰，形成了复杂多变的情况特征，面对这样一个复杂的工业过程体系，在电解铝的生产过程中，各种因素相互影响，所以难以使用一般的数学模型对其进行描述，一般的自动控制方法也难以适用于生产控制，现阶段均由现场操作人员凭借经验进行操作，其操作结果随人员的经验不同有较大差别，这给生产操作带来了很多难题。因此，对于铝电解槽的控制显得尤为重要，而电解槽运行过程中众多的参数和变量的不确定性及不可连续测定性，造成生产过程难以控制，因此，需要研究一种阳极导杆电流在线检测系统，实现电解槽等距压降、导杆温度、阳极分布电流的精确测量。

9.2 阳极电流检测原理与测量仪技术指标

铝电解处于一种强电场的工作环境，阳极导杆的电流高达几 kA 到十几 kA，采用直接测量阳极电流的方法难度较大。虽然阳极电流很大，但是阳极导杆的阻值极低，故可采用等距压降法对阳极电流进行间接测量。在铝电解槽所有阳极导杆的合适位置选取相等距离的测点，本测量系统中两侧点之间的距离为 15cm，如图 9-2 所示。将电流信号转换为等距压降信号进行测量，再根据欧姆定律计算出阳极电流，如式(9-1)所示。

$$I = \frac{U}{R} \tag{9-1}$$

式中，I 表示阳极电流，A；U 表示阳极导杆等距压降，V；R 表示测点之间的阳极导杆电阻值，Ω。

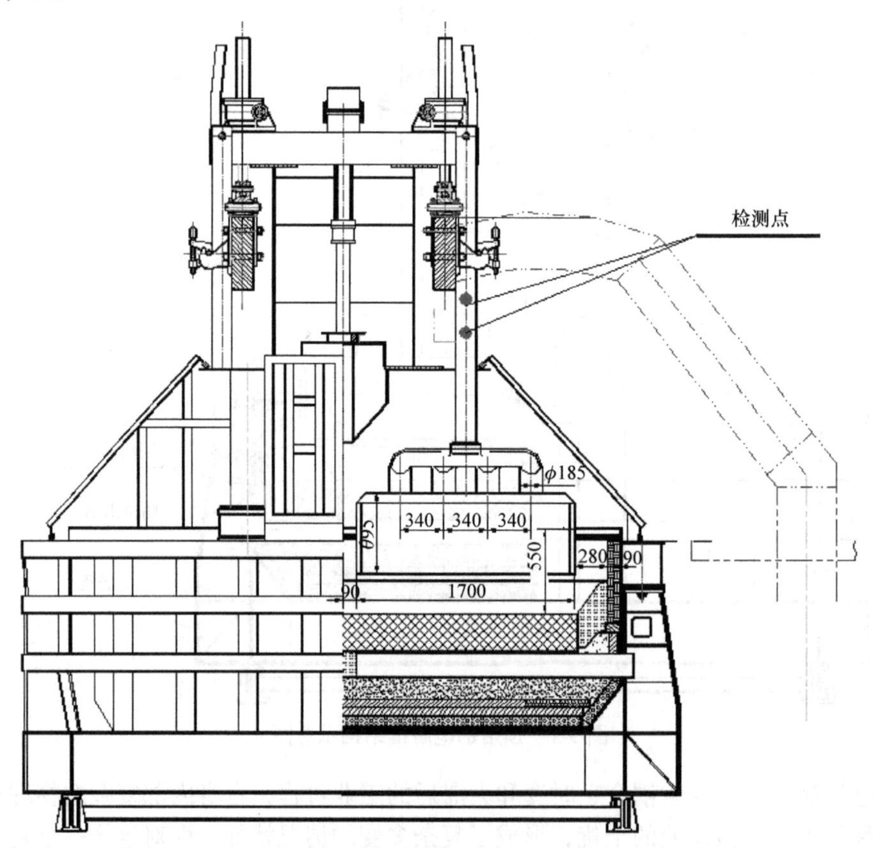

图 9-2 等距压降法测点示意图

由于阳极导杆的温度较高，并且不断变化，阳极导杆的电阻随着温度的变化而变化，因此在进行阳极导杆电阻值的计算时，必须考虑温度的影响，进行温度补偿，电阻计算公式如式(9-2)所示。

$$R = \frac{\rho_0(1+\alpha(T-20))L}{S} \tag{9-2}$$

式中，S 表示阳极导杆的横截面积，mm^2；ρ_0 表示 20℃时阳极导杆材料(金属铝)的电阻率，$\rho_0 = 2.82 \times 10^{-8}\Omega \cdot m$；$\alpha$表示 20℃时阳极导杆材料(金属铝)的电阻率温度系数，$\alpha = 0.0039$；T 表示阳极导杆的温度，℃；L 表示选取的阳极导杆等距压降对应的长度，m。

根据上述阳极导杆电流测量原理，以重庆某铝业公司 420kA 电解槽为例，取阳极导杆横截面积 $S = 150\text{mm} \times 150\text{mm}$，两个测点之间的距离 $L = 150\text{mm}$，温度 $T = 80$℃，根据式(9-1)和式(9-2)计算可得，等距压降电压值为 2.029mV。以此电压信号为参考，针对检测系统需求，阳极导杆电流测量仪的技术指标如下。

(1) 测量仪可检测信号范围为 0.5～6mV。

(2) 测量仪对等距压降信号的测量精度小于 2%。

(3) 测量仪具有实时存储功能，可实时存储信号采集时间、阳极电流和导杆温度等数据。

(4) 测量仪具有实时数据传输功能，可将检测信息实时传送至上位机。

(5) 测量仪具有控制功能，可通过上位机对其进行参数设置、启停采样等控制操作。

9.3　系统总体设计

针对铝电解工业特性，为了方便、快捷、可靠、有效地测量阳极导杆电流，采用如下的设计方案。采用分布式测量系统，主要由阳极导杆电流测量仪和主控台两部分组成，阳极导杆电流测量系统框图如图 9-3 所示，其中虚线框标注的部分为本设计的研究内容。

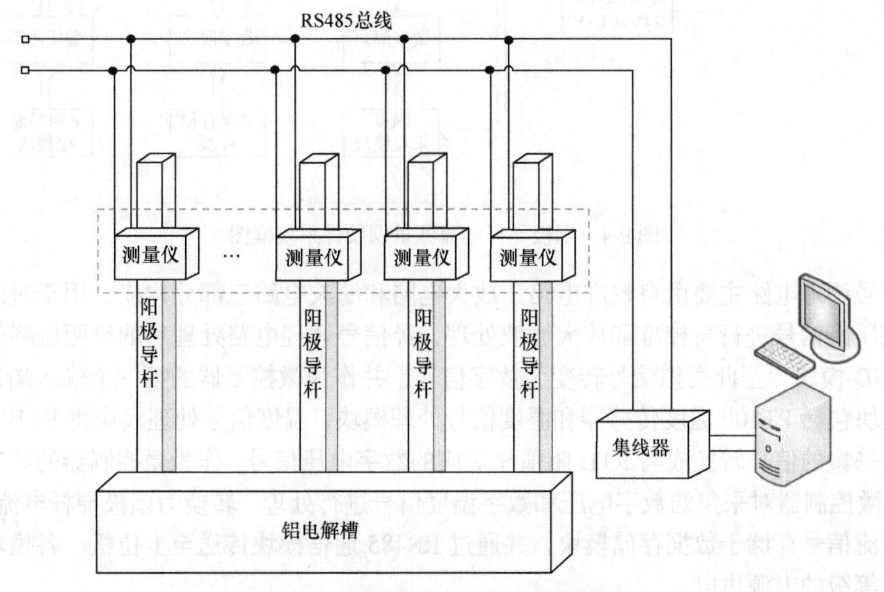

图 9-3　阳极导杆电流测量系统框图

阳极电流测量仪安装在阳极导杆上，每个导杆上的阳极电流测量仪是相互独立的，有独立的控制器，每个测量仪均有一个唯一的地址，便于上位机对每个测量仪进行控制和采样数据的分类存储。可以通过上位机对测量仪进行地址修改和各种参数设置。

铝电解现场处于强磁场环境，信号干扰严重，为了保证通信的稳定性，保证数据准确传输，采用工业级 RS485 总线进行信号传输。从阳极导杆电流测量仪引出的信号线汇集到槽控机旁边的集线器内，再通过集线器与上位机通信并进行显示与控制。

9.4　系统硬件设计

根据 9.2 节所述的技术指标，设计的阳极导杆电流测量仪硬件系统框图如图 9-4 所示，铝电解阳极电流测量仪主要包括信号调理电路、A/D 采样模块、温度采集模块、微控制器、RS485 通信模块、数据存储和电源模块。

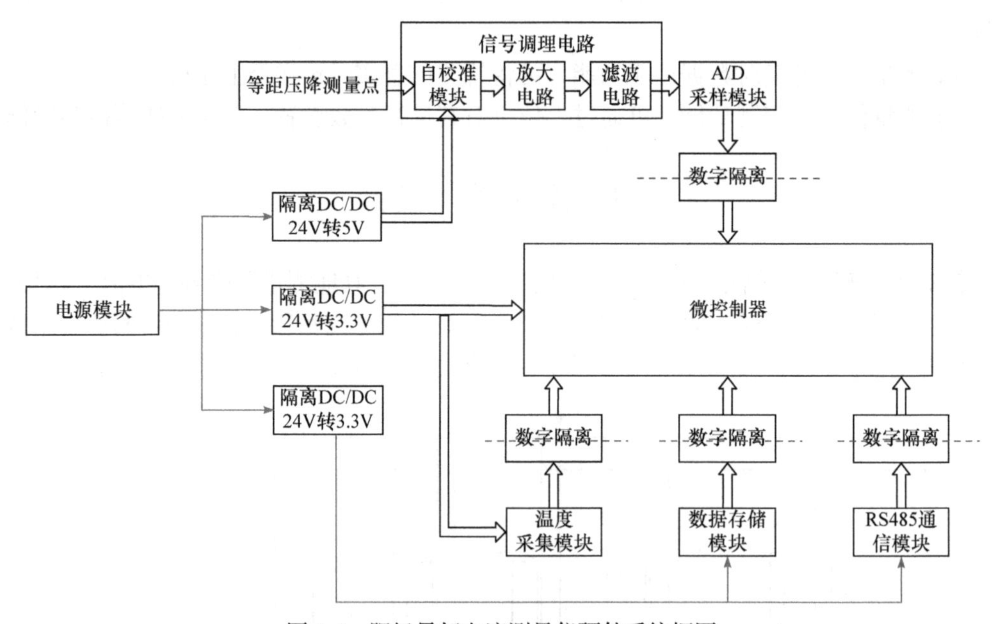

图 9-4　阳极导杆电流测量仪硬件系统框图

信号调理电路主要由自校准电路、放大电路和滤波电路三部分构成，用于对阳极导杆等距压降信号进行自校准和放大滤波处理，经信号调理电路处理后的等距压降信号输入至 A/D 模块，至此模拟信号转变为数字信号，并作为微控制器的第一个输入端；温度采集模块包括 PT100 温度传感器和温度信号处理模块，温度信号处理模块将 PT100 温度传感器采集的信号转换成与 RTD 阻值相对应的数字电压信号，作为微控制器的第二个输入端；微控制器对采集的数字电压和数字温度信号进行处理，转换为阳极导杆电流信号，将该电流信号存储于数据存储模块，并通过 RS485 通信模块传送至上位机。各模块由不同电压等级的电源供电。

9.4.1 MCU 模块设计

本设计中微控制单元(MicroController Unit，MCU)主要完成阳极导杆等距压降和阳极导杆表面温度数据的采集、处理以及与智能网关的通信功能。微控制器可以将带有时间、电流、导杆编号等多种信息的数据包传送给上位机。根据系统功能要求的差异，微控制器的选型常采用 ARM、数字信号处理器(DSP)和单片机三种方案。其中 ARM 以其具有性能高、成本低和能耗小的优点，广泛应用于工业控制、消费电子产品中。

本设计选用高性能工业级的微控制器 STM32F103，内核为 ARM 公司的 Cortex-M3 微控制器，采用 32 位 RISC，72MHz 的主频，2.0～3.6V 供电，内置 128KB 的 Flash 和 20KB 的 SRAM，内部嵌入了一个 8MHz 的 RC 晶振。

STM32F103 系列微处理器的主要资源和特点如下。

(1) 多达 80 个快速 I/O 端口，所有 I/O 端口均可映像到 16 个外部中断，且每个端口都可以由软件配置成输出、输入或其他的外设功能。

(2) 2 个 12 位模/数转换器(ADC)，多达 16 个外部输入通道，具有双采样和保持功能。

(3) 具有 7 路通用的 DMA，可以管理存储器到存储器、设备到存储器和存储器到设备的数据传输，无须 CPU 的任何干预。

(4) 内部包括 7 个定时器：3 个 16 位通用定时器、1 个 16 位 6 通道高级控制定时器、2 个“看门狗”定时器、1 个 24 位系统时基定时器。

(5) 内含丰富的通信接口：3 个 USART 异步串行通信接口、2 个 IIC 接口、2 个 SPI 串行接口、1 个 CAN 接口、1 个 USB 接口，为实现数据通信提供了保证。

9.4.2 自校准电路设计

由于系统中 ADC 和运放等元器件不是理想器件，这样系统中不可避免地会出现误差，常见的误差种类包括有增益误差、失调误差、微分非线性误差和积分非线性误差。随着所处环境的变化，误差还会因为各种外在噪声变化而发生变化，这种情况会限制系统的输入范围，从而影响预期精度。因此，在数据的采集和处理系统中，可采用自校准技术提高系统的采集精度。

本设计提供了一种自校准电路，在通过 A/D 转换之前将采集的电压信号进行自校准。自校准电路选用 Maxim Integrated 公司的多路器开关 IC——MAX4932，该多路开关包含三个通道，由微处理器直接通过两位二进制数字信号控制通道选择，其中 01、10、11 分别控制通道一、通道二、通道三。上电默认为 00，即高阻态，以防止过电流对设备造成损坏。具体校准过程为：先进行零度标定，即选择一个通道使其短接到地，从而得到零标度点，以确定校准系数，如式(9-3)所示。

$$Y_0 = aX_0 + b \tag{9-3}$$

式中，X_0、Y_0 分别为零标度输入值与输出值；a 为函数系数；b 为常量。

之后进行满度标定，即选择第二个通道接入标准信号源，如式(9-4)所示。

$$Y_1 = aX_1 + b \tag{9-4}$$

式中，X_1、Y_1 分别为满标度输入值与输出值。

在上述两个量程之间依据线性逼近理论计算出系数 a 和常量 b 的值，选择第三个通道即实际测量模拟信号，此时输入信号即可根据上述拟合的校准曲线迅速合理地自动修正零偏误差和增益误差。阳极导杆电流测量仪自校准流程图如图 9-5 所示。

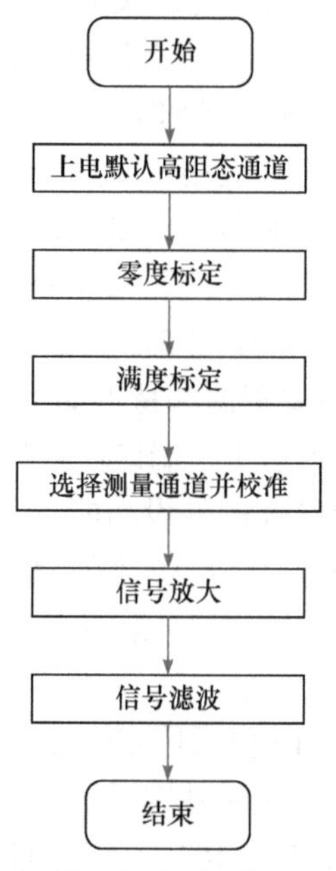

图 9-5　阳极导杆电流测量仪自校准流程图

由 Analog Devices 公司 ADR4525 芯片提供 10mV 标准信号源，自校准电路的原理图如图 9-6 所示。

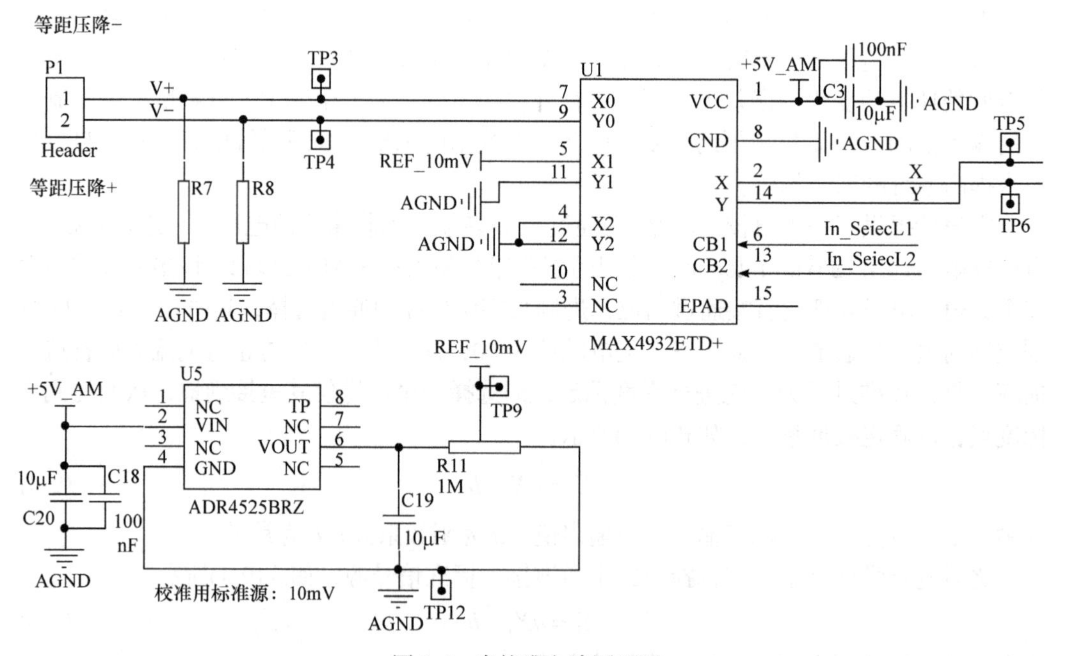

图 9-6　自校准电路原理图

9.4.3　放大电路设计

在二级放大电路中，由于前置运放的噪声增益等于整个放大电路的增益，所以其对整个检测电路的噪声影响最大，因此前置放大器的选择尤为重要，对其性能指标的要求也更加苛刻。前置放大器的基本性能要求如下。

(1) 内部噪声小。

(2) 输入阻抗高，应远远高于传感器的输出阻抗。

(3) 线性增益好，失真小。

(4) 温度失调小。

在铝电解生产的高温、强磁场等恶劣环境下，一般的运算放大器难以满足要求，为了抑制共模干扰，减小噪声引入，本设计采用高精度仪表放大器作为前置运放。此种运放的选择很多，如 TI 公司的 INA129、INA333，AD 公司的 AD8421、AD620 等。从输入噪声、温漂、高增益下的线性度、价格等多角度考虑，本设计选用 TI 公司的 INA129 精密仪表放大器。

INA129 采用差分式结构，将三个运放集成于一个芯片中，电阻配对精度高，保证了差分运放在结构上的完全对称性，可有效地抑制共模信号的干扰，并且在电路设计时，可得到正确的输入阻抗和增益特性，只需一个增益电阻 R 即可调节放大倍数范围从 1～10000 变化，INA129 的电阻-增益计算公式如式(9-5)所示。

$$G = 1 + \frac{49.4\text{k}\Omega}{R} \tag{9-5}$$

参考噪声优化的结果以及电阻系列值，放大器增益调节电阻采用 499Ω、0.1%高精度电阻，设计前置放大器放大倍数为 100 倍，放大电路图如图 9-7 所示。

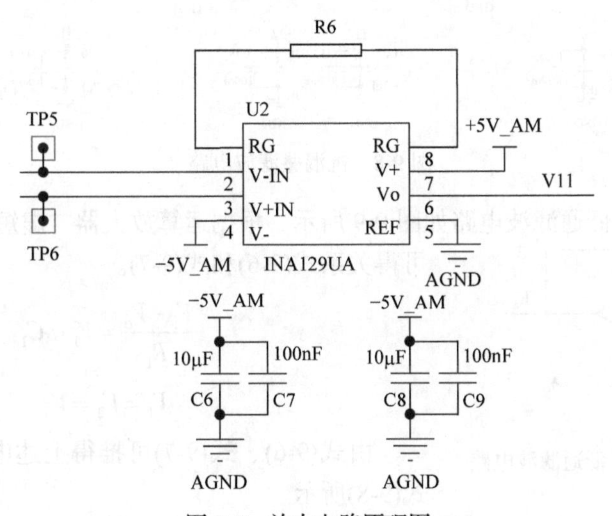

图 9-7　放大电路原理图

9.4.4　滤波电路设计

铝电解生产现场的电压信号中混杂有高频干扰信号，而测量仪的采样频率定为

10Hz，显然，这个采样频率相对于采样信号不能满足采样定理，即采样频率 f_s 与采样信号中包含的最高频率 f_{max} 不满足关系式：$f_s \geqslant 2f_{max}$。如果直接使用数据采集卡进行数据采集，那么信号中频率 f 满足 $f > 0.5f_s$ 的部分会以假频的形式折叠到 $0\sim 0.5f_s$ 部分，即产生频率混叠现象，此时会出现量化误差，并且在使用放大电路对微弱信号进行放大时，电路内部器件产生的噪声同时也会被放大。基于此原因，在对低频信号进行处理时，在放大电路与 A/D 转换器之间常会设置抗混叠低通滤波器(LPF)，一方面用于防止混叠效应，另一方面也可以有效地滤除高频噪声。目前，大多数的抗混叠滤波器采用有源滤波电路来实现。有源滤波器由运算放大器和 RC 构成，各级滤波器的输出阻抗与截止频率无关，因此，各级滤波器的输出阻抗可以设计得很小。有源滤波器采用集成运放，只需少量的电阻、电容就可达到设计需要，使电路结构紧凑，各级之间可以相互独立地设计参数。

为了降低这种现象的影响，本设计使用三阶巴特沃思模拟低通滤波器滤除原始电压信号中的高频噪声，电路如图 9-8 所示。其中，INA117 是差分放大器，其输出即为输入电压正负两端的差值，作用为抑制信号的共模噪声，同时可使双端信号变为单端信号。三阶巴特沃思滤波器由运放 AD8677 及电容、电阻搭建，由一阶低通滤波电路和二阶低通 Sallen-Key 电路串联组成。

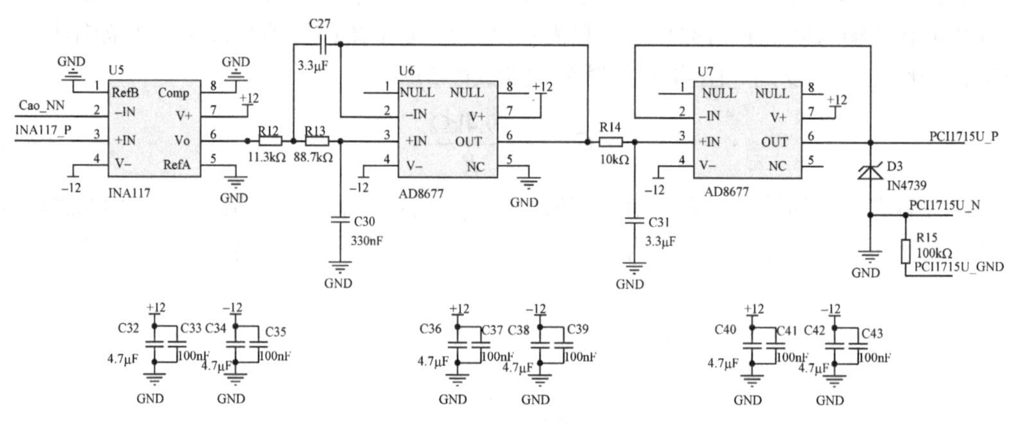

图 9-8　抗混叠滤波电路

一阶巴特沃思低通滤波电路如图 9-9 所示，根据运算放大器“虚短”“虚断”的性质可得关系式(9-6)和式(9-7)。

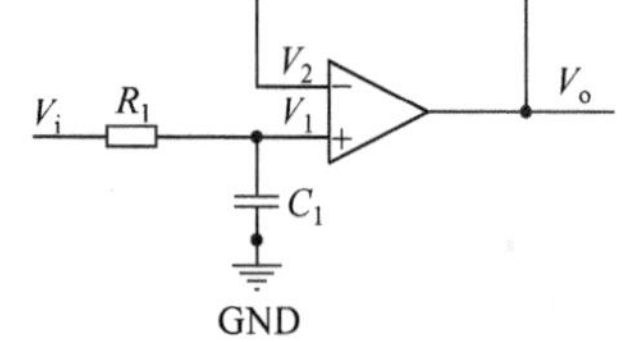

图 9-9　一阶巴特沃思低通滤波电路

$$\frac{V_i - V_o}{R_1} = V_1 \cdot sC_1 \tag{9-6}$$

$$V_1 = V_2 = V_o \tag{9-7}$$

由式(9-6)、式(9-7)可推得上述电路传递函数，如式(9-8)所示。

$$\frac{V_o}{V_i} = \frac{\dfrac{1}{R_1C_1}}{s + \dfrac{1}{R_1C_1}} \tag{9-8}$$

一阶巴特沃思低通滤波器的传递函数为

$$H_1(s)=\frac{\omega_c}{s+\omega_c} \tag{9-9}$$

式中，ω_c为截止频率。

比较式(9-8)与式(9-9)可得

$$\frac{1}{R_1C_1}=\omega_c \tag{9-10}$$

调整R_1、C_1即可改变一阶巴特沃思低通滤波器的截止频率，图 9-9 中，R_1取为 10kΩ，C_1取为 12.4μF，计算可得截止频率ω_c为 4.8Hz，接近 5Hz。

二阶巴特沃思低通滤波电路如图 9-10 所示，同样，根据运算放大器“虚短”“虚断”的性质可得关系式(9-11)、式(9-12)和式(9-13)。

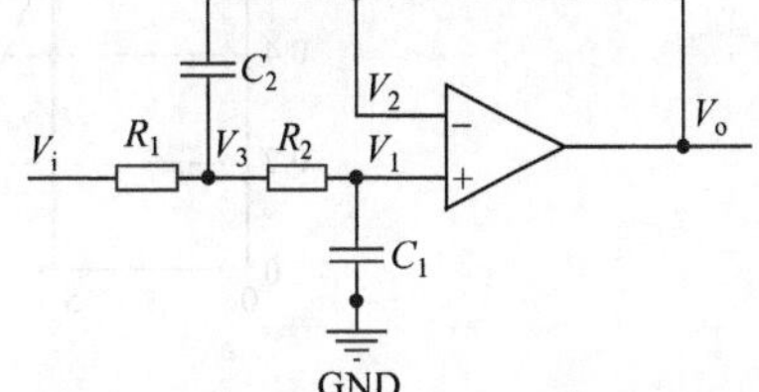

图 9-10　二阶巴特沃思低通滤波电路

$$\frac{V_i-V_3}{R_1}=(V_3-V_o)\cdot sC_2+\frac{V_3-V_1}{R_2} \tag{9-11}$$

$$\frac{V_3-V_1}{R_2}=V_1\cdot sC_1 \tag{9-12}$$

$$V_1=V_2=V_o \tag{9-13}$$

由式(9-11)～式(9-13)可推得上述电路传递函数，如式(9-14)所示。

$$\frac{V_o}{V_i}=\frac{\dfrac{1}{R_1R_2C_1C_2}}{s^2+\left(\dfrac{1}{R_2C_2}+\dfrac{1}{R_1C_2}\right)s+\dfrac{1}{R_1R_2C_1C_2}} \tag{9-14}$$

二阶巴特沃思低通滤波器的传递函数为

$$H_2(s)=\frac{\omega_c^2}{s^2+2\zeta_k\omega_c s+\omega_c^2} \tag{9-15}$$

式中，ω_c为截止频率。

比较式(9-14)和式(9-15)可得

$$\frac{1}{R_2C_2}+\frac{1}{R_1C_2}=2\zeta_k\omega_c \tag{9-16}$$

$$\omega_c^2=\frac{1}{R_1R_2C_1C_2} \tag{9-17}$$

调整R_1、C_1、R_2、C_2即可改变二阶巴特沃思低通滤波器的截止频率，图 9-9 中，R_1取为 11.3kΩ，R_2取为 88.7kΩ，C_1取为 330nF，C_2取为 12.4μF，ζ_k取 0.5，计算可得截止频率为 4.8Hz，接近 5Hz。

综上所述，三阶巴特沃思低通滤波器传递函数可表示为式(9-18)，根据电路中各元器件参数计算其传递函数，并使用 MATLAB 软件绘制其幅频特性曲线，如图 9-11 所示。

其中，粗线表示理想滤波器幅频特性，细线表示该滤波器幅频特性。

$$H(s) = H_1(s) \cdot H_2(s) \tag{9-18}$$

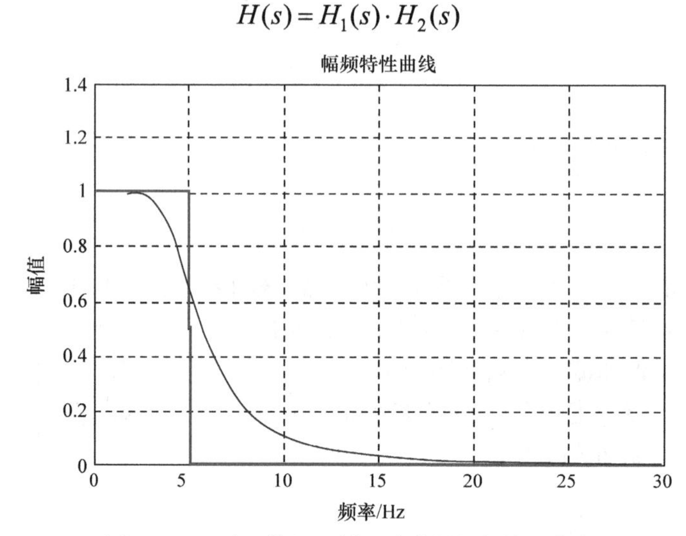

图 9-11　三阶巴特沃思低通滤波器幅频特性曲线

从图 9-11 中可以发现，上述滤波器的设计存在一些缺陷，这是因为实际滤波器的频谱特性并非矩形截止，存在过渡带，在这个范围内对信号的衰减不足也会导致频谱混叠发生。经对采集电压数据的研究发现，数据频率超过 1Hz 部分基本为无规律噪声，对氧化铝浓度的研究意义不大，因此可以在保持采样频率不变的前提下，降低滤波器的截止频率，这样可使采集的电压信号在 5Hz 之后衰减幅度更大，减少频谱混叠对数据采集的干扰。具体做法为：基本保持原有三阶巴特沃思滤波器的设计形式，通过增大滤波电容值降低滤波器截止频率。当然也可以通过增大滤波器阶次使得滤波器过渡带特性变陡峭来实现上述目的，但这种方法需要增加电路元器件。

9.4.5　A/D 采样电路

A/D 转换器是将模拟信号转换为数字信号的必要元器件。由于等距压降信号较低(2mV 左右)、测量精度要求高，按 0.5 级精度计算，则需要的 A/D 转化器的分辨率至少为 12 位，考虑到系统的冗余性，本设计采用 16 位的 A/D 转换芯片。从芯片选型的一致性与性价比等各方面因素考虑，选用 AD7705 芯片。AD7705 为低功耗、高速、逐次逼近型 A/D 转换器，转换精度高，可实现 16 位无误码性能。基准输入电压为 2.5V 时，允许器件接收 0～+20mV 和 0～+2.5V 的单极性信号。A/D 转换电路原理图如图 9-12 所示。为了消除电源抖动，提高 ADC 参考电压的精度，将一个旁路电容加到参考源的输出端。在 A/D 转换模块与微控制器之间采用数字隔离器进行隔离，用于对微控制器进行保护。

采集的等距压降信号值按式(9-19)进行计算。

$$U = \frac{U_{\text{ref}}}{2^{16} - 1} \text{ADC} \tag{9-19}$$

式中，U 为 AD7705 采样电压，V；U_{ref} 为参考电压，电路中参考电压值为 2.5V；ADC 为 AD7705 采样值。

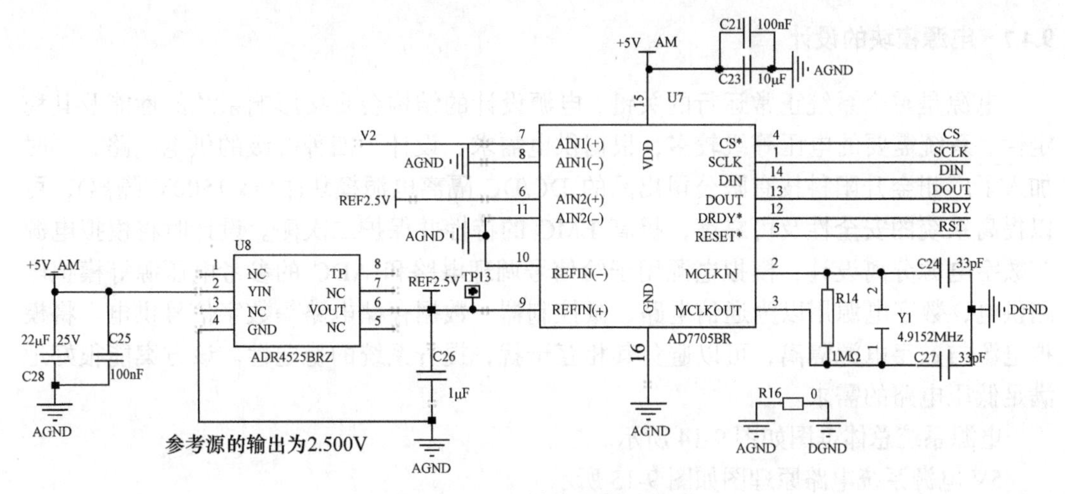

图 9-12　A/D 转换电路原理图

9.4.6　温度采集模块的设计

温度采集模块主要包括温度传感器和温度信号处理模块，主要完成对导杆表面温度数据的采集，设计的采样频率为 100Hz。本设计采用 PT100 温度传感器，将其安装在测量夹具上并紧贴阳极导杆表面，其采集的信号经过温度信号处理模块转换为数字信号作为微控制器的输入，用于对阳极导杆电阻值的计算进行温度补偿。

温度处理模块选用 MAX31865 芯片，该芯片是将常用的热敏电阻转换为数字输出信号的转换器件。该芯片具有 15 位 ADC(实际为 16 位，最后一位是错误标志位)，标称温度分辨率为 0.03125℃，当外部参考电阻精度为 0.1%时，测温精度为 0.5℃。除此之外，该芯片提供可配置的 RTD 及开路/短路检测，并兼容 SPI 接口。温度信号处理电路原理图如图 9-13 所示。

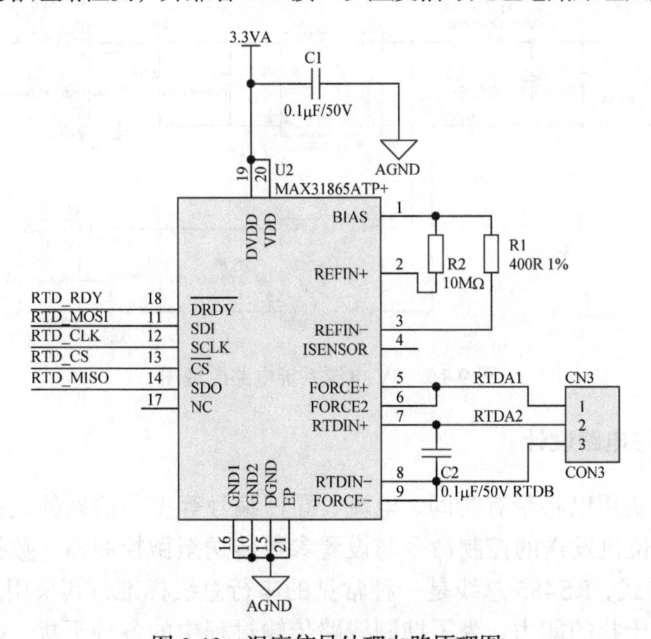

图 9-13　温度信号处理电路原理图

9.4.7　电源模块的设计

电源是整个系统正常运行的关键，电源设计的结构会直接影响系统的性能及其稳定性。系统需要的电压等级较多，根据供电需求，设计了四种等级的供电电路，同时加入了广州金升阳科技有限公司出品的 DC/DC 隔离电源模块(内部 1500V 隔离)，可以提高系统的安全性及可靠度，提高 EMC 的特性并保护二次侧。设计时将模拟电源与数字电源分离设计，模拟电源用于给信号调理电路和 ADC 的参考电压源等模拟电路供电，数字电源用以为通信电路、微控制器、数据存储电路等数字信号供电。将模拟电源与数字电源隔离，可以避免其相互干扰，提升系统的稳定性。该方案能很好地满足低压电路的需求。

电源系统总体框图如图 9-14 所示。

5V 电源系统电路原理图如图 9-15 所示。

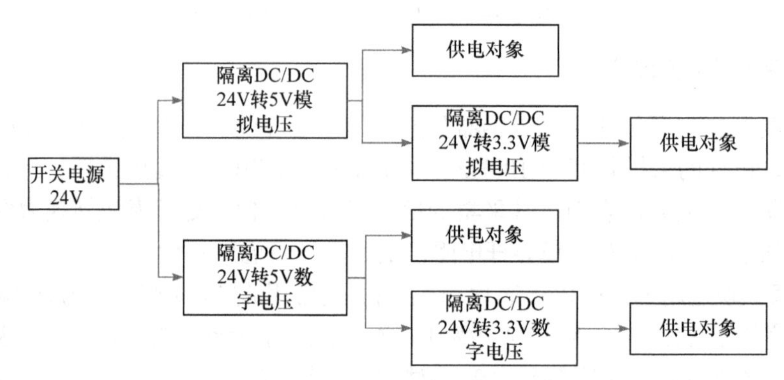

图 9-14　电源系统总体框图

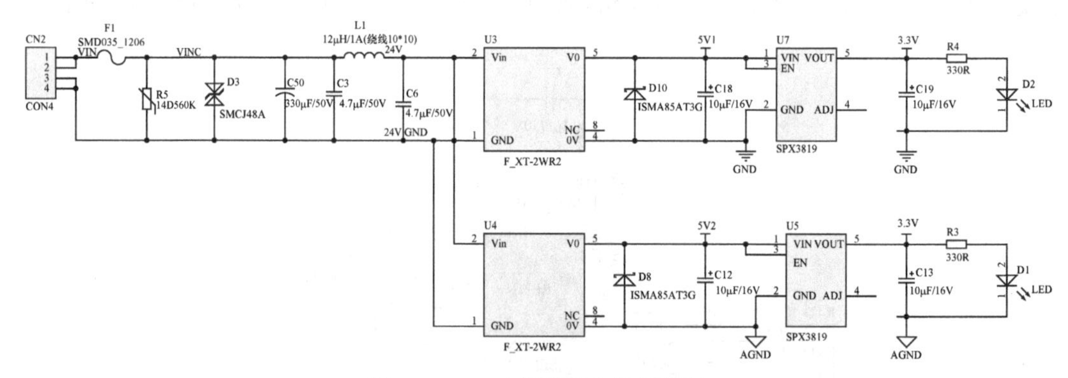

图 9-15　5V 电源系统电路原理图

9.4.8　RS485 通信电路设计

数据通信模块用以将带有时间、电流、导杆编号等多种信息的数据包实时传送给上位机，并将上位机发送的控制命令与设置参数传送至微控制器。数据传输采用工业级 RS485 传输方式，RS485 总线是一种常见的串行总线标准，其采用差分电平，可有效地提高抗共模干扰的能力。为了抑制线路传输过程中的各种干扰，减小两根信号线之间的电容效应，RS485 的信号线采用屏蔽双绞线。RS485 常采用半双工形式，同一时刻只有一种状态，发送或接收。RS485 的数据传输速率最高为 10Mbit/s，通信距离为几十米到上千米，随着传输速率的提高，其通信距离会相应减小。其具有多站能力，可以利用单一的 RS485 接口方便地建立设备网络。RS485 的这些特点可以满足设计的需要。

从微控制器输出的信号为 TTL 电平，需要通过电平转换芯片将其转换为符合 RS485 通信标准的差分信号，本设计选用 Analog Devices 公司的 ADM2682E 芯片，驱动器和接收器的通信速率可达 16Mbit/s。RS485 通信电路如图 9-16 所示。

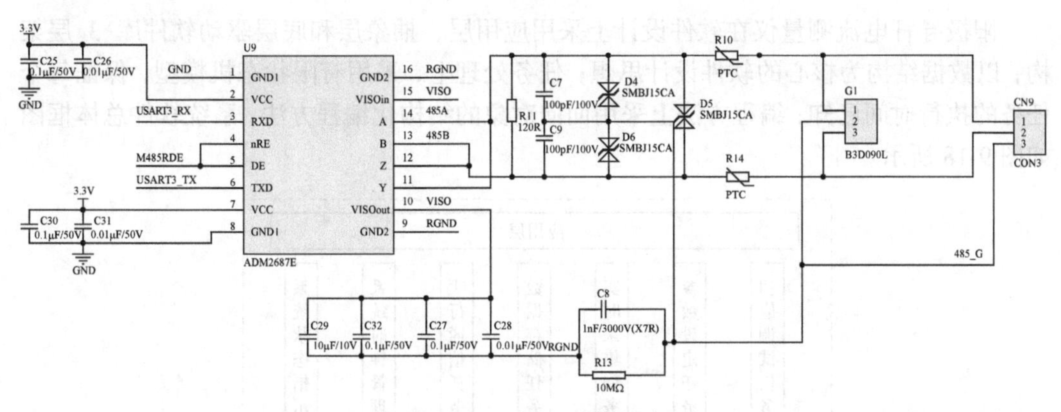

图 9-16　RS485 通信电路

9.4.9　数据存储模块设计

Flash 存储模块能够实时记录并存储每一根阳极导杆电流的检测时间和测量结果，用以作为电流测量仪固件的备份，并可以存储系统的一些固有参数。本设计中存储芯片采用存储容量为 32MB 的 SST25VF032B 芯片，该芯片的时钟频率最高可达 80MHz，存储速度快；可选择扇区擦除、32KB 或 64KB 块擦除、整片擦除四种擦除方式，擦除方便。数据存储电路原理图如图 9-17 所示。

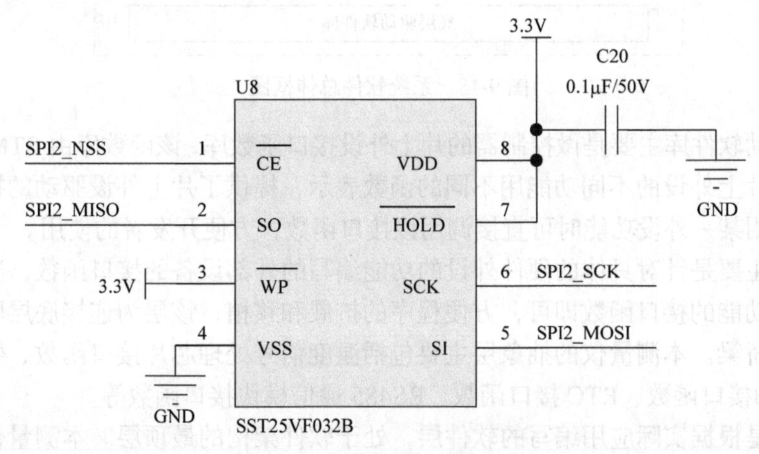

图 9-17　数据存储电路原理图

9.5 系统软件设计

本设计系统软件部分主要完成阳极导杆等距压降、阳极导杆温度的数据采集、阳极导杆电流计算以及相应数据的存储和通信功能。本设计在 Keil 开发环境下对测量仪的软件进行设计与调试，采用 C 语言实现功能和模块化的编程思想。

9.5.1 软件总体框架

阳极导杆电流测量仪在软件设计上采用应用层、抽象层和底层驱动软件库 3 层架构，以数据结构为核心的软件设计思想；任务处理上，采用有限状态机模型，保证每个任务的执行时间已知；编程方法上采用面向对象的结构化编程方法。系统软件总体框图如图 9-18 所示。

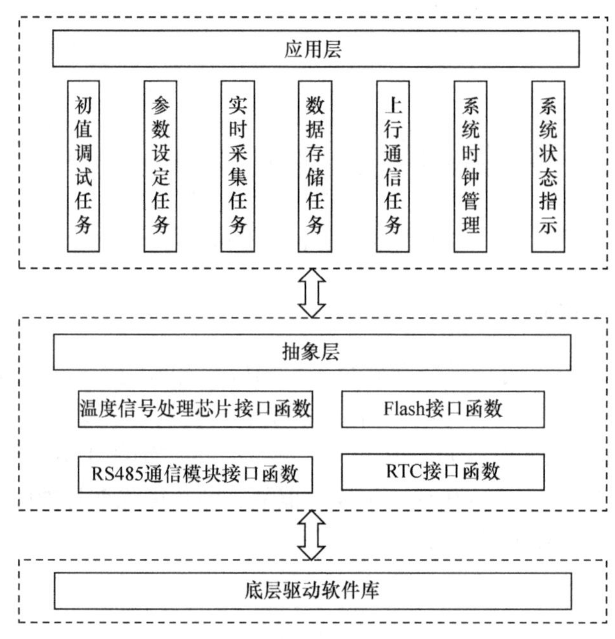

图 9-18 系统软件总体框图

底层驱动软件库主要是微控制器的片上外设接口函数库，该函数库由 STM 公司官方提供，其将片上外设的不同功能用不同的函数表示，提供了片上外设驱动的接口函数，开发者在使用某一外设功能时可直接调用该接口函数，方便开发者的使用。

抽象层主要是针对具体的硬件外设的功能编写的外部设备的接口函数，应用层只需调用所需子功能的接口函数即可，方便程序的扩展和移植，该层为连接底层驱动库与应用层之间的桥梁。本测量仪的抽象层主要包括温度信号处理芯片接口函数、数据存储模块中 Flash 的接口函数、RTC 接口函数、RS485 通信模块接口函数等。

应用层是根据实际应用编写的软件层，处于软件架构的最顶层。本测量仪的应用层主要完成数据的采集、处理、存储与发送功能，对各功能进行合理调度，包括初值调试任务、参数设定任务、实时采集任务、数据存储任务、上行通信任务、系统时钟管理、系统状态指示。

9.5.2　主程序设计

为了保证系统采集功能的实时性，阳极导杆电流测量仪软件的工作流程采用分时多任务处理机制，作为电流测量仪的主程序，主要包括以下四个任务。

(1) 初始化。初始化是指完成对于系统时钟和外设接口的初始化。

(2) 数据采集与处理。数据采集与处理是指完成对阳极导杆等距电压信号和阳极导杆温度信号的采集与处理。

(3) 数据存储。数据存储是指将处理后的阳极电流和温度信号存入外部 Flash，用以备份。

(4) 数据传输。数据传输是指将采集的阳极电流和温度信号发送至上位机，并接收上位机的参数配置和控制命令。

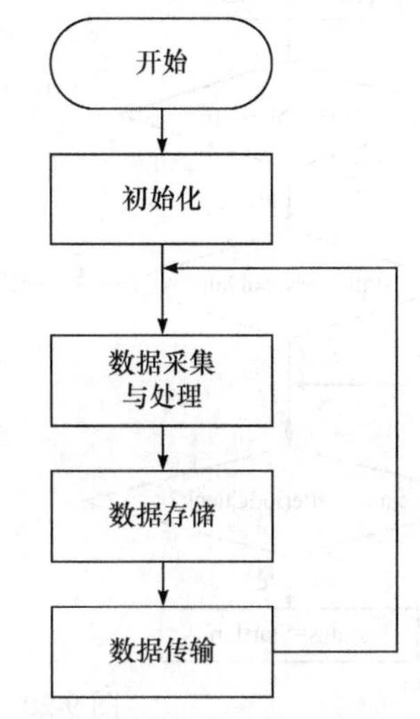

图 9-19　电流测量仪主程序软件流程图

电流测量仪主程序软件流程图如图 9-19 所示。

9.5.3　阳极温度采集软件设计

阳极温度采集程序采用状态机机制实现，其流程框图如图 9-20 所示。测温芯片采用 MAX31865，该芯片与 STM32 微处理器之间通信采用 SPI 串行总线协议。该状态机共设置 3 个状态：①启动采集状态(StartUp)；②读温度数据状态(ReadData)；③采样周期检查状态(PeriodCheck)。状态转换基本流程如下。

(1) 首先将温度采集状态初始化为启动采集状态(StartUp)，程序中首先检测该状态，若为 StartUp，则微控制器通过 SPI 总线接口向 MAX31865 测温芯片发送温度采集转换命令，并将状态设置为 ReadData。

(2) MAX31865 接收到转换命令后，将启动温度数据采集和转换过程，该过程最长持续时间为 60ms 左右，因此在这段时间内状态机状态一直保持为 ReadData，并在此状态下检测温度转换完成标志位。

(3) 若温度转换完成标志位置位(在硬件上表现为 MAX31865 芯片 RDY 引脚电平拉低)，则微处理器通过 SPI 向 MAX31865 请求转换完成数据，并将状态机状态设置为 PeriodCheck；否则如果到 60ms 但是温度转换完成标志位未置位，则表示 MAX31865 芯片出现问题，此时直接将状态设置为 PeriodCheck。

(4) PeriodCheck 状态为采样周期检查状态，在此状态下，微处理器检查采样周期是否到。若未到，则微处理器什么也不做，保持这个状态不变；否则将状态机的状态设置为 StartUp，继续下一次温度数据采集过程。

图 9-20 为基于有限状态机的阳极导杆温度采集软件设计流程图。

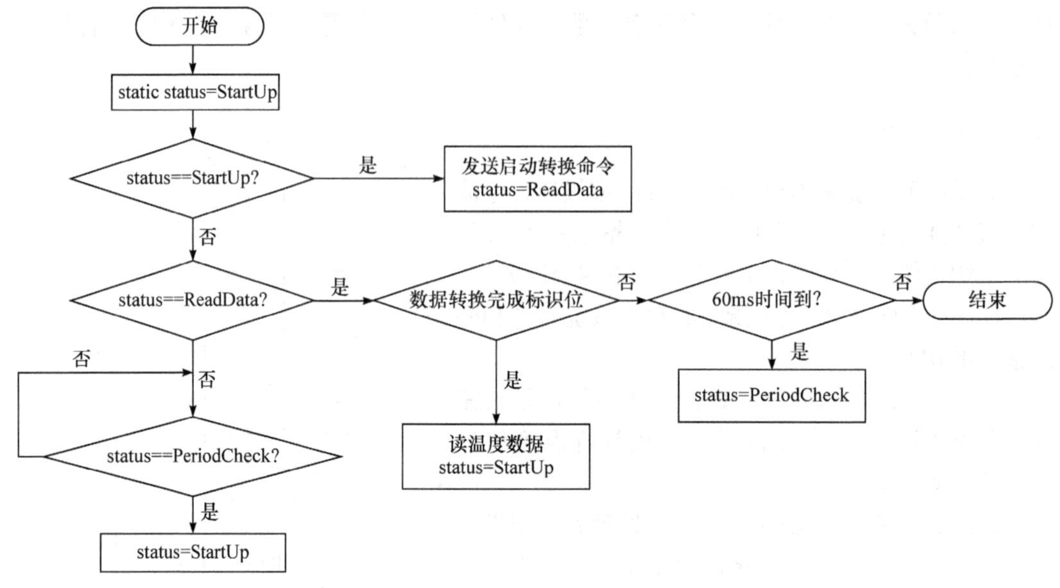

图 9-20　阳极导杆温度采集软件设计流程图

9.5.4　等距压降采集软件设计

等距压降采集同样采用有限状态机机制实现。ADC 选用 AD7705 芯片，该芯片为 16 位高速模/数转换器，转换时间在 1ms 以内。与阳极温度采集软件状态机类似，该状态机设置 3 个状态：启动采集状态(StartUp)、读温度数据状态(ReadData)、采样周期检查状态(PeriodCheck)。该状态机的运行流程与阳极导杆温度数据的采集流程相似，不同的是该芯片在进行 A/D 转换的时间要比 MAX31865 转换时间短很多，为 100μs，此时间太短，因此不再进行该段时间的判断，直接采用循环延时的方式进行等待实现。该功能程序设计流程图如图 9-21 所示。

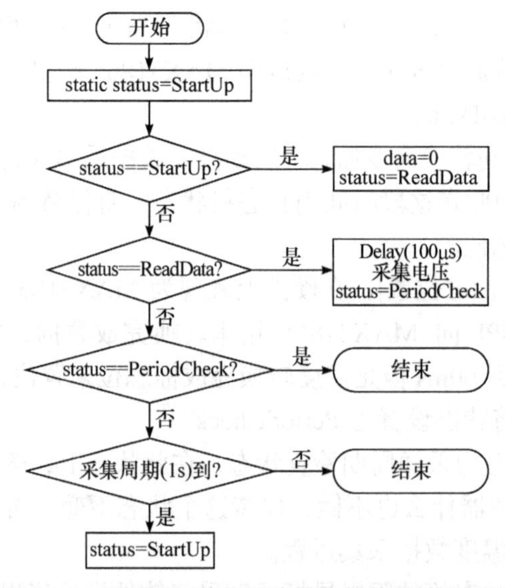

图 9-21　阳极导杆等距压降采集软件设计流程图

9.5.5 数据存储软件设计

本设计采用的Flash芯片型号为SST25VF032B，该芯片为32Mbit数据存储芯片，地址范围为0x000000～0x3FFFFF。该芯片与微处理器通信采用串行通信(SPI)方式。数据存储主要包括两个方面：一个是与单片机设备有关的参数，另一个是采样数据。因此将Flash存储区分成两部分：第一部分为参数区，用于存储设备参数，大小为4Kbit，地址范围为0x000000～0x000FFF；另一部分为数据区，用于存储采样数据，大小为32764Kbit，地址范围为0x001000～0x3FFFFF。

参数区主要包括设备地址、参数配置标志位等。设备地址存储该单片机设备的地址，参数配置标志位指示该设备基本参数是否已被配置，如果未被配置，则按照默认参数对该设备进行初始化。设备参数及存储位置如表9-1所示。

表9-1 参数区数据项及地址定义

数据项	长度/B	起始地址	备注
设备地址	2	0x000000	高地址字节在前
基准时间	4	0x000002	时间高字节在前
参数配置标志位	1	0x000006	0x01表示已配置
出厂时间	4	0x000007	时间高字节在前

数据区主要包括数据采集时间、阳极导杆温度、阳极导杆等距压降三个数据项，其中数据采集时间为4字节，数据区数据项及大小定义如表9-2所示。

表9-2 数据区数据项及大小定义

数据项	长度/B	备注
时间(D)	4	高时间字节在前
温度(T)	2	高字节在前
电压(V)	2	高字节在前

采样数据进行存储时，并不能将采样数据直接存储到Flash数据区的某个位置，因为这样做给检索数据增加了不少难度，严重时将影响系统的实时性。为保证数据存储及读取能快速高效，需要自定义数据存储规则，按照此规则进行数据存储和读取。

在进行Flash数据存储时，需要先判断是否为0xFF，如果不是，必须先擦除该数据存储地址所在的Flash区段，在这之后，还需要判断数据写入是否正确。SST23VF32芯片的最小擦除单元为4KB。如果写入地址为段区中间，写入之前检查Flash中数据不是0xFF，则需要将该段区前一部分的数据进行保存，再进行擦除操作。因此需要另外定义一个数据缓冲区，最小为4KB，以防止此情况的发生。

9.5.6 通信模块软件设计

在本阳极导杆电流测量仪的软件系统中，数据通信采用一问一答的方式，测量仪与上位机之间使用特定的通信规约。数据通信协议的数据帧格式如表 9-3 所示。

表 9-3　协议帧格式定义

名称	功能	备注
起始字符(68H)	固定长度的报文头	
长度 L		
长度 L		
起始字符(68H)		
控制域 C	控制域	用户数据区
地址域 A	地址域	
链路用户数据	链路用户数据 (应用层)	
校验和 CS	帧校验和	
结束字符(16H)	结束符	

在本设计中，上位机与阳极导杆电流测量仪之间通过串口通信，阳极导杆电流测量仪的微控制器接收和发送数据采用的是 DMA 方式，它是一种快速的数据传输机制，数据的存取不需要经过处理器的干预，可以直接在源地址和目的地址之间进行快速传输，从而提高数据的传输速率。

在使用 RS485 通信前，首先对微控制器内置的 USART 接口及其 DMA 功能进行初始化，初始化的内容包括 USART 的波特率、I/O 的配置、通信的格式、DMA 的通道选择、数据传输方向的确定、DMA 的源地址和目标地址定义、地址自增方式的选择等。然后测量仪终端一直处于接收状态，通过 DMA 方式等待接收智能网关发送的指令。当终端接收完一包完整的数据帧并通过检验后，根据该帧中的功能码执行不同的任务，功能码及任务如表 9-4 所示，任务执行完成后根据通信协议，如需终端回应，则将测量仪置于进入发送状态，向上位机发送相应应答信号，发送完成后再回到接收状态。通信程序流程图如图 9-22 所示。

表 9-4　通信功能码及对应任务

功能码	任务
01H	初始化
04H	参数设置
05H	控制命令
07H	启停采样
0AH	查询参数
0BH	发送实时、历史数据

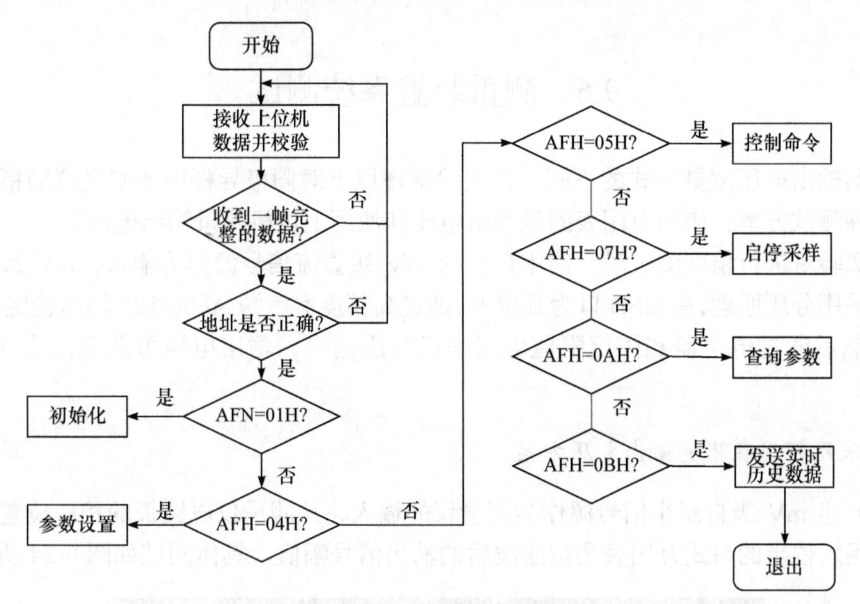

图 9-22 通信程序流程图

参考通信协议，对于数据帧的校验采用如下所述的方式。首先校验 6 字节的帧头，数据帧以 0x68 字符开始，微控制器不断检测接收的数据是否有 0x68，当检测到第 0 个和第 5 个字符均为 0x68，并且表示数据帧长度的两个字节相等时，表示已找到帧头，开始接收后面的信息。在检验到的字符长度合法并且接收的数据帧已满足长度要求的情况下，开始校验结束符和校验和。若上述处理中有任意一项校验未通过，则将接收的数据依次前移，再从帧头重新校验。

为了保证接收数据的可靠性，在校验帧头合法后设置一个超时处理机制，如果帧头校验合法，但是在规定的时间内仍未接收到新数据，则从缓冲区的首地址开始重新接收数据，重新校验帧头，之前接收的数据丢弃。具体的帧校验的流程图如图 9-23 所示。

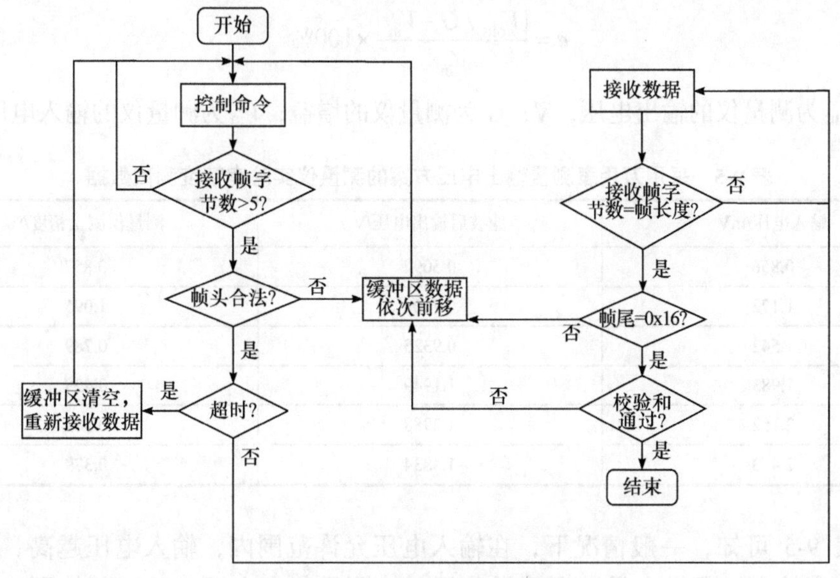

图 9-23 帧校验流程图

9.6　测量装置系统测试

根据输出电压测量方式的不同，在实验室环境下对阳极导杆电流测量仪的精度测试分为两种测试方案：使用万用表测量输出电压和使用上位机测量输出电压。

在实验室进行精度测试时，使用自制的 mV 级直流信号源作为输入，mV 级直流源的设计采用分压原理，用 USB 口为其供电，通过高精度参考源 ADR4525 输出稳定的 2.5V 电压，然后通过电位器和固定阻值电阻串联分压输出，输出电压可调范围为 0.433～2.5mV。

1. 采用万用表测量输出电压方案

将上述 mV 级自制小信号源作为测量仪的输入，从测量仪电路板的相应位置引出测点，使用六位半的台式万用表测量滤波后的输出信号幅值。具体测试如图 9-24 所示。

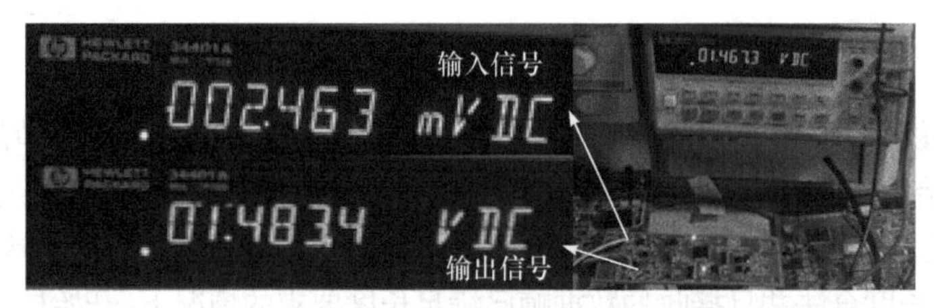

图 9-24　采用万用表测量输出电压方案的实验室精度测量

通过调节电位器使测量仪的输入信号不断变化，测量放大滤波后的输出电压值，在不同输入电压下得到如表 9-5 所示的一组数据，并将输出结果除以放大倍数 600，计算出测量仪在常温实验室环境下的测量精度。计算公式如式(9-20)所示。

$$e = \frac{|V_{\text{out}} / G - V_{\text{in}}|}{V_{\text{in}}} \times 100\% \tag{9-20}$$

式中，V_{out} 为测量仪的输出电压，V；G 为测量仪的增益；V_{in} 为测量仪的输入电压，V。

表 9-5　采用万用表测量输出电压方案的测量仪实验室精度测试数据

输入电压/mV	滤波后输出电压/V	测量仪测量精度/%
0.856	0.5092	0.857
1.172	0.7109	1.095
1.542	0.9325	0.789
1.983	1.1949	0.429
2.152	1.2988	0.589
2.463	1.4834	0.379

由表 9-5 可知，一般情况下，在输入电压允许范围内，输入电压越高，测量仪的测量精度越高。经过大量数据测量分析，该测量仪在室温实验室环境下，针对不

同的输入信号，测量精度也不相同，对输入电压的测量精度最高为 0.379%，最低为 1.095%。

2. 采用上位机测量输出电压方案

该方案从上位机直接读取输出电压，从小信号源输出的 mV 级直流电压信号与电流测量仪的输入端相连，经电流测量仪处理后通过 RS485 发送至上位机，上位机接收采集的电压信号除以增益即为原始输入电压，采集的部分数据截图如图 9-25 所示。

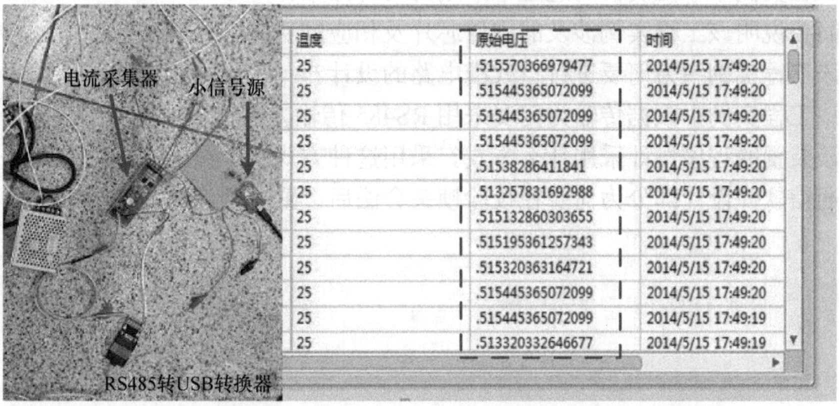

图 9-25　采用上位机测量输出电压方案的实验室精度测量

调节电位器使测量仪的输入信号变化，对应一个特定的输入信号，从上位机读取一组处理后的测量信号，并将这组信号求平均值，最终得到不同输入信号下，测量仪测量的信号值，并计算测量仪的测量精度，如表 9-6 所示。

表 9-6　采用上位机测量输出电压方案的测量仪实验室精度测量数据

输入电压/mV	测量仪测量的输入电压/mV	测量仪测量精度/%
0.506	0.5122	1.225
1.160	1.1479	1.043
1.472	1.4831	0.754
1.901	1.9107	0.510

综上，两种实验方案对测量仪的精度测量分析可得，阳极导杆电流测量仪的测量精度范围为 0.379%～1.225%，由测量的电压信号除以电阻值即为测量仪检测的电流信号，由于实验环境下，电阻为恒定值，故采集的电压信号的精度即为电流信号的精度。该精度满足设备的技术指标要求。

本 章 小 结

本工程实例主要针对铝电解生产中阳极电流在线检测问题，设计的装置可以实现电解槽阳极分布电流、等距压降、导杆温度的精确采集、数据存储以及数据通信。本章从硬件和软件设计两个方面详细讲解了该装置的工作原理。硬件上讲解了装置的结构框架，并附上了相应的硬件原理图；软件上讲解了程序设计框架，着重讲解了部分模块的设计思路，并附上了相应的程序流程图。通过讲解硬件选型，说明在设计中需要考虑的主要问题；通过讲解软件的框架设计，说明程序的运行机理，最后给出了测量装置的实验室精度测试，说明本工程设计的有效性。

思 考 题

(1) 工程实例中微控制器的选型常采用哪几种方案？
(2) 简要说明该工程实例涉及的硬件芯片及相应的功能。
(3) 该工程实例中为何要进行自校准电路的设计？
(4) 该工程实例中数据传输为何要采用 RS485 传输方式？
(5) 该装置的程序设计采用什么方式？采用这种方式有什么样的好处？
(6) 通信软件设计部分为何要在校验帧头合法后设置一种超时处理机制？

第 10 章　基于温差发电的铝电解槽温度监测装置工程实例设计

10.1　需 求 分 析

铝电解槽作为铝电解工业的主要设备，耗能巨大，而且需要连续作业，如果在生产过程中因为操作不当等原因出现停槽或者是漏槽等重大故障，会造成巨大的损失，所以在生产过程中槽况的稳定就显得尤为重要。因此，在工业电解生产过程中对铝电解槽的温度进行实时监测是十分必要的，监测结果可以作为电解槽生产情况诊断的一项重要依据。通过对槽壳温度的实时监测再结合铝电解生产中的电解质温度、铝水平等控制参数可以及时发现病槽和破损槽并判断其异常位置，从而能够采取正确的防治和维护措施以消除、缓解电解槽异常。槽壳温度反映了炉帮的厚度和电解槽侧部的能热分布状况，阴极钢棒温度的高低能够侧面反映槽膛内型、伸腿的大小、铝液温度和电解槽底部热流量，各类温度综合体现出电解槽的工作状态。

铝电解槽温度监测系统主要是针对铝电解槽槽壳的上下层散热孔、阴极钢棒、出铝端、烟道口和槽底钢板等位置的温度进行实时连续监测。槽壳温度可以反映槽内热平衡以及电解槽的工作是否稳定，此外，它还是对电解槽异常诊断的一个重要依据，能及时反映电解槽异常位置以便及时有效处理。所以，铝电解槽温度监测系统一方面可以做好电解槽生产过程中异常状况和病槽诊断防治工作，以减少生产过程中停槽和漏炉事故的发生；另一方面可以为电解槽的热场分布或炉膛形状分析提供数据支撑，综合这些参数更好地进行电解质温度管理、能量平衡管理和物料平衡管理，提高电解槽运行稳定性，从而提高铝电解槽的生产效率和出铝质量。

铝电解槽温度监测系统直接面向铝电解生产现场，现场生产环境恶劣，对设备运行及维护等方面具有严格的要求。在进行温度监测系统设计时应充分考虑这种严格需求，提出系统的工程化设计思路。在铝电解槽温度监测方面，将工程化设计定义为一种面向解决实际问题的设计思路，即针对铝电解复杂的电化学机理和强磁、高温、腐蚀、振动、多尘的环境，本着易安装、易维护、低成本以及高可靠性的原则，进行系统总体设计。

10.2　系统总体设计

10.2.1　总体方案设计

针对铝电解槽的温度监测系统的工程化设计问题，从保证设备的易安装、易维护、低成本以及高可靠性的核心问题出发，对系统进行总体方案设计。根据系统需求进行分

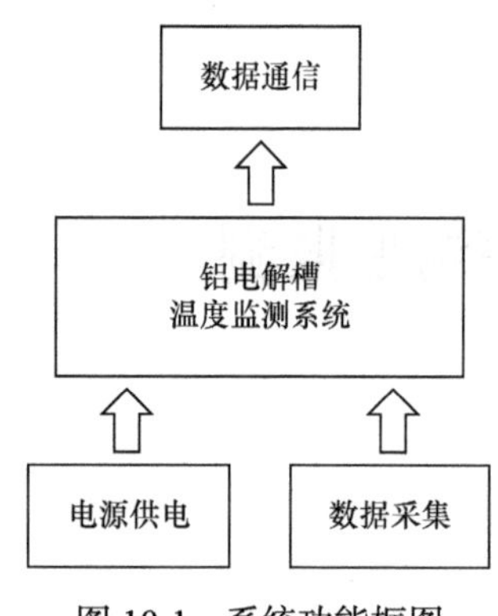

图 10-1　系统功能框图

析，系统功能框图如图 10-1 所示。

如图 10-1 所示，本系统主要由电源供电、数据采集以及数据通信这三个主要功能模块构成。其中对于数据采集模块而言，由于本系统在生产过程中主要完成对铝电解槽相关温度数据的采集工作，因此需要对相应的温度采集方案进行设计。同时由于在电解铝现场，受到现场空间和环境等条件的限制，相关装置只能被安装在导杆的夹具上。但是传统数据采集设备不仅有供电电线，而且有数据传输线，安装和维护时非常不便。综合考虑以上原因，系统在设计时考虑采用无线方式进行供电和数据传输，因此还需要对相应的无线供电和无线数据传输方案进行设计，并根据相应的方案进行功能模块选型。

10.2.2　温度采集方案设计

进行温度采集方案设计时，应综合考虑方案的采集精度、实施难度、功耗以及成本等因素，并基于现场条件选择最为合适的方案完成温度数据的采集工作。通过相关调研，常用温度采集方案参数对比如表 10-1 所示。

表 10-1　常用温度采集方案参数对比

方案	精度	实施难度	功耗	成本/元
热电偶+带温度补偿的集成芯片	高	简单	高	16
热电偶+温度检测芯片+手动补偿	高	一般	低	15
热电阻+热电阻驱动芯片	高	简单	高	17
热电阻+桥式电路	较高	复杂	较高	6

下面结合现场工程需求对上述几种方案进行分析。

(1) 精度分析。热电阻的精度一般略高于热电偶，使用集成芯片进行测量时，由于集成芯片在出厂时一般会进行校准，因此能够保证精度；此外集成芯片的精度也与厂家技术有关，某些产品精度设为±2℃，有些则为±0.25℃。

(2) 功耗分析。集成芯片一般带来更大的能耗；由于热电阻需要外部激励电流，功耗相对热电偶也会大一些；分立元件搭建的系统很大程度上可人为控制功耗。

(3) 成本分析。热电偶线价格比较便宜，一般为 1 元/米，而单纯的不含外壳的热电阻芯片，单价在 5 元左右，拉开了价格差。

由以上分析可知，传统方案一般使用分立元件搭建整个测量电路，而随着技术的发展，很多问题已经可以用集成芯片来解决。集成芯片直接提供测量的输入输出接口，无须开发者关注测量技术细节，开发周期短、易实现；分立元件电路除实施上可能比较麻烦，其他方面通过精确的设计，完全能够达到与集成芯片相近的精度，而在成本和功耗方面反而会有优势。因此综合各指标，本系统采用热电偶进行温度采集。

10.2.3　无线通信方案设计

无线通信备选方案很多，典型无线技术的主要指标对比如表 10-2 所示。

表 10-2　主流无线通信技术指标

名称	WiFi	蓝牙	ZigBee	UWB
传输速度/(bit/s)	11～54M	1M	100K	53～480M
通信距离/m	20～200	20～200	2～20	0.2～40
频段/Hz	2.4G	2.4G	2.4G	3.1G；10.6G
功耗/mA	10～50	20	5	10～50
成本/美元	25	2～5	5	20
名称	NFC	LoRa	Sub-1G	RFID
传输速度/(bit/s)	424K	0.3～37.5K	50K～4M	1K
通信距离/m	20	3000～30000	10000	1
频段/Hz	13.56G	433M；868M	433M；868M	—
功耗/mA	10	15	5	10
成本/美元	2.5～4	15	10	0.5

在无线方案选型过程中，首先需要考虑通信方式是否能够满足现场需求，再在此基础上考虑其他限制因素。同时从上面的分析中可知，由于采用了温差发电的供电方式，通信方式必须要能够满足低功耗要求。

现场的通信距离在 30m 左右，首先能够排除 NFC 与 RFID 通信方式，此外 ZigBee 通信虽然可以使用组网来增加通信距离，但是组网会增加系统功耗，不利于低功耗的实现，因此排除 ZigBee。同样，高功率发射能够使蓝牙通信达到 200m 距离，但是蓝牙的通信距离一般只能达到 10m 左右。最终从功耗及成本方面综合考虑，选择了 Sub-1G 通信。首先 Sub-1G 的低频频段使其在低功耗下也能完成长距离传输，其次其通信速率也可满足电解铝数据的传输需求，再考虑实施成本，最终选定 Sub-1G 中的 433MHz 作为通信频点。

针对各厂商主流的 Sub-1G 无线射频芯片进行选型，选型表如表 10-3 所示。

表 10-3　芯片厂商 Sub-1G 芯片参数

型号	SI4432	EZR32LG230	CC1101	CC1310	SX1278
厂商	SiliconLabs	SiliconLabs	TI	TI	Semtech
最大功率/dBm	+20	+20	+20	+15	+20
Tx 电流/mA	30	18	29.2	13.4	120
Rx 电流/mA	18.5	10/13	14.7	5.5	9.9
最大速率/(bit/s)	256K	1M	600K	2M	300K
价格/元	36	44	36	50	53

在进行无线芯片选型时需要注意一个问题，即除 CC1310 以外的其他几款芯片，都只包含射频功能，不含主控核心，需要额外搭配 MCU 进行收发控制，而 CC1310 则在内部集成了一颗 Cortex-M3 微控制器。综合考虑器件功耗、通信速率、价格以及开发难易程度，可初步选定 CC1310 作为无线芯片。

10.2.4　无线供电方案设计

使用无线供电的方式为温度监测系统提供电能，两种常用无线供电方式参数对比如表 10-4 所示。

表 10-4　无线供电方式参数对比

供电方式	技术手段	供电距离	实施成本
无线充电技术	感应、耦合	<10m	技术成本较高
能量采集技术	环境能量转换	无限制	成本低

就本章中的系统，实际备选的供电方式有两种：无线充电技术和能量采集技术。目前的无线充电技术实现方式很多，如电磁感应、电场耦合、无线电波等，然而耦合方式传输距离只能局限于 5m 以内，即使传输距离最远的无线电波充电方式，其传输距离也仅能突破 10m，想要在厂房某供电点覆盖所有采集节点仍难以实现。另一种能量采集技术，通过采集环境能量以产生电能，只要用电设备周围具有可用的自然能量，便可以完成能量采集发电，并通过很短的供电线将电能供给用电节点。除此之外，另一种免除供电布线的手段即使用电池供电，但是使用电池供电并不能提供长久的电力供应，当电池电量耗尽时，依旧需要施工人员更换电池来维护设备，因此电池供电的方法在此并不进行讨论。

使用能量采集技术时，可供参考的自然能源有很多，如太阳能、风能、振动能量等。而在铝电解槽温度采集过程中，最直接的能量即导杆产生的稳定热量。由于电流流过，导杆表面可持续产生 80～200℃的温度。通过以上分析，能够确定将温差发电作为采集节点的供电方式。

自从塞贝克效应被发现，国内外对温差发电就进行了大量的研究。1947 年，第一台温差发电器问世，当时其效率仅为 1.5%。随着对温差发电技术的不断探索以及对热电材料的不断改进，现今的温差发电效率已经能够达到 5%～7%，并且许多厂家已经生产出成熟的产品。国外生产温差发电片的厂家较多，如 CUI Inc.、Marlow Industries、TE Technology 等。国内温差发电片生产厂家较少，其中以帕尔贴半导体有限公司为代表。国外厂家生产的不同型号的温差发电器件如表 10-5 所示。

表 10-5　温差发电器件选型列表

生产商	15mm×15mm	20mm×20mm	30mm×30mm	40mm×40mm
CUI Inc.	CP60133	CP60233	CP60333	CP85438
Ferrotec	9501/031/030 B	9501/071/040 B	9500/097/090 B	9500/127/100 B
Fujitaka	FPH13106NC	FPH17106NC	FPH17108AC	FPH112708AC
Kryotherm			TGM-127-1.0-0.8	LCB-127-1.4-1.15
Laird Technologys			PT6.7.F2.3030.W6	PT8.12.F2.4040.TA.W6
Marlow Industries		RC3-8-01	RC6-6-01	RC12-8-01LS
Tellurex	C2-15-0405	C2-20-0409	C2-30-1505	C2-40-1509
TE Technology	TE-31-1.0-1.3	TE-31-1.4-1.15	TE-71-1.4-1.15	TE-127-1.4-1.05

在选择温差发电片时，一方面需要考虑发电片的性能，即在体积、发电效率方面是否合适。一般在选择不同厂商的温差发电产品时，厂商都会提供本产品的数据手册，手册中包含温差发电片的部分参数以及厂商的实验数据，由于实际工作环境很大程度上影响着发电片的发电效率，可能带来与理论计算值较大的偏差，因此选型时一般通过数据手册中的实验数据对产品进行权衡。

另一方面，为满足工程化要求，所选用的发电片还需要满足低成本、货源充足等需求。由此考虑上述国外厂家的温差发电片，虽然品类较多，有充分选择的余地，但其不仅价格昂贵，且不容易获取。国内市场常见的温差发电片目前有两种，即 TEG1-199-1.4-0.5 和 SP1848-27145-SA。其中 TEG 为国内厂商帕尔贴半导体有限公司的温差发电产品，SP1848 为美国 Marlow Industrties 公司的产品。相较于其他国外厂商生产的温差发电片，这两种发电片虽然尺寸单一、可选择型号少，但是价格低廉、易于获取，因此成为本章进行温差发电系统设计时首选的温差发电器件。其型号及尺寸等相关参数如表 10-6 所示。

表 10-6　常见的两种温差发电片型号及参数

型号	层数	PN 结对数	尺寸/mm
TEG1-199-1.4-0.5	1	199	40 × 40 × 3
SP1848-27145-SA	1	199	40 × 40 × 3.4

10.3　系统硬件设计

10.3.1　温差发电装置设计

温差发电的概念覆盖面广，原则上一切使用固体、液体、气体或其他介质温差来产生电能的发电方式都可以称为温差发电。目前对温差发电的解释主要有以下两个方面。

(1) 利用海水的温差进行发电。由于海洋不同水层之间的温度差非常大，因此将温水导入压力较低的蒸发室后，海水能够沸腾并变为流动蒸汽，利用蒸汽推动透平机旋转，进而产生电能。最终将热蒸汽冷凝，完成循环。其基础原理为兰金(Rankine)循环。

(2) 使用半导体进行发电。当两种不同的导体或半导体之间存在温度差时，其形成的回路中会产生电流，称为热电流。其中半导体温差形成的电动势较大，容易产生更多电能。半导体温差发电的基础原理为塞贝克效应。

本系统所实现的“温差发电”特指半导体温差发电。为完成铝电解化学反应，需要从阳极导杆向电解槽内通入大电流，在大电流流过时，阳极导杆会产生大量的热量，从而使其表面温度上升至 100℃以上。这些热量不断地耗散到空气中，并没有得到利用。在本章设计的系统中，将阳极导杆产生的热量利用半导体温差发电的方式转换为电能，供温度监测系统使用。

温差发电装置由温差发电片、散热肋片、隔热材料以及其他辅助材料组成。其结构示意图如图 10-2 所示。

图 10-2　温差发电装置结构示意图

该装置的核心部件为温差发电片，当发电片的冷端和热端出现温差时，其输出端能够产生压差，且温差越大，产生电力的能力越强。使用时，将温差发电片的热端经过导热及固定材料与现场的产热设备贴合，冷端使用导热材料与散热肋片贴合，散热片通过增强换热能够极大限度地降低冷端的温度，产生更大的温差，以尽可能输出电能。

温差发电片下方的导热及固定材料一方面将发电片紧固在导杆上，另一方面起到导热和隔热的作用。由于温差发电片所能承受的温度范围有限，一般最高 125℃，而现场导杆的温度，最高能够达到近 200℃，因此为保护温差发电片，需要在其下方加装隔热材料，使其热端温度不致过高。

冷端加装热沉的作用是加速散热，从而增大温差以产生更多的电量。加速散热的方式有很多种，如风冷、水冷等，加装散热片是最常用的无需外部能源的散热手段。

此外，还需要在各个接触面涂抹导热材料。材料的接触面看似平滑，实际上是粗糙不平的。接合面上只有一些部位是紧密接触的，其余部位则是间隙，如图 10-2 所示。一般情况下，大部分间隙都充满热导率很小的介质(如空气等)，因此接合处的热传递主要由两部分组成：接触部位的固体导热和间隙中的介质导热。由于间隙中介质的热导率远低于固体，因而热阻增加，导热量减少。因此在装置设计时，使用导热材料，如导热硅脂涂抹在两材料表面，并压实，此时导热硅脂将缝隙填充，而导热硅脂是热的良导体，因此导热性能得以增强。

10.3.2　电源电路设计

由于系统使用温差发电作为能量来源，所产生的电能极其微弱，因此需要使用专门的电源器件作为电源电路的核心。本系统中，使用凌力尔特公司生产的 LTC3108 进行电源管理。

LTC3108 是超低电压的升压型转换器和电源管理器，搭配耦合电感，即使输入低于 20mV，器件依然能够正常工作，非常适合于能量采集型应用。所设计的电源模块原理图如图 10-3 所示。

电源模块的供电输入为温差发电模块产生的原始电能，由于温差发电提供的是直流电，而 LTC3108 要求交流输入，因此需要在输入处增加一个耦合电感以产生自激振荡，将直流转换为交流。

在设计时，考虑到现场更换导杆时会取下测量仪，可能会导致温差发电片冷端温度高于热端，继而产生负电压的情况，在电源模块的输入部分增加了二极管，防止电源反向输入。

芯片有三路输出，第一路 VLOD 固定输出 2.2V 电压，为低功耗主控芯片供电。本系统中使用的 CC1310 输入电压范围为 1.8～3.8V，可使用 LTC3108 的 2.2V 输出为其供电。

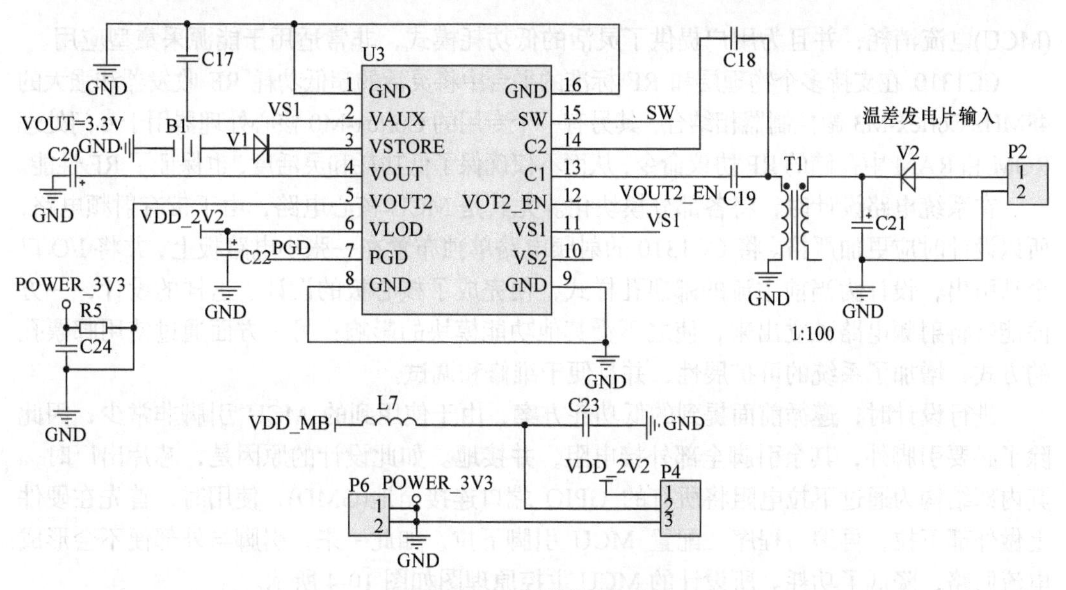

图 10-3　电源模块原理图

第二路输出为 VOUT，可通过配置 VS1 和 VS2 引脚将其配置为 2.45V、3.3V、4.1V 或 5V 四种可选的电压。使用时在 VOUT 端接超级电容，当 VLOD 输入稳定在 2.2V 后，电源芯片就会将额外的电量经过 VOUT 向超级电容充电。

第三路输出为 VOUT2，可通过控制 VOUT2_EN 引脚来使能或禁能 VOUT2 输出，使能输出时，VOUT2 连接至 VOUT。由于运算放大器 INA333 单电源时的额定输入电压范围为 1.8～5.5V，温度检测芯片 DS60 的额定输入电压为 2.7～5.5V，并且当不进行温度和电压检测时，需要将检测电路全部断开，因此设计这些外围检测电路全部由 VOUT2 供电，并且将 VOUT 配置为 3.3V 输出模式，当不进行温度及电压检测时，关断 VOUT2 以节省更多电能。

第四路输出为 VSTORE，VSTORE 外接纽扣电池，当整个系统电力丢失时，VSTORE 外接的电源能够提供应急供电能力。虽然外加了电池，但是电池只作为应急使用，在系统正常工作的情况下，无须纽扣电池提供电能。

综上所述，电源模块的总体设计思路是，对 VLOD 长期供电，同时将 VOUT 外接的超级电容作为主要储能元件，VOUT2 接外围芯片，并对外接芯片进行间歇性供电，将 VSTORE 外接其他电源，作为整个系统的应急供电来源。

除此之外，考虑到只有在现场应用中才会使用温差发电的供电方式，其他时间如调试程序、下载程序、测试无线传输等，必须保证完全可靠的供电性能，因此为系统设计两种供电方式。如图 10-4 所示，通过改变短接帽的接插方式来改变供电方式：左侧母座悬空不接，右侧使用短接帽短接 1、2 引脚，使用温差发电的方式供电；左侧外接 3.3V，右侧短接 2、3 引脚，使用外部 3.3V 直接供电。

10.3.3　MCU 模块电路设计

根据系统方案选型设计，温度监测系统使用 CC1310 作为主控芯片。CC1310 是德州仪器(TI)公司生产的经济高效型超低功耗 Sub-1G 器件，具有极低的有源 RF 和微控制器

(MCU)电流消耗，并且为用户提供了灵活的低功耗模式，非常适用于能源采集型应用。

CC1310 在支持多个物理层和 RF 标准的平台中将灵活的超低功耗 RF 收发器和强大的 48MHz Cortex-M3 微控制器相结合，其另有一个专用的 Cortex-M0 核心处理器用于专门处理 ROM 和 RAM 中存储的 RF 协议命令，从而不仅确保了低功耗和灵活度，也保证了 RF 性能。

在系统电路设计时，将各部分模块化。尤其是 MCU 核心电路，由于带有射频电路，所以设计时应更加严格。将 CC1310 的射频电路单独布置在一张小电路板上，并将 I/O 口全部引出，设计为当前主流的邮票孔样式，便完成了核心板的设计。这样的设计，一方面能够将射频电路独立出来，使之不受其他功能模块的影响；另一方面通过使用邮票孔的方式，增加了系统的可扩展性，并且便于维修和调试。

进行设计时，遵循前面提到的低功耗方案，由于使用到的 MCU 引脚非常少，因此除了必要引脚外，其余引脚全部外接电阻，并接地。如此设计的原因是，芯片出厂时，其内部结构为通过下拉电阻将所有的 GPIO 端口连接至地(GMD)，使用时，首先在硬件上做外部下拉，再编写程序，配置 MCU 引脚下拉，如此一来，引脚与外部便不会形成电流回路，降低了功耗。所设计的 MCU 主控原理图如图 10-4 所示。

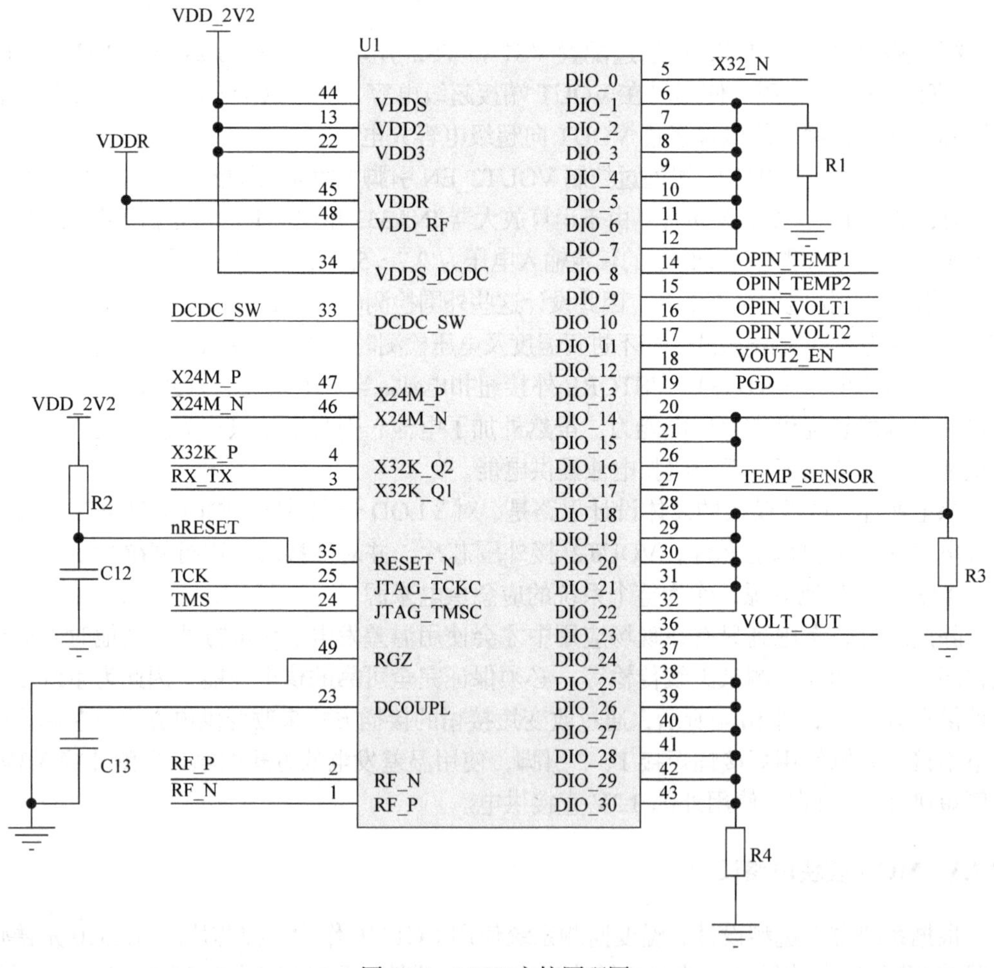

图 10-4　MCU 主控原理图

10.3.4　温度采集电路设计

为了节约成本并且降低功耗，不使用集成芯片测量热电偶的方案，而是直接使用仪表放大器对热电偶信号进行放大，通过查表得到信号对应的温度，再使用温度传感器测量环境温度，对热电偶测量得到的温度进行补偿。所设计的温度采集电路原理图如图 10-5 所示。

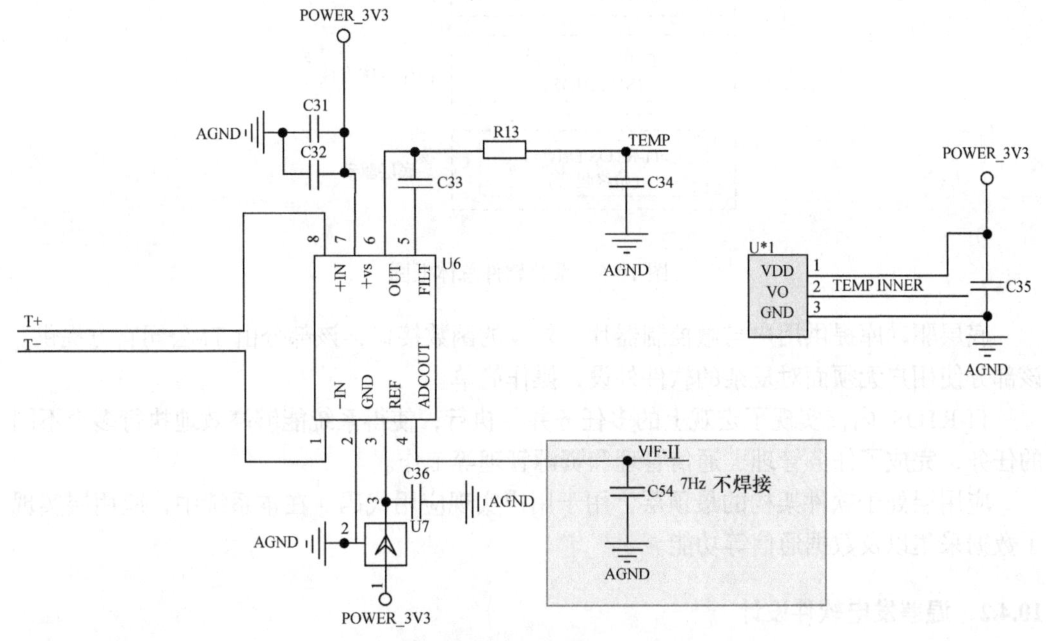

图 10-5　温度采集电路原理图

热电偶信号放大芯片使用 ADI 公司生产的 AD8293 仪表放大器，放大器具有低失调电压、低失调漂移、低增益漂移以及高共模抑制比的特点，非常适用于如热电偶信号放大等不允许存在误差源的应用。除此之外，芯片内部集成了抗混叠滤波器，减少了电路设计所需外围元件，增加了可靠性。放大器使用了 REF3012 作为电压基准，REF3012 也是低功耗、高精度的集成芯片。

对温度进行补偿时需要测量环境温度，所用芯片为 DS60。DS60 是一款功耗低、价格便宜的温度检测芯片，其精度能够达到±2V，而功耗典型值只有 80μA。同时从程序的运行机制来考虑，为了达到降低功耗的目的，需要对设备周期性地供电和断电，因为 DS60 具有极短的启动时间，因此非常适合本方案使用。

相较于集成芯片的热电偶信号检测方案，手动进行温度补偿的方案检测用时更短、功耗更低，并且成本更低。

10.4　系统软件设计

10.4.1　软件总体框架

软件设计上，采用应用层、TI-RTOS 操作系统内核以及底层驱动的三层架构。功能上采用面向对象的结构化编程方法，只需编写业务实现，任务调度、数据交互等内容由操作系统内核自动完成。系统软件总体框图如图 10-6 所示。

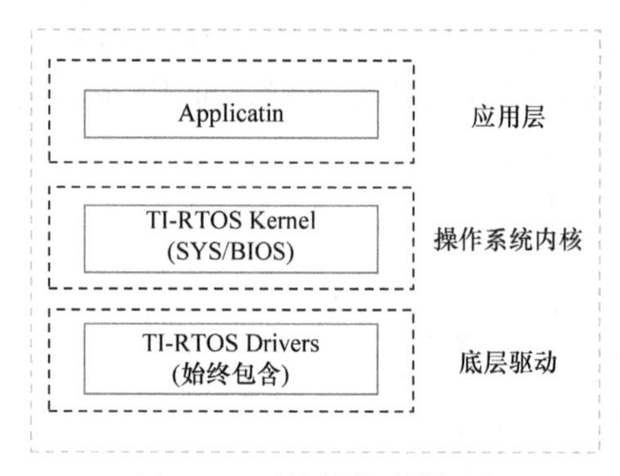

图 10-6　系统软件总体框图

底层驱动库提供用户与微控制器片上外设的函数接口，该部分由 TI 公司官方提供。该部分使用户无须面对复杂的软件外设，操作简单。

TI-RTOS 内核实现了宏观上的多任务并行执行，使得系统能够高效地执行多个不同的任务，完成了任务管理、通信管理和资源管理等工作。

应用层处于软件架构的最顶层，用于用户实现应用代码。在本系统中，应用层实现了数据采集以及数据通信等功能。

10.4.2　温差发电软件设计

能量采集的一个关键问题在于，自然能量本身是一种不确定的能量来源，虽然可以通过理论计算其平均性能，但是在某时刻的状态却不能准确预测，因此在设计以能量采集提供电源的系统时，需要从以下两个关键点考虑能耗问题。

(1) 设备的平均运行功率必须小于能量采集的输出功率。

(2) 系统设计必须考虑在能量供应不足时自主调整运行机制以维持运转。

假设温差发电片已满足阻抗匹配的前提，那么通过式(10-1)可以直观地看出系统运行消耗功率与温差发电提供的功率之间的关系。

$$P_{\text{TEG}} = P_{\text{dyn}} + P_{\text{stat}} = \eta \times a \times \frac{\Delta T}{4} \times R_{\text{TEG}} = C \times V^2 \times f \times V \times I_{\text{leak}} \tag{10-1}$$

式中，P_{TEG} 为温差发电片的输出功率；η 为温差发电片的能量转换效率；a 为塞贝克系数；ΔT 为温差发电片热端与冷端温差；R_{TEG} 为温差发电片内阻；C 为系统等效电容容量；V 为系统工作电压；f 为在线工作频率(如无线数据发送)；I_{leak} 为静态电流。

在式(10-1)中，对温差发电片输出功率的最低要求即其输出功率能够满足系统的动态功耗和静态功耗之和。动态功耗可以理解为设备进行数据采集、无线收发时的工作功耗；静态功耗可理解为系统休眠以及固有静态电流带来的功耗。根据前面对电流采集系统的工作周期耗电量 Q 进行的计算，其值即动态耗电量和静态耗电量之和。可以通过下面的公式求出设备一个工作周期的平均功率。

$$W = \frac{1}{2}CU^2 = Pt \tag{10-2}$$

$$C = \frac{Q}{U} \tag{10-3}$$

将式(10-2)和式(10-3)联立后可得出 $P = \frac{QU}{2t}$，即 $P_{\text{dyn}} + P_{\text{stat}}$ 的值，其中，Q 的值已知，只需人为选定合适的工作周期 t，假设工作电压 U 的值，即可求得测量仪一个工作周期内的平均功率。对于温差发电片的输出功率中的效率、塞贝克系数以及发电片内阻，都可由生产厂商提供。将以上数据代入公式，即可求得温差发电片满足阳极电流采集设备工作的最低理论温差 ΔT。

10.4.3　温度采集软件设计

系统的温度采集使用 AD8293G80 仪表放大器对热电偶信号进行放大，DS60 测量冷端温度进行温度补偿。热电偶的电压值与其测量温度之间具有函数关系，此函数在美国国家标准与技术研究院(National Institute of Standards and Technology，NIST)ITS-90 热电偶数据库中严格定义。根据中间温度定律，有

$$E_{AB}(t,t_0) = E_{AB}(t,0) - E_{AB}(t_0,0) \tag{10-4}$$

根据式(10-4)，可得

$$E_{AB}(t,0) = E_{AB}(t,t_0) + E_{AB}(t_0,0) \tag{10-5}$$

由式(10-5)可知，热电偶测量端的电势 $E_{AB}(t,0)$ 可以通过将测量得到的热电势 $E_{AB}(t,t_0)$ 与冷端修正热电势 $E_{AB}(t_0,0)$ 相加后得到。通过查询标准温度表即可得到与电势 $E_{AB}(t_0,0)$ 对应的热端温度。

根据 NIST ITS-90 数据库，能够得到 K 型热电偶 0～300℃的输出电压与温度对应关系多项式：

$$t_{90} = d_0 + d_1E + d_2E^2 + \cdots + d_nE^n \tag{10-6}$$

式中，E 为热电偶电势，mV；t_{90} 为对应温度，℃。

若使用上述公式，并且需要进行冷端补偿，则需要 MCU 进行大量的浮点运算。而且需要的精度越高，运算量也就越高。因此采用更加简便且常用的方法，即查表法。在 NIST ITS-90 中能够查得温度与电势对应关系。

系统中使用的 MCU 为 CC1310F128RGZ，有 128KB 的大容量片上 Flash，因此为节省 RAM，使用 const 关键字将热电偶分度表以数组的形式存放在 Flash 中。进行电压值查找时，使用插值查找算法。相对于传统的二分查找法，插值查找法将二分中的比例参数“1/2”改进为自适应参数，根据关键字在有序表中的存储位置，让所取“中点”的位置更靠近“关键字”，以此间接减少了比较次数，将时间复杂度减少为 $O(\log_2(\log_2 n))$。插值查找的示意公式如下。

$$mid = low + \frac{key - a[low]}{a[high] - a[low]} \times (high - low) \tag{10-7}$$

经过插值查找后，能够找到分度表中最接近目标电压的两相邻元素值。为了进一步提高精度，将两元素值所在区间看作线性区间，拟合一条直线，找到目标电压在此直线上对应的温度值，即所求温度值。

$$t_0 = t_a + \frac{t_b - t_a}{u_b - u_a} u_0 \tag{10-8}$$

10.4.4　无线传输软件设计

由于无线组网时节点需要经常唤醒，实时准备接收网络中的数据，并且需要维护节点 MAC 路由表、心跳机制以及通信握手反馈等，对电能的消耗比较大，因此在本设计中不使用组网协议栈，而是使用一主多从的通信模式，通过私有协议控制数据收发。

节点在发送和接收时所需的工作电流比较大，造成了高能耗。为了降低收发能耗，射频不能一直开启，因此本系统中使用了 WOR 技术。WOR 全称为 Wake On Radio，即电磁波唤醒技术。电磁波唤醒的原理是，无需 MCU 的干预，定时器周期性地控制内核从深度睡眠中醒来，侦听潜在的数据包。主节点程序首先自动发送前导码，各从节点侦听到前导码后，进入接收状态准备接收，此时主节点发送指令报文，从节点在接收到指令报文后，再根据报文内容执行相应的操作。

使用电磁波唤醒技术后，MCU 无须一直处于无线接收状态，只在定时时间结束后短时间唤醒，然后进入睡眠。官方实测数据显示，使用 WOR 后可将能耗降低，因此非常适合低功耗应用。其具体实施方式如下。

确定两个时间参数 T0 和 T1，其中，T0 为最长工作周期，T1 为最长接收时间，通过这两个参数可以得到接收占空比 D。在满足应用需求的基础上，尽可能降低占空比以降低功耗。设定 2s 唤醒一次，每次持续 3ms，同时要求主节点发送前导码，发送时间需要长于 2s。若从节点在两个连续的周期内都收到前导码，则唤醒 MCU，开始接收数据并进行处理。

使用私有协议控制数据发送时，需要考虑的一个很重要的问题就是数据的防碰撞问题，发生数据碰撞的原因是多节点同时竞争通信信道向主节点发送数据，数据之间相互干扰导致主节点无法正常接收。在主节点控制整体通信流程时，不需要考虑碰撞问题，但是如果通信过程中存在多节点同时上传的情况，控制数据冲突就显得尤为重要。

在本系统中，首先从发送机制上入手，避免数据碰撞。其主要思想是时分复用，控制各个节点在不同的时间区间内发送数据，各时间区间互不重叠且大于数据发送时间，手动为节点分配发送区间，便能够避免数据冲突。

主节点发送的数据请求报文相当于一个同步信号，在接收到此报文后，各从节点启动定时器，定时一定时间后执行数据发送。定时器的定时时间决定了时间区间的区段，由于各节点有各自唯一的 ID，将 ID 作为系数与区间长度相乘，便确定了各从节点自己的发送时间区间段。

若实际发送过程中出现发送延迟或者定时器不准的情况，依旧有可能出现数据碰撞。

因此除上述发送机制外，使用载波监听多路访问(CSMA)技术，即先听后说(Listen Before Talk，LBT)，其原理是节点在发送数据之前，先监听空间中有没有数据。若没有数据，则节点立即发送；若监听到空中有其他节点的数据，就等待一段时间再进行退避，等待时间结束后重复监听过程；若检测到冲突则继续退避，直至数据发送成功。

为最大程度上保证各节点数据完整发送，本章采用二进制指数退避算法进行数据避让。在上述时分复用的数据传输机制基础上，若发生通过 LBT 后某节点未顺利传输的情况，则本节点首先进行一次等待，等待时间为所有节点传输结束的最长时间。从节点无线通信流程图如图 10-7 所示。

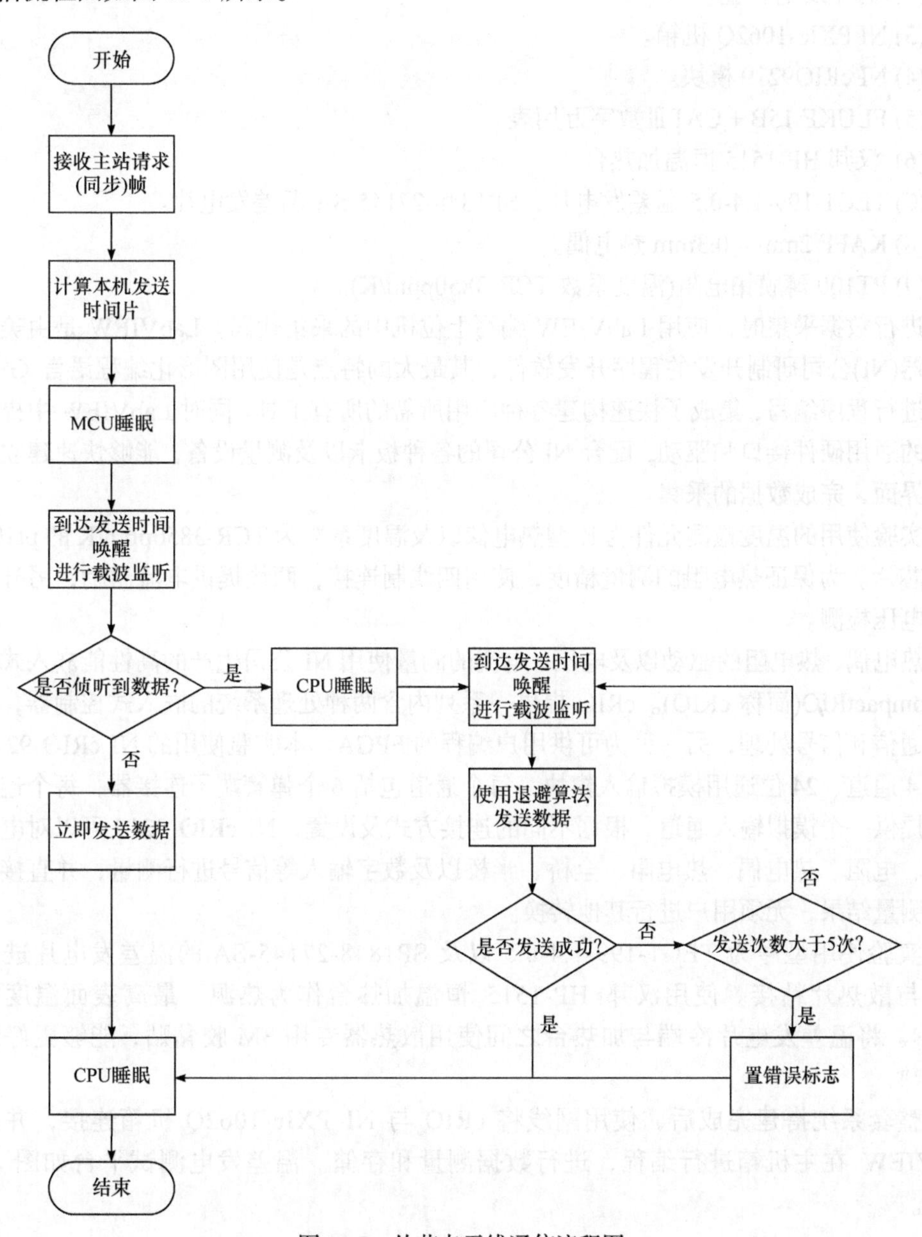

图 10-7　从节点无线通信流程图

10.5　系统性能测试

10.5.1　测试平台搭建

实验条件如下。

(1) 实验环境：室内，温度为 25℃。

(2) 温差发电装置。

(3) NI PXIe-1062Q 机箱。

(4) NI cRIO9219 模块。

(5) FLUKE 15B + CAT Ⅲ数字万用表。

(6) 汉邦 HP-1515 恒温加热台。

(7) TEG1-199-1.4-0.5 温差发电片；SP1848-27145-SA 温差发电片。

(8) KAFF 2mm × 0.3mm 热电偶。

(9) PT100 薄膜铂电阻(温度系数 TCR-3850ppm/K)。

进行数据采集时，使用 LabVIEW 编写上位机中的采集代码。LabVIEW 是由美国国家仪器(NI)公司研制开发的程序开发软件，其最大的特点是使用图形化编程语言 G 而非文本进行程序编写，集成了快速构建各种应用所需的所有工具。同时 LabVIEW 中提供了丰富的通用硬件接口和驱动，配合 NI 公司的各种板卡以及测量设备，能够快速建立虚拟仪器界面，完成数据的采集。

实验使用的温度检测元件为 K 型热电偶以及温度系数为 TCR-3850ppm/K 的 pt100 热电阻芯片。为保证热电阻的测量精度，使用四线制连接，两线提供电流激励，另外两线进行电压检测。

热电偶、热电阻的驱动以及电压、电流的测量使用 NI 公司生产的高性能嵌入式控制器 CompactRIO(简称 cRIO)。cRIO 提供一系列内含两种处理系统的嵌入式控制器，一种用于通信和信号处理，另一种为可供用户编程的 FPGA。本实验使用的 NI cRIO 9219 模块为 4 通道、24 位通用模拟输入模块，每个通道包括 6 个弹簧端子连接器，每个连接器可以提供一个模拟输入通道。根据不同的连接方式及设置，NI cRIO 9219 可以对电压、电流、电阻、热电偶、热电阻、全桥、半桥以及数字输入等信号进行测量，并直接输出最终测量结果，无须用户进行其他转换。

实验使用型号为 TEG1-199-1.4-0.5 以及 SP1848-27145-SA 的温差发电片进行测试，与散热片粘接。使用汉邦 HP-1515 恒温加热台作为热源，最高表面温度可达 400℃。将温差发电片冷端与加热台之间使用散热器专用 3M 胶黏贴，能够更好地强化传热。

整套系统搭建完成后，使用网线将 cRIO 与 NI PXIe-1062Q 机箱连接，并使用 LabVIEW 在主机箱进行编程，进行数据测量和存储。温差发电测试平台如图 10-8 所示。

图 10-8　温差发电测试平台

10.5.2　温差发电性能测试

温差发电系统基于 LTC3108 电源管理芯片设计了电源电路，在实际使用过程中，需要对电源部分的实际性能进行测试，并结合芯片手册数据对方案进行优化。

1. 系统启动时的电压时序

当电源电路开始由温差发电片供电时，会将输入的电压分别转换为 VLDO 的 2.2V 输出、VOUT 的 3.3V 输出，并将可用的剩余电能转换为 VSTORE 的输出，用于备用电源的充电。

在上述实验的基础上，保持 5℃左右的温差，VLDO 端外接 10μF 的电容，VOUT 端外接 47μF 的电容，接通电源电路输入进行实验。实验过程如下。

(1) 搭建好温差发电平台，参考前面的测试数据，设定发热台温度，使温差发电片冷热端温差保持在 5℃左右。

(2) 等待 LTC3108 电压输出稳定，在 VLDO 端和 VOUT 端同时接入 10μF 和 47μF 的电容。

(3) 连续测量 VLDO 端、VOUT 端以及电容两端的电压，将数据写入文档，并绘制折线图。

电源电路输出的电压变化时序如图 10-9 所示。

从图 10-9 中可以看出，电源芯片开始工作后，电路同时为 VLDO 和 VOUT 供电，VLDO 外接的 10μF 电容很快充满，使其电压稳定于 2.2V；VOUT 端需要给 47μF 电容充电，由于无法瞬间提供电容所需电量，因此在 VOUT 端产生了一个约为 0.4V 的压降，随着电容充电时间的增加，电容两端的电压不断升高，当 VOUT 端电压与电容电压相同时，电容继续充电，VOUT 电压逐渐恢复 3.3V。

保持上述实验条件，将 VOUT 端的 47μF 电容换为 220μF 电容，接通电源电路进行实验，实验过程与上述步骤相同。

电源电路输出的电压变化时序如图 10-10 所示。

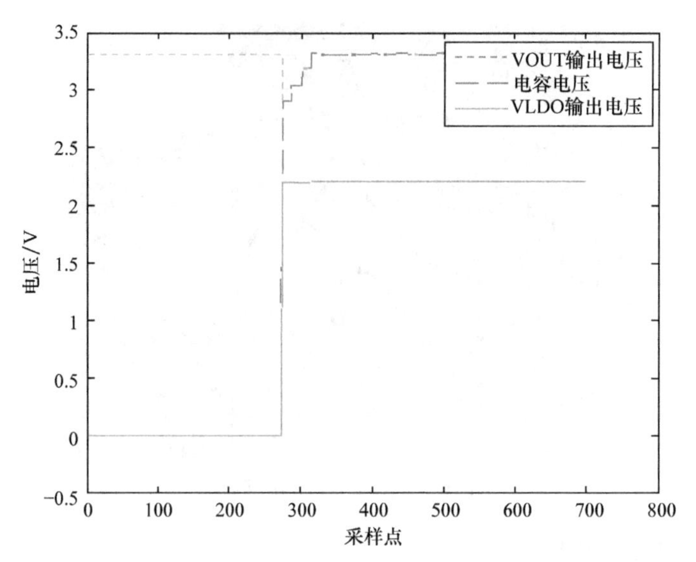

图 10-9　VOUT 外接 47μF 电容时电源电路输出的电压变化时序

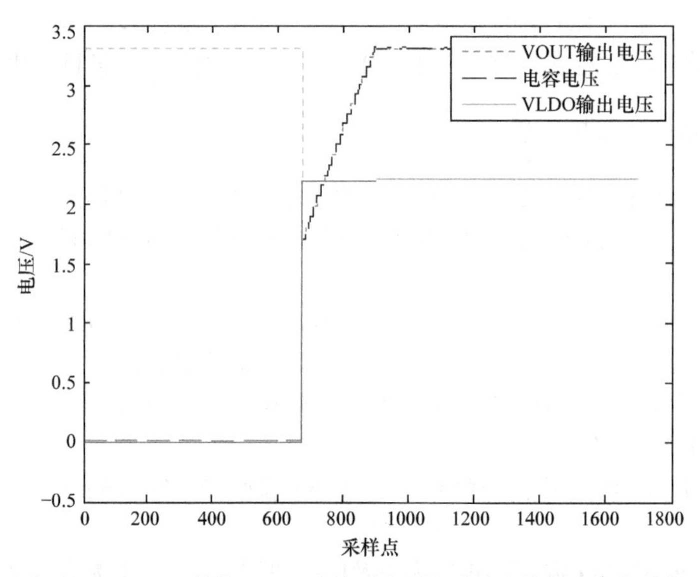

图 10-10　VOUT 外接 220μF 电容时电源电路输出的电压变化时序

VOUT 外接 220μF 电容后，为保证电容充满，需要 VOUT 在短时间内输出更多的电量。从图 10-10 中可以看出，由于 VOUT 短时间内无法输出所需电量，因而产生了一个 1.6V 左右的压降。

图 10-10 的实验也可以理解为，当系统稳定运行时，在 VOUT 端出现一个瞬间的电流需求。当电源的整体供电能力有限时，输出端 VOUT 的电压瞬间下降，然而即使 VOUT 输出下降至低于 VLDO 的 2.2V，VLDO 依然能够维持 2.2V 不变。因此可知当系统供电能力有限时，电源芯片会优先保证 VLDO 的电力输出。

从启动电压时序图中可以看出，电源输出首先保证 VLDO 的供电，当 VLDO 供电需求满足后，才将额外的电能供给 VOUT。

2. 电容供电时供电状态测试

在设计 LTC3108 的电源电路时，可以在 VSTORE 处外接一个超级电容，当系统的供电饱和时，电源会将额外的电量通过 VSTORE 端输出，储存进超级电容。当电源的输入端无法提供系统所需的电量时，VSTORE 外接的储能器件将会提供整个系统的电能。

考虑电源无输入的情况下，只使用 VSTORE 外接的储能元件供电进行实验。实验过程如下。

(1) VSTORE 端外接 1000μF、初始电压为 4V 的电容；VLDO 外接 10μF 的电容；VOUT 外接一个 40kΩ 的电阻作为负载，可知其工作状态消耗的电流为 110μA。

(2) 连续记录 VSTORE、VOUT 以及 VLDO 端的电压，并将数据写入文档，绘制折线图。

实验曲线如图 10-11 所示。

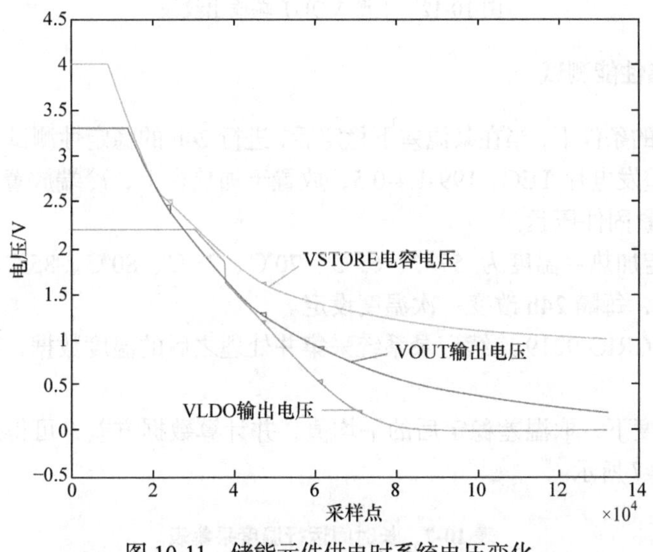

图 10-11　储能元件供电时系统电压变化

从图 10-11 中可以看出，在断开电源电路输入后，系统开始由 1000μF 电容供电，供应 VOUT 的 3.3V 以及 VLDO 的 2.2V 输出；当电容电压降低至与 VOUT 端电压相同时，开始不能维持 3.3V 输出，VSTORE 电压与 VOUT 电压同时下降，共同维持 VLDO 端的 2.2V 输出；当 VOUT 电压下降至 VLDO 的 2.2V 以下后，VSTORE 电压下降减缓，单独供应 VLDO 的电压输出；当 VSTORE 电压降低至与 VLDO 端电压相同时，开始不能维持 VLDO 的 2.2V 输出，VSTORE 电压与 VLDO 电压同时下降。最终逐渐将所有电能耗尽。

3. 电源纹波测试

将电源的 VOUT 输出接至 cRIO 的电压采集端口上，能够监测到 3.3V 输出的电源纹波如图 10-12 所示。

从图 10-12 中可以看出，电源芯片输出纹波的峰峰值在 17mV 左右，约为输出直流电压 3.3V 的 0.52%，可知电源具有良好的品质。

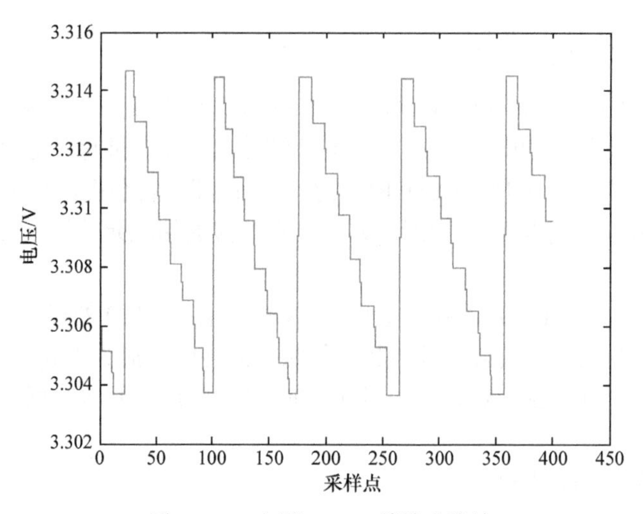

图 10-12　电源 VOUT 端输出纹波

10.5.3　温度采集性能测试

在室温 25℃的条件下，当在某温差下稳定后，进行 24h 的稳定性测试。测试过程如下。

(1) 任选温差发电片 TEG1-199-1.4-0.5，放置于加热台上，冷端放置散热片，并涂抹导热硅脂，实用紧固件压紧。

(2) 分别设定加热台温度为 57℃、65℃、70℃、75℃、80℃、85℃、90℃、95℃、100℃以及 110℃，每隔 24h 改变一次温度设定。

(3) 使用 NI CRIO 9219 连续记录系统采集并处理之后的温度数据，存储于文档中，并进行数据分析。

不同平面温度下，取温差稳定后的平均值，并计算数据方差，可得系统保持温差稳定的能力如表 10-7 所示。

表 10-7　长时间运行温度采集表

热端温度/℃	采集温差平均值/℃	温度数据方差
57	57.05	0.003421
65	65.46	0.01033
70	69.59	0.008972
75	71.26	0.012405
80	81.59	0.016717
85	84.69	0.019726
90	89.97	0.016028
95	96.02	0.024917
100	101.89	0.0613
110	113.56	0.034493

从实验数据中可以看出，在热端温度保持恒定的情况下，温度监测系统所采集的数

据与设定值吻合，采集的相关数据具有较高的准确性。因此可以得出结论，在室温 25℃、热端 55～110℃的温度范围内，温度监测系统有能力保证采集温度数据的准确性。

本 章 小 结

本工程实例主要是针对铝电解生产中电解槽的温度监测问题，针对电解铝现场的恶劣环境，进行了工程化研究，提出了工程化的系统设计思路。并在此基础上设计了基于无线传输和温差发电的铝电解槽的温度监测系统，最后对装置进行了测试，对测试数据进行了综合分析。

思 考 题

(1) 工程实例中温度采集常采用哪几种方案？
(2) 简要说明该工程实例涉及的硬件芯片及相应的功能。
(3) 该工程实例中为何要进行温差发电装置的设计？
(4) 该工程实例中温差发电装置的发电原理是什么？
(5) 在进行发电装置设计过程中应该注意什么？

第 11 章　铝电解边缘计算智能网关工程实例设计

11.1　概　　述

金属铝是人类生产生活中不可或缺的基础原材料之一。铝密度低、易加工、导电导热好、耐腐蚀，在建筑、交通、航空航天、电力电子等各个行业中应用广泛。近几十年，由于国家大力发展制造业，我国铝电解产业高速发展，铝产量和消费量均居世界前列，对全球铝产业做出突出贡献。但随着我国经济增速发展，生态环境污染、产能相对过剩等问题越来越明显，我国铝工业的发展在国际市场竞争中不占优势，急需向高效化、绿色化、智能化方向发展。铝电解槽是一个多变量、慢时变和强腐蚀的过程体系，铝电解过程工艺参数的测量对于实现实时监测铝电解槽的运行状态，分析并优化其运行状态，提高铝电解过程电流效率、降低电能消耗具有重要意义。

早在 2011 年 11 月 28 日，我国工业和信息化部在《物联网“十二五”发展规划》中指出：物联网是战略性新兴产业的重要组成部分，已成为当前世界新一轮经济和科技发展的战略制高点之一，发展物联网对于促进经济发展和社会进步具有重要的现实意义。工业互联网作为物联网在工业领域的应用，自 2005 年以来得到了飞速发展。相比传统泛在物联网设备，工业物联网设备对计算的实时性、可靠性和安全性都提出了更高的要求。边缘计算技术的突破为工业物联网的发展提供了一个比较理想的前进方向。据 IDC 数据统计，到 2020 年将有超过 500 亿的终端与设备联网，超过 50%的数据需要在网络边缘侧分析、处理与储存。通过边缘计算层的部署，许多数据处理和计算分析的过程可以通过本地设备实现而无须交由云端，处理过程将在本地边缘计算层完成。这样可以实时地对现场控制进行反馈，大大提升了处理的速度和效率，减轻了云端的负荷。当前铝工业生产过程对过程数据的实时监控与数据分析极为重要。伴随着传感器技术、通信技术和嵌入式系统的不断发展，越来越多的检测设备应用到铝电解系统中，为更加精确地监测铝电解槽运行状态进而实现智能控制提供了硬件基础。然而，每个电解槽作为服务器的一个边缘设备，服务器不能高效地处理如此庞大的信息量，因此，将基于分散式架构的边缘计算模式应用到铝电解生产过程中，将处理数据和信息分析的功能从中心节点分解并下放到边缘节点，以此减轻中心节点的运算压力，快速高效地实现大信息量的处理，对铝电解的高效生产具有重要的意义。

因此，本章针对铝电解工业互联网环境下边缘计算的问题，设计了一套数据采集处理系统，分为三层结构，如图 11-1 所示，分别是节点感知层、边缘计算智能网关传输层和上位机显示层。节点感知层实时监测铝电解槽的电流、温度等数据，并将这些数据传输给边缘计算网关，由网关对这些过程数据进行预处理，分析得到关键参数指标，再传送给服务器，边缘网关在该系统中具有承上启下的作用。边缘计算网关是当前国际上备

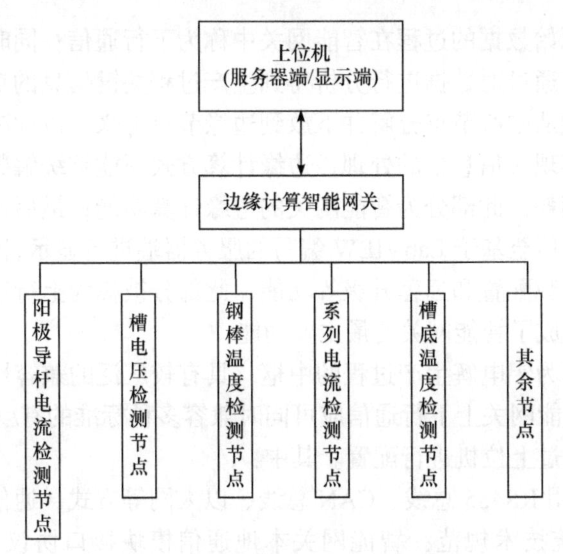

图 11-1 铝电解槽数据采集系统结构图

受关注的、涉及多学科高度交叉、知识高度集成的前沿热点研究领域，它综合了人工智能技术、嵌入式计算技术、现代网络及无线通信技术、分布式信息处理技术等。然而，对于铝电解领域，由于不同的物联设备要匹配不同的场景需求，实际装配位置距离远近不一，并且不同的设备根据不同的类型可能有多种不同的通信方式，这就使得集中式中央处理结构的物联系统装配成本骤增，适配性大打折扣。另外，随着设备增加，控制量成倍增长，集中式决策的调控响应速度不及时、控制精度欠缺且控制效果不佳，影响最初的智能化设计目的的实现。综上分析，本章设计了一种扩展性强、可配置程度高且具有高时效性、高智能化的新型边缘计算网关。首先分析一种针对工业现场采用多种通信协议、多种通信方式的工业互联网架构，能够对各种不同的物联设备协议进行解析和转换；然后，确定边缘计算网关的定位和需求分析；其次，对硬件和软件进行设计，在边缘计算网关实现对数据的采集、处理和传输功能，对采集的数据进行实时的分析，并提取特定的有价值数据推送给边缘云；最后对该系统进行调试。测试结果表明，该边缘计算网关能够实现数据采集、本地化存储、实时显示以及远程网络存储等功能，对生产过程中数据的处理和分析具有巨大的价值，这些价值包括：针对设备本身进行预测性维护，提升质量稳定性，降低工作能耗等；设备与设备间的协同工作流程优化。考虑边缘网关计算应具有的广泛兼容性，满足一定的行业规范，同时要明确其功能以及其应用场景，在下面详细地叙述铝电解边缘计算智能网关的设计过程。

11.2 系统需求分析及功能设计

11.2.1 需求分析

在铝电解生产过程中，边缘智能网关需要对生产过程中的关键数据进行采集，包括阴极钢棒温度、阳极导杆电流、槽电压等，这些数据来自底层节点的采集装置，网关接收底层节点采集的原始数据的过程在智能网关中称为下行通信；同时智能网关还应具备对数据进行预处理，通过对数据进行分析得到生产过程关键信息的功能，这样将处理数据和信息分析的功能从中心节点分解并下放到边缘节点上来，以此减轻中心节点的运算压力，快速高效地实现大信息量的处理，边缘计算方式还能够缓解数据传输过程中的带宽压力，减少资源消耗，此部分为智能网关的边缘计算功能；最后通过网关分析计算得到的关键信息需要上传至基于 LabVIEW 编写的服务器端进行显示，网关还可以与服务器端进行数据交互、参数配置和远程升级等功能，此部分被称为上行通信。上行通信、边缘计算、下行通信组成了智能网关的最主要功能。

边缘计算网关作为铝电解生产过程的中枢，具有较广泛的兼容性，并需要满足一定的行业规范。因此智能网关上下行通信应可同时兼容多种标准的有/无线接口和多种标准的通信协议，可以通过上位机进行配置。其中：

(1) 下行通信采用 RS485 总线、CAN 总线、以太网等方式，通信协议采用《电力用户用电信息采集系统技术规范：智能网关本地通信模块接口协议》(Q/GDW 376.2—2009)(简称 376.2 协议)、国网 DLT 645—2007 协议(简称 645 协议)和 MODBUS-RTU 协议，与底层采集装置进行数据交换。

(2) 上行通信采用 4G、WiFi 和以太网等方式，通信协议采用《电力用户用电信息采集系统技术规范：主站与采集终端通信协议》(Q/GDW 376.1—2009)(简称 376.1 协议)，与服务端进行数据传输，将网关边缘计算得到的关键信息上传至服务器。

同时边缘计算网关具有原始数据存储、数据处理、边缘计算等功能，针对不同的应用场景，智能网关可通过专有的上位机软件，对其参数和功能进行在线配置。

11.2.2 功能设计

1. 下行通信功能

边缘计算智能网关与底层节点进行数据通信应建立在一定的通信接口与通信协议上，确保通信的有效性与隐私性。

下行通信根据应用场景的不同可选择的通信接口与通信协议如下。

接口：RS485、CAN、以太网；

协议：Q/GDW 376.2—2009、DLT 645—2007、MODBUS-RTU。

2. 数据采集功能

边缘计算智能网关采集底层节点数据，底层节点为采集铝电解过程关键数据的传感器或数据采集装置，可采集的数据包括阴极钢棒温度、阳极导杆电流、槽电压。采集过程为智能网关按照预先设好的采样周期定时自动下发抄读数据命令，然后接收底层节点返回的带有数据的命令帧。

3. 数据存储功能

边缘计算智能网关需要对采集的数据进行分类存储，按照日期、数据类型将数据存储到不同的文件中，以满足数据保存和后续工作中对原始数据的需求。

历史月数据应存储在一个以年月命名的文件夹下，每日的数据在当月文件夹下的以日期命名的文件中，按照数据的类型分配不同的存储空间。智能网关存储容量应满足本技术条件的所有功能要求并且不得低于 8MB。智能网关可实现正常的原始存储(时长不短于六个月)。

4. 数据预处理

对于边缘计算智能网关收集到的底层节点原始数据要进行预处理。首先是对含有噪声信号的数据进行滤波处理，工业生产过程中不可避免地存在各种干扰，使得原始数据中带有大量的噪声信号，这对数据质量影响很大，所以需要对原始数据进行滤波剔除掉噪声信号。其次是由于在工业现场的数据传输过程中可能会出现数据缺失、数据边值等现象，或因节点故障导致的数据采集不完备的现象，影响后续的数据分析工作，所以要对缺失的数据进行插值以补全数据得到完备的数据集。

数据预处理方式包括滤波和插值。

5. 边缘计算功能

为减轻服务端中心节点的运算压力，智能网关应对预处理过的数据进行边缘计算，得到能够反映铝电解生产过程的关键信息并将此发送至服务器端。例如，采集的电流数据经过边缘网关的计算得到时域信号特征，同时通过快速傅里叶变换将时域的数据变换为频域的数据并计算关键频域特征参数，智能网关可以根据计算出来的关键参数来判断铝电解生产过程是否发生阳极效应、漏槽等现象，并将此关键参数发送至服务器端。

6. 上行通信功能

对于经过智能边缘计算得到的包含铝电解过程是否发生阳极效应、漏槽等现象的信息和经过 FFT 得到的频域数据，网关应主动发送至服务器端。智能网关与服务器端进行数据通信应建立在一定的通信接口与通信协议上，确保通信的有效性与隐私性。

上行通信根据应用场景的不同可选择的通信接口与通信协议如下。

接口：4G、WiFi、以太网；

协议：Q/GDW 376.1—2009。

7. 参数配置功能

边缘计算智能网关需要保证数据采集的周期、上行与下行的通信接口及协议、底层节点的类型和数量、智能网关本地地址和边缘计算的方式可配置以适应不同场景下的应用需求。同时还应具有校时功能以保证网关时间的准确性。参数配置功能如表 11-1 所示。

表 11-1　参数配置

功能名称	参数配置
功能说明	实现网关参数设置功能
功能要求	使用专有的配置软件可以对智能网关的数据采集周期、通信接口与协议、节点类型与数量、网关地址、计算方式、校时进行配置

8. 事件记录功能

边缘计算智能网关应根据设置的事件属性，将事件按重要事件和一般事件分类记录。应记录的事件包括参数配置的时间与参数配置的内容、阳极效应漏槽等异常工况的发生时间、网关故障、节点故障等。智能网关应主动向主站发送告警信息。智能网关应能保存最近 500 条事件记录。事件记录功能如表 11-2 所示。

表 11-2 事件记录

序号	数据项	数据源
1	数据初始化和版本变更记录	智能网关
2	参数丢失记录	智能网关
3	参数变更记录	智能网关
4	底层节点参数变更	智能网关
5	底层节点数量变更	智能网关
6	底层节点故障信息	智能网关
7	智能网关停/上电事件	智能网关
8	智能网关故障记录	智能网关
9	发生阳极效应	智能网关
10	发生漏槽现象	智能网关

9. 本地功能

网关本地功能情况如表 11-3 所示。

表 11-3 本地功能

功能名称	本地功能
功能说明	具有网关本地状态指示、本地参数设置、软件升级、本地维护与扩展接口功能
功能要求	(1) 显示或指示相关信息； (2) 本地维护接口； (3) 本地扩展接口； (4) 本地信息触发功能

(1) 本地状态指示。本地状态指示应有电源、工作状态、通信状态等指示。

(2) 本地维护接口。提供本地维护接口，支持手持设备设置参数和现场抄读节点数据，并有权限和密码管理等安全措施，防止非授权人员操作。

(3) 本地扩展接口。提供本地通信接口，可抄读智能网关内采集数据。

(4) 本地信息触发功能。通过长按智能网关编程键 2s 以上或通过红外接口向智能网关发送特定命令帧，智能网关可向主站发送特定信息。

10. 维护功能

网关维护功能如表 11-4 所示。

表 11-4　维护功能

功能名称	维护功能
功能说明	实现网关自测试、自诊断、初始化、远程升级等功能
功能要求	(1) 自检自恢复功能； (2) 终端初始化功能； (3) 其他功能：①软件远程下载；②断点续传

(1) 自检和异常记录。边缘计算智能网关可自动进行自检，发现设备(包括通信)异常应有事件记录和告警功能。

(2) 初始化。网关接收到主站下发的初始化命令后，分别对硬件、参数区、数据区进行初始化，参数区置为缺省值，数据区清零。

(3) 软件远程升级。网关支持主站对智能网关进行远程在线软件下载升级，并支持断点续传方式，但不支持短信通信升级。

11.3　系统总体设计

嵌入式系统是以应用为中心，以计算机技术为基础，软硬件可配置，对功能、性能、可靠性、成本、体积、功耗有严格约束的专用系统。根据智能网关的功能，整个系统共分为三层：上层为上位机服务器端，用于显示系统运行状态和进行人机交互；下层为底层节点，用来采集数据；中间层为边缘智能网关，起到承上启下的作用。边缘智能网关主要包含数据传输存储和边缘计算两个功能，为使整个系统运行更加稳定，网关采用双核设计，其中一个核心处理器专门用于接收、存储以及发送数据来完成整个系统的信息交互，另一个核心处理器专门用于边缘计算。双核的结构可以保证大量边缘计算对系统内存的占用不会影响系统整体的信息传输，提高系统的响应速度，整个系统框架如图 11-2 所示。

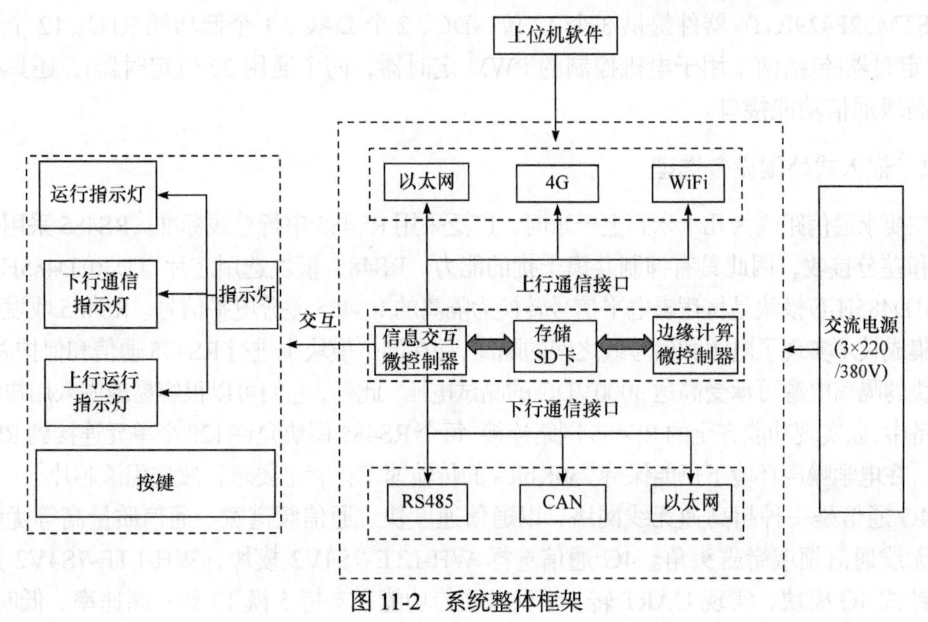

图 11-2　系统整体框架

11.3.1　嵌入式处理器选型

系统总体设计方案中，包含两个主控芯片，分别用作数据存储传输与边缘计算，同时需满足：上行包括 4G、WiFi、以太网三种通信接口，下行包括 RS485、CAN、以太网三种通信接口。按钮功能也需要一个串口，对于大数据量的存储需要芯片提供 SDIO 接口外挂 SD 卡。STM32F407IE 和 STM32F429IGT6 芯片主要性能如表 11-5 所示。基于硬件设计至少需要 7 个 USART、1 个 SDIO 接口基本要求及工作频率的一个高需求，双核处理器 CPU 均选用 STM32F429IGT6 芯片。

表 11-5　芯片性能对比

芯片	STM32F407IE	STM32F429IGT6
IIC	3	3
SPI	3	6
USART/UART	6	8
USB OTG 全速/高速	2	2
SDIO/MMC 接口	1	1
CAN	2	2
工作频率/MHz	168	180

STM32F429IGT6 芯片基于高性能 ARM-M4 32 位 RISC 内核，其工作频率高达 180MHz。Cortex-M4 内核具有浮点单元(FPU)单精度，支持所有 ARM 单精度数据处理指令和数据类型。它还实现了全套 DSP 指令和一个内存保护单元(MPU)，可增强应用程序的安全性。

STM32F429IGT6 器件集成了高速嵌入式存储器(高达 2MB 的闪存，高达 256KB 的 SRAM 的闪存)，高达 4KB 的备用 SRAM 以及连接到两个 APB 的各种增强型 I/O 和外设总线，两条 AHB 总线和一个 32 位多 AHB 总线矩阵。

STM32F429IGT6 器件提供 3 个 12 位 ADC、2 个 DAC、1 个低功耗 RTC、12 个通用 16 位定时器(包括两个用于电机控制的 PWM 定时器，两个通用 32 位定时器)，还具有标准和高级通信功能接口。

11.3.2　嵌入式外围设备选型

在要求通信距离为几十米到上千米时，广泛采用 RS485 串行总线标准。RS485 采用平衡发送和差分接收，因此具有抑制共模干扰的能力。RS485 模块选用芯片 TD301D485H-E，TD301D485H-E 模块是将逻辑电平信号转换为隔离的 RS485 差分电平信号。RS485 收发器的特殊集成技术实现了电源和信号线之间的隔离，并在同一模块中进行 RS485 通信和保护总线。该模块的隔离电源可承受高达 3000VDC 的测试电压。此外，它们可以很容易地嵌入用户的终端设备中，以实现功能齐全的 RS485 网络连接。每个 RS485 模块允许 128 个单元连接到 RS485 总线，在电学噪声环境下仍能保持 250Kbit/s 的传输速率，满足要求，故选用该芯片。

4G 通信是一种超高速无线网络，以通信速度快、通信频谱宽、通信质量高等优势逐渐在无线通信领域崭露头角。4G 通信选择 WH-LTE-7S4V2 模块，WH-LTE-7S4V2 是一款插针式 4G 模块，实现 UART 转 4G 双向透传功能；支持 5 模 13 频；高速率、低时延；

支持 2 个网络链接同时在线；支持 TCP、UDP；支持注册包/心跳包机制；支持网络透传、HTTPD、UDC 工作模式；支持基本指令集；支持 FOTA 差分升级；支持“看门狗”防护，稳定运行；兼容 7S3、7S4 引脚。

WiFi 是一种创建于 IEEE 802.11 标准的无线局域网技术，其通过无线电波进行通信，常见的就是通过一个无线路由器，在这个无线路由器的电波覆盖的有效范围都可以采用 WiFi 连接方式进行联网，如果无线路由器连接了一条 ADSL 线路或者其他上网线路，则又称为热点。由于 WiFi 使用方便快捷的特点，其应用场景越来越广泛。WiFi 选择 USR-WiFi232-B2 模块，USR-WiFi232-B2 是一款嵌入式工业级 WiFi 模块，实现 UART、WiFi、以太网间的互传功能；支持 AP、STA、AP+STA 配网；支持自定义心跳包、套接字分发协议；支持 Modbus 轮询功能；支持远程升级功能；支持超时重启、定时重启；支持网页、串口 AT 指令、网络 AT 指令配置；支持外置天线，传输距离可达 280m。

以太网是一种计算机局域网技术，是现实世界中最普遍的一种计算机网络通信方式。下行以太网选择 USR-TCP232-ED2 模块，USR-TCP232-ED2 是一款三串口以太网模块，实现 UART 转以太网双向透传功能；ARM 内核，工业级设计，内置精心优化的 TCP/IP 协议栈，稳定可靠；支持 3 路 TTL 串口，同时独立工作，互不影响；支持虚拟串口、Modbus 网关功能；支持远程升级、DNS 域名解析、保活机制、硬件“看门狗”。上行采用 SPI 转以太网的通信方式，选择 W5500 芯片。W5500 支持高速标准 4 线 SPI 接口与主机进行通信，该 SPI 速率理论上可以达到 80MHz。其内部还集成了以太网数据链路层(MAC)和 10BaseT/100BaseTX 以太网物理层(PHY)，支持自动协商(10/100-Based 全双工/半双工)、掉电模式和网络唤醒功能。与传统软件协议栈不同，W5500 内嵌的 8 个独立硬件 Socket 可以进行 8 路独立通信，该 8 路 Socket 的通信效率互不影响，可以通过 W5500 片上 32KB 的收/发缓存灵活定义各个 Socket 的大小。

其他外围设备选型可参考 7.3 节。

11.3.3　嵌入式软件设计结构

基于 KEIL 开发环境，并根据边缘智能网关的功能，系统软件采用应用层、子应用层、抽象层和底层驱动层 4 层结构，以数据结构为核心的软件设计思想。系统软件结构框图如图 11-3 所示。

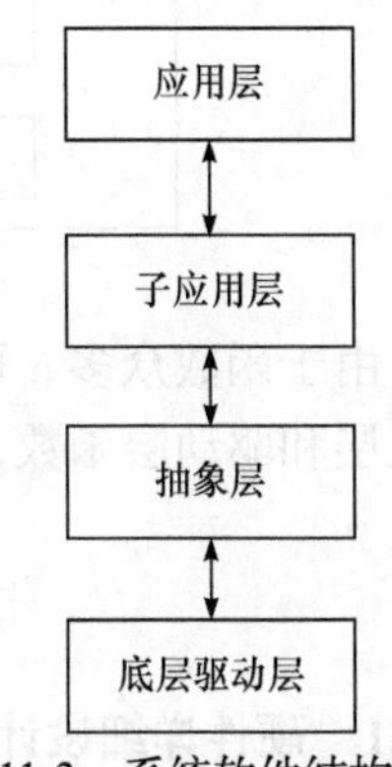

图 11-3　系统软件结构框架

由于网关采用双核设计，其中，一个核心处理器专门用于接收、存储以及发送数据来进行整个系统的信息交互，另一个核心处理器用于边缘计算，两个处理器之间通过在同一存储设备中进行数据的读取与写入进行信息交互。整个系统的应用层以及子应用层任务(图 11-4)包括以下任务：参数初始化任务、硬件初始化任务、链路连接任务、主动上报任务、接收数据任务、轮抄电流任务、运行指示灯任务、时钟管理任务、数据预处理任务等。

抽象层任务(图 11-5)通用部分参考 7.3.3 节，抽象层任务新增数据滤波插值处理、频域时域分析任务。

驱动层任务(图 11-6)参考 7.3.3 节，对于不同的硬件资源，需要修改底层的驱动函数。

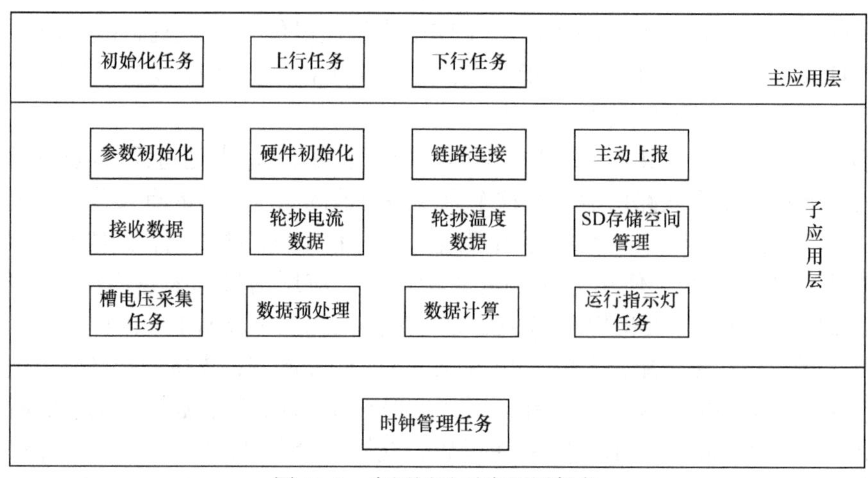

图 11-4　应用层及子应用层任务

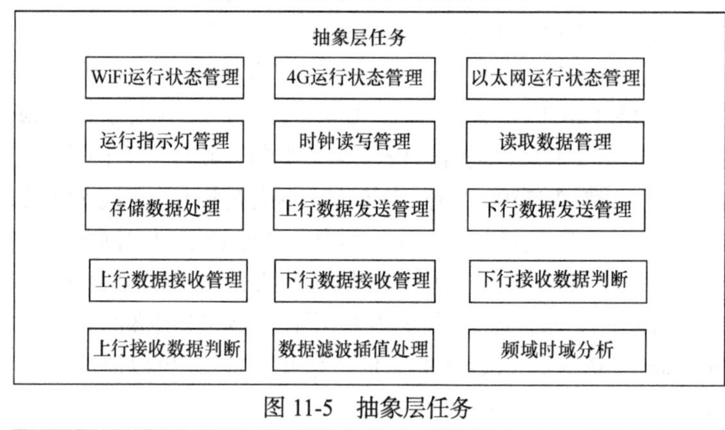

图 11-5　抽象层任务

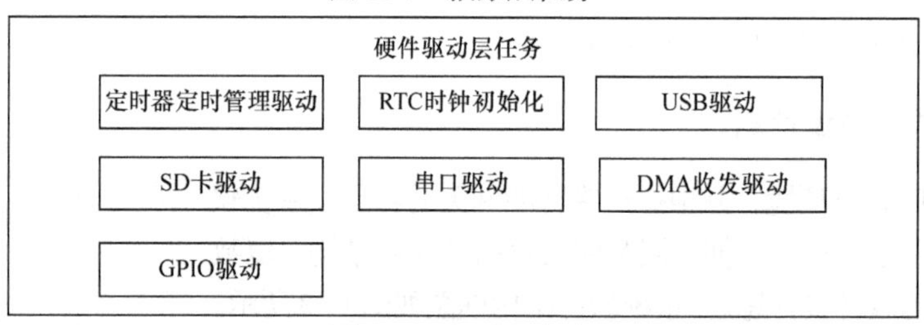

图 11-6　驱动层任务

由于函数众多，可以分模块完成函数的编写，归纳各应用层及其子应用层，相关的抽象层和驱动层函数，分层次实现各层功能。

11.4　系统软硬件详细设计

11.4.1　硬件详细设计

1. 信息交互层硬件设计

1) 信息交互微处理器

信息交互 MCU 芯片型号为 STM32F429。芯片 STM32F429 运算速度快，能够在

–40～+85℃下工作，能够满足铝电解车间的环境要求。该芯片含有 20 个通信接口，包括 4 个 USART、4 个速度达 11.25Mbit/s 的 UART、6 个速度达 45Mbit/s 的 SPI、3 个具有新型可选数字滤波器功能的 IIC、2 个 CAN 以及 SDIO 接口。串口可以支持 4G、WiFi、以太网、RS485 等模块通信。其中 CAN 通信接口可供下行通信使用，上行以太网通过 SPI 接口转换实现通信。充足的通用 I/O 口可供 LED 指示灯、按钮等的使用。SDIO 接口可以支持 SD 卡的使用，增加边缘网关的存储空间。信息交互 MCU 芯片原理图如图 11-7 所示。

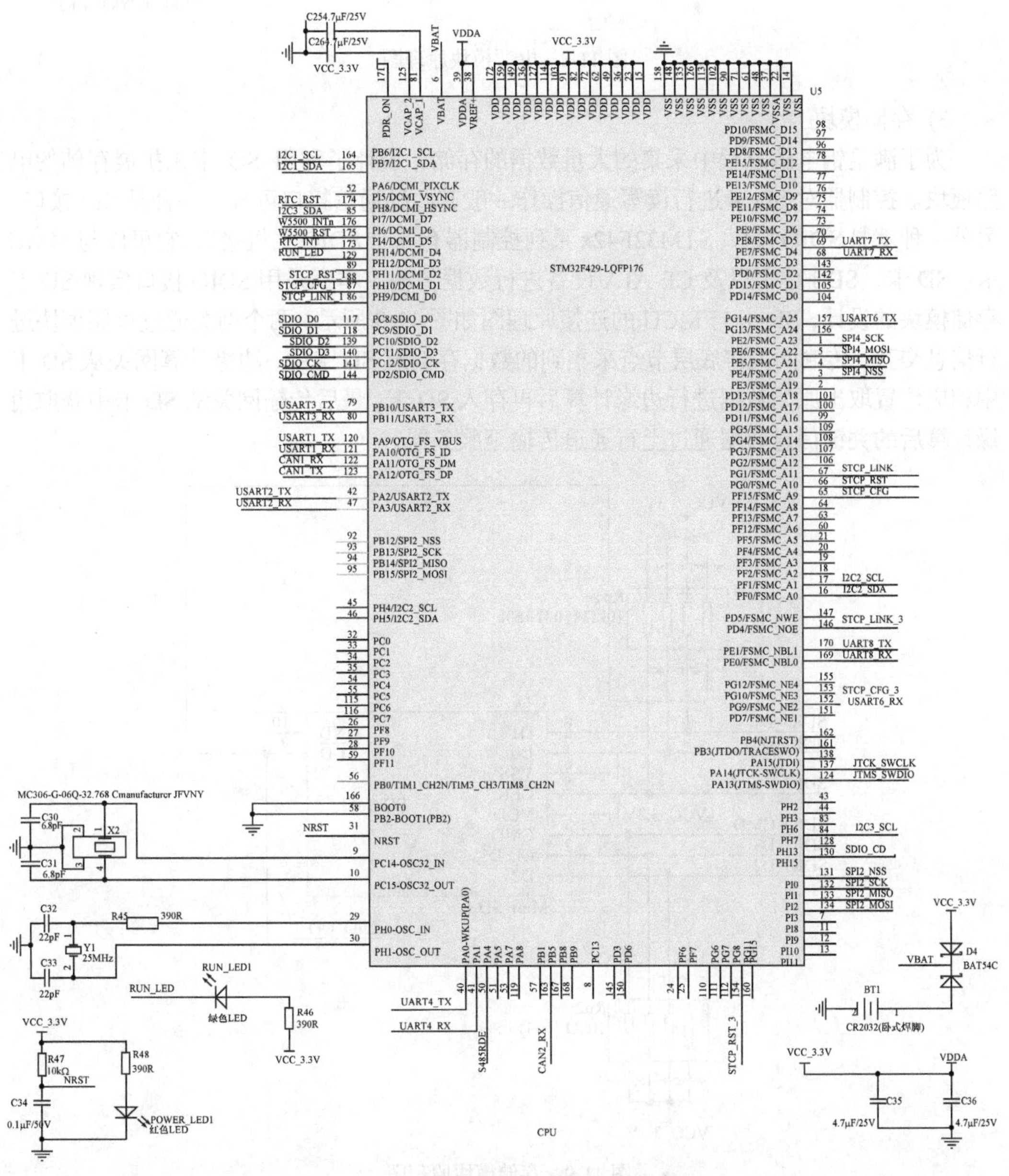

图 11-7 信息交互 MCU 芯片原理图

2) 电源模块

电源是系统稳定运行的根本，设计如图 11-8 所示的电源模块产生 24V 电压给主板供电。

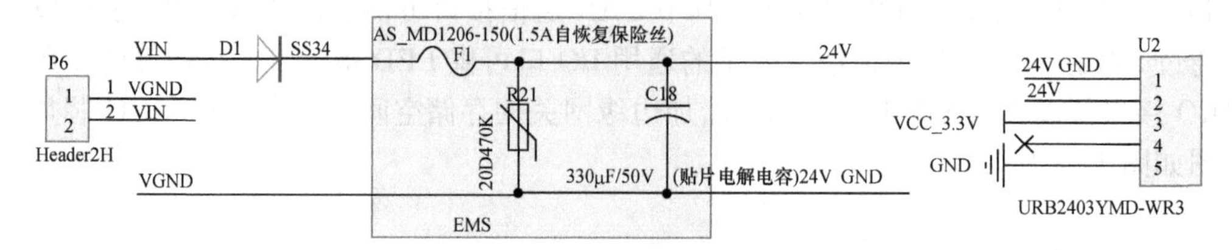

图 11-8　电源模块原理图

3) 存储模块

为了满足铝电解过程中采集的大量数据的存储，设计了利用 SD 卡来扩展存储的电路模块。控制器对 SD 卡进行读写通信操作一般有两种通信接口可选，一种是 SPI 接口，另外一种就是 SDIO 接口。STM32F42x 系列控制器有一个 SDIO 主机接口，它可以与 MMC 卡、SD 卡、SD I/O 卡以及 CE-ATA 设备进行数据传输。本章采用 SDIO 接口实现 SD 卡存储模块的设计，SD 卡与 MCU 的连接原理图如图 11-9 所示。两个网关通过存储模块进行信息交互，传输网关将底层节点采集到的数据存储至 SD 卡中，边缘计算网关从 SD 卡中相应位置取出原始数据进行边缘计算后再存入 SD 卡，最后传输网关从 SD 卡中获取边缘计算后的关键信息数据通过上行通道传输至服务器。

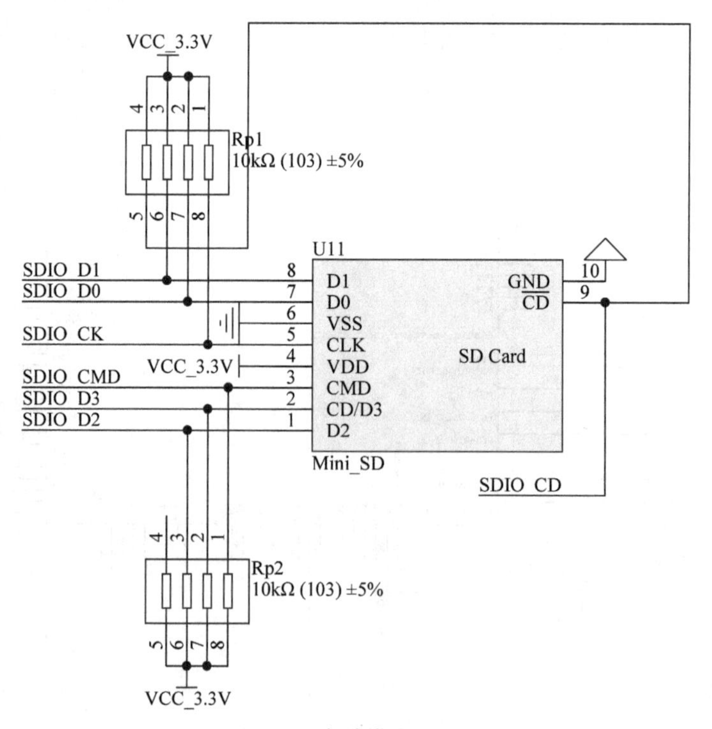

图 11-9　存储模块原理图

4) 时钟模块

时钟是单片机运行的基础，时钟信号推动单片机内各个部分执行相应的指令。STM32 的时钟模块原理图如图 11-10 所示。

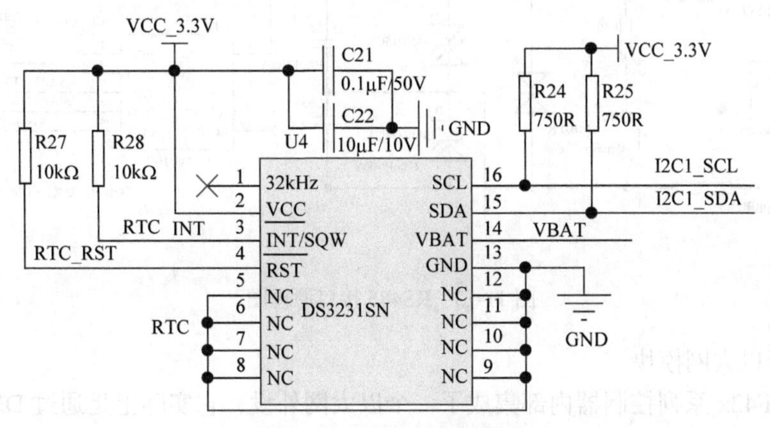

图 11-10　时钟模块原理图

5) JTAG 接口模块

JTAG 是一种国际标准测试协议(IEEE 1149.1 兼容)，主要用于芯片内部测试。现在多数的高级器件都支持 JTAG 协议，如 ARM、DSP、FPGA 器件等。标准的 JTAG 接口是 4 线，即 TMS、TCK、TDI、TDO，分别为模式选择、时钟、数据输入和数据输出线。JTAG 接口模块原理图如图 11-11 所示。

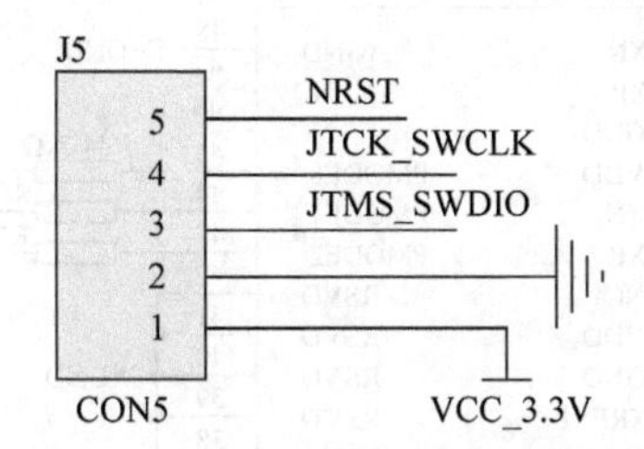

图 11-11　JTAG 接口模块原理图

6) CAN 模块

图 11-12 为边缘网关下行 CAN 通信模块的原理图。

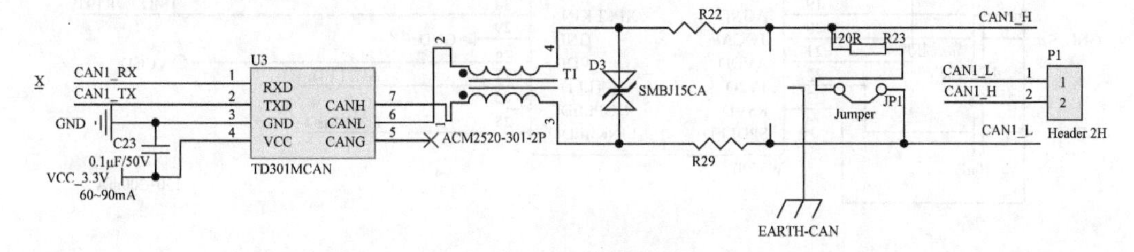

图 11-12　CAN 模块原理图

7) 485 接口

图 11-13 为边缘网关下行 RS485 通信模块的原理图。

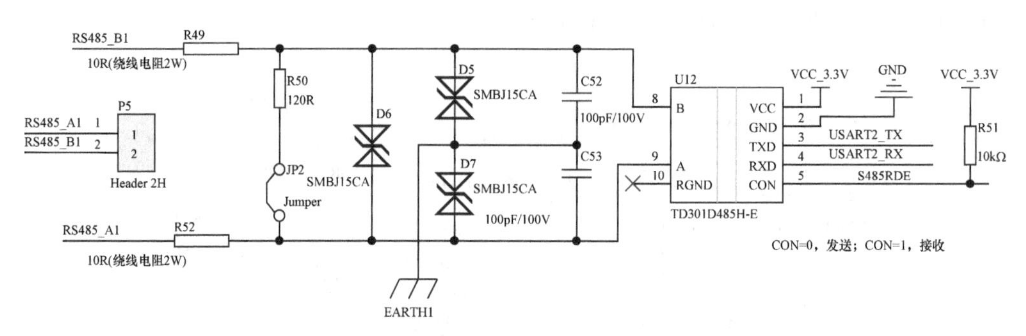

图 11-13　RS485 接口原理图

8) 上行以太网模块

STM32F42x 系列控制器内部集成了一个以太网外设，它实际上是通过 DMA 控制器进行介质访问控制(MAC)，它的功能就是实现 MAC 层的任务。借助以太网外设，STM32F42x 控制器可以通过 ETH 外设按照 IEEE 802.3—2002 标准发送和接收 MAC 数据包。图 11-14 为边缘网关上行以太网通信模块的原理图。

9) 下行以太网模块

图 11-15 为边缘网关下行以太网通信模块的原理图。

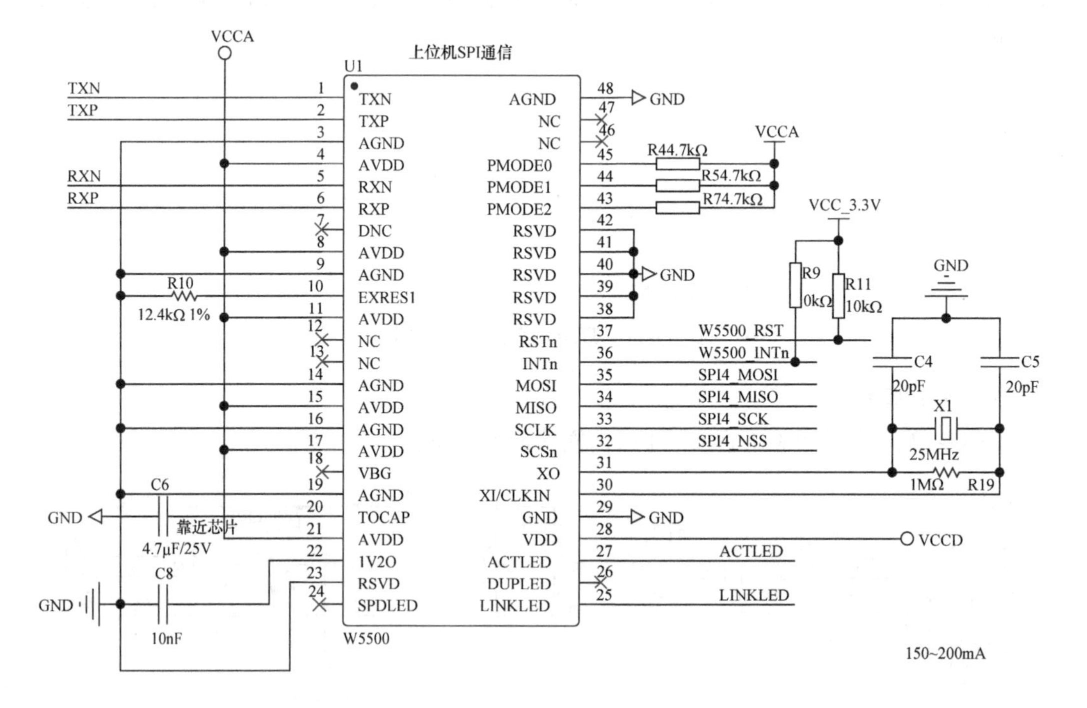

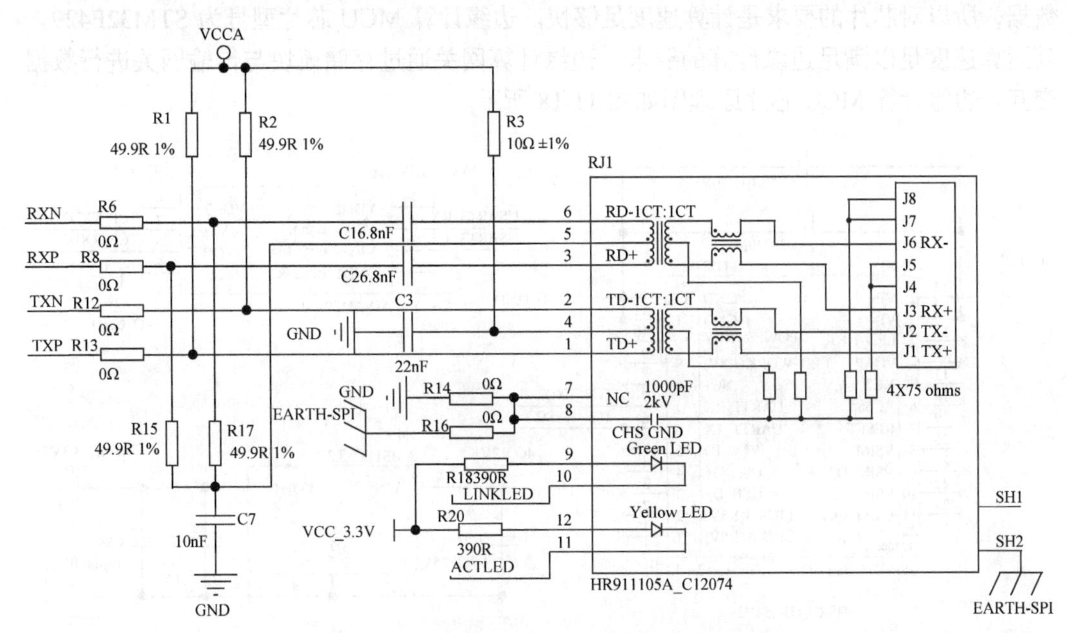

图 11-14　边缘网关上行以太网通信模块原理图

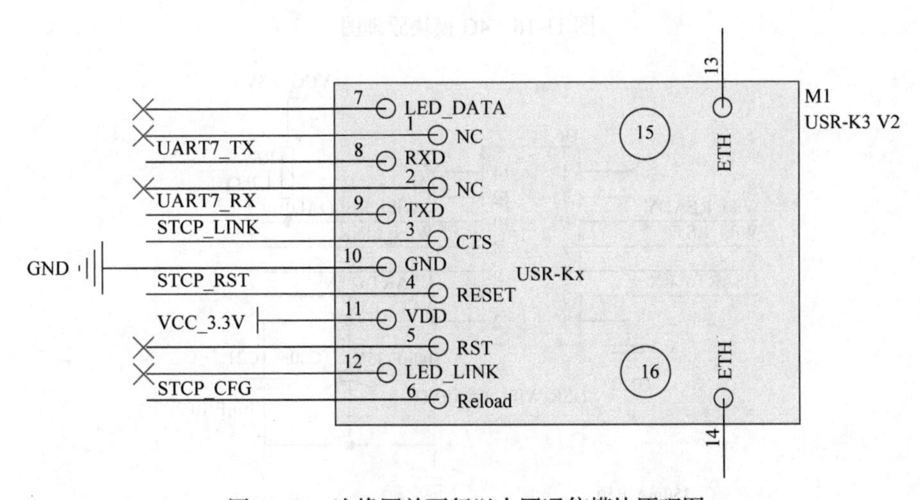

图 11-15　边缘网关下行以太网通信模块原理图

10) 4G 模块

图 11-16 为边缘网关上行 4G 通信模块的原理图。

11) WiFi 模块

图 11-17 为边缘网关上行 WiFi 通信模块的原理图。

2. 边缘计算层硬件设计

1) 边缘计算微处理器

边缘计算网关的主要功能是通过对原始数据进行边缘计算得到生产过程的关键信息

数据，所以对芯片的要求是计算速度足够快。边缘计算 MCU 芯片型号为 STM32F429，其运算速度足以满足边缘计算的要求。边缘计算网关通过存储模块与传输网关进行数据交互。边缘计算 MCU 芯片原理图如图 11-18 所示。

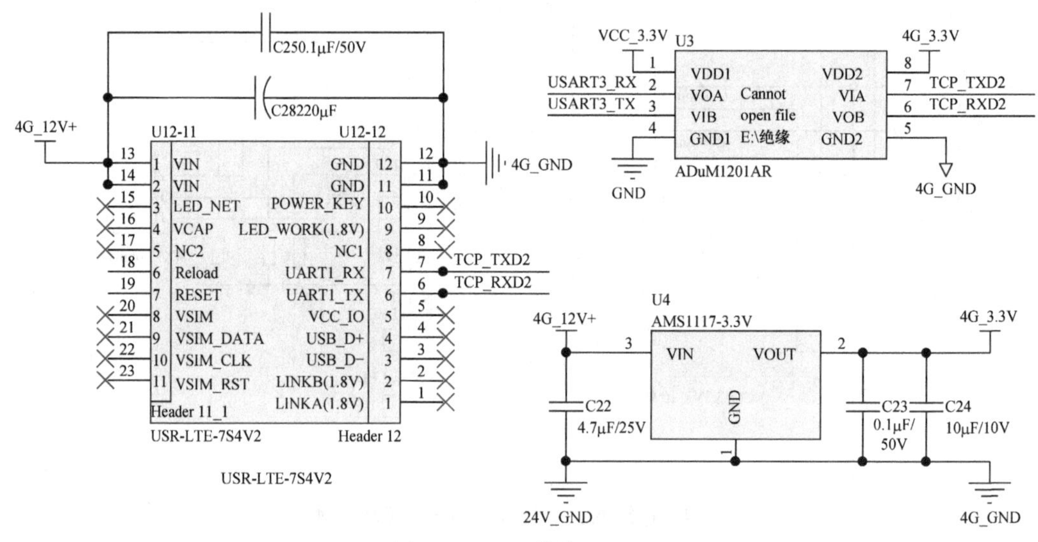

图 11-16　4G 模块原理图

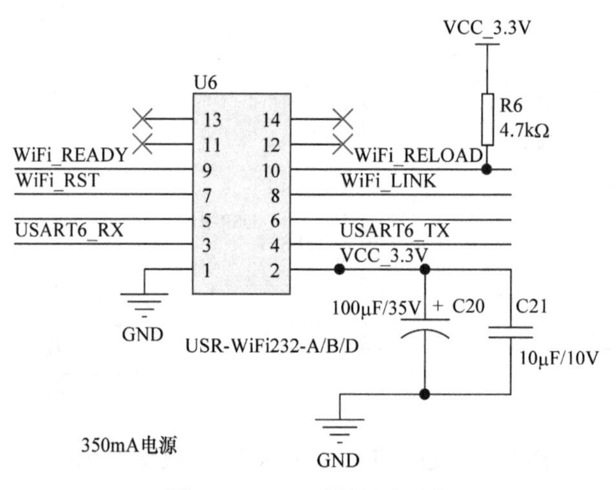

图 11-17　WiFi 模块原理图

2) 电源模块

主控芯片 2 需要 24V 电源供电，其电源模块电路如图 11-19 所示。

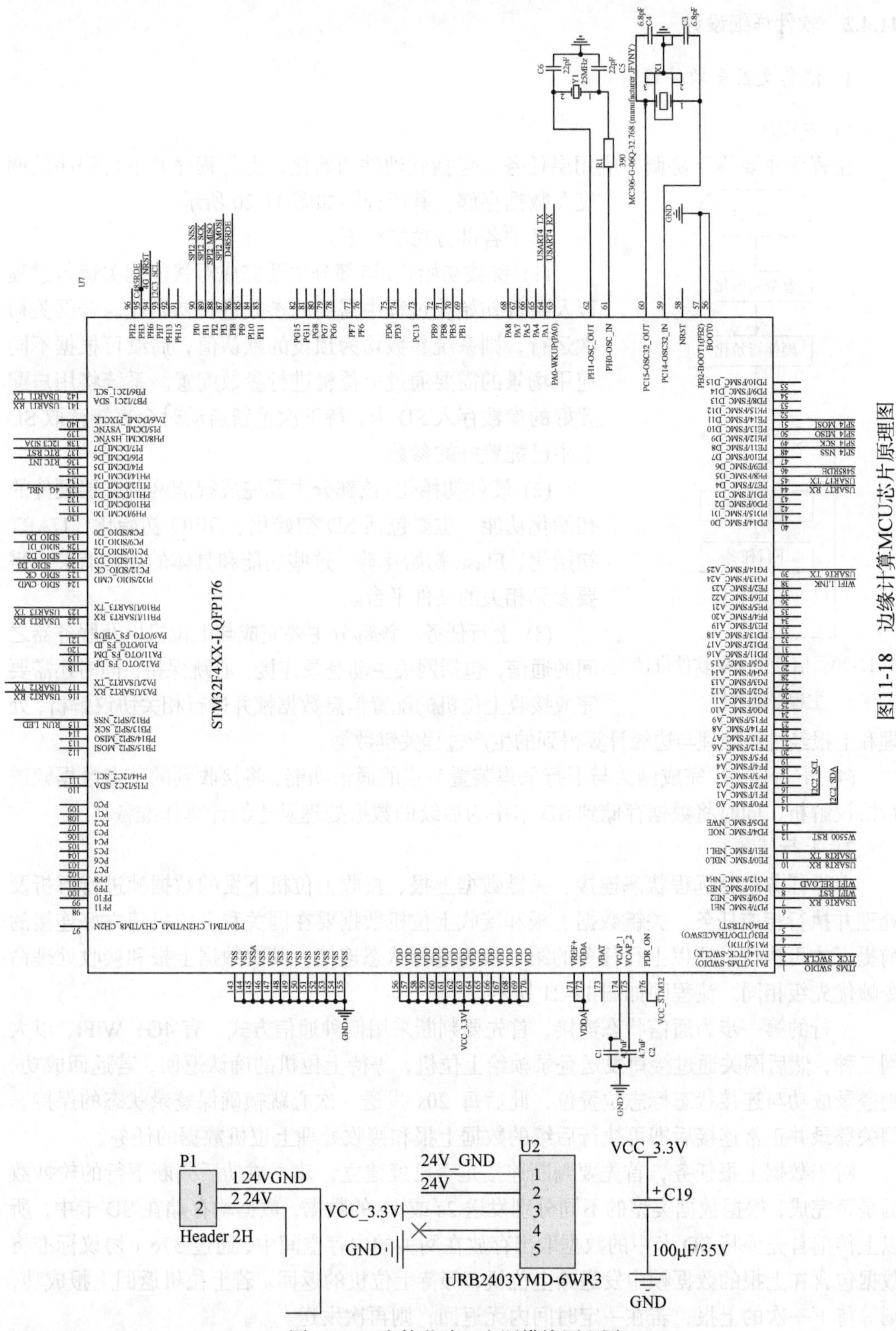

图11-18　边缘计算MCU芯片原理图

图 11-19　主控芯片 2 电源模块原理图

11.4.2　软件详细设计

1. 信息交互层软件设计

1) 主程序

主程序主要用于协调各应用层任务，包括软硬件初始化、上行程序和下行程序的调度及数据存储，其流程图如图 11-20 所示。

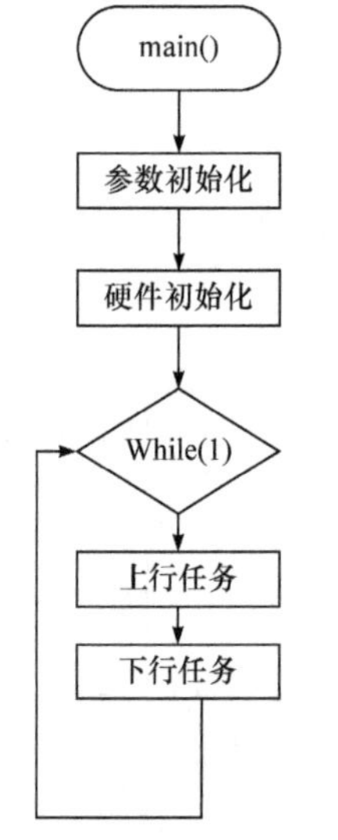

图 11-20　信息交互层软件设计主程序流程图

其中各部分功能如下。

(1) 参数初始化。该部分主要完成对智能网关运行过程以及硬件初始化过程中需要的参数进行初始化。若网关初次运行，则系统参数均为预设的默认值，后续可根据不同应用场景的需要通过上位机进行参数配置。系统将用户配置好的参数存入 SD 卡，待下次重新启动时会直接读取 SD 卡中已配置好的参数。

(2) 硬件初始化。该部分主要完成智能网关底层硬件的初始化功能，主要包括 SD 初始化、GPIO 初始化、UART 初始化、Flash 初始化等。这些功能和具体的硬件有关，需要参见相关的硬件平台。

(3) 上行任务。该部分主要完成与上位机以及服务器之间的通信，包括网关主动登录连接、心跳保持，同时还需要完成接收上位机的配置信息数据帧并进行相关协议解析，处理和上报经过预处理与边缘计算得到的生产过程关键数据。

(4) 下行任务。完成网关与下行采集装置节点的通信功能，将接收到的节点数据帧进行协议解析，同时将数据存储到 SD 卡中为后续的数据处理及边缘计算作准备。

2) 上行任务

上行任务包括远程状态连接、关键数据上报、接收上位机下发的数据帧进行解析及处理并执行相应任务。关键数据上报和接收上位机数据要在网关和上位机建立好连接的前提下才可执行，所以上行任务的第一步为进行状态连接，其次数据上报和接收处理命令帧优先级相同。流程图如图 11-21 所示。

上行的第一步为通信状态连接，首先要判断采用何种通信方式，有 4G、WiFi、以太网三种，然后网关通过接口发送登录帧给上位机，等待上位机的确认返回，若返回成功，则登录成功与连接状态标志位置位，此后每 20s 发送一次心跳帧确保登录状态的保持。网关登录并正常连接后即可执行后续的数据上报和接收处理上位机数据的任务。

对于数据上报任务，首先要判断连接是否已经建立，建立成功后判断下行的轮抄数据是否完成，根据数据类型的不同分别发送 2s 或 1h 的数据，数据均存储在 SD 卡中，所以上传前首先要将 SD 卡中的数据取出存放在网关的内存空间中，通过 376.1 协议标准将数据包含在上报的数据帧中发送给上位机，等待上位机的返回。若上位机返回上报成功，则等待下一次的上报；若在一定时间内无返回，则再次发送。

对于接收处理上位机数据的任务，首先从串口取出上位机下发的命令帧，通过协议解析程序判断是否为标准的 376.1 协议。若解析成功，则根据协议内容中的功能码进行相应的任务处理；若解析失败，则清空串口等待新的数据。

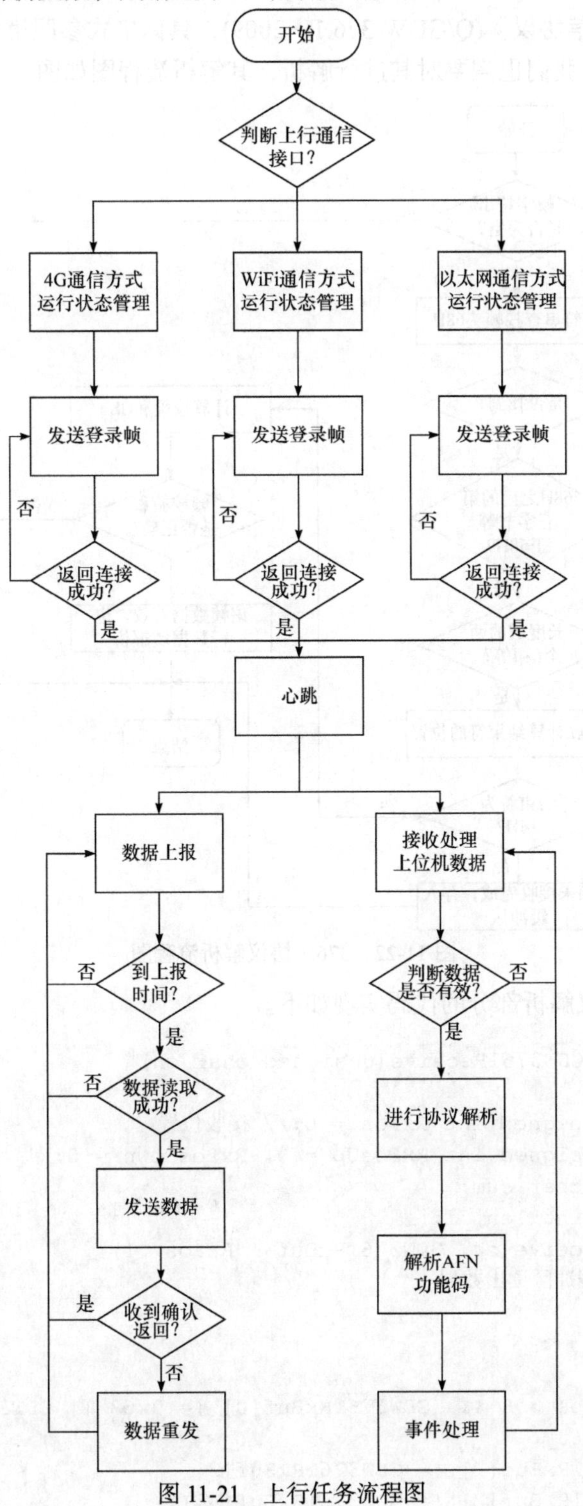

图 11-21　上行任务流程图

对于上行部分与上位机的通信，采用《电力用户用电信息采集系统技术规范：主站与采集终端通信协议》(Q/GDW 376.1—2009)。对《电力用户用电信息采集系统技术规范：主站与采集终端通信协议》(Q/GDW 376.1—2009)，具体格式参照第 7 章。对于 Q/GDW 376.1—2009 协议，我们也需要对其进行解析，其解析流程图如图 11-22 所示。

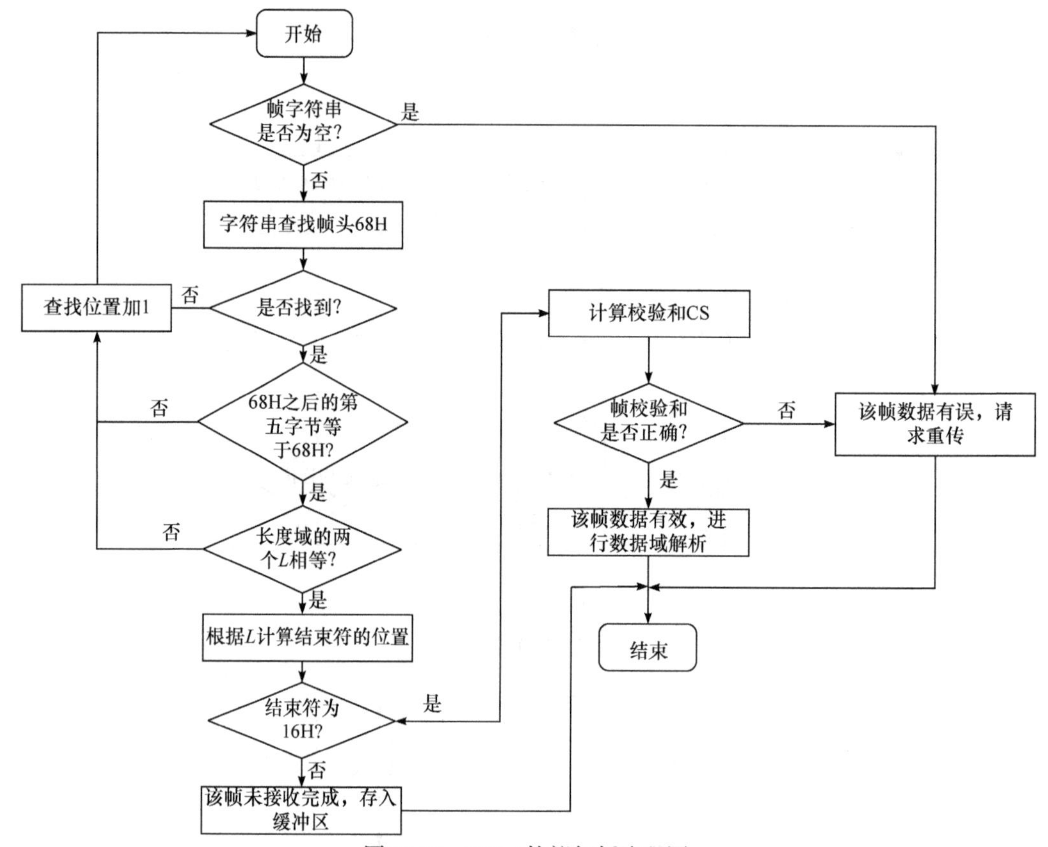

图 11-22　376.1 协议解析流程图

上行 376.1 协议解析部分的代码实现如下。

```
unsigned int GDW3761Receive(unsigned char ch)
{
    static unsigned int RxPos = 0;// 接收位置
    static unsigned int RxPosUp = 0, RxPosDown = 0;  //ADD
    unsigned char sum;
    unsigned int len, i;
    if(UARTReceive(ch, GDW3761RxBuf + RxPos, 1))
    // 从串口缓冲区读出数据
    {
        RxPos ++;
    }
    while(RxPos > 6 && (GDW3761RxBuf[0] != 0x68 || GDW3761RxBuf
    [5] != 0x68
    || GDW3761RxBuf[1] != GDW3761RxBuf[3]
    || GDW3761RxBuf[2] != GDW3761RxBuf[4]))
```

```
    {
    // 找帧头
        for(i = 1;i < RxPos;i ++)// 将缓冲区中的数据往前移
        {
            GDW3761RxBuf[i - 1] = GDW3761RxBuf[i];
        }
        RxPos --;
}
if(RxPos < 6 || GDW3761RxBuf[0] != 0x68 || GDW3761RxBuf[5] !=
0x68 || GDW3761RxBuf[1] != GDW3761RxBuf[3] || GDW3761RxBuf[2] !=
GDW3761RxBuf[4])
{
        return 0;
}
len = GDW3761RxBuf[1] + GDW3761RxBuf[2] * 256;
len = (len >> 2) + 8;
if(len < 14 || len > GDW3761_RX_BUF_LEN - 8)    // 长度不合法，重新找帧头
{
        for(i = 1;i < RxPos;i ++)
        {
                GDW3761RxBuf[i - 1] = GDW3761RxBuf[i];
        }
        RxPos --;
        return 0;
}
if(RxPos < len)        // 长度不够，继续等待
{
        return 0;
}
if(GDW3761RxBuf[len - 1] != 0x16)    // 找到帧头，长度足够，检查结束符是否合法
{
        for(i = 1;i < RxPos;i ++)
        {
                GDW3761RxBuf[i - 1] = GDW3761RxBuf[i];
        }
        RxPos --;
        return 0;
}
sum = 0;// 结束符合法，计算校验和
for(i = 6;i < len - 2;i ++)
{
        sum += GDW3761RxBuf[i];
}
if(sum != GDW3761RxBuf[len - 2])    // 校验和不合法，将缓冲区中的数据往前移
{
        RxPos = 0;
        return 0;
}
else
{
```

```
            RxPos = 0;
            memcpy(GDW3761TxBuf, GDW3761RxBuf, len);
            return len;
    }
}
```

接收上位机数据进行处理的代码如下。

```
void INTERNETProcess(void)
{
        unsigned int i = 0;
        uint32_t RxLen = 0;
       if(Internet_LINK == 0)              //只有在与主站握手成功后才会响应上位机命令
        {
              return;
        }
       RxLen = INTERNET3761Receive(INTERNETPORT);//INTERNETPORT
        if(RxLen == 0) return;
        switch (INTERNET3761RxBuf[PAFN])
        {
              case 0:                      //确认否认
                    AFN00_INTERNET(INTERNET3761RxBuf);
                    break;
              case 2:                      //链路接口检测
                    AFN02_INTERNET(INTERNET3761RxBuf);
                    break;
              case 4:                      //设置参数
                    AFN04_INTERNET(INTERNET3761RxBuf);
                    break;
              case 5:                      //控制命令
                    AFN05_INTERNET(INTERNET3761RxBuf);
                    break;
              case 10:                     //查询参数
                    AFN0A_INTERNET(INTERNET3761RxBuf);
                    break;
              case 12:                     //请求 1 类数据
                    AFN0C_INTERNET(INTERNET3761RxBuf);
                    break;
              case 13:                     //请求 2 类数据
                    AFN0D_INTERNET(INTERNET3761RxBuf);
                    break;
              case 14:                     //请求 3 类数据
                    AFN0E_INTERNET(INTERNET3761RxBuf);
                    break;
              case 15:                     //远程升级
                    AFN0F_INTERNET(INTERNET3761RxBuf);
                    break;
        }
}
```

3) 下行任务

下行的主要任务为轮抄底层采集装置的数据，同时将数据存储至 SD 卡中。数据轮抄的流程图如图 11-23 所示。

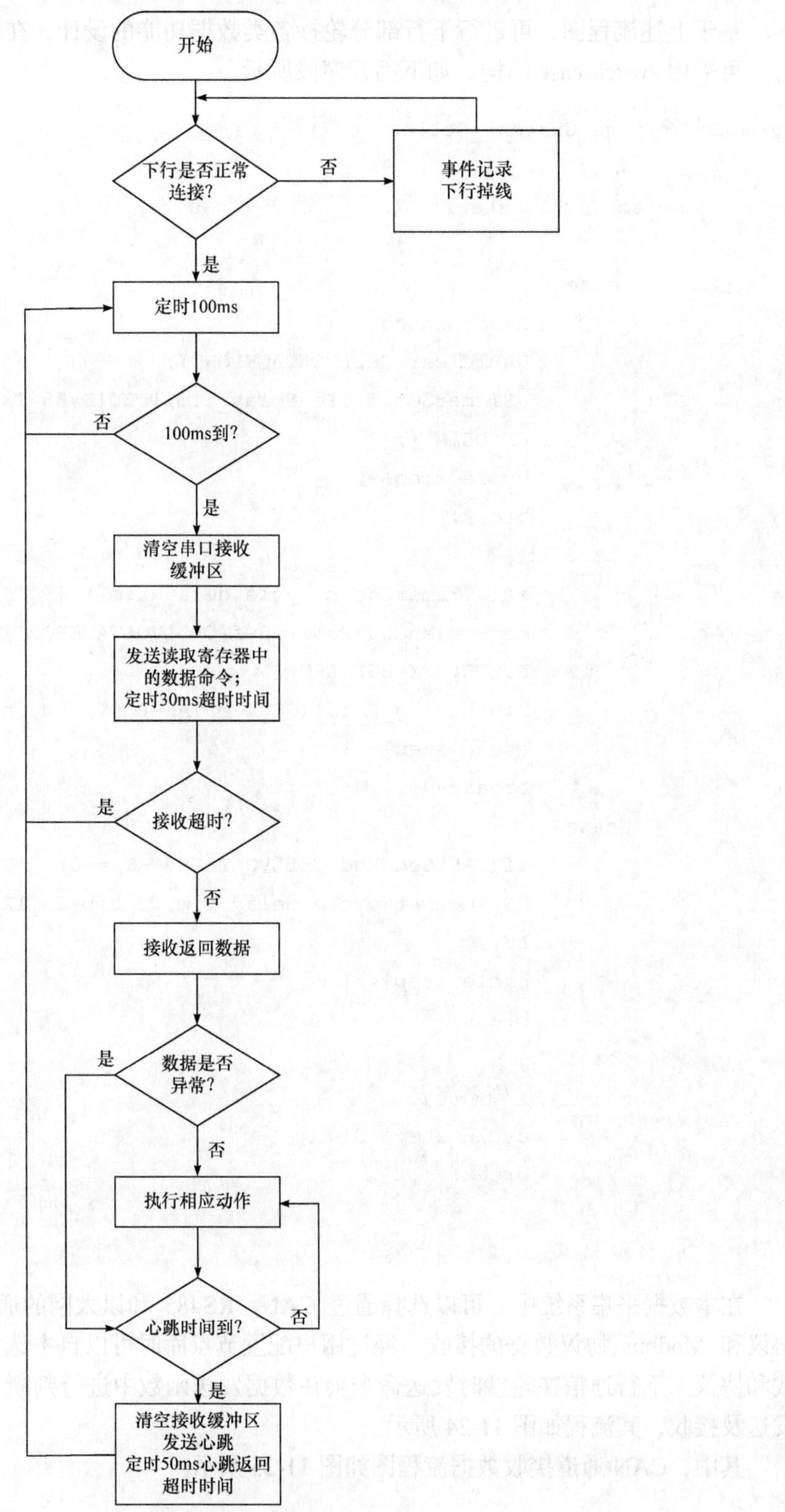

图 11-23　数据轮抄流程图

基于上述流程图，可进行下行部分轮抄各类数据功能的设计，在程序代码的编写部分，可采用 switch-case 结构，如下面程序段所示。

```
void Voltage_Current_Collection()
{
    switch(cycle_step)
    {
        case 0:
            A485SendEnable();
            UARTClear(CELLVOLTAGEPORT);
            USTimerSet(cycle_delay_tim,TD301D485_TXRXCT
            RL_DELAY);
            cycle_step++;
            break;
        case 1:
            if(USTimerCheck(cycle_delay_tim)) {
            memset(ModbusPollTxBuf[CELLVOLTAGEPORT],MOD
            BUSTCP_TX_BUF_LEN);
            Monitoring_Data1(CELLVOLTAGEPORT, id_index);
            cycle_step++;}
            break;
        case 2:
            if(UARTSendEnd(CELLVOLTAGEPORT)==0) {
            USTimerSet(cycle_delay_tim,TD301D485_TX_DEL
            AY);
            cycle_step++;}
            break;
        case N:
            //轮抄完成
            cycle_step =0;
            break;
    }
}
```

在本数据采集系统中，可以选择通过 CAN、RS485 和以太网的通信方式进行 376.2 协议和 Modbus 协议数据的接收。经过用户配置节点库时可以自主选择该节点的通信方式和协议。下行通信在轮抄时发送命令会在数据发送函数中进行判断，并由此进行组帧发送及接收，其流程如图 11-24 所示。

其中，CAN 通道接收数据流程图如图 11-25 所示。

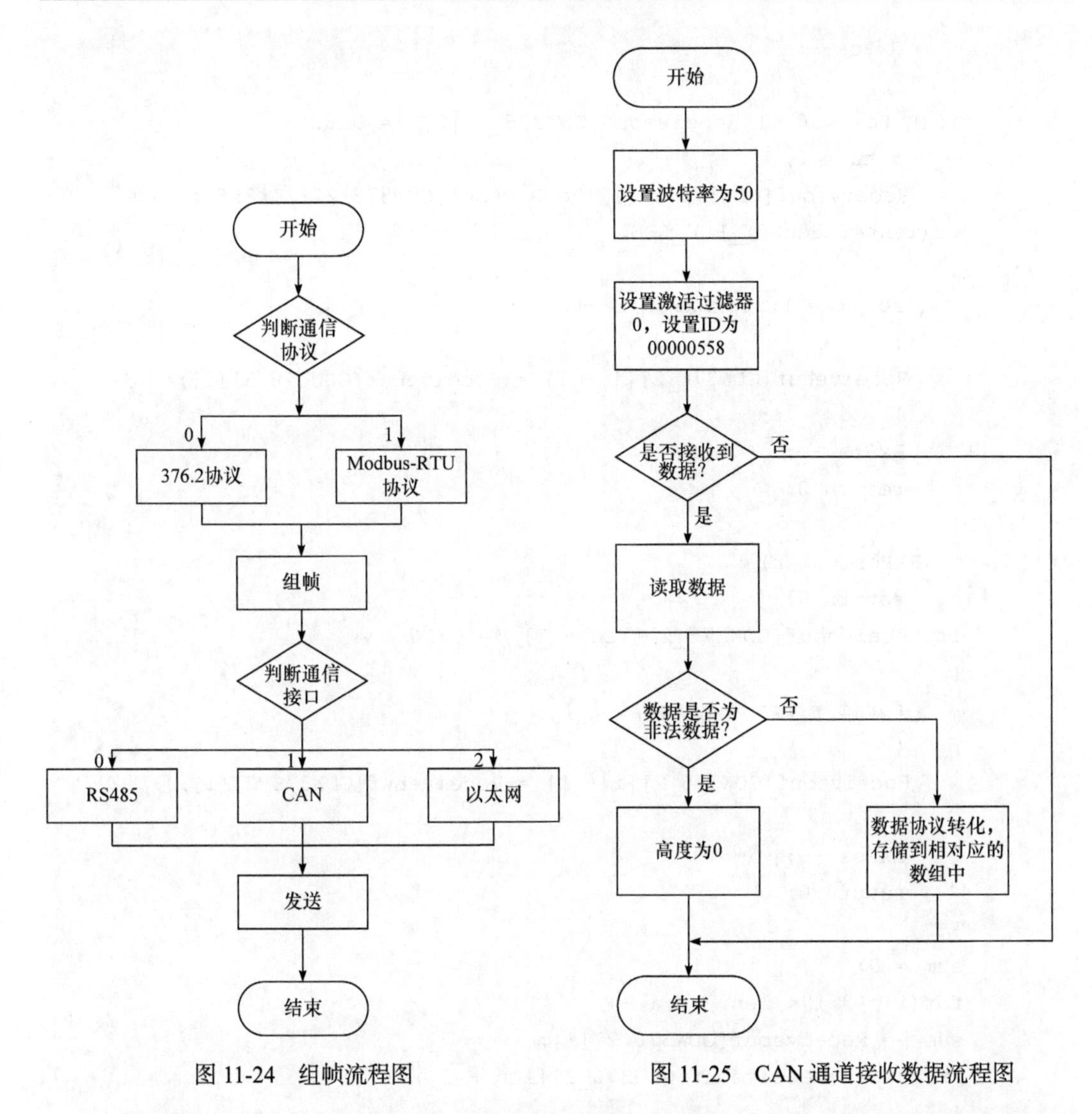

图 11-24　组帧流程图　　　　图 11-25　CAN 通道接收数据流程图

下行通信采用《电力用户用电信息采集系统技术规范：智能网关本地通信模块接口协议》(Q/GDW 376.2—2009)和 Modbus-RTU 协议。

在程序中，对于底层节点传来的 376.2 协议帧，需要首先判断其是否符合协议规范，程序应只接收正确的协议帧进行解析。其代码实现如下。

```
if(UARTReceive(ch, Receivebuf[GDW376_2] + RxPos, 1))
                                                  //从缓冲区拿出数据
     RxPos ++;
while(RxPos > 6 && Receivebuf[GDW376_2][0] != 0x68 )
{
     for(i = 1;i < RxPos;i ++)
     {
         Receivebuf[GDW376_2][i-1]=Receivebuf[GDW376_2][i];}
```

```
            RxPos--;
        }
        if(RxPos < 6 || Receivebuf[GDW376_2][0] != 0x68)
            return 0;
        len=Receivebuf[GDW376_2][1]+Receivebuf[GDW376_2][2]*256 ;
        if(len<4||len>RX_BUF_LEN)
        {
            for(i = 1;i < RxPos;i ++)
            {
            Receivebuf[GDW376_2][i - 1] = Receivebuf[GDW376_2][i];
            }
            RxPos --;
            return 0;
        }
        if(RxPos < len)
            return 0;
        if(Receivebuf[GDW376_2][len - 1] != 0x16)
        {
            for(i = 1;i < RxPos;i ++)
            {
            Receivebuf[GDW376_2][i - 1] = Receivebuf[GDW376_2][i];
            }
            RxPos --;
            return 0;
        }
        sum = 0;
        for(i = 3;i < len - 2;i ++)
        sum += Receivebuf[GDW376_2][i];
        if(sum != Receivebuf[GDW376_2][len - 2])
        {
            for(i = 1;i < RxPos;i ++)
            {
            Receivebuf[GDW376_2][i - 1] = Receivebuf[GDW376_2][i];
            }
            RxPos --;
            return 0;
        }
        else
        {
            RxPos = 0;
            return len;
        }
    }
```

2. 边缘计算层软件设计

1) 主程序

主程序主要用于协调各应用层任务，包括参数初始化、硬件初始化、数据读取、数据预处理、边缘计算和数据存储，其流程图如图 11-26 所示。

2) 数据预处理

当专门用于数据采集的核心处理器将数据都存储到 SD 卡中以后，另一个用于边缘计算的核心处理器从 SD 卡中读取采集的数据进行分析。在分析之前，边缘计算网关需要对采集上来的数据进行数据处理，处理方式包括对数据格式进行规范化处理及对接收到的数据进行预处理等。

对数据格式进行规范化处理是指对不同网络边缘设备上传的各类数据格式进行规范化处理。网络边缘设备常为异构设备，且不同节点支持的通信方式有所不同，不同通信方式支持的通信协议可能有所差别，导致传输的数据格式不一，如果将数据直接发送给云计算中心，势必会增加云计算中心的运算负担，所以需要先对不同网络边缘设备上传上来的数据进行规范化处理。同时，为了防止数据在采集和传输的过程中出现异常或丢失的情况，需要先对数据进行预处理。数据预处理包括滤波和插值。滤波是为了过滤掉异常值，插值是为了弥补丢失的数据。滤波的方法如下。

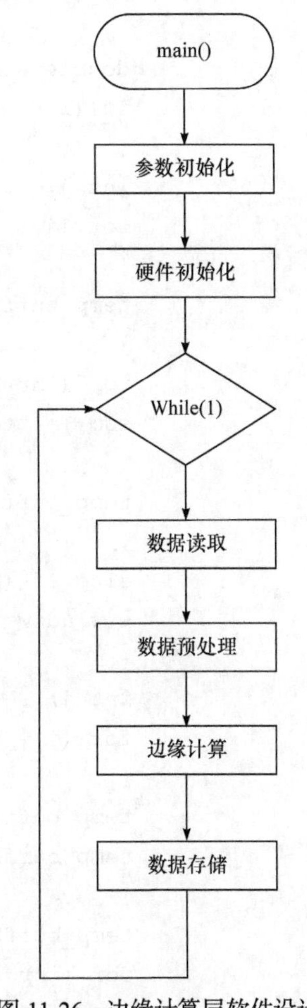

图 11-26　边缘计算层软件设计主程序流程图

(1) 算数平均滤波。算数平均滤波法是一种典型的线性滤波算法，主要方法为邻域平均法。即采用一段时间数据的平均值来代替异常值，适合于一般具有随机干扰的信号进行滤波，这样的信号的特点是有一个平均值，信号在某一数值范围附近上下波动。

(2) 递推平均滤波法。递推平均滤波法是指把连续取 N 个采样值看成一个队列，队列的长度固定为 N，每次采样到一个新数据就放入队尾，并扔掉原来队首的一次数据(先进先出原则)，把队列中的 N 个数据进行算数平均运算，就可获得新的滤波结果。该方法对周期性干扰有良好的抑制作用，平滑度高，适用于高频振动的系统。

(3) 中位值滤波。中位值滤波是指连续采样 N 次，把 N 次采样值按大小排列，取中间值为有效值。该方法能有效克服因偶然因素引起的波动干扰，对温度、液位的变化等缓慢的被测数据有良好的滤波效果。

滤波的程序段如下所示。

```
void SlidWindFilter(double* buff, int data_length, int window_ wide)
{
    double* temp_buff1 = (double*)malloc(data_length * sizeof
```

```
    (double));
    double* temp_buff2 = (double*)malloc(window_wide * sizeof
    (double));
    for (int i = 0; i < data_length; i++)
    {
        double sum = 0;
        if (i < window_wide / 2)
        {
        int j;
        for (j = 0; j < i*2+1; j++)
        {
        temp_buff2[j] = buff[j];
        }
        for (int k = 0; k < j; k++)
        sum += temp_buff2[k];

        temp_buff1[i] = sum / j;
        }
        else if (i >= window_wide / 2 && i < (data_length
        - window_wide / 2))
        {
        int j;
        for (j = 0; j < window_wide / 2; j++)
        {
        temp_buff2[j] = buff[i - (window_wide / 2) + j];
        temp_buff2[(window_wide / 2)+j] = buff[i + j];
        }
        temp_buff2[(window_wide / 2) + j] = buff[i + j];
        for (int k = 0; k < window_wide; k++)
        sum += temp_buff2[k];
        temp_buff1[i] = sum / window_wide;
        }
        else
        {
        int j;
        for (j = 0; j < data_length-1-i; j++)
        {
        temp_buff2[j] = buff[i - (data_length - i - 1) + j];
        temp_buff2[(data_length - i - 1) +j] = buff[i + j];
        }
        temp_buff2[(data_length - i - 1) + j] = buff[i + j];
        int k;
```

```
            for (k = 0; k < (data_length - 1 - i) * 2 + 1; k++)
            sum += temp_buff2[k];
            temp_buff1[i] = sum / k;
            }


        }
        for (int i = 0; i < data_length; i++)
        {
            buff[i] = temp_buff1[i];
        }
        free(temp_buff1);
        free(temp_buff2);
}
```

3) 边缘计算

采集的数据经过预处理之后，可以得到完整的数据集，但是大量的过程数据并不需要传输给服务器，服务器只需要能够表现出数据特征的、体现出铝电解槽状态的关键数据。边缘计算网关对预处理过的大量过程数据进行相关分析后得出一些关键参数传输给服务器，可以大大地减轻服务器的计算压力。

例如，采集的电流数据经过边缘网关的计算得到时域信号特征，主要有以下几种。

(1) 峰值(早期诊断)。峰值反映振幅的最大值，检测振动冲击。

$$ma = \max(x) \tag{11-1}$$

(2) 峰峰值。峰峰值是指一个周期内信号最高值和最低值之间的差值，适用于点蚀类具有瞬间冲击的故障诊断。

$$\mathrm{pp} = \max(x) - \min(x) \tag{11-2}$$

(3) 有效值。有效值反映振幅随时间的缓慢变化，而磨损也是一种由轻到重的变化过程，因此可以用来检测磨损程度。N 为每组数据的总个数。

$$\mathrm{rms} = \sqrt{\frac{1}{n}\sum_{i=1}^{n}(x_i)^2} \tag{11-3}$$

(4) 峰值指标。峰值指标是指峰值与有效值的比，当损伤点受力产生突变的冲击力时，峰值加大，而有效值变化缓慢，其指标值增加，后又因有效值的增大，比值减小，由此可以判断是否发生故障。

$$\mathrm{CF} = \frac{ma}{\mathrm{rms}} \tag{11-4}$$

(5) 峭度值(早期诊断)。峭度值反映随机变量分布特性的数值统计量。以轴承为例，峭度值与轴承转速、尺寸、载荷等无关，对冲击信号特别敏感，特别适用于表面损伤类故障，尤其是早期故障的诊断。在轴承无故障运转时，由于各种不确定因素的影响，振动信号的幅值分布接近正态分布，峭度指标值 $K \approx 3$；随着故障的出现和发展，振动信号中大幅值的概率密度增加，信号幅值的分布偏离正态分布，正态曲线出现偏斜或分散，峭度值也随之增大。峭度指标的绝对值越大，说明轴承偏离其正常状态，故障越严重。例如，当 $K>8$ 时，很可能出现了较大的故障，N 为每组数据总个数。

$$K=\frac{N\sum_{i=1}^{N}(x_i-\overline{x})^4}{\left(\sum_{i=1}^{N}(x_i-\overline{x})^2\right)^2} \tag{11-5}$$

(6) 标准差。标准差是指各数据偏离平均数的距离平均数，标准差能反映一个数据集的离散程度，数据离散度越大，噪声波动越明显。N 为每组数据总个数，STD 为

$$\mathrm{STD}=\sqrt{\frac{1}{N-1}\sum_{i=1}^{N}(x_i-\overline{x})^2} \tag{11-6}$$

对于具有周期性变化的数据，经过快速傅里叶变换(Fast Fourier Transform，FFT)之后，将信号转换到频域，就可以很明显地看出信号的特征，得到频域特征参数。

(1) 均方频率。均方频率是指信号频率平方的加权平均，同样以功率谱的幅值为权，描述功率谱主频带位置分布。

$$X_{\mathrm{msf}}=\frac{\sum_{k=1}^{K}f_k^2 s(k)}{\sum_{k=1}^{K}s(k)} \tag{11-7}$$

(2) 重心频率。重心频率是指能够描述信号在频谱中分量较大的信号成分的频率，反映信号功率谱的分布情况。

$$X_{\mathrm{fc}}=\frac{\sum_{k=1}^{K}f_k s(k)}{\sum_{k=1}^{K}s(k)} \tag{11-8}$$

(3) 频率方差。频率方差是指衡量功率谱能量分散程度的另一个度量维度。

$$X_{\mathrm{vf}}=\frac{\sum_{k=1}^{K}(f_k-X_{\mathrm{fc}})^2 s(k)}{\sum_{k=1}^{K}s(k)} \tag{11-9}$$

以快速傅里叶变换为例，程序如下。

```
void fft()
{
    int i = 0, j = 0, k = 0, m = 0;
    complex q, y, z;
    change();
    for (i = 0; i < log(FN) / log(2); i++)//一级蝶形运算
    {
```

```
        m = 1 << i;
        for (j = 0; j < FN; j += 2 * m)       //一组蝶形运算
        {
            for (k = 0; k < m; k++)           //一个蝶形运算
            {
                mul(x[k + j + m], W[FN * k / 2 / m], &q);
                add(x[j + k], q, &y);
                sub(x[j + k], q, &z);
                x[j + k] = y;
                x[j + k + m] = z;
            }
        }
    }
}
void ifft()
{
    int i = 0, j = 0, k = 0, m = FN;
    complex q, y, z;
    for (i = 0; i < log(FN) / log(2); i++)   //一级蝶形运算
    {
        m /= 2;
        for (j = 0; j < FN; j += 2 * m)       //一组蝶形运算
        {
            for (k = 0; k < m; k++)           //一个蝶形运算
            {
                add(x[j + k], x[j + k + m], &y);
                y.real /= 2;
                y.imag /= 2;
                sub(x[j + k], x[j + k + m], &z);
                z.real /= 2;
                z.imag /= 2;
                divi(z, W[FN * k / 2 / m], &z);
                x[j + k] = y;
                x[j + k + m] = z;
            }
        }
    }
    change();
}
```

边缘网关的功能之一是通过计算采集的数据或处理过的数据来进行阳极效应(AE)判

定。阳极效应是铝电解生产过程中因各类综合因素的叠加影响，突然形成较大的气膜电阻，导致槽电压突然明显升高，并在阳极周围伴有弧光放电的一种特殊现象。如果在一个或一些阳极中发生阳极效应，这些阳极的电压和阳极电流密度会在短时间内急剧上升，导致铝电解槽的电流效率降低，铝电解槽寿命缩短。此外，阳极效应发生时将产生两种强温室效应的全氟化碳气体：CF_4 和 C_2F_6。其全球变暖潜能分别是 CO_2 的 6630 倍和 11100 倍。因此，通过对数据进行边缘计算判断铝电解生产过程是否发生阳极效应十分关键。多数阳极效应的发生是由氧化铝浓度降低造成的，而氧化铝浓度的降低会导致槽电压的改变，一般情况下，当瞬时槽电压突然升高，大于 8V 的时间超过 15s 时，认为阳极效应开始，以第一个槽电压大于 8V 的时刻作为效应开始时刻。当瞬时槽电压低于 8V 的时间超过 15s 且 3min 内不再发生效应，认为阳极效应结束，以第一个槽电压低于 8V 的时刻作为效应结束时刻。那么边缘网关将槽电压达到 8V 以上作为 AE 判别值，AE 的发生是以槽电阻取样值超过了 AE 判别值为标志的。之所以要用槽电阻而不是直接用槽电压来作为阳极效应预报的依据，是因为槽电压跟随系列电流变化，而从理论上来讲，槽电阻是不随系列电流的变化而变化的，因此用槽电阻来判断能排除系列电流变化所产生的干扰。

通常采用下列简单公式，由槽电压(V)、系列电流(I)的采样值计算槽电阻(R)的采样值。

$$R_0(n)=\frac{V(n)-B}{I(n)} \tag{11-10}$$

式中，$R_0(n)$ 为在 t_n 时刻的原始槽电阻(或称为采样值)；$V(n)$ 为在 t_n 时刻的槽电压采样值；$I(n)$ 为在 t_n 时刻的系列电流采样值；B 为表观反电动势(设定常数)。

边缘网关需要计算槽电阻值是否达到了 AE 判别值，基本做法是：槽电阻经过低通滤波(又称平滑)后，计算滤波电阻的斜率(即变化速率)，然后将滤波电阻值及其斜率(或累计斜率)值分别与限定值比较，作出判断。计算过程如下。

对原始的 15s 为采样间隔的槽电阻取样值(r)进行下列计算。

电阻平滑：$\overline{r}_n=\frac{7}{8}\overline{r}_{n-1}+\frac{1}{8}r_n$；

斜率计算：$S_n=\overline{r}_n-\overline{r}_{n-1}(\mu\Omega)/15\text{s}$；

斜率平滑：第一次 $\overline{S}_n=\frac{59}{60}\overline{S}_{n-1}+\frac{1}{60}\overline{S}_n$；初值 $\overline{S}_0=0$；第二次 $S_n=\frac{19}{20}\overline{S}_{n-1}+\frac{1}{20}\overline{S}_n$；初值 $\overline{S}_0=0$。

若下列两判别式成立，则预报 AE 如下。

(1) $r_n>\text{NRN}+0.5\mu\Omega$ (NRN 为目标槽电阻)。

(2) $\overline{S}_n>0.15\mu\Omega/15\text{min}$。

同样，边缘网关也可对数据进行计算，分析其他故障的发生。

11.5　系统集成与调试

系统的集成与调试步骤如下。

(1) 在基于 STM32F429 芯片及相应外围设备搭建完成系统后，需要进行上电硬件调试，这一部分主要在于测量各设备的电压值是否正常，这一步确保无误后，方可进行下一步。

(2) 在上一步完成后，使用 STM 官网的例程或者自己编写串口调试程序检验各串口及 I/O 口能否正常进行数据收发及使用，这一步的作用是确保底层驱动程序正常，若是一开始就将程序直接下载到芯片中进行调试，问题出现时，很难判断是哪一部分出现的问题。本步可采用串口调试助手模拟底层节点测试串口的收发功能，用网络调试助手模拟上位机测试上行通信功能。

(3) 将编写的程序下载进行调试。在调试过程中，应该将子任务分别进行调试，在实现每个子任务的功能之后，再对有耦合关系的任务进行联调。避免直接对多个任务进行调试，如果出现问题会难以定位错误。程序的上行和下行部分存在联系，在调试过程中，要先对上行和下行程序分开进行调试，最后进行联调。

通过上述步骤，可一步步地完成系统的集成与调试。本工程实例的主要功能为下行轮抄和上行数据上报以及边缘计算功能，调试时应以这几个任务为重心进行调试。调试完成后，结合节点及服务端，系统的实物如图 11-27 所示。

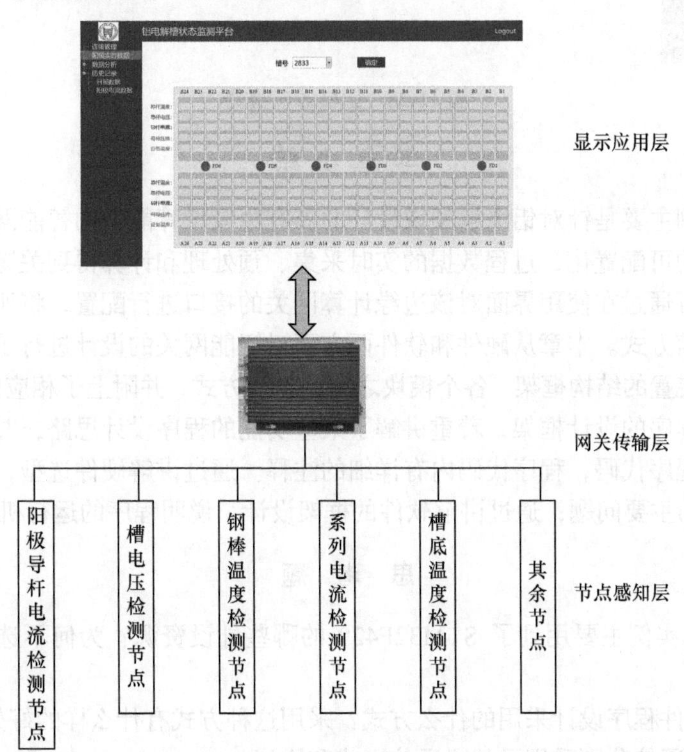

图 11-27　铝电解系统实物图

铝电解槽状态检测平台包括连接管理、阳极实时数据、阳极效应检测、数据分析和历史数据模块。

以阳极效应检测模块为例进行调试，该模块的作用是负责对网关边缘计算后的数据进行解析处理和判断是否发生阳极效应。其流程如下：首先，底层节点采集计算槽电压的原始数据；然后，节点将原始数据通过下行通信发送至传输网关，传输网关将原始数据存储至 SD 卡中并等待边缘计算网关读取原始数据进行边缘计算获得槽电压，经过数据处理和分析，得到槽电阻值，传输网关再传输到上位机，由上位机进行判断。如图 11-28 所示，电解槽发生了阳极效应，导致槽电压突然升高，氧化铝浓度降低，如图 11-28 右侧所示。

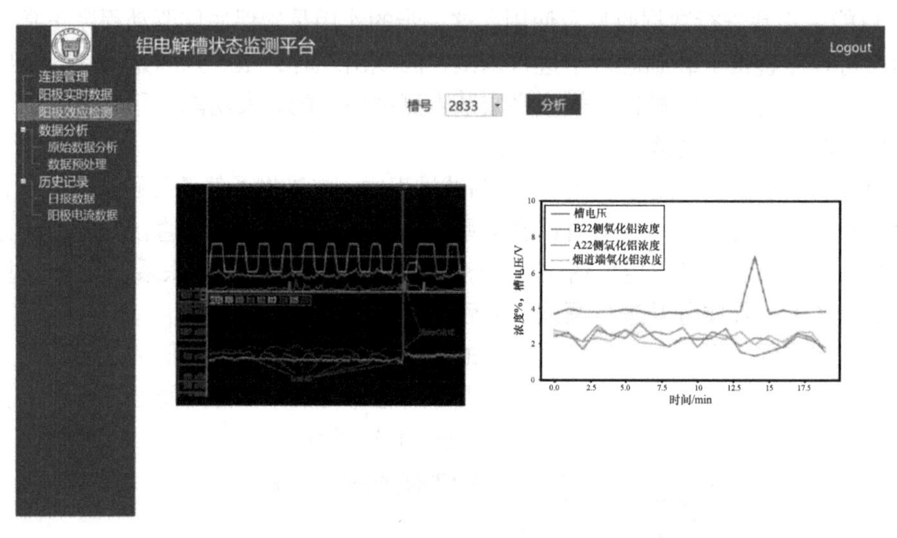

图 11-28 阳极效应检测

本 章 小 结

本工程实例主要是针对铝电解领域设计的具有边缘计算能力的智能网关。该网关可实现通信接口的可配置化，过程数据的实时采集、预处理和计算得到关键参数并传输给上位机。用户可通过在使用界面对该边缘计算网关的接口进行配置，将所用接口配置成自己所需的通信方式。本章从硬件和软件两方面对智能网关的设计进行了详细的讲解。硬件上讲解了装置的结构框架、各个模块之间的连接方式，并附上了相应的硬件原理图；软件上讲解了程序的设计框架，着重讲解了某些功能的程序设计思路，并附上了相应的程序流程图及程序代码，程序代码内有详细的注释。通过讲解硬件选型，说明装置在设计中需要考虑的主要问题；通过讲解软件的框架设计，说明程序的运行机理。

思 考 题

(1) 该工程实例主要用到了 STM32F429 的哪些外设资源？为何不选择资源更多的芯片？

(2) 网关软件程序设计采用的什么方式？采用这种方式有什么样的好处？

(3) 上下行通信分别采用了什么通信方式和协议？

(4) Q/GDW 376.2—2009 协议帧是如何解析的？

(5) 为何上下行不采用同样的协议？

(6) 根据 Modbus-RTU 协议的格式，画出 Modbus-RTU 协议的解析流程图。

第 12 章　基于 LabVIEW 的铝电解槽监测上位机工程实例设计

12.1　系统功能说明

铝电解槽智能化系统上位机是基于 LabVIEW 设计开发的工程实例。系统通过使用 LabVIEW 编写的服务器端软件与铝电解槽的智能网关通信，获取智能网关采集到的数据，并对数据进行处理，存入数据库，同时用户可以通过服务器端软件直接对智能网关进行功能配置和参数设置。另外，LabVIEW 编写的服务器端软件还可以将数据发送给 LabVIEW 编写的客户端软件，以表格、折线图和柱状图等方式呈现给用户，并且客户端软件可以根据不同登录用户的权限，对智能网关进行设置或直接操控终端采集节点和铝电解槽的相关设备。通过与使用 LabVIEW 设计的人机界面交互，用户能够直观清晰地获取节点数据变化情况，并对铝电解槽的部分设备进行控制。

本章以 LabVIEW 服务器端软件设计以及编程为核心，介绍服务器端与智能网关之间的数据通信、基于 MySQL 数据库的铝电解槽的数据存储及 LabVIEW 客户端人机界面设计三部分。基于 LabVIEW 的服务器端软件与智能网关可以使用 RS485、RJ45、WiFi 和 4G 等方式进行数据通信，获取数据后，服务器端软件与 MySQL 建立连接，将数据存入数据库，并将数据通过 TCP/IP 网络通信，发送给客户端软件进行实时显示。用户通过操作客户端软件界面，可以查询系统监控的数据，并生成报表；也可以控制部分铝电解槽现场接入智能系统的设备。

12.2　系统总体设计

整个系统分为三部分，分别是基于 LabVIEW 的铝电解槽智能化系统、铝电解槽智能网关、装置(包括数据采集节点和控制节点)。客户端与服务器端通过 TCP/IP 进行数据通信，一个服务器端可以和多个客户端建立通信连接，客户端可以是 LabVIEW 编写的二维显示平台，也可以是其他语言编写的客户端软件。系统的整体框图如图 12-1 所示。

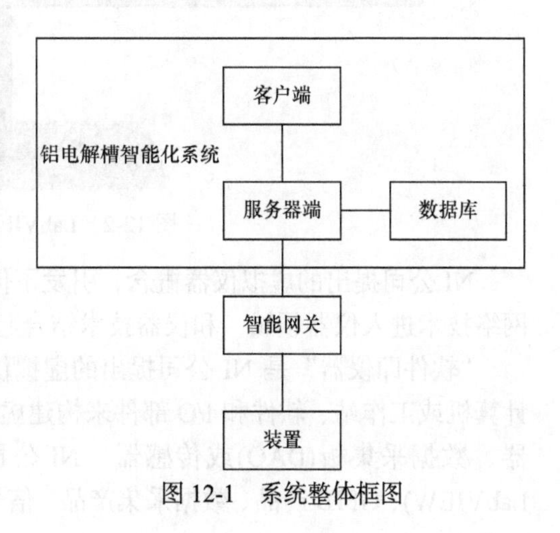

图 12-1　系统整体框图

12.3　LabVIEW 介绍

LabVIEW 是 Laboratory Virtual Instrument Engineering Workbench(实验室虚拟仪器集成环境)的简称，是由美国国家仪器(NI)公司推出的一个功能强大而又灵活的仪器和分析软件应用开发工具。NI 公司生产基于计算机技术的软硬件产品，其产品帮助工程师和科学家进行测量、过程控制及数据分析和存储。NI 公司于 40 多年前由 James Truchard、Jeffrey Kodosky 和 William Nowlin 创建于得克萨斯州的奥斯汀(Austin)。当时三人正在位于奥斯汀的得克萨斯大学应用研究实验室为美国海军进行声呐应用研究，寻找将测试设备连接到 DEC PDP-11 计算机的方法。James Truchard 于是决定开发一种接口总线，并吸纳 Jeffrey Kodosky 和 William Nowlin 的共同研究，终于成功地开发出 LabVIEW，并提出了“虚拟仪器”(Virtual Instrument)这一概念。在此过程中，他们创建了一家新公司——NI 公司。图 12-2 为 LabVIEW 图标和用户界面。

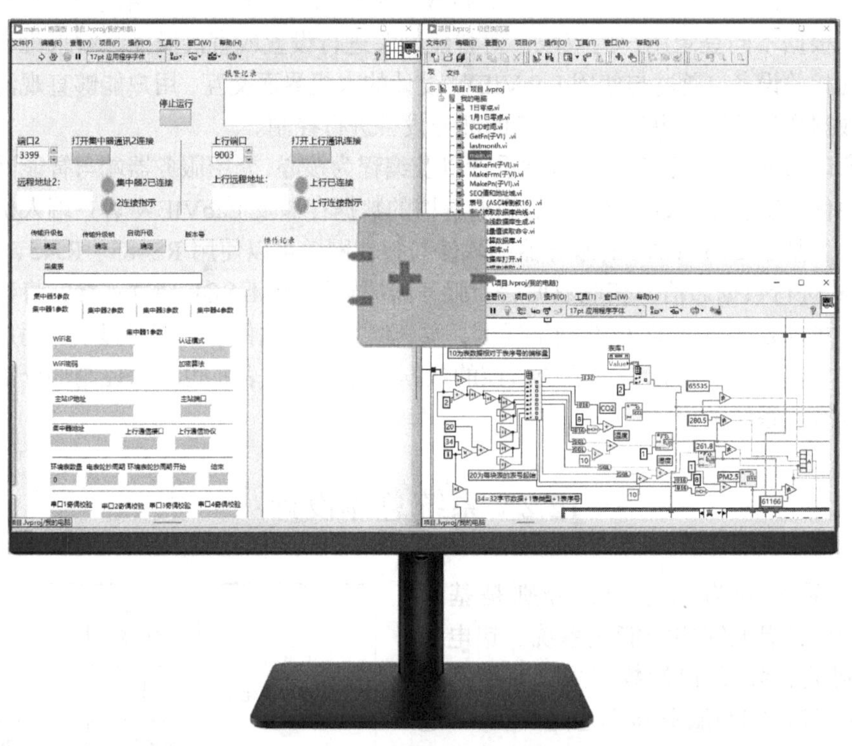

图 12-2　LabVIEW 图标和用户界面

NI 公司提出的虚拟仪器概念，引发了传统仪器领域的一场重大变革，使得计算机和网络技术进入仪器领域，和仪器技术结合起来，从而开创了“软件即仪器”的先河。

“软件即仪器”是 NI 公司提出的虚拟仪器理念的核心思想。从这一思想出发，基于计算机或工作站、软件和 I/O 部件来构建虚拟仪器。I/O 部件可以是独立仪器、模块化仪器、数据采集板(DAQ)或传感器。NI 公司所拥有的虚拟仪器产品包括软件产品(如 LabVIEW)、GPIB 产品、数据采集产品、信号处理产品、图像采集产品、DSP 产品和 VXI

控制产品等。LabVIEW 是一种程序开发环境，类似于 C 和 BASIC 开发环境，但 LabVIEW 与其他计算机语言的显著区别是：其他计算机语言都是采用基于文本的语言产生代码行，而 LabVIEW 使用图形化编程语言(G 语言)编写程序，产生的程序是框图的形式。像 C 或 BASIC 一样，LabVIEW 也是通用的编程系统，有一个可完成任何编程任务的庞大的函数库。LabVIEW 的函数库包括数据采集、串口控制、数据分析、数据显示及数据存储等。LabVIEW 也有传统的程序调试工具，如设置断点、以动画形式显示数据及通过程序(子 VI)的结果、单步执行等，便于程序的调试。

虚拟仪器，简称 VI，包括三部分：前面板、程序框图和图标/连接器。前面板用于设置输入量和观察输出量，它模拟真实仪器的前面板。其中，输入量被称作控件(Controls)，用户可以通过控件向 VI 中设置输入参数，输出量被称作指示器(Indicating Device)，VI 通过指示器向用户提示状态或输出数据。用户还可以使用各种图标，如旋钮、开关、按钮、图表及图形等，使前面板易看易懂。每一个程序前面板都有相应的程序框图与之对应，程序框图用图形编程语言编写，可以把它理解成传统程序的源代码。框图中的部件可以看成程序节点，如循环控制、事件控制和算术功能等，这些部件都用连线连接，定义框图内的数据流动方向。图标/连接器可以让用户把 VI 程序变成一个对象(VI 子程序)，然后在其他程序中调用子程序。图标表示在其他程序中被调用的子程序，而连接器则表示图标的输入输出端口。用户在一个程序中调用另一个程序的子程序，这种调用层次是没有限制的，因此可以充分发挥个人的开发潜能，以创建更为复杂的 LabVIEW 程序。LabVIEW 这种创建和调用子程序的方法，使创建的程序结果模块化，更易于调试、理解和维护。

现在，从事研究、开发、生产、测试工作的工程师和科学家，以及在如汽车、半导体、电子、化学、通信、制药等行业工作的工程师和科学家已经使用并一直使用 LabVIEW 来完成他们的工作。LabVIEW 在实验测量、工业自动化和数据分析领域起着重要的作用。例如，在 NASA(美国国家航空航天局)的喷气推进实验室，科学家使用 LabVIEW 来分析和显示“火星探测旅行者号”自行装置的工程数据，包括自行装置的位置和温度、电池剩余电量，并总体检测旅行者号的全面可用状态。

12.3.1　LabVIEW 数据类型

在 LabVIEW 中有多种数据类型可用于数据表示，包括数值型、布尔型、字符串型与路径、枚举型、簇、数组、时间标识等。

1. 数值型

在 LabVIEW 中，数据类型是隐含在控制、指示及常量之中的。传统编程语言中，数据可以分为常量和变量两种，在 LabVIEW 中，位于前面板的“数值”控件相当于变量，而常量则位于后面板的“数值”子面板中，如图 12-3 所示。

变量和常量之间可以相互转换，方法为在图标上右键鼠标，选择“转换为常量/转换为输入控件/转换为显示控件”选项。另外，数值控件所表示的数据类型也可以根据需要进行转换，在子图标上右击，选择“表示法”选项，如图 12-4 所示。数值型控件可以选择的数据类型包括单精度浮点型、双精度浮点型、扩展精度浮点型、单字节整型、双字节整型、长整型、无符号整型、单精度复数、双精度复数等。

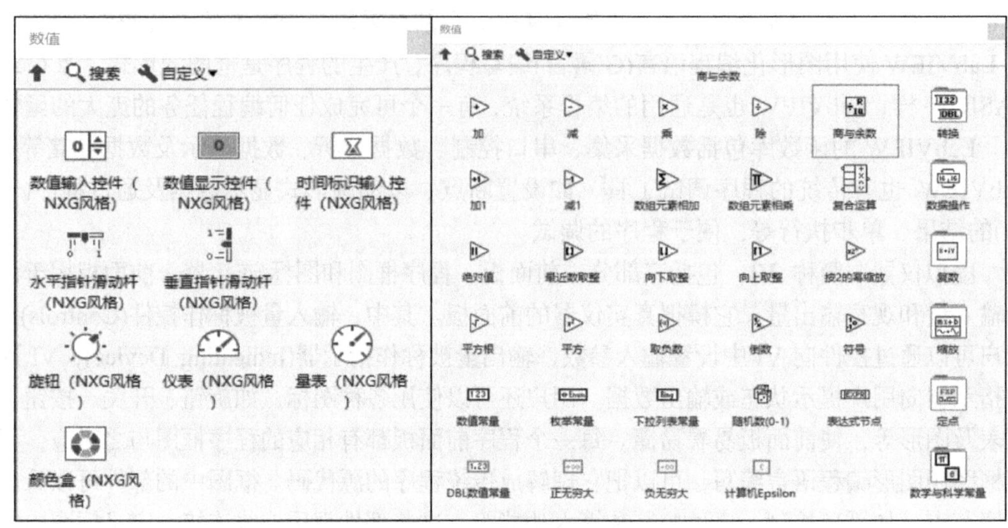

图 12-3　数值控件选板和数值常量

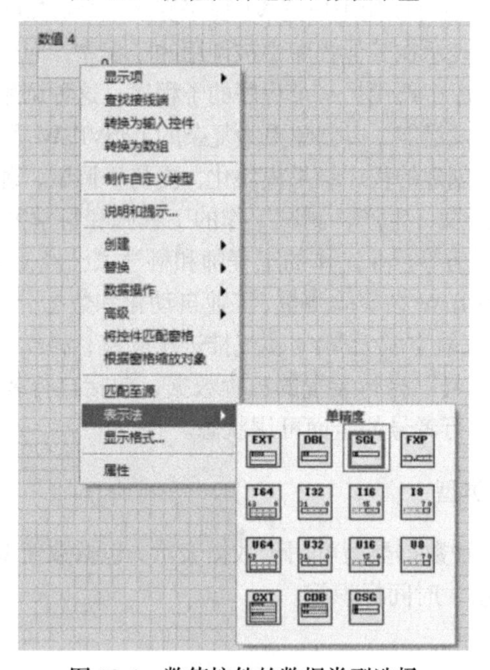

图 12-4　数值控件的数据类型选择

2. 布尔型

LabVIEW 用 8 位二进制数保存布尔型数据。如果 8 位的值均为 0，布尔值为 FALSE。非零值表示 TRUE。在 LabVIEW 中，用绿色代表布尔型数据。布尔型比较简单，只有 0 和 1，或真(True)和假(False)两种状态，也称为逻辑型。布尔型主要包含在控件选板的布尔子选板中。和数字型类似，布尔常量存在于函数选板的布尔子选板中。布尔型控件子选板和布尔常量，如图 12-5 所示。

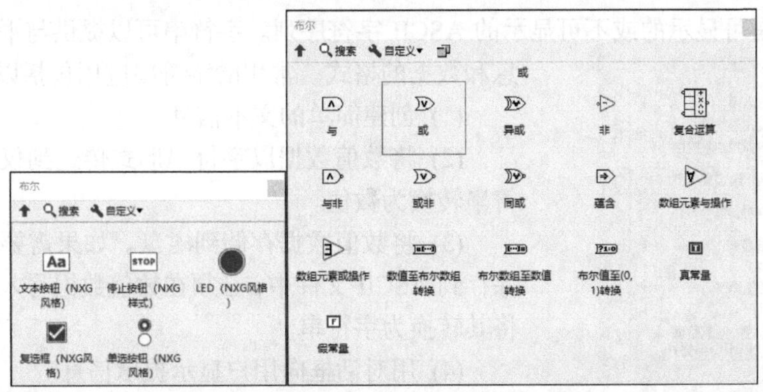

图 12-5　布尔型控件子选板和布尔常量

布尔值还有一个与其相关的机械动作，如图 12-6 所示。触发和转换是两种主要的机械动作。触发动作与门铃的动作方式类似；转换动作与照明开关的动作方式类似。触发和转换动作各有 3 种发生方式：单击时、释放时、保持直到释放。关于机械动作的更多信息详见“NI 范例查找器”中的 Mechanical Action of Booleans VI。

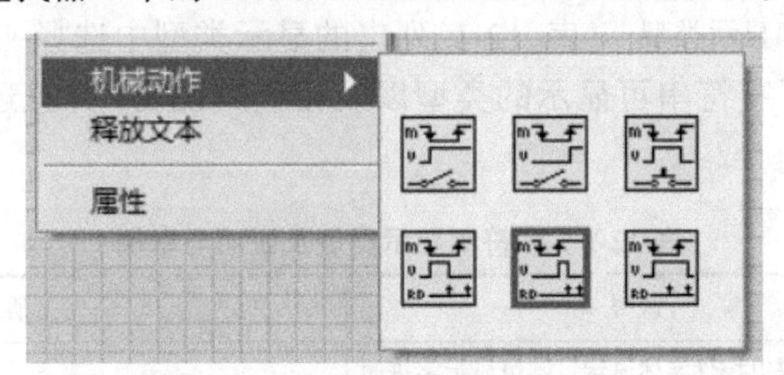

图 12-6　布尔型控件的机械动作

3. 字符串型与路径

字符串是 LabVIEW 中常用的数据类型，LabVIEW 提供了功能强大的字符串控件和字符串运算函数，路径也是一种特殊的字符串，专门用于对文件的处理。字符串也有常量和变量，如图 12-7 所示。LabVIEW 中，粉红色代表字符串型数据。

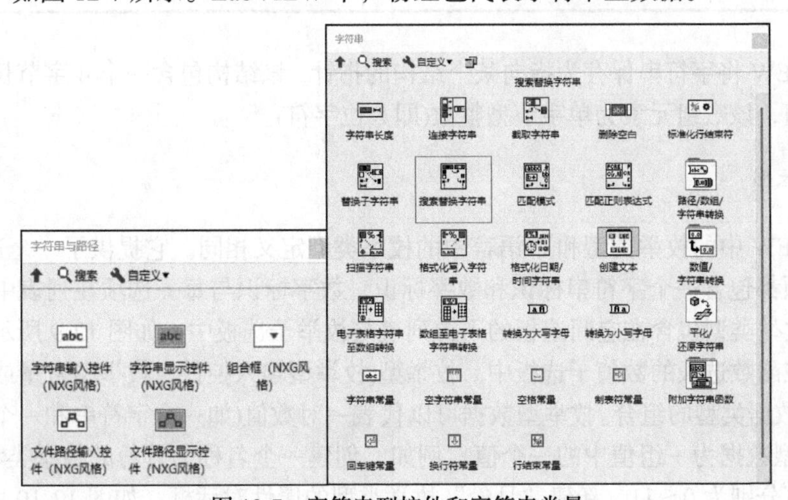

图 12-7　字符串型控件和字符串常量

字符串是可显示的或不可显示的 ASCII 字符序列。字符串可以提供与平台无关的信息和数据的格式。常用的字符串应用包括以下几方面。

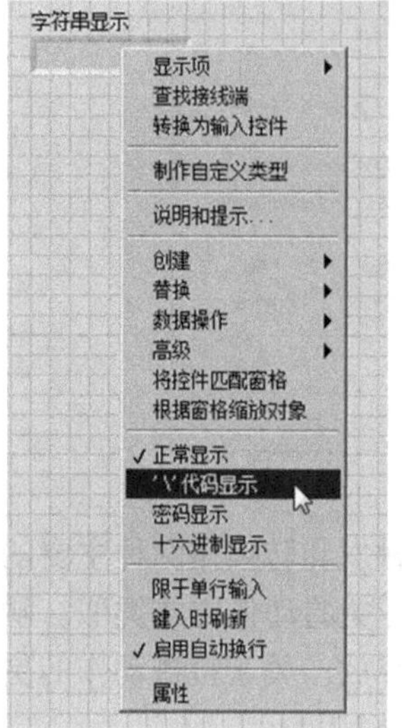

图 12-8　可选择的字符串显示类型

(1) 创建简单的文本信息。

(2) 将数值数据以字符串形式传送到仪器，再将字符串转换为数值。

(3) 将数值数据存储到磁盘。如果需要将数值数据保存到 ASCII 文件中，必须在数值数据写入磁盘文件前将其转换为字符串。

(4) 用对话框向用户显示提示信息。

前面板上的表格、文本输入框和标签中都会出现字符串。LabVIEW 提供了用于对字符串进行操作的内置 VI 和函数，可对其进行格式化字符串、解析字符串等编辑操作。

右击前面板上的字符串输入控件或显示控件，从表 12-1 列出的显示类型中选择一种类型，如图 12-8 所示。表 12-1 列出了字符串可显示的类型以及相应的说明，并且还给出了每个显示类型的范例。

表 12-1　字符串显示类型及说明与举例

显示类型	说明	消息
正常显示	可打印字符以控件字体显示。不可显示字符通常显示为一个小方框	There are four display types. is a backslash.
“\” 代码显示	所有不可显示字符均显示为反斜杠	There\sare\sfour\sdisplay\stypes.\n\\\sis\sa\sbackslash.
密码显示	星号(*)显示包括空格在内的每个字符	***********************************
十六进制显示	每个字符显示为其十六进制的 ASCII 值，字符本身并不显示	5468 6572 6520 6172 6520 666F 7572 2064 6973 706C 6179 2074 7970 6573 2E0D 0A5C 2069 7320 6120 6261 636B 736C 6173 682E

LabVIEW 将字符串保存为指向某个结构的指针，该结构包含一个 4 字节长的值和一个一维数组，该数组元素为单字节型整数(即 8 位字符)。

4. 枚举型

LabVIEW 中的枚举类型和 C 语言中的枚举类型定义相同。它提供了一个选项列表，其中每一项都包含一个字符串标识和数字标识，数字标识与每一选项在列表中的顺序一一对应。枚举类型包含在空间选板的下拉列表与枚举子选板中，如图 12-9 所示，而枚举常量包含在函数选板的数值子选板中。枚举型(枚举型输入控件、枚举型常量或枚举型显示控件)是数据类型的组合。枚举型数据可以代表一对数值(如一个字符串和一个数值型数字)，枚举型数据为一组值中的一个值。例如，创建一个名称为月份的枚举类型，1～12 月的变量值分别为 0～11，新建“月份”枚举类型的属性对话框，如图 12-10 所示。

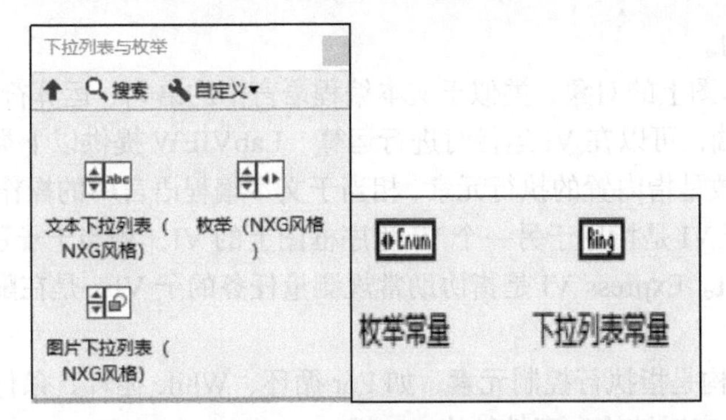

图 12-9　下拉列表与枚举

图 12-10　枚举类型属性对话框

枚举型数据非常有用，因为在程序框图中处理数字要比处理字符串简单得多。枚举数据类型可以用 8 位、16 位或 32 位无符号整数表示，这 3 种表示方式之间的转换可以通过右键快捷菜单中的转换选项实现。使用时，首先从上述的选板中选择枚举类型的输入控件添加到前面板中，然后右击该控件，从快捷菜单中选择“编辑项”选项，插入要枚举的变量与值。

12.3.2　LabVIEW 常用函数

数据处理是 LabVIEW 编程的重要内容。LabVIEW 对数据的操作是通过各种基本函数实现的。LabVIEW 中不存在专门的运算符，所有运算符都是通过函数实现的，因此，掌握 LabVIEW 基本函数的用法是编程者必须具备的技能。

LabVIEW 中经常会遇到节点、函数、函数节点等术语。函数节点通常也称为函数，节点包括函数。LabVIEW 经常用节点的数量来统计 VI 的性能，所以了解节点的真正含义是非常有必要的。

节点是程序框图上的对象，类似于文本编程语言中的语句、运算符、函数和子程序。它们有输入/输出端，可以在 VI 运行时进行运算。LabVIEW 提供以下类型的节点。

(1) 函数。函数是指内置的执行元素，相当于文本编程语言中的操作符、函数或语句。

(2) 子 VI。子 VI 是指用于另一个 VI 程序框图上的 VI，相当于子程序。

(3) Express VI。Express VI 是指协助常规测量任务的子 VI，是在配置对话框中配置相应的函数参数。

(4) 结构。结构是指执行控制元素，如 For 循环、While 循环、条件结构、平铺式和层叠式顺序结构、定时结构和事件结构。

(5) 公式节点和表达式节点。公式节点是可以直接向程序框图输入方程的结构，其大小可以调节；表达式节点是用于计算含有单变量表达式或方程的结构。

(6) 属性节点和调用节点。属性节点是用于设置或读取类属性的结构；调用节点是设置对象执行方式的结构。

(7) 通过引用节点调用。通过引用节点调用动态加载的 VI 的结构。

(8) 调用库函数。调用库函数用于调用大多数标准库或 DLL 的结构。

(9) 代码接口节点。代码接口节点用于调用以文本编程语言所编写的代码的结构。

1. 基本运算函数

如图 12-11 所示，数值函数选板不但包含加、减、乘、除等基本运算函数，还包含常用的高级运算函数，如平方、绝对值、类型转换等，数值函数选板是最常用的函数选板，其中很多函数都是多态的，允许多种类型的函数输入，它的多态特点主要体现在对数组和簇的运算上，使用起来极其灵活。

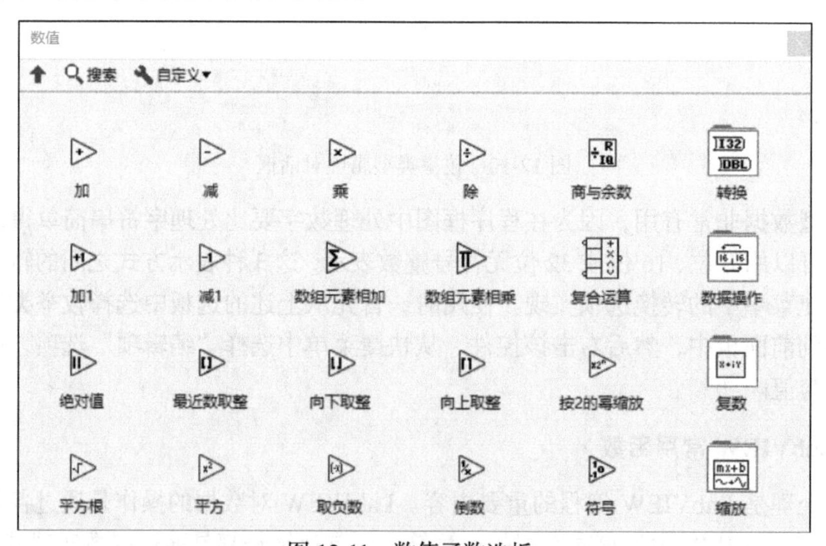

图 12-11 数值函数选板

2. 数组函数

数组函数选板提供了大量的针对数组操作的函数，如图 12-12 所示，这些函数的功能十分强大，使用非常灵活，参数也有很多变化，同一问题，往往可以用多种函数解决。

例如，“数组大小”函数，如果输入一个一维数组，则返回一个表示一维数组长度的值；如果输入一个多维数组，则返回一个一维数组，其中每一个元素表示对应维数的大小。再如，“索引数组”函数，既可以索引出单个元素，也可以返回数组，对于二维数组，可以通过只连接行索引、禁用列的方式返回某一行，也可以通过只连接某列、禁用行的方式返回某列。

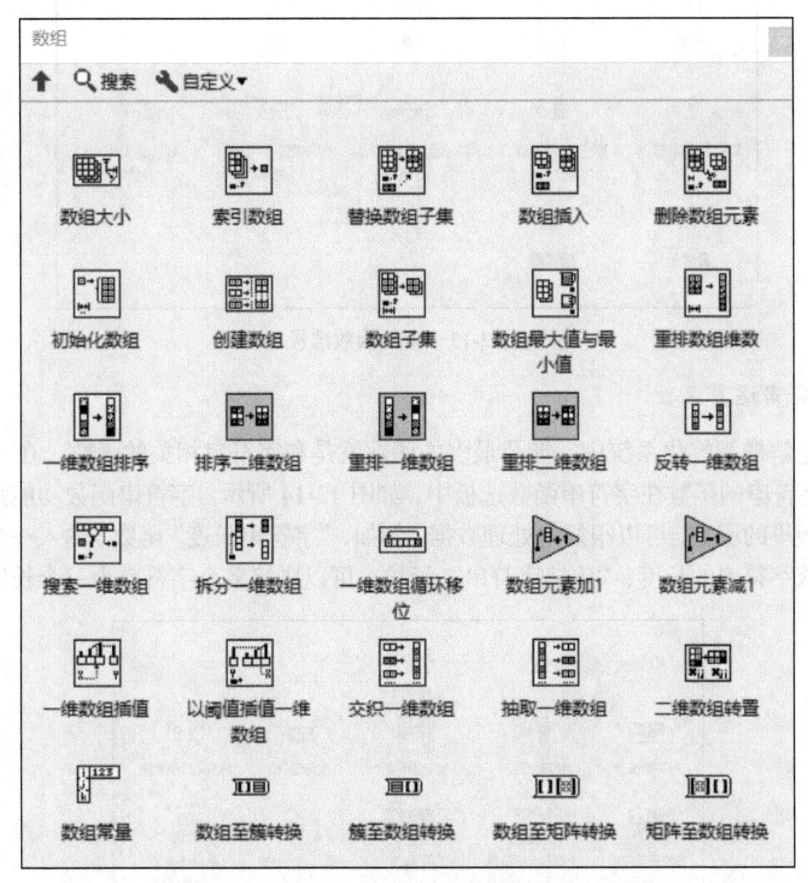

图 12-12　数组函数选板

总之，数组函数选板里的函数非常有用，灵活选用里面的函数对数据处理过程往往会有事半功倍的效果。

3. 逻辑运算函数

所有与硬件联系比较密切的编程语言都支持逻辑运算，例如，C 语言里有与、或、非等逻辑运算。LabVIEW 也不例外，它的逻辑运算功能更加强大。LabVIEW 的逻辑运算函数在布尔函数选板，如图 12-13 所示。

一般设计布尔运算的软件中，把一个布尔变量设置成 TRUE 的操作称为置位操作；反之，把一个布尔变量设置成 FALSE 的操作称为复位操作。

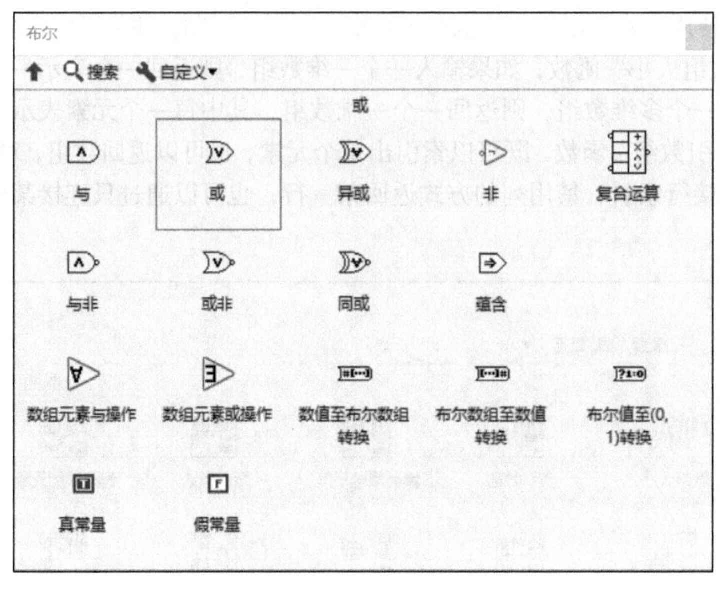

图 12-13　布尔函数选板

4. 字符串运算函数

在铝电解槽智能化系统中，涉及最多的函数就是和字符串相关的函数。在 LabVIEW 中，操作字符串的函数在字符串函数选板中，如图 12-14 所示。字符串函数功能强大实用，使用该选板里的函数，可以很好地处理数据。例如，“字符串长度”函数，输入一个字符串，直接返回该字符串的长度；“连接字符串”函数，可以拼接多个字符串为一个长串；“截取

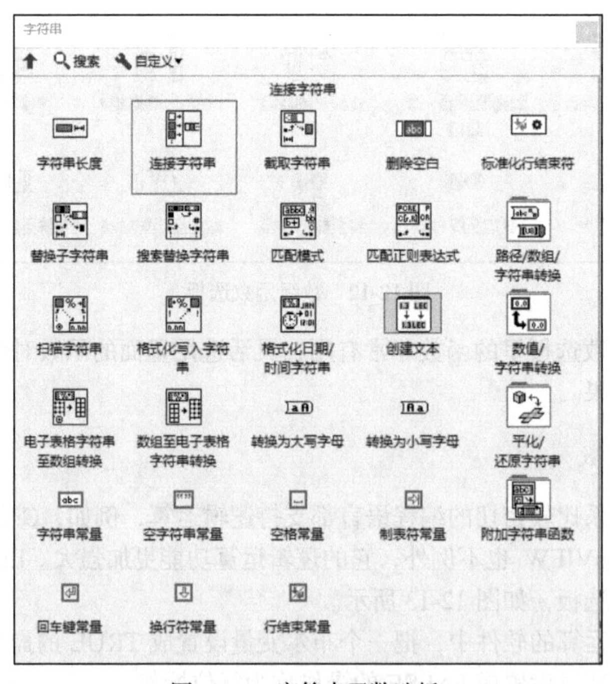

图 12-14　字符串函数选板

字符串”函数，可以从一个字符串中的任意位置开始截取一段指定长度的字符串。灵活运用字符串函数选板里的函数，可以大大提升 LabVIEW 工程设计的效率。

12.4　数据库存储设计

12.4.1　MySQL 数据库协议

铝电解槽监测系统将数据存储在 MySQL 数据库中，MySQL 数据库相关简介见 8.5.1 节。

Navicat for MySQL 是一套专为 MySQL 设计的强大数据库管理及开发工具，具有良好的用户界面，Navicat for MySQL 支持 Unicode 及本地或者远程 MySQL 服务器多连接。用户可以使用它浏览数据库、建立和删除数据库、编辑数据、将数据库备份和还原、导出数据等。

12.4.2　ODBC 数据源介绍

ODBC(Open Database Connectivity，开发数据库互联)是微软公司开放服务结构中有关数据库的一个组成部分，它建立了一组规范，并提供了一组对数据库访问的标准 API，这些 API 利用 SQL 来完成大部分任务，ODBC 本身提供了对 SQL 语言的支持，用户可以直接将 SQL 语句发送给 ODBC。

应用程序要访问数据库，首先要用 ODBC 管理器注册一个数据源，如图 12-15 所示，管理器根据数据源提供的数据库位置、数据库类型及 ODBC 驱动程序等信息，建立起 ODBC 与具体数据库的连接，这样，只要应用程序将数据源名提供给 ODBC，ODBC 就能建立起与相应数据库的连接。在 ODBC 中，ODBC API 不能直接访问数据库，必须通过驱动程序管理器与数据库交换信息，驱动程序管理器负责将应用程序对 ODBC API 的

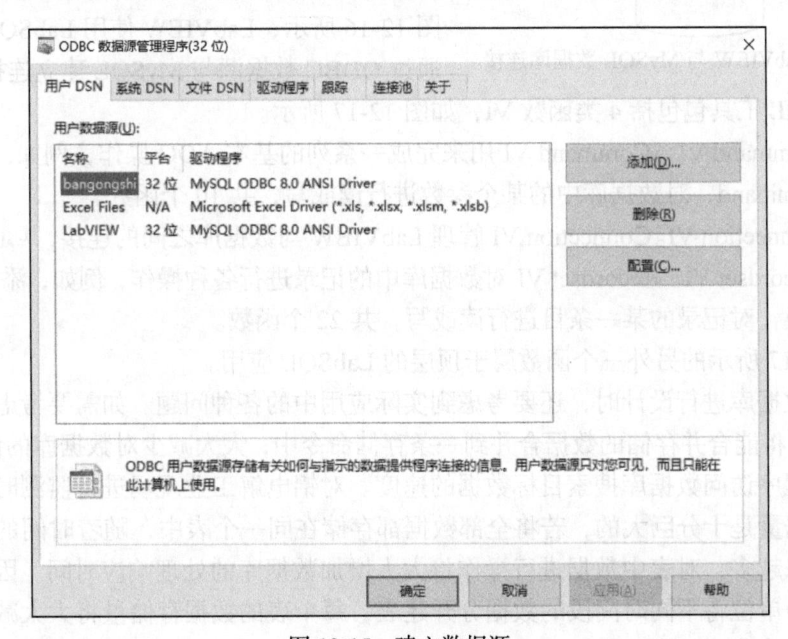

图 12-15　建立数据源

调用传递给正确的驱动程序，而驱动程序执行完相应的操作后，将结果通过驱动程序管理器返回给应用程序。

12.4.3 LabVIEW 访问 MySQL 数据库

用户一般创建一个数据库来管理数据。利用 LabVIEW 开发软件时，不可避免地要进行数据库访问，使用数据库访问技术，但是 LabVIEW 本身并不具备数据库访问功能，解决这个问题通常有以下三种方式。

(1) 利用 LabVIEW 的 ActiveX 功能，调用 Microsoft ADO 控件，利用 SQL 实现数据库访问。这种方法需要对 Microsoft ADO 控件以及 SQL 有较深的了解，并且需要从底层进行复杂的编程才能实现。

(2) 利用 NI 公司的附加工具包 LabVIEW SQL Toolkit 进行数据库访问，但是这种工具包的价格比较昂贵。

(3) 利用 LabVIEW 免费提供的 LabSQL 工具包。

本章主要介绍使用第三种方式访问 MySQL 数据库。LabSQL 是由美国 NI 公司开发的一个免费的、多数据库、跨平台数据库访问工具。在使用 LabSQL 之前，首先需要在 ODBC 数据源中创建一个数据源名，即用户 DSN，LabSQL 与数据库的连接就是建立在 DSN 基础上的。如图 12-16 所示，LabVIEW 使用 LabSQL 工具包，通过 ODBC 数据源与 MySQL 建立连接。

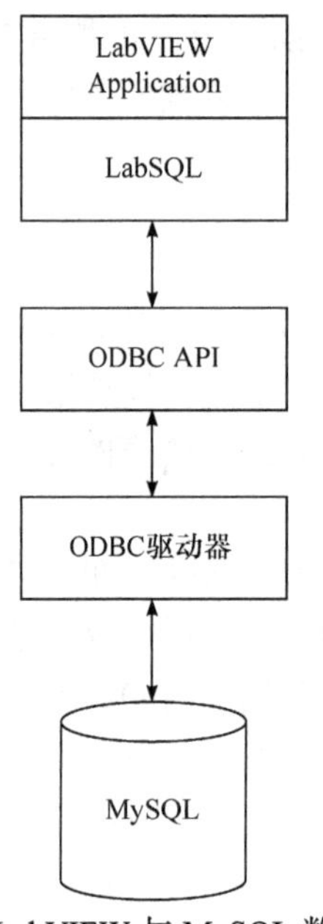

图 12-16 LabVIEW 与 MySQL 数据库连接

LabSQL 工具包包括 4 类函数 VI，如图 12-17 所示。

(1) Command VI。Command VI 用来完成一系列的基本 ADO 操作，例如，创建或删除一个 Command，对数据库中的某个参数进行读或写，共 10 个函数。

(2) Connection VI。Connection VI 管理 LabVIEW 与数据库之间的连接，共 10 个函数。

(3) Recordset VI。Recordset VI 对数据库中的记录进行各种操作，例如，添加、修改、删除或替换，对记录的某一条目进行读或写，共 22 个函数。

图 12-17 所示的另外三个函数属于顶层的 LabSQL 应用。

在对数据库进行设计时，还要考虑到实际应用中的各种问题。如需要考虑数据库的存储格式，将能合并存储的数据合并到一条存储命令中，大大减少对数据库的读写操作，从而提高程序访问数据库搜索目标数据的速度。对铝电解工业现场进行监测时，每天采集到的数据量是十分巨大的，若将全部数据都存储在同一个表中，随着时间的推移，表中数据越来越多，对表中数据进行操作将大大增加数据库的处理响应时间。因此，可以以天或月为单位将不同时间段的数据分开建表，每个表的数据存储量将大大减小，从而提高程序的响应速度。

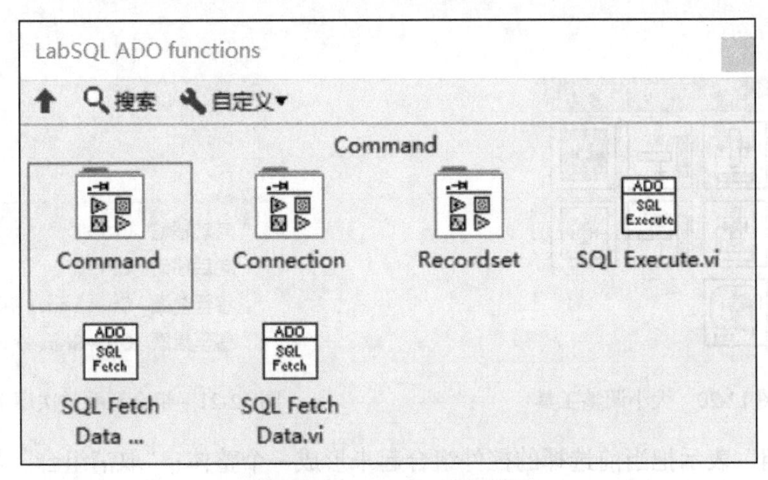

图 12-17　LabSQL 函数选板

12.5　LabVIEW 客户端设计

应用程序的界面是提供给使用者的第一印象，直接影响到应用程序的用户体验。因此，有效、合理的界面能够为程序增色不少。LabVIEW 提供了丰富的界面控件供开发者选择，有经验的程序员往往能够利用这些控件做出令人称赞的界面。

在 LabVIEW Development Guidelines 和 The LabVIEW Style Book 中都有专门的章节来论述 LabVIEW 程序界面的设计规范和方法。本节内容将从应用开发的角度出发，介绍几种常见的界面设计方法以及与服务器端的通信设计。

12.5.1　人机界面设计要点

在 LabVIEW 中，控件通常被笼统地分为控制型控件(Control)和显示型控件(Indicator)。对某一个具体的应用而言，需要把 Control 和 Indicator 进行细分，使得具有同样功能的控件排放在一起，甚至组成若干个 Group 组。

LabVIEW 提供了一系列工具供程序员排列和分布控件的位置以及调整控件的大小，如图 12-18～图 12-21 所示。图 12-18 是排列对齐工具，其中的图标可以很清楚地知道各个按钮的作用。使用 Ctrl+Shift+A 组合键可以重复上一次的排列方式。图 12-19 是位置分布工具，用于快速地分布各个控件的位置。图 12-20 是大小调整工具，用于快速地调整多个不同控件的大小(注意：部分控件的大小是不允许调整的)。图 12-21 是组合和叠放次

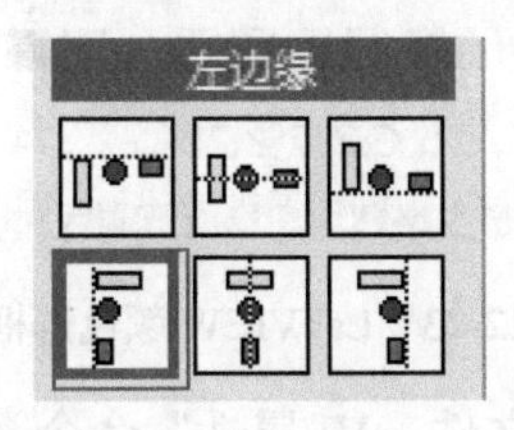

图 12-18　排列对齐工具

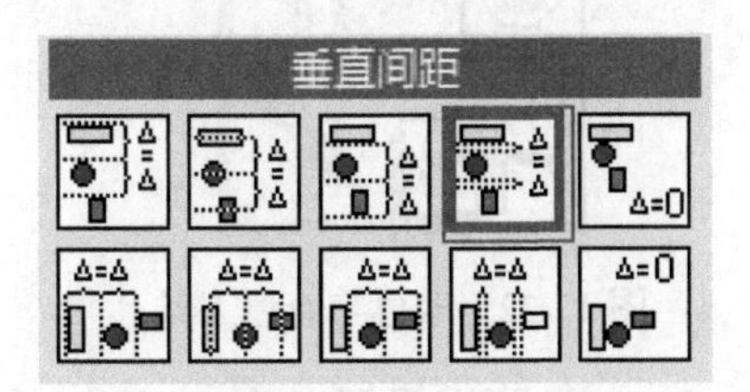

图 12-19　位置分布工具

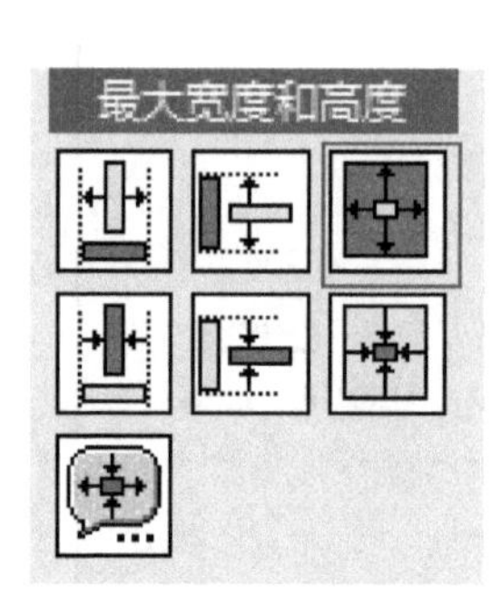

图 12-20　大小调整工具

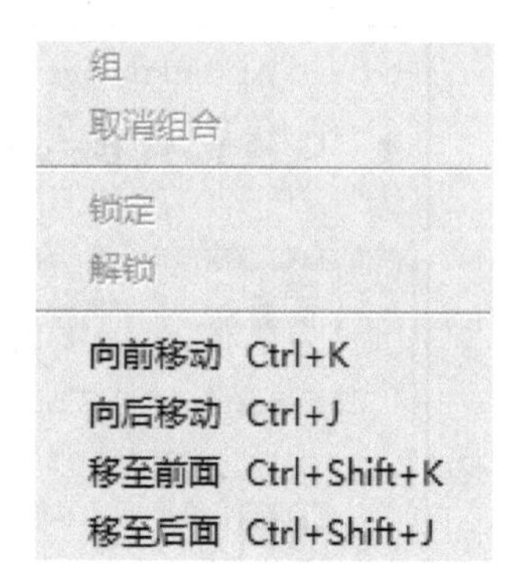

图 12-21　组合和叠放次序工具

序工具，“组”表示把当前选择的控件组合起来形成一个整体；“取消组合”与“组”相反，表示分散已经整合起来的各个控件；“锁定”表示锁定当前选择的控件，此时控件将无法编辑(包括移动控件的位置、调整控件的大小等)；“解锁”是解锁指令；“向前移动”、“向后移动”、“移至前面”和“移至后面”表示修改当前选择控件的排放次序。

12.5.2　颜色的使用

LabVIEW 提供了传统的取色工具和着色工具，如图 12-22 所示。取色工具是获取 LabVIEW 开发环境中某个点的颜色值(包括前景色和背景色)，并将获取的颜色设置为当前的颜色。着色工具是将当前的颜色值(包括前景色和背景色)设置到某个控件上。

(1) 在使用着色工具时，按住 Ctrl 键可以将工具暂时切换成取色工具，释放 Ctrl 键后将返回着色工具。

(2) 在使用着色工具时，使用“空格”键可以快速地在前景色和背景色之间进行切换。在着色工具中，右上角的“T”表示透明色，可以单击该图标设定当前的颜色为透明色，如图 12-23 所示。此外，LabVIEW 还提供了一系列预定义的标准颜色供程序员选择，其中“系统”的第一个颜色是 Windows 的标准界面颜色。也可以更改 RGB 颜色值来自己配色。

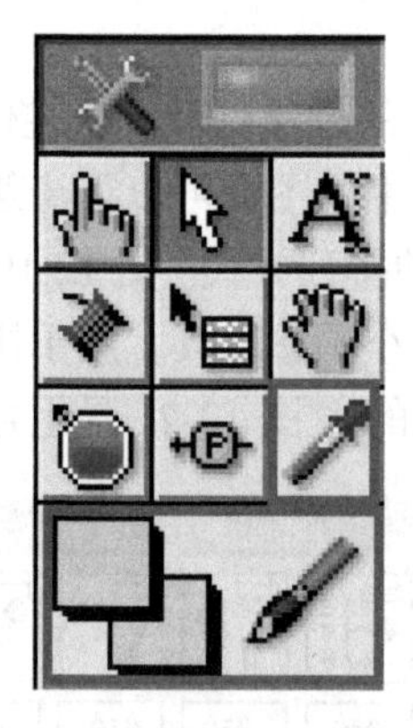
图 12-22　取色与着色工具

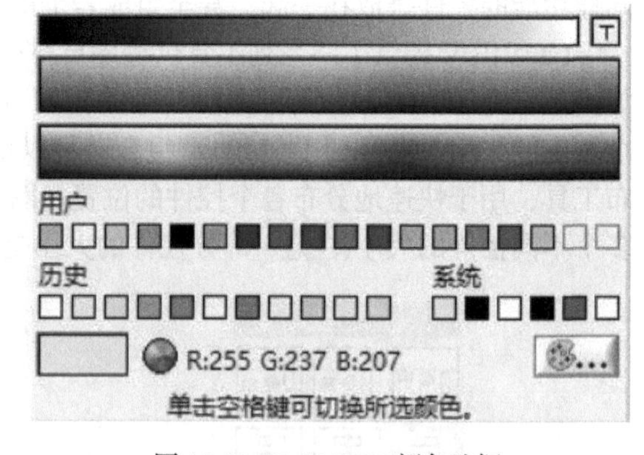

图 12-23　LabVIEW 颜色选框

LabVIEW 可以设置一个 VI 窗口的透明色，执行“文件→VI 属性”命令，在弹出的对话框中选择“窗口外观”选项，然后单击“自定义”按钮将弹出如图 12-24 所示的对话框。选择“运行时透明显示窗口”复选框，并设置透明度(0～100%)。

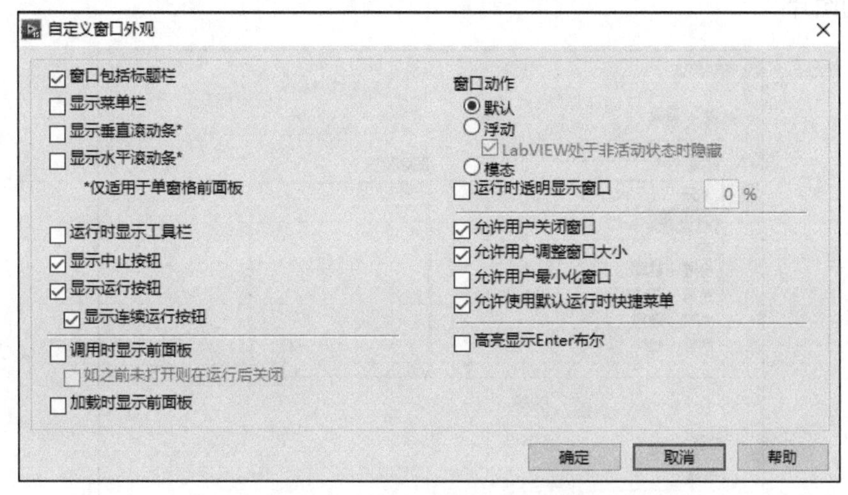

图 12-24　自定义窗口外观对话框

12.5.3　LabVIEW 控件

在 LabVIEW 2018 中有 5 种不同外观的控件可供选择，分别是新式、NXG 风格、银色、系统和经典。其中，“新式”控件是 NI 专门为 LabVIEW 设计的具有 3D 效果的控件，它能够确保在不同的操作系统下显示始终是一样的；而“系统”是采用系统控件，它的外观与操作系统有关，不同的操作系统下控件的显示外观有所不同。在 LabVIEW 2018 中，前面板新增了 NXG 风格控件和指示器样式。使用 NXG 风格的控件和指示器来设计人机界面，可以让界面更加美观。

LabVIEW 允许程序员在现有控件的基础上重新定义控件的外观(Type Def.和 Strict Type Def.技术)。图 12-25 是使用自定义控件的方法重新设计的控件，将控件设计成更加美观常用的形式，可以让用户操作人机界面有着更好的体验。程序员可以修改各种控件的外观，但是不能修改控件的功能。

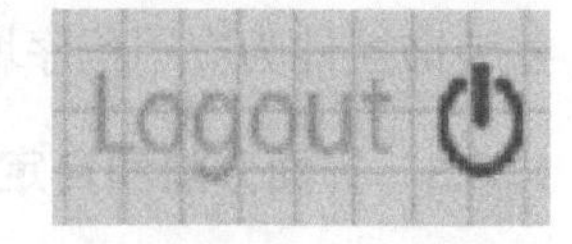

图 12-25　自定义控件

12.5.4　插入图片和装饰

图 12-26　快捷菜单

程序中必要的图片不仅能够给用户直观的视觉感受，还能够描述程序的作用(当然，不能使用过量的图片)。最简单的插入图片的方式是：将准备好的图片直接拖入 VI 的前面板中或者使用 Ctrl+C/V 快捷方式粘贴到前面板中。另外，可以使用 Picture 控件将图片动态地载入 Picture 控件中。

此外，LabVIEW 还提供了一种自定义程序背景图的方式。新建一个 VI，在 VI 的垂直滚动条或水平滚动条上右击将弹出如图 12-26 所示的快捷菜单。

选择“属性”选项，将弹出如图 12-27 所示的“窗格属性”对话框。在“背景”选项卡中有供编程人员选择的背景，也可以使用“浏览”按钮导入外部自定义的图片。

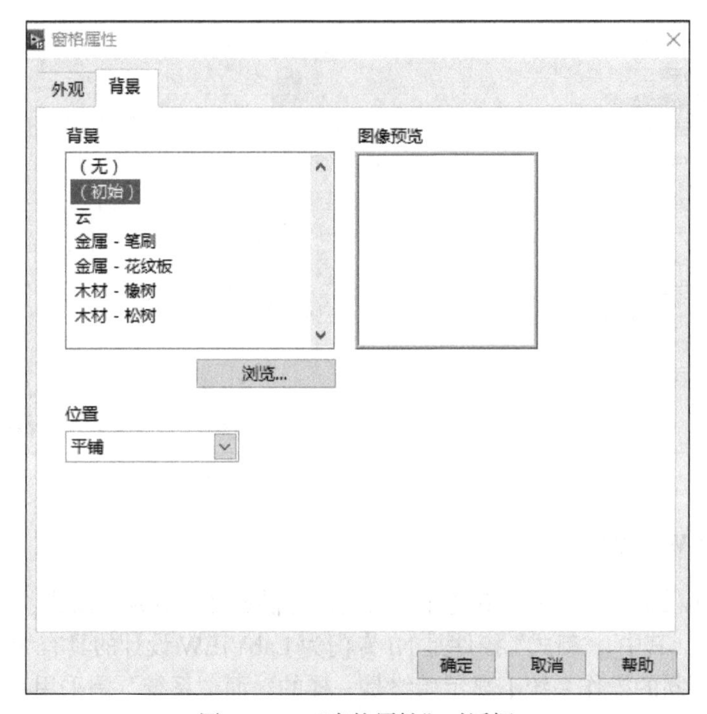

图 12-27　“窗格属性”对话框

如果需要导入不规则的图片，可以将图片的部分背景色设置为透明并保存为 png 格式。

在“控件→修饰”和“控件→系统”选项中有一些装饰用控件，程序员可以使用这些装饰控件为应用程序增色。

12.5.5　界面分隔和自定义窗口大小

控件的显示效果与监视器是密切相关的，因此在程序设计时需要考虑目标监视器的颜色、分辨率等因素，并明确运行该应用程序所需要的最低硬件要求。在编程中经常遇到的问题：如何才能确保应用程序的界面在更高的分辨率上运行时不会变形？这实际上是一个界面设计问题，但从程序设计时就应该思考如何解决这个问题，而不是等到程序设计完成后再探讨解决方案。LabVIEW 目前并没有提供一种有效的方式或工具来解决这个问题，但更应该把它归纳为通用的程序设计问题，解决它需要比较良好的界面设计、布局和分配作为前提。

程序往往会规定一个最低的运行分辨率，在此分辨率以上的显示器上，程序界面应该能够正确地显示出来。而在 LabVIEW 中，控件往往在高分辨率的显示器上被拉大或者留有部分的空白，这使得程序员最初设计的界面被扭曲。

为了使问题的本质更加清晰和寻求解决问题的方案，有必要对 LabVIEW 的前面板界面进行确认和分析。如图 12-28 所示，一个 VI 的窗口由几部分组成：最外侧矩形框包围的区域称为一个窗口(Windows)，而内侧的矩形包围的区域称为一个面板(Face Veneer)。从图中可以看出，窗口中的标题栏、菜单栏和工具栏并不属于面板。

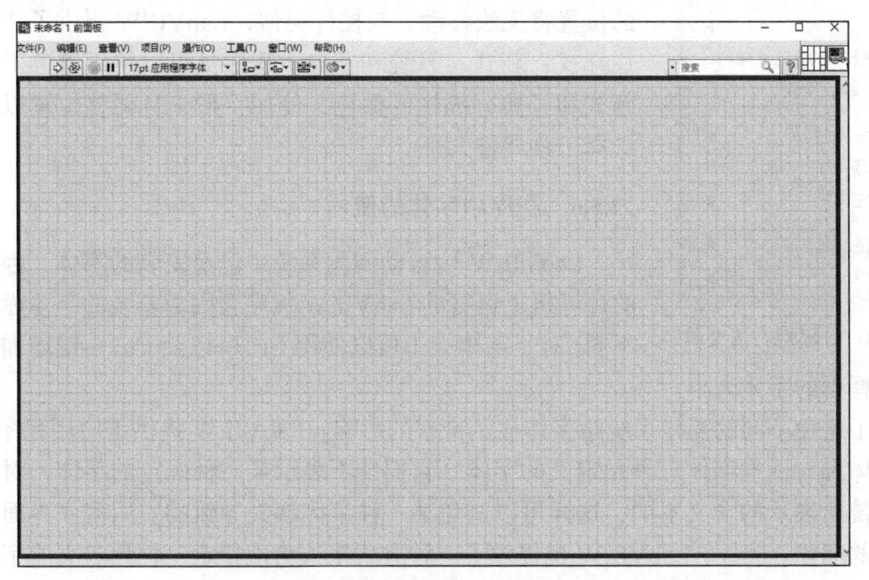

图 12-28　窗口和面板

LabVIEW 允许程序员将面板划分为若干个独立的窗格(Pane)。使用“控件→容器”选项中的“水平分隔栏”和“垂直分隔栏”可以将 VI 的面板进行任意的划分。

划分之后的 VI 前面板如图 12-29 所示,可以看出图中的面板已经被划分为 3 个窗格，每一个区域都称为一个窗格。当面板上只有一个窗格时，面板与窗格会重合。因此，窗口包含整个界面，而一个窗口只有一个面板，该面板能够被划分为若干个独立的窗格。每个窗格都包含其特有的属性和滚动条，而窗格之间使用分隔栏进行分隔。

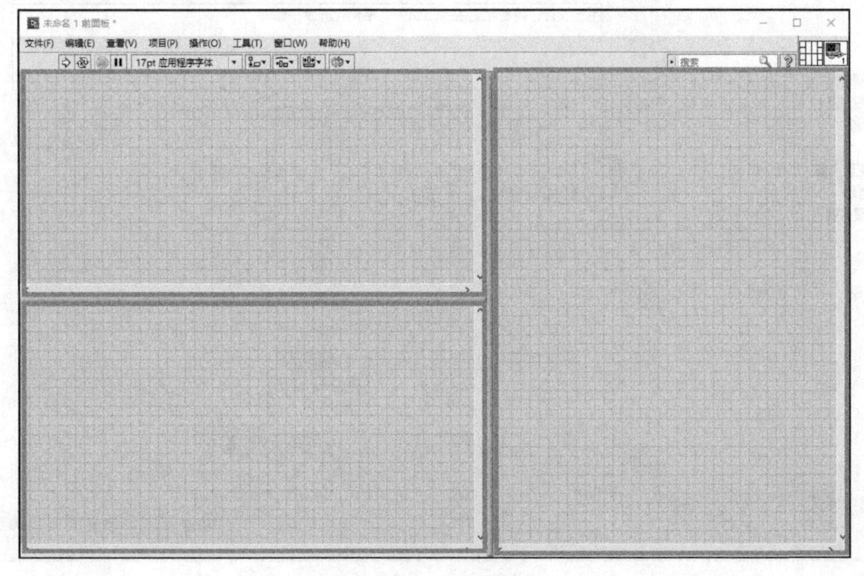

图 12-29　窗格划分

图 12-30　分隔栏右击菜单

在分隔栏上右击可以设置其相关属性，如图 12-30 所示。“已锁定”属性可以设置分隔栏是否被锁定，被锁定的分隔栏的位置将无法移动。与控件类似，LabVIEW 提供了 3 种分隔栏样式：新式、系统和经典。程序员可以使用着色工具设置新式和经典分隔栏的颜色，使用手形工具调整位置以及使用选择工具调整大小。

12.5.6　程序中字体的使用

LabVIEW 会自动调用系统中已经安装的字体，因此不同的计算机上运行的 LabVIEW 程序会因为安装的字体库不同而不同。对于字体大小可以使用 Ctrl++以及 Ctrl+–键增加和减小当前选择项的字体大小。

为了避免不同的操作系统给字体显示带来的影响，LabVIEW 提供了应用程序字体、系统字体和对话框字体三种预定义的字体。它们并不表示某一种确定的字体，对不同的操作系统所表示的含义不同，这样可以避免某一种字体缺失导致的应用程序界面无法正确显示的问题。此外，LabVIEW 也提供了一种方式来人为地指定三种预定义的字体代表的具体含义。选择菜单栏的“工具→选项”菜单项，再选择“环境”选项，如图 12-31 所示。单击“字体样式”按钮，可以指定应用程序字体、系统字体和对话框字体所代表的字体名称和大小。

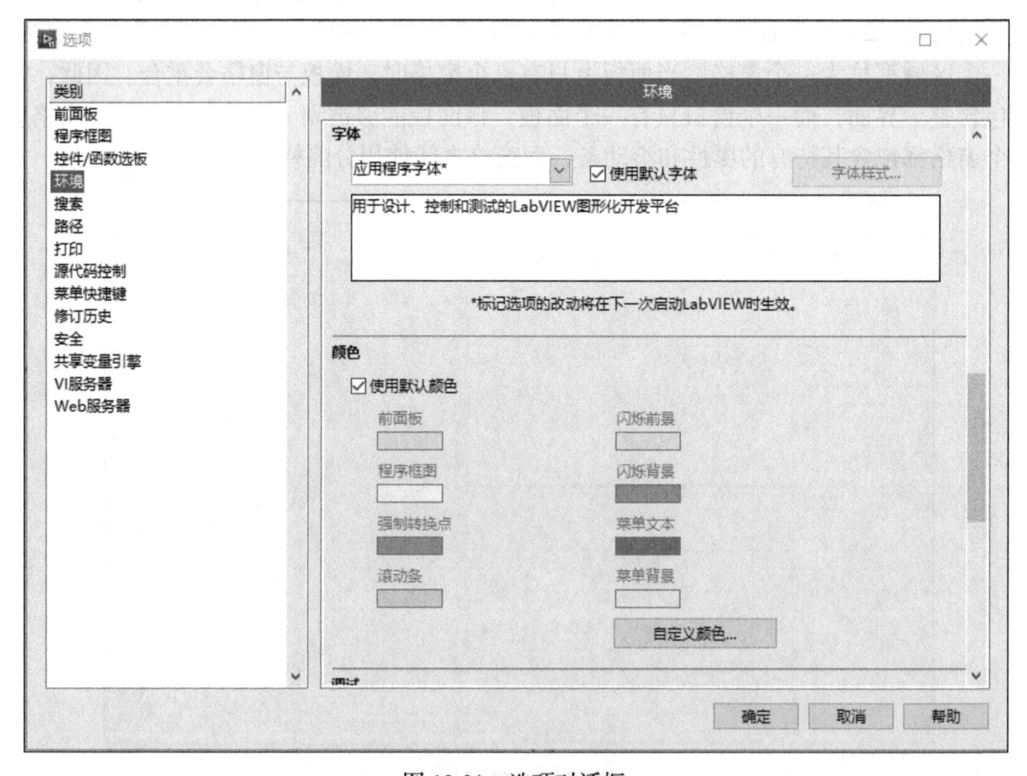

图 12-31　选项对话框

在默认下，LabVIEW 会自动设置界面的字体为应用程序字体、系统字体和对话框字体，因为这可以避免应用程序移植所导致的字体缺失。但是同时也会带来分辨率的问题，由于不同的系统所表示的字体样式和大小都不相同，因此不同分辨率的监视器显示界面的字体时会发生“变形”。

为了解决这两者的矛盾以及带来的显示问题，可以将目标计算机上的应用程序字体、系统字体和对话框字体与开发计算机上的字体保持一致。

(1) 尽量使用通用的字体显示。例如，中文使用宋体，英文使用 Tahoma，字号使用 13 号。

(2) 确保目标计算机上的 LabVIEW Runtime 将应用程序字体、系统字体和对话框字体与开发计算机上的字体所代表的含义保持一致。

第一点需要在程序设计时注意，而第二点可以通过程序自动指定。如前所述，LabVIEW 允许手动指定预定义字体的实际含义，这些设置被保存在 LabVIEW 安装目录下的<...\National Instruments\LabVIEW 8.X\LabVIEW.ini>文件中。使用记事本打开 LabVIEW.ini 文件，找到如下三行代码。也就是说 LabVIEW 通过这三行代码来决定应用程序字体、系统字体和对话框字体表示的具体含义。

```
appFont="Tahoma" 13
dialogFont="Tahoma" 13
systemFont="Tahoma" 13
```

在生成任意一个 exe 文件时，LabVIEW 会在 exe 文件的相同目录中自动生成一个与 exe 同名的 ini 文件。只需要在该 ini 文件中加入上述三行代码，LabVIEW Runtime 就会自动调用相应的字体，而不会调用系统的默认字体。例如，使用 LabVIEW 生成一个名为“铝电解槽智能监测平台.exe”的独立应用程序，同时也会在相同目录下生成一个名为“铝电解槽智能监测平台.ini”的文件(如果没有生成，则运行一次“铝电解槽智能监测平台.exe”应用程序)。打开该 ini 文件，找到“[铝电解槽智能监测平台]”Section 文字(如果没有，则手动键入)。在“[铝电解槽智能监测平台]”Section 下方加入上述三行代码即可。

如果在程序开发中确实需要使用某种特殊的字体，而为了防止目标计算机上没有该字体，需要将所使用的字体同时发布到 Installer 文件中。在安装时直接将字体复制到目标计算机的<C:\Windows\Fonts>文件夹中即可。

12.5.7 客户端与服务端的数据通信格式

服务端处理好的数据传送给客户端要保证快速性、准确性，因此需要选用合适的通信格式。

JSON 是一种轻量级的数据交换格式，它基于 ECMAScript (w3c 制定的 js 规范)的一个子集，采用完全独立于编程语言的文本格式来存储和表示数据。其格式示例如图 12-32 所示。

```
系列槽电压
Communication:SingleValue:001:1528791305;
Communication:SingleValue:001:{"QXCDY001"%3A50,"CDL002"%3A1111}:1528791305;

第一台电解槽阳极数据
Communication:SingleValue:002:1528791305;
Communication:SingleValue:002:{"CDL001D"%3A1111,"CDY001D"%3A50,"DGW001D"%3A1111,"MDY001D"%3A1111,"HNW001D"%3A1111,…}:1528791305;

第二台电解槽阳极数据
Communication:SingleValue:003:1528791305;
Communication:SingleValue:003:{"CDL002D"%3A1111,"CDY002D"%3A50,"DGW002D"%3A1111,"MDY002D"%3A1111,"HNW002D"%3A1111,…}:1528791305;

第三台电解槽阳极数据
Communication:SingleValue:004:1528791305;
Communication:SingleValue:003:{"CDL003D"%3A1111,"CDY003D"%3A50,"DGW003D"%3A1111,"MDY003D"%3A1111,"HNW003D"%3A1111,…}:1528791305;

第四台电解槽阳极数据
Communication:SingleValue:005:1528791305;
Communication:SingleValue:005:{"CDL004D"%3A1111,"CDY004D"%3A50,"DGW004D"%3A1111,"MDY004D"%3A1111,"HNW004D"%3A1111,…}:1528791305;
```

图 12-32 JSON 协议示例

JSON 是一个标记符的序列。这套标记符包含六个构造字符、字符串、数字和三个字面名。

(1) begin-array = ws %x5B ws ; [左方括号。

(2) begin-object = ws %x7B ws ; { 左大括号。

(3) end-array = ws %x5D ws ;] 右方括号。

(4) end-object = ws %x7D ws ; } 右大括号。

(5) name-separator = ws %x3A ws; : 冒号。

(6) value-separator = ws %x2C ws; , 逗号。

12.5.8 客户端与服务端的通信设计

铝电解槽智能监测平台的客户端与服务端的通信使用 TCP/IP 协议，相关内容见 8.6.7 节。

在使用 LabVIEW 完成网络通信的过程中，主要涉及两个部分，即 TCP Server 和 TCP Client。其中 TCP Server 作为服务器主机，等待来自 TCP Client 的连接，而 TCP Client 作为客户端，主动连接服务器，在二者建立连接后，即可进行网络通信交换数据。

在 LabVIEW 中，采用 TCP 节点进行网络通信的通信函数位于函数选板—数据通信—协议—TCP。其包括 TCP 侦听、打开 TCP 连接、读取 TCP 数据、写入 TCP 数据、关闭 TCP 连接、IP 地址至字符串转换、字符串至 IP 地址转换、解释机器别名、创建 TCP 侦听器、等待 TCP 侦听器，如图 12-33 所示。

(1) TCP 侦听。TCP 侦听是指创建侦听器并等待位于指定端口的已接收 TCP 连接。

(2) 打开 TCP 连接。打开 TCP 连接是指打开由地址和远程端口或服务名称指定的 TCP 网络连接。

(3) 读取 TCP 数据。读取 TCP 数据是指从 TCP 网络连接读取字节并通过数据输出返回结果。

(4) 写入 TCP 数据。写入 TCP 数据是指使数据写入 TCP 网络连接。

(5) 关闭 TCP 连接。关闭 TCP 连接是指关闭 TCP 网络连接。

(6) IP 地址至字符串转换。IP 地址至字符串转换是指使 IP 地址转换为字符串。

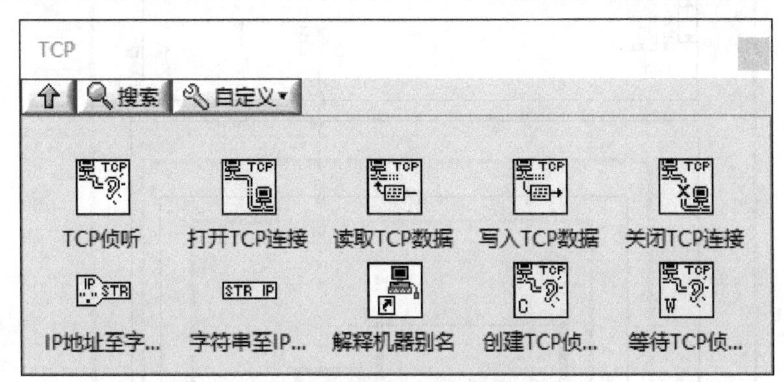

图 12-33　TCP 通信函数选板

(7) 字符串至 IP 地址转换。字符串至 IP 地址转换是指使字符串转换为 IP 地址或 IP 地址数组。

(8) 解释机器别名。解释机器别名是指返回机器的网络地址，用于联网或在 VI 服务器函数中使用。

(9) 创建 TCP 侦听器。创建 TCP 侦听器是指为 TCP 网络连接创建侦听器。连线 0 至端口输入可动态选择操作系统认为可用的 TCP 端口。使用打开 TCP 连接函数向 NI 服务定位器查询与服务名称注册的端口号。

(10) 等待 TCP 侦听器。等待 TCP 侦听器是指等待已接收的 TCP 网络连接。

12.6　基于 LabVIEW 的工程实例设计

在本章前面的部分，分别介绍了铝电解槽智能化系统中 LabVIEW 服务器端与智能网关的通信设计、与 MySQL 数据库的连接设计以及客户端人机界面设计。在本节中，对铝电解槽智能化系统、基于 LabVIEW 的服务器端软件编程的整体思路及客户端人机界面的布局设计进行分析，完成对铝电解槽智能化系统的实例化工程设计。

12.6.1　服务器端与智能网关的连接实现

服务器端与智能网关基于 TCP/IP 网络通信，用户通过人机界面“打开连接”按钮管理与智能网关的连接，用户一旦单击“打开连接”按钮，程序便会侦听服务器上前面板的端口号，该端口号是与智能网关通信的端口号，一旦修改就不能连接成功。程序如果侦听到智能网关请求连接，服务器通过 TCP 的三次握手建立连接，TCP 侦听函数会生成连接套接字，建立连接后，为防止资源浪费，则关闭侦听，与智能网关使用连接套接字进行数据接收与发送。为保持长时间连接，智能网关会定时发送心跳报文，若服务器端软件超过时间没有收到报文，则会主动断开 TCP 连接。

程序收到的数据报文存入变量中，随后传递给后面的程序进行协议解析，通信程序如图 12-34 所示。

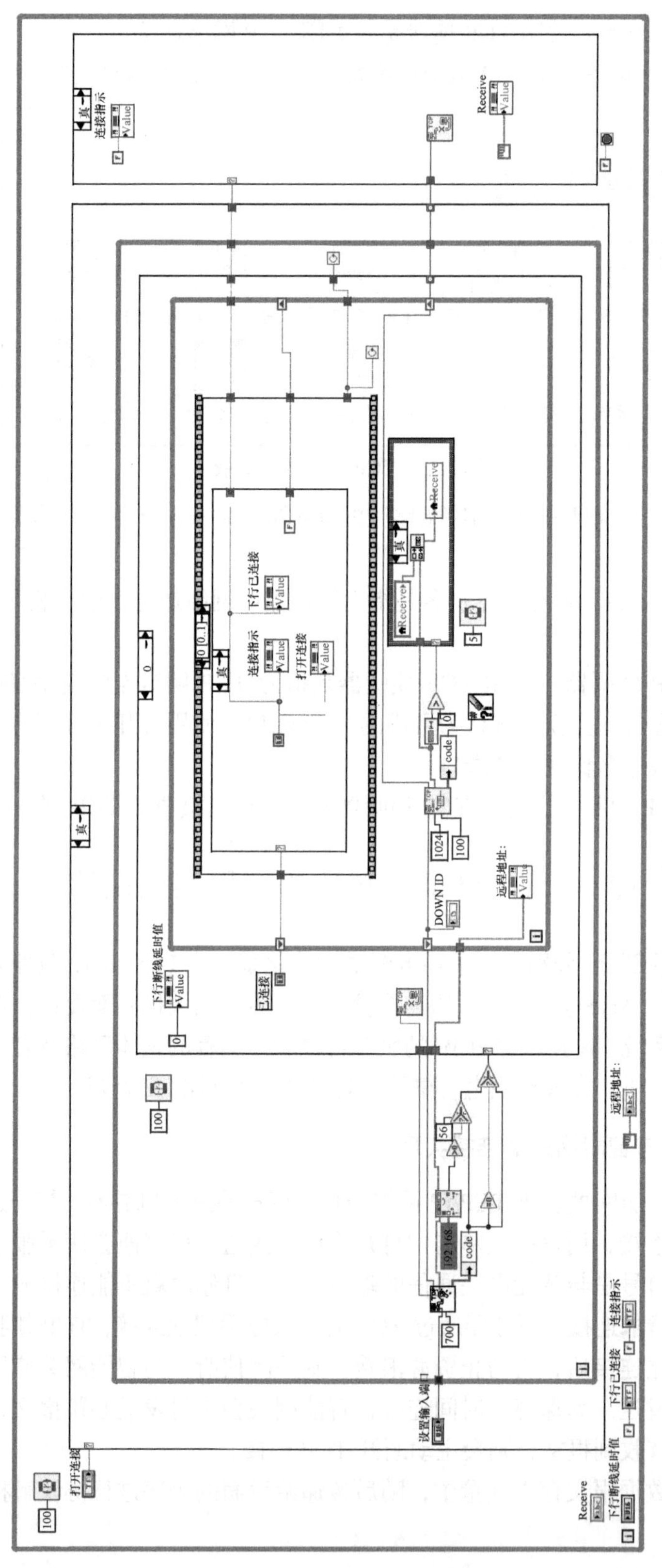

图12-34　与智能网关的通信连接程序设计

12.6.2　服务端的数据帧判断

服务端软件将通过图 12-35 的流程对数据帧进行解析。以下首先介绍帧的接收解析，即判断接收到的数据是否符合帧的格式以及帧是否完整的程序。程序执行步骤如下。

步骤(1)～(7)与 8.7.2 节相同。

(8) 若上一步为真则输出完整报文，将这段帧重新输入 Rcv1 中并输入队列中，方便后续程序从中调用帧，然后清零断线延时值。

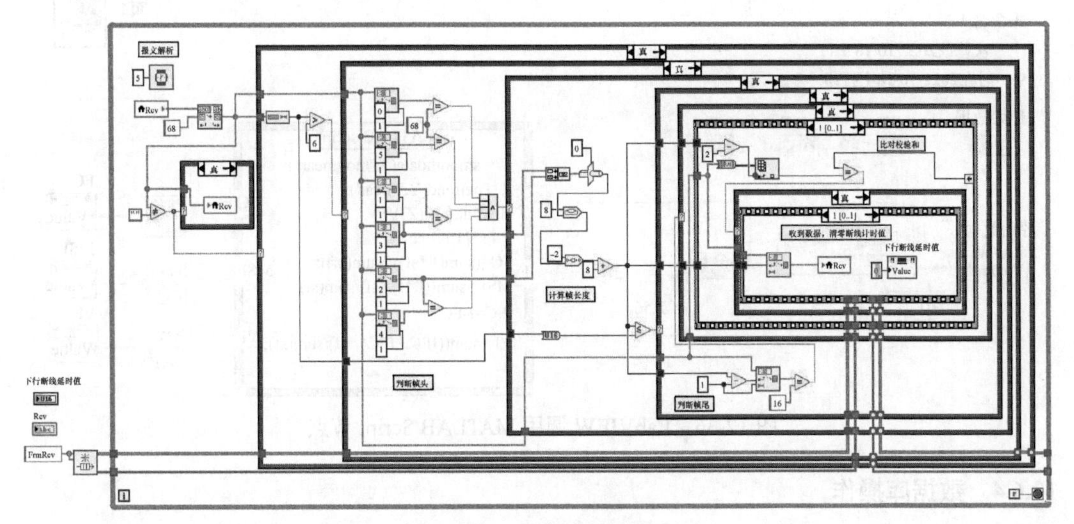

图 12-35　数据帧判断程序

12.6.3　服务端的数据处理

本部分大致分为对各设备的数据解析和后续计算处理两部分，以其中一部分为例。在软件整体设计过程中，LabVIEW 对软件主体运行架构以及人机交互界面进行编程设计，MATLAB 通过研究开发的算法对系统输出相应的识别结果，软件设计过程中将二者的优势相结合。

MATLAB Script 节点是 LabVIEW 为了满足一部分用户使用多类型语言实现混合编程的需求而专门设计的一项功能。ActiveX 是一项用来完成上述节点功能的技术。当用户进行混合编程时，首先将 LabVIEW 中需要完成的功能语句通过 ActiveX 通道传递到上述节点，此时，类似于 MATLAB 这一类的第三方软件会被打开并保持工作状态，在等待指令过程中，MATLAB 充当的是服务器的角色。然后，当 MATLAB 接收到来自上述节点中传递过来的指令信息后，MATLAB 便开始执行相应的指令，实现功能。由于部分客户在实际应用过程中更加熟悉 MATLAB 的使用，因此在完成混合编程的时候，用户可以根据实际需求先在 MATLAB 中完成对特定功能程序的编写，然后利用上述节点导入 LabVIEW 中使用。在调试过程中，用户可以根据实时需求的变化对程序进行修改，这充分展现了混合编程在实现效率、操作难度中的优势。在上述功能的实现过程中，MATLAB 会出现在前台界面，用户只能在发现该类情况时手动关闭此类界面，一定程度上影响前台的运行，这也是混合编程的一个劣势。此类节点功能的另外一个局限性是在对数据进行传输时，只能传输特定类型的数据。

具体调用过程中，将对应的 MATLAB 程序以文本形式输入节点中，并针对程序中的各类变量在节点上进行相应输入输出端口的配置，配置时应保证变量名称与数据类型一致，以便 LabVIEW 直接对该节点模块进行调用。程序运行时，LabVIEW 直接将原始数据输入 MATLAB Script 节点中，便可通过 MATLAB 程序对数据进行分析计算，并输出相应分析结果，LabVIEW 直接对结果进行相应显示、传输与存储。LabVIEW 调用 MATLAB Script 节点的程序框图如图 12-36 所示。

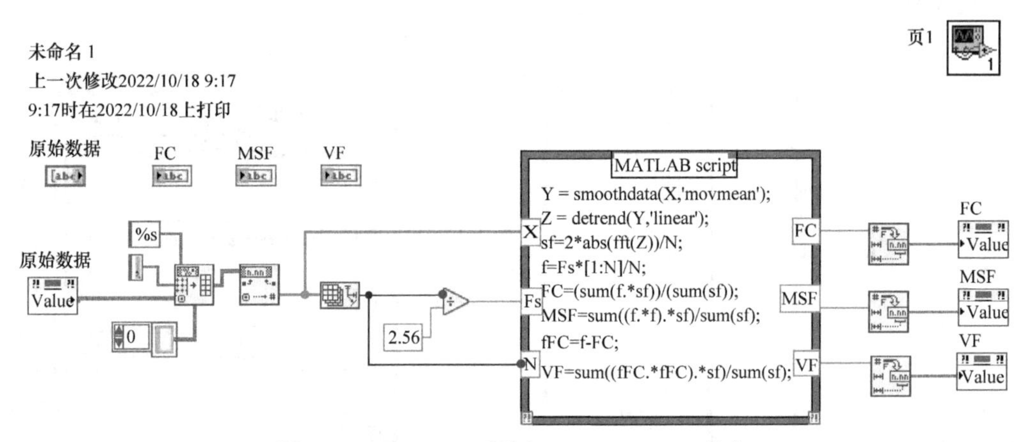

图 12-36　LabVIEW 调用 MATLAB Script 节点

12.6.4　数据库操作

服务器端软件使用 MySQL 数据库对收集到的数据进行管理，将数据分为不同的类别设计不同的表，所有表在一个数据库里创建，设计多张表存入数据是为了方便管理各类型的数据。例如，从智能网关收集到的数据存入铝电解槽数据表等。在 LabVIEW 服务器端，软件与 MySQL 数据库连接，使用 LabSQL 工具包，再利用常用的 SQL 命令对数据进行增加、删除、查找、修改等操作。

如图 12-37 所示，程序首先创建了一个数据库连接；然后连接到 LabVIEW 这个数据源；接着创建了名为“电解槽 XX 数据”的数据表，创建数据表时需要指定每一项数据的数据类型；然后往创建的数据表里添加监测的数据。后面还可以连接多个操作数据库命令，所有数据库操作命令执行完毕，需要及时关闭连接并销毁数据库连接套接字，以防止服务器内存泄漏。

12.6.5　服务端对客户端显示数据的组帧

软件对客户端显示的数据的处理，以其中的 Line(数据曲线)的显示程序为例进行介绍，因为其中包含多个分支但不同分支的程序大致一样，所以这里仅以编号为“002”的分支程序为例进行具体介绍。具体程序示例如图 12-38 所示。

(1) 首先从 UpRcvData 中获取队列应用并使元素出队列，判断队列中字符串长度是否大于 0。若大于 0，则执行下一步；否则结束。

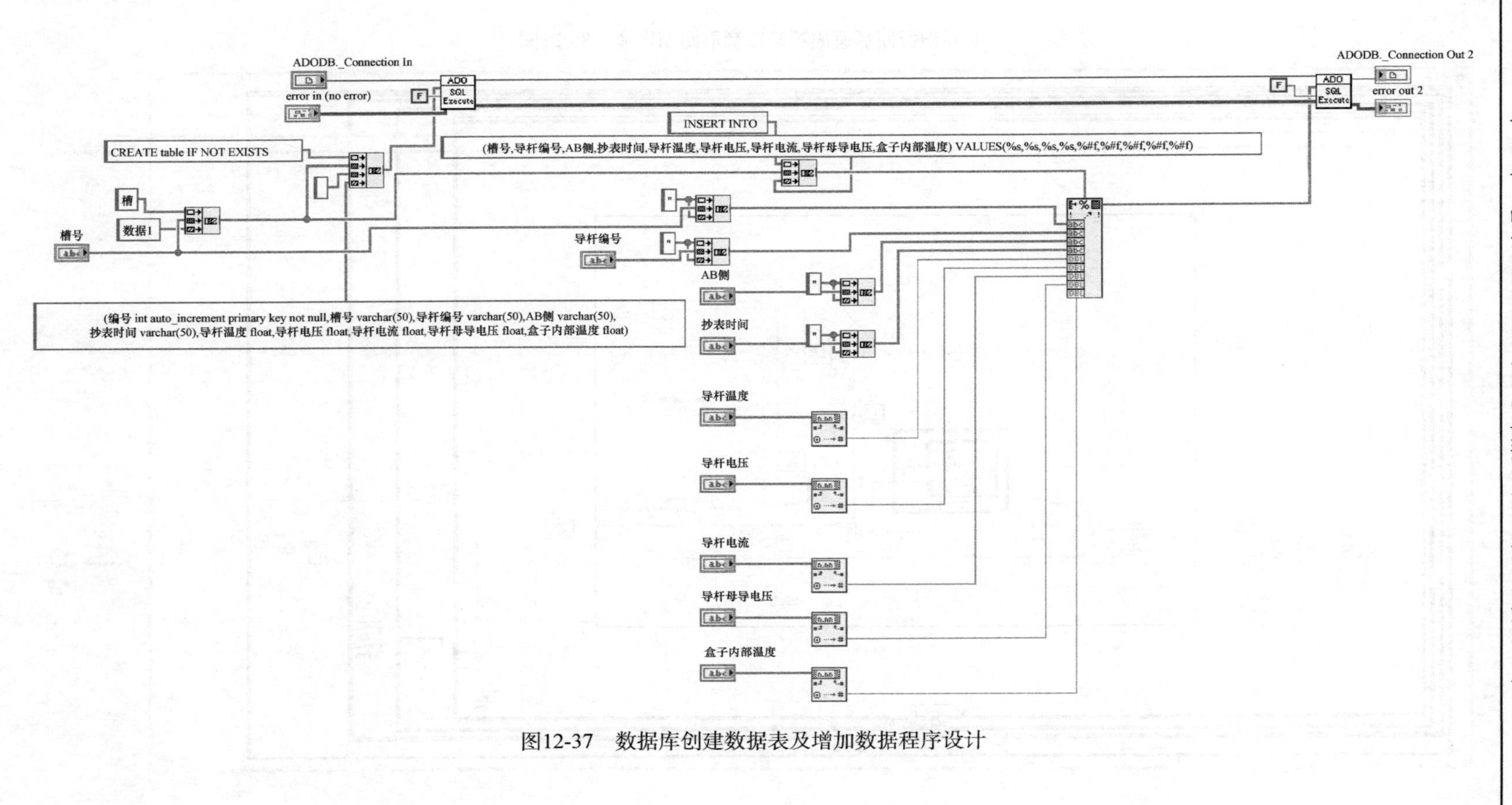

图12-37　数据库创建数据表及增加数据程序设计

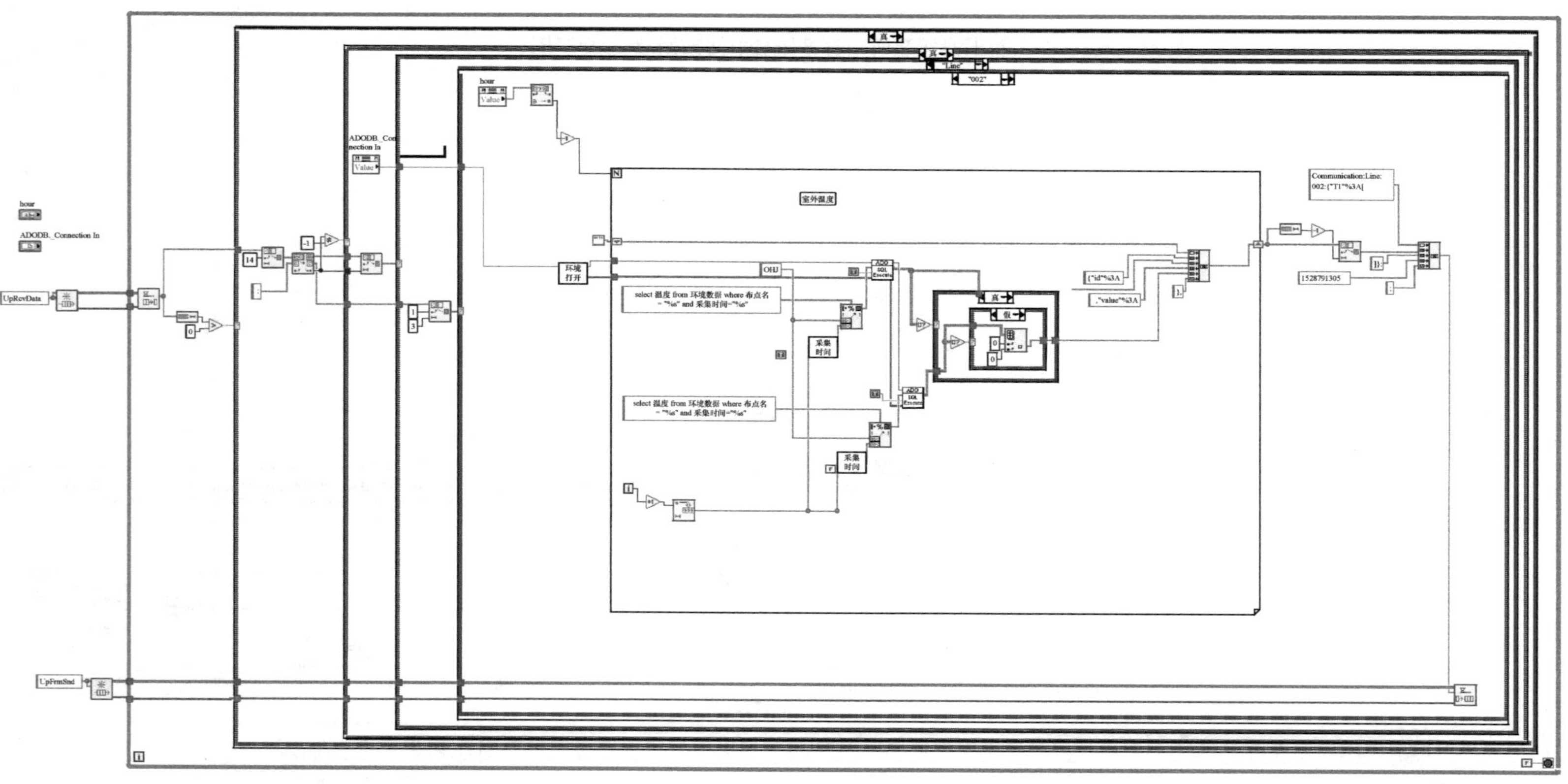

图12-38　数据库创建数据表及增加数据程序设计

(2) 截取字符串中前 14 个字符即“Communication:”，并在剩余字符串中搜索“:”，判断匹配偏移量是否不等于–1，即是否未搜索到“:”字符。若搜索到，则执行下一步；否则结束。

(3) 截取“:”前的字符，判断是哪种类型，这里是 Line。

(4) 截取“:”后的三个字符，判断三位编号，这里以“002”为例。

(5) 当前小时数值减 1 后赋值给 For 循环的 N，表明执行 N 次。

(6) 从当日 0 时 0 分 0 秒开始以“小时”为单位组成“年-月-日-时 0 分 0 秒”格式的时间字符串，取出协议规定中的与“002”相对应的数据。

(7) 判断读取的数据是否为空。若为空，则取 0 值；若不为空，则将其转换为数值。

(8) 求出这两个数值的平均数组成字符串，将每个时间点的字符串按顺序组成完整的数据帧字符串，最后将字符串发送到队列中，客户端从队列中读取数据显示到客户端界面上。

服务端在向客户端发送数据时需要注意，为了保证客户端图形的正常显示，对于某些对实时性要求不高的数据曲线来说，可以减少对服务端的请求次数。同时，客户端也可以将接收到的数据缓存到自身的数据区中，方便在查询不同数据曲线时直接从自身的数据缓存区中调取数据，这样就使得在前端进行数据曲线显示时能够快速地将对应的数据显示出来，同时也减少了对服务端的请求，能够让服务端调动更多的资源对数据进行分析、存储和发送。

12.6.6　服务端与客户端的连接

服务器端基于 TCP/IP 协议与客户端建立连接，服务器端给客户端开放特定的端口号供客户端连接，服务器端程序只需要一直监听那个端口号，等待客户端的连接，一旦收到客户端的连接请求，服务器端就与客户端建立 TCP 连接，就可以与客户端实现正常的 TCP 通信。

然而，如果有多个客户端和服务器连接，服务器就需要为每个客户端创建新的连接，连接完毕后，服务器要为每个客户端产生用于通信的 Socket，与客户端进行通信。把所有 Socket 保存到数组中，使用循环轮询数组，循环监听每一个客户端下发的请求数据命令；然后根据不同 Socket 创建接收队列和上传队列，把对应客户端的命令加入接收队列中，服务器端的处理命令线程通过接收队列开始处理命令；根据命令，程序从数据库读取数据，组帧协议，然后加入上传队列；通过上传队列和出队列操作，将数据帧一条一条地发送给对应的客户端。这样保证了服务器端与客户端的“单聊”功能。具体程序如图 12-39 所示。

通过“TCP 读取函数”，如果得到网络连接忙或者网络不畅等网络错误码，则删除数组中对应的 Socket，并销毁对应 Socket 建立的接收队列和上传队列，及时释放内存。

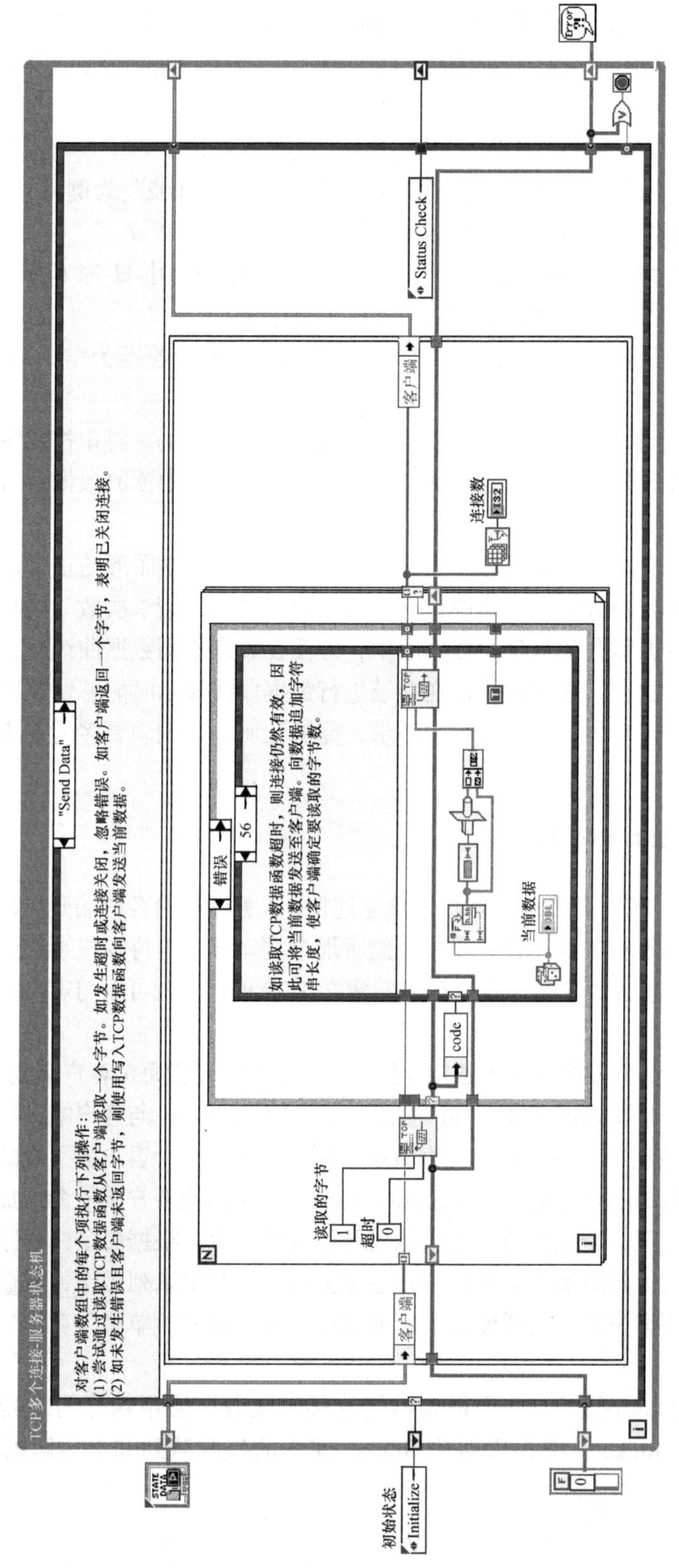

图12-39　服务器与多个客户端的连接程序设计

12.6.7　客户端人机界面设计

铝电解槽智能化系统的服务器端软件主要完成与智能网关的通信、数据解析、数据存储和数据上传任务，通过与客户端建立 TCP 连接，实现数据上传通信。

客户端又称用户端，作为一个数据显示软件，直接与客户对接，客户端软件一般安装在普通的客户机上。根据客户端软件的用户体验界面规范，客户端人机界面设计需要满足五个原则(内容见 8.7.6 节)。

如图 12-40～图 12-43 所示为基于 LabVIEW 开发的铝电解槽智能化系统客户端软件的界面，开发过程基于以上五个原则。设计界面过程中：

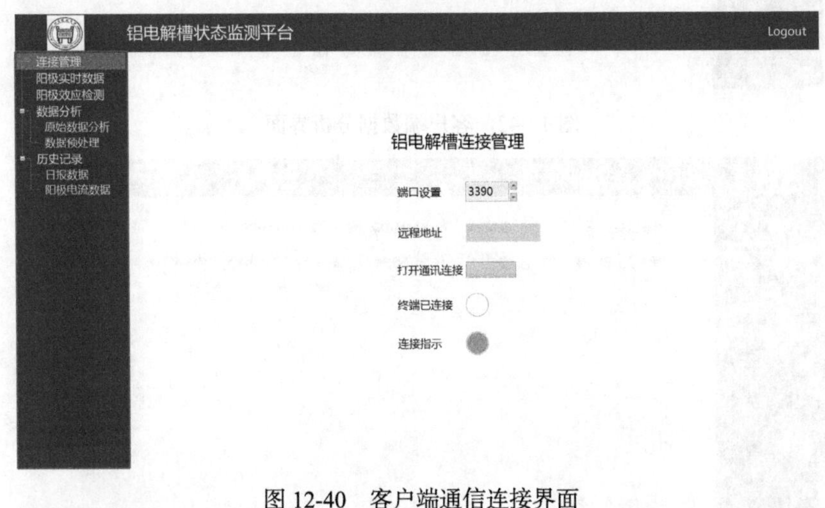

图 12-40　客户端通信连接界面

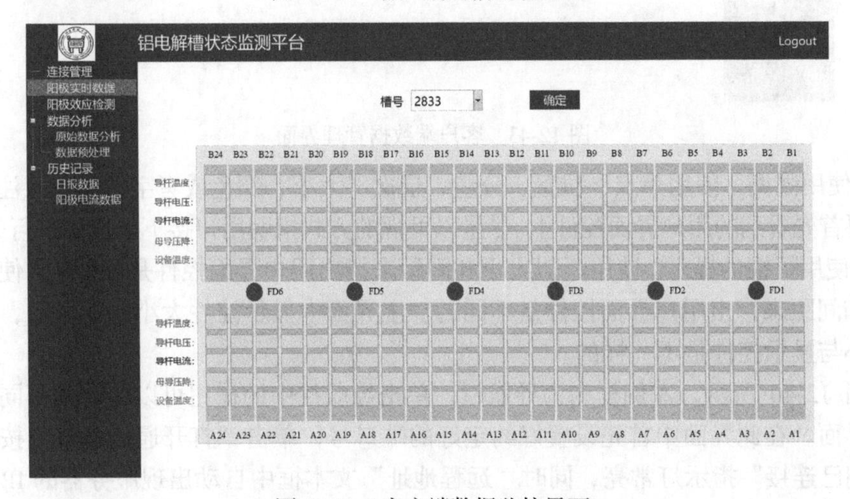

图 12-41　客户端数据监控界面

(1) 使用对齐。将显示控件左对齐，让人机界面更易于浏览。对于数值文本，使用右对齐。对于照明控制等布尔控件上的非数值文本，使用居中对齐，让客户更容易操作人机界面。主界面上将各个显示控件和操作按钮左右对齐，上下间隔等距，让界面更加整齐美观。

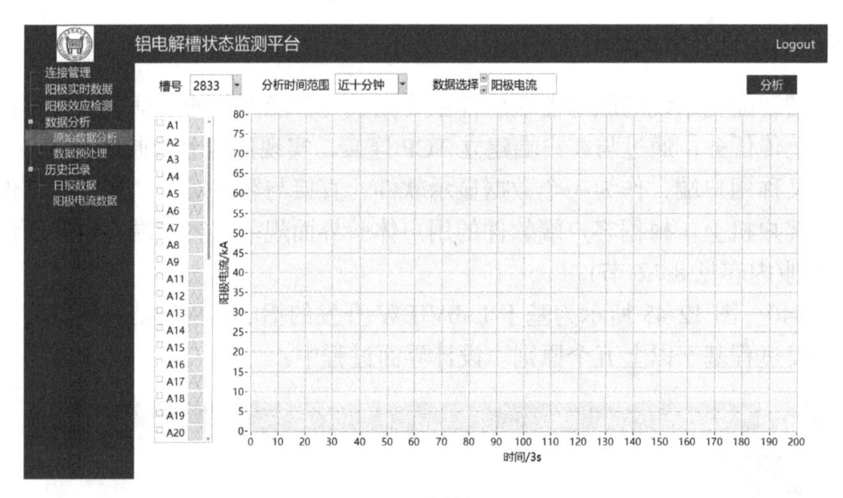

图 12-42　客户端数据分析界面

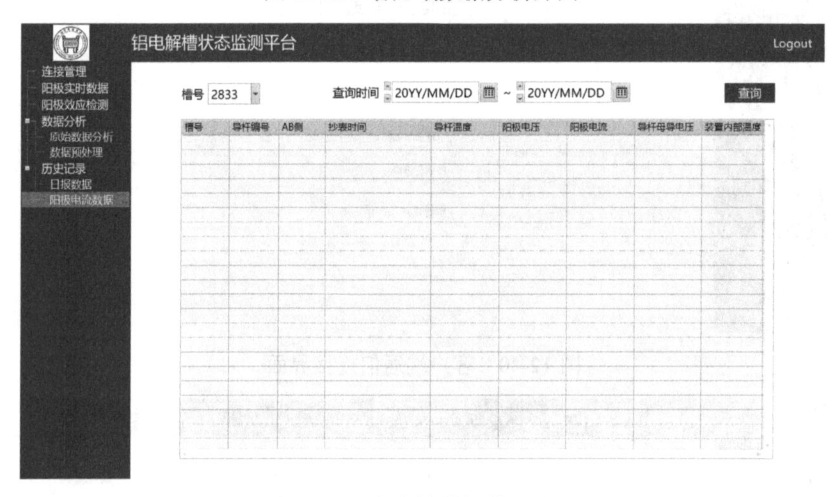

图 12-43　客户端数据管理界面

(2) 使用强调。使用焦点、位置、分组、层次、大小、颜色或者字体等，将注意力集中在需要首先看到的用户界面控件上。尽量以可视的方式指明用户接下来应该进行的操作。

(3) 使用可视的提示。使用近似大小和间距来指出用户界面控件是相似的，使用不同的大小和间距来指出用户界面控件是不同的。主界面中显示控件大小是近似的，而布尔按钮大小与显示控件是不一样的。

如图 12-40 所示，左侧框内为导航栏，单击导航栏中的按钮可以跳转到不同功能相对应的界面。在此界面中首先设置好约定好的端口号，单击“打开通讯连接”按钮，等待“终端已连接”指示灯常亮，同时“远程地址”文本框中自动出现服务器的 IP 地址，此时表明与服务端建立好通信连接。

在左侧导航栏中单击“阳极实时数据”按钮项进入阳极实时数据界面，如图 12-41 所示。此界面将展示整个电解槽 A、B 两侧全部 48 个导杆的导杆温度、导杆电压、导杆电流、母线与导杆压降(母导压降)、设备温度等参数。要查询不同电解槽的阳极实时数据，首先在“槽号”下拉框中选择要查询的槽号，然后单击“确定”按钮，随后 48 个导杆的数据将会全部显示在界面上。

数据分析界面以可视化图形的形式将数据展示出来，如图 12-42 所示。首先选择铝电解槽的槽号，随后选择分析时间范围，有近十分钟、近半小时、近一小时等多个选项，然后在“数据选择”中选择要分析的数据，最后单击“分析”按钮，结果将在可视化图形中展示出来。可视化图形左侧区域可选择各导杆的数据是否可见。

图 12-43 所示为客户端的数据管理界面。主要功能为查询历史数据，用户通过选择查询的铝电解槽槽号和查看数据的日期，向服务器端发送数据请求命令，服务器端接收到命令后读取数据库的数据上传回客户端，显示在“阳极电流数据”数据库表格中。

一般，用户使用历史数据查询功能的频率没有使用主界面数据监控的频率高，当用户查询历史数据时，请求命令将会插入发送给客户端命令队列的最前面，以便服务器端最先处理数据查询命令，让客户端最快响应历史数据查询命令。

本章小结

本章首先对铝电解槽智能化系统的架构进行总体介绍，在此基础上，介绍了 LabVIEW 与智能网关的通信协议设计，其次介绍了服务器端与智能网关的通信连接，然后介绍了 LabVIEW 对 MySQL 数据库的访问，最后介绍了服务器端与客户端的多线程通信及客户端的人机界面设计。其中也介绍了很多 LabVIEW 的基础知识——常用数据类型、常用函数、界面设计常用方法。通过对铝电解槽智能化系统服务器端软件和客户端软件的介绍，读者对 LabVIEW 的工程设计有了更深的认识。

思考题

(1) LabVIEW 中的数据类型“簇”是什么？

(2) 空字符串常量与空格常量是否一样？

(3) TCP 通信是怎样建立连接的？怎样断开连接的？

(4) 试用 LabSQL 工具包建立与数据库的连接。

(5) 试编写程序将中文转换为 Unicode 编码。

(6) 试建立一个基于 TCP/IP 通信的客户端程序，用网络调试助手发送数据给客户端。

参 考 文 献

陈启军, 余有灵, 张伟, 等, 2014. 嵌入式系统及其应用: 基于 Cortex-M3 内核和 STM32F 系列微控制器的系统设计与开发[M]. 2 版. 上海: 同济大学出版社.
陈文智, 2005. 嵌入式系统开发原理与实践[M]. 北京: 清华大学出版社.
樊卫华, 2020. 嵌入式控制系统原理及设计[M]. 北京: 机械工业出版社.
冯新宇, 2020. ARM Cortex-M3 嵌入式系统原理及应用[M]. 北京: 清华大学出版社.
韩党群, 琚晓涛, 2022. 嵌入式系统基础[M]. 西安: 西安电子科技大学出版社.
LABROSSE J J, 2012. 嵌入式实时操作系统 μC/OS-Ⅲ应用开发: 基于 STM32 微控制器[M]. 何小庆, 张爱华, 译. 北京: 北京航空航天大学出版社.
刘火良, 2013. STM32 库开发实战指南[M]. 北京: 机械工业出版社.
卢有亮, 2014. 基于 STM32 的嵌入式系统原理与设计[M]. 北京: 机械工业出版社.
桑楠, 2008. 嵌入式系统原理及应用开发技术[M]. 2 版. 北京: 高等教育出版社.
田泽, 2005. 嵌入式系统开发与应用[M]. 北京: 北京航空航天大学出版社.
王田苗, 2002. 嵌入式系统设计与实例开发: 基于 ARM 微处理器与 μC/OS-Ⅱ实时操作系统[M]. 北京: 清华大学出版社.
吴明晖, 2004. 基于 ARM 的嵌入式系统开发与应用[M]. 北京: 人民邮电出版社.
胥静, 2005. 嵌入式系统设计与开发实例详解: 基于 ARM 的应用[M]. 北京: 北京航空航天大学出版社.
许海燕, 付炎, 2002. 嵌入式系统技术与应用[M]. 北京: 机械工业出版社.
杨旭, 李擎, 崔家瑞, 等, 2018. 面向工程应用的 DSP 实践教程[M]. 北京: 科学出版社.
俞建新, 王健, 宋健建, 2008. 嵌入式系统基础教程[M]. 北京: 机械工业出版社.
张大波, 吴迪, 郝军, 等, 2005. 嵌入式系统原理、设计与应用[M]. 北京: 机械工业出版社.
赵悦, 潘秀琴, 2011. 嵌入式系统概论[M]. 北京: 中央民族大学出版社.
郑灵翔, 2006. 嵌入式系统设计与应用开发[M]. 北京: 北京航空航天大学出版社.
周立功, 王祖麟, 陈明计, 等, 2008. ARM 嵌入式系统基础教程[M]. 北京: 北京航空航天大学出版社.